# 中国传统建筑

# 解析与传承

THE INTERPRETATION AND INHERITANCE OF
TRADITIONAL CHINESE ARCHITECTURE

Editorial Committee of the Interpretation and Inheritance
of Traditional Chinese Architecture: Xizang Volume

《中国传统建筑解析与传承 西藏卷》编委会 编

西藏卷

Xizang Volume

中国建筑工业出版社

审图号 藏S（2017）015号

图书在版编目(CIP)数据

中国传统建筑解析与传承. 西藏卷／《中国传统建筑解析与传承·西藏卷》编委会编. —北京：中国建筑工业出版社，2019.12
ISBN 978-7-112-24561-1

Ⅰ.①中… Ⅱ.①中… Ⅲ.①古建筑–建筑艺术–西藏 Ⅳ.①TU–092.2

中国版本图书馆CIP数据核字（2019）第286232号

责任编辑：胡永旭 唐 旭 吴 绫 张 华
文字编辑：李东禧 孙 硕
责任校对：王 烨

中国传统建筑解析与传承 西藏卷

《中国传统建筑解析与传承 西藏卷》编委会 编

*

中国建筑工业出版社出版、发行（北京海淀三里河路9号）
各地新华书店、建筑书店经销
北京锋尚制版有限公司制版
北京富诚彩色印刷有限公司印刷

*

开本：880×1230毫米 1／16 印张：23¼ 字数：681千字
2020年9月第一版 2020年9月第一次印刷
定价：262.00元
ISBN 978-7-112-24561-1
　　　（35224）

# 本卷编委会

# Editorial Committee

# 目  录

Contents

## 上篇：西藏传统建筑解析

### 第二章　西藏传统建筑的聚落类型、选址与空间布局特点

### 第三章　西藏传统建筑的类型、风格和元素

## 下篇：西藏传统建筑的现代传承

### 第六章　西藏传统建筑现代传承的原则与策略

### 第七章　西藏现代建筑对环境的适应性响应

第十章　结语

参考文献

后　记

# 前 言

Preface

西藏作为重要的中华民族特色文化保护地，其悠久深厚的藏民族文化是中华文化不可分割的一部分，西藏传统建筑文化则是藏民族文化中重要而独特的组成部分，她不仅有着自身系统的营造技术及美学架构，而且在此架构上或孵化、或附着、或衍生出众多艺术文化的复合形态，呈现出丰富多彩、生机勃勃的景象。随着人类社会的发展进步，城市、乡村、建筑均在发生悄无声息地深刻变迁，作为建筑的缔造和使用者，我们有疑惑、有焦虑、有担忧、更有探索。

"中国传统建筑解析与传承"的大型调查研究，是国家层面组织的系统性研究课题。本书正是在此背景之下作为西藏传统建筑解析与传承的研究成果，我们通过系统梳理西藏传统建筑体系架构，进一步挖掘出本土传统建筑的文化特色，阶段性总结分析了传统建筑文化在现代建筑创作中的探索实践，以期在当代建筑设计和城镇建设上能提供一定的理论参考和实践帮助。

本书根据"中国传统建筑解析与传承"研究课题的结构要求，系统论述了西藏传统建筑在特定环境下的演化历程，按照解析与传承的逻辑顺序，上篇从聚落空间、建筑类型及风格元素、营造体系的梳理中总结了西藏传统建筑的思想基础和主要特征。在此基础上，下篇通过把握西藏现代建筑发展脉络，收集列举了大量的工程实践案例，以此提炼出传承西藏传统建筑的基本原则和设计策略。同时，展现了西藏建筑遗产保护与传统技艺传承的成就。此次解析研究，在时间跨度上追溯从西藏建筑的远古时期到当代建筑的创作实践，在建筑序列上涵盖从聚落空间、建筑本体到建筑小品，在建筑系统上贯穿从地域环境、营造体系到思想文脉，力求将碎片化的解析和专项化研究串联起来，展现西藏传统建筑在这一历史时点的全景。

西藏传统建筑的发展具有其鲜明的特性，一是初始阶段的外部导入。西藏传统建筑萌芽始于新石器时代，公元前2世纪在部落小邦渐呈雏形，真正发展成熟源于外部佛教的引入和兴盛。二是进程阶段的多元融合。自公元7世纪松赞干布建立吐蕃王朝以来，兴建布达拉宫、大昭寺、桑耶寺至近代贵族庄园府邸的建造，均是多民族多区域间不同文化、艺术、技术的大融合。三是成型阶段的超稳定性。西藏传统建筑从公元7世纪到近代西藏和平解放1300多年其基本形制没有较大变化。通过系统解析，我们可以认识到其特殊的地域环境、严峻的生存状态和封闭的社会体制是形成以上特性的重要因素，共同构成了孕育西藏传统建筑的生态系统。时过境迁，我们处在新时代、新西藏、新的生态系统之中，解析与传承的研究意义尤显必要。

由于西藏特殊的地理人文、独特的宗教信仰以及敏感的社会政治因素，在快速城镇化进程中，如何保护好传统建筑、传承好建筑文化、建设好城市乡村是我们面临的时代课题。我们倡导西藏建筑具有的时代特征、民族特色、地域特点，本质上说就是要营造一个全社会参与的，涵盖政治、经济、社会方方面面的建筑设计理论与实践的生态系统。人们常说，建筑是一门遗憾的艺术，遗憾源于建筑的复合作用和动态综合，其中有政治的主导、经济的支撑、利益的驱动、社会的变革和人文的偏好等等，这要求优秀的学者、建筑师和工程师不仅仅关注建筑本体，更需要从生态位的维度解析和创造建筑。从这一点而言，我们的研究才刚刚开始，希望本书能够开启我们对西藏传统建筑更深入的思考和探索。相信通过解析与传承的研究，能够不断规划、设计、营造好顺应时代发展要求、满足美好生活需要、推动社会和谐进步的建筑与城市。

# 第一章　绪论

西藏自治区地处西南边陲，除了喜马拉雅山南麓小部分地区外，其余均属青藏高原范畴，因喜马拉雅山脉的阻隔和亚欧板块的碰撞而形成的独特高原地理、气候环境，高山纵横，湖泊河流密布。在漫长的历史长河中，西藏社会文化的发展一直保持着自己的发展路径，同时在与周边地区特别是中原地区长期的经济文化交往过程中，不断兼收并蓄，形成了自己独特的形态。以卫藏区域为中心的文化主线贯穿了整个西藏甚至辐射周边的区域，同时各地也呈现出自己鲜明的特征，形成了卫藏、安多、康区和阿里四个独具特色的人文板块。

自古以来，生活在这里的人们不断认识自然，并探索与之和谐相处的方法。西藏的传统建筑在产生和发展过程中，也处处体现了这种智慧。本着对自然最小索取的原则，"因地制宜，就地取材"，充分利用身边的资源，最大程度适应了高原环境，形成了西藏传统建筑朴素自然的基本风格。各地也因文化、自然环境和资源禀赋的差异，建筑同样呈现出各自不同的特点，构成了多姿多彩的西藏传统建筑，成为我国传统建筑中独树一帜的一个重要分支。

## 第一节　西藏自然地理环境

### 一、区位

在距今约2.8亿年的早二叠纪之前，今天的青藏高原还属于一片被称之为"特提斯海"或"古地中海"的辽阔海域。这片海域横贯现在欧亚大陆南部，与北非、南欧、西亚、东南亚的海域沟通，南北两侧是已经被分裂开的原始古陆，当时的气候温暖，海洋动植物发育繁盛。到了2.4亿年前，由于板块运动分离出来的印度板块开始以较快的速度向北侧移动和挤压亚洲板块，强烈的褶皱断裂和抬升促使今天的昆仑山和可可西里地区成为陆地。大约2.1亿年前，特提斯海北部再次进入构造活跃期，北羌塘、喀喇昆仑山、唐古拉山、横断山脉也露出了海面。8000万年前，印度板块继续向北漂移，再一次引起了强烈的构造运动，冈底斯山、念青唐古拉山急遽上升，藏北地区和藏南部分地区也脱离海洋成为陆地。由此在地质学上被称之为"喜马拉雅运动"的构造运动形成了青藏高原的基本格局。当时的这片区域地势宽阔舒缓，河流纵横，湖泊密布，其间有广阔的平原湿润，丛林茂密。随着印度板块的逐步推进，不断向亚洲板块下插入，青藏高原进一步抬升，经历数次快慢不一的上升过程后，逐渐演进成了今天的高原地貌。在距今约一万年前，高原抬升速度更快，使青藏高原成了"世界屋脊"。

西藏自治区（图1-1-1）就处在青藏高原西南部，除了喜马拉雅山南麓小部分地区外，其余均属青藏高原范畴，占据了青藏高原的大部分。北邻新疆，东北是同属青藏高原的

图1-1-1　西藏自治区地图（审图号：藏S（2017）015号）

青海，东接四川，东南接云南；西和西南则与缅甸、印度、不丹、尼泊尔、克什米尔等国家和地区接壤，拥有4000多公里的国界线，是我国西南边陲的重要门户。作为青藏高原这片世界上最高、最大也是最年轻的高原的主体，西藏呈现出与众不同的特点，深深影响了生活在这片土地上的人们的社会文化形态。

## 二、地形地貌和气候

西藏主要是由昆仑山脉、横断山脉和喜马拉雅山脉所围绕的高原，面积达122.84万平方公里，平均海拔4000米以上，远远超过同纬度周边地区。高山大川密布，地势险峻多变，各处高山参差不齐，落差极大，自然环境复杂，总体地势呈西高东低的特点。高原边缘区的起伏不平，存在巨大的高山山脉系列。这些山脉在西部及东北部等大部分地区呈东西走向，主要有喜马拉雅山、冈底斯山、念青唐古拉山、唐古拉山、喀喇昆仑山、昆仑山等。在东南部则是由伯舒拉岭、他念他翁山和芒康山等主要三条呈南北走向的山脉构成的横断山系。这些山脉与山脉之间为一个个起伏度较低的区域，既有夹在两组山脉之间的平行峡谷，也有宽谷、盆地和湖泊。相对而言，横断山系间通常是深而宽的峡谷，地形地貌多样，而其他地方则是相对较为宽阔的盆地以及相对较宽的河谷，盆地中湖泊星罗棋布。整个西藏的地形基本上可分为极高山、高山、中山、低山、丘陵和平原等六种类型，此外还有冰缘地貌、岩溶地貌、风沙地貌、火山地貌等，奇特多样，千姿百态。

西藏气候总体特点是：空气稀薄，气压低，氧气少；辐射强烈，日照充足；气温低，积温少，气温随高度和纬度的升高而降低，气温日较差大而年温差较小；干湿分明，多夜雨；冬季干冷漫长，大风多，夏季温凉多雨，冰雹多。西北严寒干燥，东南温暖湿润，自东南向西北依次有：热带、亚热带、高原温带、高原亚寒带、高原寒带等类型。可以分为喜马拉雅山南翼热带山地湿润气候地区、喜马拉雅山南翼亚热带湿润气候地区、藏东南温带湿润高原季风气候地区、雅

鲁藏布江中游（含三江河谷、喜马拉雅山南翼部分地区）温带半湿润高原季风气候地区、藏南温带半干旱高原季风气候地区、那曲亚寒带半湿润高原季风气候地区、羌塘亚寒带半干旱高原气候地区、阿里温带干旱高原季风气候地区、阿里亚寒带干旱气候地区及昆仑寒带干旱高原气候地区等十个气候区。

喜马拉雅山位于青藏高原南巅边缘，是世界海拔最高的山脉，西起克什米尔的南迦－帕尔巴特峰（海拔8125米），东至雅鲁藏布江大拐弯处的南迦巴瓦峰（海拔7782米），全长2450公里，宽200～350公里，由几列大致平行的山脉组成，呈向南凸出的弧形。其中海拔超过7000米的有40多座，超过8000米的有10多座，主峰珠穆朗玛峰海拔高达8844.43米，是世界最高峰。它是青藏高原南侧的边界，是东亚大陆与南亚次大陆的天然界山，也是中国与印度、尼泊尔、不丹、巴基斯坦等国的天然国界。喜马拉雅山脉在地势上北坡平缓，南坡陡峻。在北坡山麓地带，是青藏高原湖盆带，流向印度洋的大河，几乎都发源于其北坡，贯穿大喜马拉雅山脉，形成3000～4000米深的大峡谷，河水奔流，势如飞瀑。喜马拉雅山脉作为一个影响空气和水的大循环系统的气候大分界线，在冬季阻挡来自北方的大陆冷空气流入印度，同时迫使西南季风在穿越山脉向北移动之前散失大部分水分，从而造成南北两侧降水量的巨大差异，南侧的印度等地降雨量大，北侧的西藏干燥少雨，是影响西藏高原气候特征的一个重要因素。

雅鲁藏布江，发源于喜马拉雅山北麓的杰马央宗冰川，由西向东横贯西藏南部，绕过喜马拉雅山脉最东端的南迦巴瓦峰转向南流，经巴昔卡出中国境。雅鲁藏布江在西藏境内全长2057公里，南侧是喜马拉雅山而北侧是冈底斯山和念青唐古拉山。整个流域分上游、中游、下游三段，其中杰马央宗曲至里孜段为上游，长约268公里，海拔高度4530～5590米，水面落差约1060米，河谷形态为高原宽谷类型，谷宽1～2公里，多汊流和江心洲，多沼泽和湖泊。里孜至米林县派镇段为中游，长约1340公里，海拔高度4600～2800米。米林县派镇至出境处巴昔卡为下游，长约496公里，水面落

差达到了2725米，在米林县至派镇里冬桥之间河段，围绕南迦巴瓦峰构成著名的"U"字形大拐弯。中游段峡谷宽窄相间，多雄藏布、年楚河、拉萨河、尼洋河、帕隆藏布等五大主要支流在这一段汇入其中，这些支流和干流的河谷一般宽2~3公里，最宽可达6~7公里，沿河长可达数十公里，灌溉方便，气候适宜种植，自古以来就阡陌相连，人烟稠密，是西藏最主要的和最富庶的农业区。西藏重要的城镇都坐落在流域内一些支流的中、下游河谷平原上，成为西藏工农业经济、贸易、政治文化和交通中心。年楚河发源于乃庆康萨雪山，流经江孜和日喀则两个后藏重要的城镇，在日喀则附近汇入雅鲁藏布江，沿途流域面积11130平方公里，自古农业发达，有"西藏粮仓"美誉，其中的日喀则是后藏的中心，江孜是古时西藏重要的交通要冲。拉萨河在藏语中称"吉曲"，发源于念青唐古拉山中段的罗布如拉，呈一个巨大的"S"形从东北向西南伸展，经墨竹工卡县、达孜县，最后经过拉萨市，在曲水县汇入雅鲁藏布江。拉萨河的干流全长568公里，流域面积31760平方公里，气候温和，地势平坦，土质较厚，水源充沛，土质较好，是西藏主要粮食产区之一。拉萨市既是前藏（卫）的中心，更是整个西藏的中心。雅砻河发源于雅拉香波山，在乃东附近汇入雅鲁藏布江，流域面积2230平方公里，沿途一片沃野，田畴广布。传说古时罗刹女与猕猴在此繁育了最早的人类，第一个统一西藏的吐蕃部落也起源于此，雅砻河是西藏古代文明真正的摇篮，藏民族的发祥地之一。雅鲁藏布江哺育着两岸百万藏族人民，繁衍发展了西藏的文明，雅鲁藏布江也可以说是西藏名副其实的母亲河。

藏北高原，藏语称"羌塘"，为"北方高平地"之意，是青藏高原重要的主体之一，位于冈底斯山—念青唐古拉山与昆仑山之间，中间还横亘着唐古拉山。南北最宽760公里，东西长约1200公里，面积59.70万平方公里，包括几乎整个那曲地区及阿里地区东北部，占青藏高原总面积的1/4。藏北高原平均海拔4000米以上，湖泊星罗棋布，总面积达2.14万平方公里，约占中国湖泊总面积的1/4。地势西北高东南低，在东南海拔较低的区域则世代生息着逐水草而居的藏

族游牧民，东北及北部则是大片的无人区，成为野生动物的乐园。虽然南北两侧的山脉构成了天然屏障，阻碍了人们的脚步，古来鲜有人跨越，但沿着东西走向则是一条古老的通道，向西一直跨过喀喇昆仑山，延伸到克什米尔直至古代的波斯，促进了古老文明的交流，至今在西藏的文化中仍然可以觅到踪迹。

与其他山脉走向不同的是，由伯舒拉岭、他念他翁山和芒康山等主要三条山脉组成的横断山系则是南北走向。区域内平均海拔4000米以上，山岭海拔多在4000~5000米，山与山之间则是金沙江、澜沧江和怒江等三江并流，三江之间极其狭窄，最窄处直线距离仅76公里，整个横断山系呈现山高谷深，落差极大的特点。清末黄懋材考察"黑水"源流时，因看到山脉和其间的澜沧江和怒江横阻断路，而给这一带山脉取了个形象的"横断山"名称。由于横断山脉造成的交通困难，许多地方很少受外来影响，形成了较为封闭的状态，因而保存了许多少数民族独特文化和未被破坏的自然景观，是世界上罕见的多民族、多语言、多种宗教信仰和风俗习惯的地区。然而在古代，对于西藏经济生活至关重要的茶马古道却必须穿越此地，由商旅所带来的文化也在一定程度上融入其中，至今在藏东南康区仍有浓厚的崇商传统。横断山系一带夏季气候温和湿润，冬季气候干冷，独特的南北走向使横断山系有利于暖湿气流的南北输送，成为印度洋暖湿气流的进入通道，带来丰沛雨水，因而降雨集中，但季节分布不均，蒸发量大，相对湿度小。地理位置处于中低纬度，峡谷高差悬殊，因而区域性差异大，气候垂直变化较大。整个地域日照充足，太阳辐射强，日温差大，年温差小。这一带气候温和湿润使得动植物资源丰富，是中国乃至全世界生物多样性最丰富、最集中的地区之一。

阿里位于西藏的最西部，总体气候干燥多风，降水量相当少，且季节性强，气温低且年温差和日温差都很大。境内有喜马拉雅山脉、冈底斯山脉、喀喇昆仑山脉等三条主要山脉，大致都呈东西走向，地势从南到北次第抬升，各大山脉主脊线逐渐降低。西北侧属于藏北高原的一部分，南部和西南部为深切的沟、谷及零星的冲积扇地带，东部及西北部

地势相对平缓，为宽谷和一望无际的草原戈壁。历史上阿里曾经被分为三块封地，称为"阿里三围"，即冰雪围绕的普兰、岩石围绕的古格和湖泊围绕的玛域。其独特的地理位置，赋予其一种独特的隐秘之美，也被称为"世界屋脊的屋脊"。境内冈底斯山的主峰冈仁波齐同时被多个宗教尊为神山，是雍仲苯教、印度教、藏传佛教以及古耆那教认定为世界的中心，玛旁雍错被藏传佛教和苯教尊为圣湖。狮泉河、象泉河、孔雀河均发源于此，其中噶尔沿狮泉河，古格沿象泉河，普兰沿孔雀河，三条河都先自东向西后转向南，流入印度后汇成印度河。在跨越一个相对苦寒的区域之后，沿三条河河谷地带人烟再次稠密，顺喀喇昆仑山一直延伸到印度拉达克，形成了一个相对独立的中心地带，并且具有自己独特文化特色的藏族聚集区域，历史上在接纳、消化、融合和传递方面发挥了重要作用，对西藏文化的形成发展产生了深刻的影响。

## 三、生态资源分布

西藏大部分地区光照充足，太阳辐射量大，富集充足的光照和巨大的光能。由于海拔高，空气稀薄洁净，尘埃和水汽含量少，大气透明度好，阳光透过大气层时，太阳辐射能量损失少，是我国太阳辐射量最多的地区。西藏各地全年平均日照时数在1550到3390小时之间，大部分地区都大于3100小时，平均每天4到9小时。其中拉萨为3005小时，平均每天8个多小时，素有"日光城"之美誉。

西藏有"亚洲水塔"之称，是中国河流与湖泊最多的省区之一。据不完全统计，流域面积大于1万平方公里的河流有20余条，流域面积大于2000平方公里的河流有100条以上，除了雅鲁藏布江、金沙江、怒江和澜沧江，亚洲著名的恒河、印度河、布拉马普特拉河、湄公河、萨尔温江、伊洛瓦底江等河流的上源都在这里。西藏不仅是中国最大的湖泊密集区；也是世界上湖面最高、范围最大、数量最多的高原湖区，整个高原上点缀着大小湖泊1500多个，湖泊面积为24183平方公里，约占中国湖泊总面积的三分之一。其中面积超过1000平方公里的有纳木错、色林错和扎日南木错等，超过200平方公里的湖泊有23个，超过100平方公里的湖泊有47个，面积大于1平方公里的湖泊有612个。除此之外西藏地高天寒，还分布大量的冰川，我国冰川面积约44000平方公里，而西藏则占了一半多，达27000多平方公里，最大的念青唐古拉山南坡易贡湖北面的卡钦冰川长度达35公里。这些冰川储水量超过1000多立方公里，成为一座座天然的固体水库，为河流湖泊提供水源补给，也为农区提供了充足的灌溉水源。

西藏农牧业资源丰富，是我国五大牧区之一，全西藏土地总面积的68%都是天然草地，约8200多万公顷，约占全国天然草地面积的21%。同时草地种类也居全国之首，全国18个草地种类中，西藏就占了17个。这些天然草地同时也是维护西藏乃至全国生态安全的重要屏障。西藏农用地面积为11.64亿亩，农业主要分布在雅鲁藏布江沿岸和支流，还包括金沙江、澜沧江、怒江等河谷平原，有"高原粮仓"之称。主要农作物有青稞、冬小麦、春小麦、豌豆、蚕豆、马铃薯、油菜、甜菜等。部分地区可种植水稻、玉米、大豆、绿豆、花生、烟草、大白菜、菠菜、萝卜，以及荞麦、鸡爪谷、南美蒜等。总体来说，西藏的农区是西藏地区自然条件较好的地区，一般地势平坦，海拔较低，水资源丰富，同时适合农业和牧业发展。

西藏森林资源丰富，是全国五大林区之一，森林面积717万公顷，活立木蓄积量达20.91亿立方米，居全国第二，也是我国现存最大的原始森林。森林树种以云杉、冷杉为优势，其蓄积量约占总蓄积量的66%。树种有喜马拉雅云杉、丽江云杉、川西云杉、长叶云杉、林芝云杉、菝麦云杉等13种，冷杉属有喜马拉雅冷杉、急尖长苞冷杉、黄果冷杉、察隅冷杉、亚东冷杉等11种。其他针叶树种有高山松、乔松、云南松、华山松、长叶松、云南铁杉、大果红杉、西藏红杉、西藏柏木、巨柏等多种。阔叶树种极为丰富，海拔较高山地生长有常见于寒温带、温带耐寒性强的桦木、糙皮桦、山杨、多种杜鹃、多种蔷薇科灌木、亚热带常绿阔叶林、樟科、壳斗科、山茶科、林科、木兰科等乔灌木占优势。

丰富的气候条件和地理环境造就了丰富和独特的西藏植物资源，是一个物种多样、植物资源集中的省区，目前已知的高等植物有6400多种，其中维管束植物5700多种，苔藓植物700多种，隶属270多科，1510余属。其中木本植物1700多种，阔叶树种更为丰富，几乎包含了北半球从热带到寒带的各种植物物种科属和生态类型，有北半球所有生态类型中主要科属植物代表。藏西吉隆、亚东、羌塘等地，藏东南墨脱、察隅和珞隅等地构成了中国少有的天然植物博物馆。藏北地区有100多种植物品种。同时西藏还保留了一部分古老的植物种群，是全球最丰富、最独特的野生植物宝库。目前已知的野生植物有6897种，其中苔藓植物754种；蕨类植物386种；裸子植物56种；被子植物163科，1164属，5701种，并且有铁杉、红面杉、澜沧黄杉和短柄垂子买麻藤等珍稀的子遗植物。在植物系统演化方面比较原始而古老，如五味子科、木兰科、樟科、番荔枝科、金缕梅科中的许多树种。西藏境内不同地区之间，由于高山峡谷的阻隔和交通的不发达，特别是藏东横断山脉与三条大江贯穿南北的特殊走向，使各类作物品种资源及其野生近缘植物的原始种类和古老类型得以保存下来。

西藏地形地貌复杂多样，河流湖泊众多，人口密度低，森林、草场类型丰富，为野生动物繁衍生息提供了良好的条件。到目前为止，西藏境内已发现野生哺乳动物142种，鸟类488种，其中有22种西藏（青藏）高原特有种。爬行类56种，两栖类45种，鱼类68种。野生脊椎动物共计799种。多样的物种构成了西藏的动物资源优势。在西藏及其周围水域分布有多种特殊的裂腹鱼类，其种类和数量均占世界裂腹鱼类的90%以上，其中西藏裂腹鱼、横口裂腹鱼、墨脱裂腹鱼等是西藏高原特有的珍贵鱼类。西藏地区昆虫有2307种，其中中华缺翅虫、墨脱缺翅虫是中国的重点保护动物。另外西藏水生生物中的浮游动物760多种，昆虫208种，水生植物中硅藻类共计340种。西藏动物的种类和数量比较多，其中濒危物种占全国的三分之一，保持了生态系统中比较完整的生物链。[1]

# 第二节　西藏人文社会环境

## 一、西藏历史沿革简述

西藏是我国藏族文化历史的发源地。考古学材料证明早在几万年以前的旧石器时代晚期，西藏高原就有了人类活动，从而揭开了西藏地方历史的序幕。到了新石器时代，西藏高原上的人类分布更加广泛，藏南雅鲁藏布江流域和藏东三江流域河谷地带是其主要活动地区。乃东、拉萨、林芝、墨脱等地发现的新石器时代文化遗存，特别是1978年发现的昌都卡若新石器时代村落遗址，说明四五千年以前，西藏地区已出现了堪称发达的远古文化。

藏族民间流传有藏区最初由"神猴"与"岩魔女"相结合始有人类，称为吐蕃"猿猴"种系的说法。这种说法见于14世纪成书的苯教史《雍仲苯教目录》和佛教史书《红史》等。相传这些最早的原始人类，居住在今西藏雅鲁藏布江南岸的泽当一带的雅隆地区，后来分成赛、穆、顿、东四个氏族，或者加上查、楚，总为六氏族，或六人种。分别住在雅隆河谷的索塘、泽塘、沃卡久塘、赤塘等地，以采撷为生，最初没有"王"，过着原始生活。

公元前3世纪左右，聂赤赞普作为雅隆部落第一个王出现在西藏历史上，建立了部落奴隶制的博王国。聂赤赞普建雍布拉康宫，"定君臣之分"、"三舅臣"、"四大臣"、"父王六臣"分掌军政事务，建立军队保卫赞普和抵御、征伐外部敌人，并大力扶植苯教，建雍仲拉孜寺，宣扬王权神授，维护以赞普为首的奴隶主阶级的利益。

公元5世纪、公元6世纪时，奴隶制社会有了长足的发展。以雅隆部落为主建立的博国，大量繁殖杂牲畜骡和犏牛以作耕畜，广泛使用铁制农具，沟通湖泊，建池蓄水，灌溉农业有了显著发展，畜牧业已知储草过冬。生产的发展，促进交换的繁荣，出现了固定的量器，有了一定的比价。以强大的经济实力为基础，博国的统治者后兼并了吉曲（拉萨

---

① 周润年，狄方耀. 西藏社会可持续发展研究[M]. 北京：中央民族大学出版社，2018.

河）流域的补尔哇和年楚河流域的藏蕃等奴隶制小邦，将今尼木、堆龙、拉萨、达孜、彭波、墨竹工卡等前藏各地和以日喀则为中心的后藏大部分地区置于赞普的统治之下。

公元7世纪初，朗日伦赞的儿子松赞干布继任赞普，迁都逻些（拉萨），降服苏毗，征服羊同，逐步统一了西藏高原，建立了统一的奴隶制吐蕃王朝。松赞干布将吐蕃全境划分为六如：卫如、叶如、藏如、约如、羊同如、孙波如，每如又划分为上下两个支如，以马匹和旗帜的不同颜色为区别。除孙波如下设11个千户府，其他各如均下设10个千户府，为维护奴隶主阶级的利益制定了严酷的法律。松赞干布非常重视发展吐蕃的社会经济，规定了统一的度量衡制，大力奖励垦荒，兴修防旱排涝设施，整修商道，保护商旅，积极发展贸易。松赞干布时期，吞米桑布扎创立和完善了藏文。松赞干布采取一系列措施，积极加强与唐朝的密切联系，大力吸取中原地区先进的汉族文化。松赞干布以后的百余年里，吐蕃王朝发展到鼎盛时期。自公元8世纪中叶起，吐蕃社会内部的各种矛盾日趋激化，开始转向衰落。公元9世纪中叶，吐蕃统治集团内部矛盾更加激烈。统治集团的混乱在公元869年引起平民百姓的反上之乱（或称奴隶平民大起义），公元877年起义军发掘赞普王陵，逐杀王室和贵族，吐蕃王朝彻底崩溃。

吐蕃王朝崩溃后，青藏高原上一直未能建立起大的统一政权，史称分裂割据时期。从10世纪初至13世纪初，处于分裂中的藏族社会逐步完成了由奴隶制向封建制的过渡。"奚卡"（封建领主庄园）作为一种基本的土地经营方式大量出现，少数吐蕃王朝时期的奴隶主贵族残余逐渐变成了割据一方的封建势力。西藏确立封建农奴制的过程，也是佛教在西藏再度兴起并与世俗封建势力日益紧密结合的过程。11、12世纪时，西藏地区先后形成了宁玛、噶当、萨迦、噶举等佛教派别，以及后来从噶举派派生出来的许多支系。这些佛教派系分别与一定的封建割据势力结合在一起，以僧俗一体、政教不分的形式出现在社会上。

1271年蒙古大汗忽必烈定国号为元，乌思藏（今西藏中部、西部及其迤西地区）、朵甘等地成为统一的多民族的大元帝国的一部分，西藏地方从此正式纳入中国中央政府的直接管辖之下。元朝统一中国后，根据藏族地区的实际情况，采取了一系列影响深远的施政措施。首次设置中央机构总制院（1288年改称宣政院），掌管全国佛教事务及西藏等地的军政事务，八思巴以国师身份领导总制院；在西藏清查民户、设置驿站、征收赋税、驻扎军队、任命官员，并将元朝刑法、历法在西藏颁行；任藏族僧俗担当从中央到地方高级官吏，乌思藏、朵甘等地行政机构之设裁及官员的任免、升降、赏罚，皆听命于中央；划分西藏地方行政区域，在藏族地区设了三个不相统属的宣慰使司，均直属宣政院管理，也就是藏文史书中所说的"三区喀"。元代对于行政区域的划置，成为此后西藏行政区划沿革的基础。

1368年，明朝取代元朝，采用收缴元朝旧敕旧印，换发明朝新敕新印的形式和平过渡，继承了对西藏地方的国家主权。明朝没有沿用元朝的职官制度，而是建立了一套别具特色的僧官封授制度。各地有代表性的政教首领人物，明朝均赐封以不同的名号，颁给他们印章和封诰，命其管理各自的地方，其职位的承袭须经皇帝批准，皆可直通名号于天子。与元朝不同的是，明朝采取了"多封众建"，对据有实力的佛教各派领人物都赐加封号。明朝共敕封过三大法王和五个王，史称"明封八王"，但在名义上却委托帕竹一派行使西藏地方政权。萨迦派的权势早在1354年，即被以绛曲坚赞为首的帕竹噶举派所取代，绛曲坚赞被元朝封为大司徒，建立了政教合一的帕竹地方政权。从绛曲坚赞开始，帕竹地方政权在卫藏各要冲地点，兴建了13个宗（县），整顿了原有的4个宗，委派宗本管理各宗行政事务。在行政区划与军政机构设置上，明朝在西藏基本上承袭了元朝的划置方式。在元代乌思藏宣慰司、朵甘宣慰司故地，明朝设立乌思藏、朵甘两个卫指挥使司和俄力思军民元帅府。后来，又将乌思藏、朵甘两个卫指挥使司升格为行都指挥使司，其下设指挥使司、宣慰司、招讨司、万户府、千户所等机构。各级军政机构的官员，均封委当地的僧俗首领出任。各级官员之任免、升迁，概由明朝中央直接决定，并颁授印诰等。

1644年，清朝定都北京，进而统一中国。清朝循历史定例在西藏行使主权，只要前朝所封官员进送旧朝印信，即改授新朝印信，其原有地位不变。清初，西藏地区处于蒙古和硕特部的军事控制之下，在蒙古军队的支持下，15世纪开始创建的格鲁派（黄教）此时已在西藏各教派中取得了绝对优势。清朝一方面敕封和硕特蒙古领袖固始汗为"遵行文义慧敏固始汗"，让他以汗王身份代表清朝中央管理西藏地方，同时藏传佛教格鲁派五世达赖喇嘛应召到北京觐见清世祖顺治皇帝，受到清朝正式册封，后来五世班禅又受到康熙皇帝的册封。达赖喇嘛和班禅额尔德尼的封号和他们在西藏的政治宗教地位由此被正式确立，此后历世达赖、班禅须经中央政府册封遂成定制。黄教寺院集团在得到清朝中央的支持以后，势力愈来愈大，不但掌管教派，而且影响到重要政事。蒙古汗王与黄教集团之间，终于产生了巨大的矛盾。1709年，清廷认为"西藏事务不便令拉藏汗独理"，遣侍郎赫寿赴藏"协同拉藏办理事务"。1721年，清廷废陈了西藏的第巴职位，任命四名噶伦共同管理西藏事务。1727年，清廷正式设立驻藏大臣办事衙门，派遣办事大臣和帮办大臣二人常驻拉萨，督办西藏事务。1751年，清廷建立噶厦作为西藏地方政府。1757年，七世达赖圆寂，清廷委派第穆呼图克图摄理西藏政教事务，确定了西藏地方政府的摄政制度。清朝对西藏的施政管理作了重大而全面的调整：设置驻藏大臣总揽全藏；调整西藏地方的政教管理体制；赐封达赖喇嘛、班禅额尔德尼名号，并确定了金瓶掣签制度；确立西藏地方涉外事务、边境国防的决定权归中央等原则；勘定今西藏与青海、四川、云南间的界线；规定达赖喇嘛、班禅额尔德尼的辖区及权限，划分了驻藏大臣直辖区。

1911年辛亥革命推翻了封建帝制，次年建立了中华民国。《中华民国临时约法》中明文规定：西藏是中华民国22行省之一。此后正式颁布的《宪法》等法律法规，也都明确规定西藏是中华民国的一部分。1912年7月，民国政府设立管理蒙藏事务的中央机构——蒙藏事务局（1914年5月改称蒙藏院），并任命中央驻藏办事长官，直属国务总理，履行清朝驻藏大臣职权。1929年蒙藏院改制为蒙藏委员会。1940年4月，蒙藏委员会在拉萨设立驻藏办事处，作为中央政府在西藏的派出机构。

1951年5月23日，中华人民共和国中央人民政府与西藏地方政府签订《中央人民政府和西藏地方政府关于和平解放西藏办法的协议》（通称《十七条协议》），西藏和平解放。1956年4月22日，西藏自治区筹备委员会在拉萨成立，1965年9月9日，西藏自治区正式成立。

## 二、西藏人文四大板块

18世纪德国社会学先驱海尔德做过如下定义："各民族文化的变迁主要取决于以下几种因素：①地理状况与经济状况；②灾难与变迁；③游牧民族的掠夺和征服；④交通条件的改善"。一个民族的文化与其地理环境之间存在密切关系，西藏独特的高原环境，一方面地域面积十分广阔，同时不同地域之间也存在较大差异，因此决定了生活在这里的人们形成了在总体上一致而在很多细部却存在差异的特点。

藏族历史学者习惯把广阔的藏族地区分为三大区域，即上区阿里三围，宛如池塘，高耸着著名的雪山和山脉；中区卫藏四茹（有的版本作卫藏四翼），犹如灌溉渠道，拥有广阔的草原和岩石；下区朵康六岗，恰似无垠的田野，分布着森林和植物。这是西藏古老的地理概念，其中上和下是指从西至东的意思，西为上东为下，也就是西部的阿里三围、中部的卫藏四茹、东部的朵康六岗。

如果考虑其自然地理环境，生产生活形态，特别是语言的一致性，习惯上又可以分成卫藏、安多、康区三大块。[①]以拉萨为中心向西辐射的区域大部叫作"卫藏"，是整个藏区（除西藏外，还包括青海、四川和云南部分区域）政治、

---

①  格勒. 藏学. 人类学论文集[M]. 北京：中国藏学出版社，2002.

宗教、经济、文化的中心。念青唐古拉山—横断山以北的藏北、青海、甘南、川西北大草原叫作"安多"，是万里无垠的广阔草原，所以安多藏区以出良马、崇尚马而闻名。"康区"位于横断山区的大山大河夹峙之中，具体说来就是川西的甘孜、阿坝两个州、西藏昌都市、云南迪庆州和青海玉树州，康区以康巴人独特的气质而闻名。

阿里在一般情况下通常归属到后藏，但实际上阿里与后藏之间还相隔着一片人烟稀少的地带，在一定程度上影响着它与后藏的往来，而与邻近的其他地方则有较多的便利。这片人烟稀少的地带也是几条重要河流的发源地，向西是著名的雅鲁藏布江，而向东则是狮泉河、象泉河和孔雀河，这三条河分别跨越喜马拉雅山进入印度，汇流成印度河。在沿河两岸，同样是和雅鲁藏布江流域相似的环境，滋养了两岸的人们。由于地理环境的不同，使其在人文形态上也呈现出独特的一面，虽然面积相对较小，也可以认为是一个独立的板块。

西藏是在吐蕃时期由松赞干布的吞米桑布扎创立了文字，以此为基础才开始有了历史记载，可以提供较为准确的依据。所以这四大板块的划分，更多是从现实层面的理解。

### 1. 卫藏

一般认为"卫藏"是吐蕃的本土，"卫藏四茹"是其最基本的成分。今天"西藏"一名也由来于"卫藏"，据陈庆英先生考证，系清代满文中"西"字发音与"卫"大致相同，故将"卫藏"讹传为"西藏"，并最早出现在写于康熙五十九年（1720年），立于雍正二年（1724年）的御制平定西藏碑中，从此成为今天西藏的正式地名。地理位置上，卫藏以雅鲁藏布江流域为中心，南至喜马拉雅山脉北侧，北以冈底斯山脉和念青唐古拉山脉南麓大断裂带为界，东界大致在波密附近，西界则可延伸至今拉孜、萨嘎附近的农区边缘，也就是里孜马泉河与雅鲁藏布江分界点附近。再细分则为"卫"（前藏）和"藏"（后藏），卫和藏则以拉萨河（吉曲）与雅鲁藏布江交汇处的岗巴拉山为界。

（1）卫藏是西藏文明的肇始之地

卫藏区域河流宽谷与盆地相间，平均海拔约4000米左右，土地肥沃、雨量充沛，适于农作物生长，是孕育藏文明的摇篮。《国王遗教》中记载："藏族人的形成过程是观世音菩萨的化身父亲猕猴绛曲赛贝和母亲至尊度母的化身罗刹女结为夫妇生下猴崽，他们演变为四部，即四氏族：赛、穆、顿、东，从此发展成为藏人"。对此《西藏王统记》、《西藏王臣记》、《贤者喜宴》等书中也有类似记载，说青藏高原上藏族的远古先民是由猕猴与罗刹女相结合所繁衍的后代，其发祥地就在今西藏自治区山南市的泽当，在泽当贡布日神山上有一个"摘邬洞"便是传说中猕猴当时居住的处所。泽当则位于雅鲁藏布江与支流雅砻河交汇处，可以说卫藏是西藏人文肇始之地。

（2）历史上西藏地方的行政中心在卫藏

松赞干布的父亲朗日伦赞统治时，占领了拉萨地区。松赞干布继位后，将根据地从山南移到拉萨。约公元633年，松赞干布在拉萨建立了强大吐蕃王朝。吐蕃王朝建立以后，开始造宫堡，修河道，建寺院，奠定了以大昭寺和小昭寺为中心的拉萨城市雏形，自此拉萨（图1-2-1）开始成为整个西藏的中心。至清代，格鲁派成为西藏地方政权的执政教派。五世达赖喇嘛时期，建立了强有力的地方政权，在哲蚌寺的甘丹颇章处理政务，称甘丹颇章政权。1645年开始重建布达拉宫，1693年工程竣工后，由哲蚌寺甘丹颇章迁至布达拉宫，拉萨仍然是西藏地区的政治权力中心。时至今日，西藏自治区的首府仍为拉萨。拉萨沿雅鲁藏布江重要支流吉曲（拉萨河）两岸而建，其上游距市区北面240公里的林周县唐古乡境内，有"噶当派"创始人仲敦巴创建于1057年的西藏第一座"噶当派"寺庙热振寺。自此地开始一直到与雅鲁藏布江交汇处，沿拉萨河两岸土地肥沃，阡陌纵横，人烟稠密，物产丰富。

14世纪初，大司徒绛曲坚赞建立了帕竹王朝后，设了13个大宗奚，最后一个宗便叫作桑珠孜，取名为奚卡桑珠孜，简称为奚卡孜。元至正二十年（1360年）开始在宗堡建造宗堡，逐步开始发展成为今天的日喀则市。明正统十二年（1447年），宗喀巴弟子根敦珠兴建了扎什伦布寺。1601年，四世班禅大师罗桑曲结坚赞（1570—1662年）就任扎什

图1-2-1  拉萨老城（来源：左兴华 摄）

伦布寺第十六任赤巴，到各地讲经说法，募集资金，扩建寺院。扎什伦布寺成为格鲁派在后藏最大的寺院，取得了与拉萨三大寺同等的地位。从四世班禅起，历代班禅成为扎什伦布寺当然的法台，日喀则成了后藏的中心。雅鲁藏布江和其支流年楚河、朋曲河沿岸的河谷地带主要由江孜一日喀则平原和拉孜一仁布宽谷组成，这些谷地坡度平缓，土层深厚，气候宜人，水源较充足，历来就是西藏粮食的重要出产地（图1-2-2）。其中发源于乃庆康萨冰川的年楚河是雅鲁藏布江各支流中流域面积最大河流，在江孜以下河谷开始变得开阔，地势起伏小，形成低山、丘陵宽谷，流域土地肥沃，物产丰美，自古是西藏发达的农业区，有"西藏的粮仓"之称。

萨迦派的主寺萨迦寺位于西藏自治区日喀则萨迦县本波山下，"萨迦"系藏语音译，意为灰白土。1073年（北宋熙宁六年），吐蕃贵族昆氏家族的后裔昆·贡却杰布（1034—1102年）发现本波山南侧的一山坡，土呈白色，有光泽，现

瑞相，即出资建起萨迦寺，逐渐形成萨迦派。萨迦寺用象征文殊菩萨的红色、象征观音菩萨的白色和象征金刚手菩萨的青色来涂抹寺墙，所以萨迦派又俗称为"花教"。八思巴担任萨迦法王时管理卫藏十三万户，萨迦寺是地方萨迦王朝的中心。

1158年（南宋绍兴二十八年），噶举派僧人多吉杰布在雅鲁藏布江北岸的帕竹地方兴建丹萨梯寺，此寺集徒传法10余年，发展成为帕竹噶举派，此寺遂成为该派的主寺，多吉杰布本人也被称为帕木竹巴。元代分封乌思藏各地方势力为万户，帕木竹巴名列十三万户之一。后来朗氏家族兼握帕竹地方政权和当地政务大权，成为控制乌思藏大部分地区的一个新的西藏地方政权。1354年利用萨迦派内讧之机，发兵包围萨迦寺，兼并了后藏大部分地区，萨迦地方政权崩溃。帕竹地方政权取代萨迦，成为卫藏大部分地区的统治者。

（3）独特的藏传佛教文化中心

在建立吐蕃之前，西藏崇信本土的"苯教"。在文成公

图1-2-2　日喀则农田（来源：蒙羽轩 摄）

主和尺尊公主的共同影响下，松赞干布开始崇信佛教，并认识到佛教在维系其统治当中的巨大作用。他派遣十六人到印度学习梵文和佛经，回来后创造了藏语文字并开始翻译了一些佛经，并制定法律明令人民要虔信佛教，佛教开始在吐蕃传播开来。赤松德赞和之后的三位赞普也都大力扶植佛教，僧侣免于赋税和体力劳动；王宫内设置供奉佛、法、僧"三宝"的道场，让僧人参与国政。赤松德赞迎印度僧人寂护和莲花生入藏，建立了西藏第一座佛、法、僧"三宝"齐全的桑耶寺，聘请译师从梵文翻译大批佛典，同时也从汉文翻译一些佛经。吐蕃历代赞普中的松赞干布、赤松德赞、赤祖德赞在推动佛教在西藏的传播和发展起到了巨大的作用，历史上称这三代赞普为"祖孙三王"。

吐蕃朗达玛为赞普后，展开了大规模的灭佛。朗达玛灭佛一百年之后，佛教后来由原西康地区和卫藏地区再度传入，西藏佛教又得复苏。朗达玛灭佛之前佛教在西藏的传播称为藏传佛教的"前弘期"，之后称为"后弘期"。藏传佛

教后弘期从卫藏和阿里两条路线再次传入，称为上路弘传和下路弘传。此后，藏传佛教得以不断发展，形成了不同的支派，并逐渐在政治、经济、文化领域不断渗透，形成了独特的政教合一的体系。

卫藏地区许多规模大小不一和不同门派的藏传佛教寺院，是举行盛大法会、高僧辈出的地方。

## 2. 安多

位于青藏高原东北部的安多，范围包括今西藏那曲（图1-2-3）、甘肃藏区、青海藏区和四川的阿坝藏区，实际上西藏境内属于安多的区域范围相对较小。"安"在藏语里实发"阿"音，《多麦佛法源流》（又译为《安多政教史》）中说取阿庆岗嘉雪山和多拉山的第一个字，构成了安多的称谓。安多地处藏区东北部的边缘地带，处于和外界交流的前沿地带，自古以来就与东边的汉文化和北方的阿尔泰文化联系密切。

图1-2-3　那曲草原（来源：白宁 摄）

　　古代史学家们的观点认为真正的吐蕃人是羌族人的一支，当在雅砻地区出现了吐蕃藏族王权的时候，羌族居民所建立的两个重要小邦占据了今之康地，位于吐蕃东部的"东女国"和附国，这些羌族人与吐蕃东北部属于突厥—蒙古种人的苏毗人和更偏北的吐谷浑人关系密切。在更为古老的时代，羌人也在同一地区吞并了一个印欧语言的民族的残余势力——月氏人。在公元6～7世纪吐蕃王权迅速向东北方向扩张，苏毗和吐谷浑人被征服，并且很快就被同化成了吐蕃的一些氏族。至元代，萨迦班智达于1247年拜见蒙古阔端王，蒙古军队随萨班入藏，并完成了占领，自此开始西藏纳入中国版图。一直到清康熙五十九年（1720年），占据西藏的准噶尔军队被全部驱逐，西藏都和蒙古保持极为密切的关系，并在各个方面深受其影响。而从地缘上，首当其冲的便是安多地区，至今还能从西藏最大的咸水湖纳木错的另一个名字"腾格里淖尔"窥见其影响。除此以外，历史上这里也是多民族聚居的地方，吐蕃、匈奴、吐谷浑、蒙古、土、回、撒拉等族的先民们，在历史的变迁中也相互融合与交流，逐步形成了今天独特的安多文化。由于安多地区受蒙古族和汉族影响极大，所以在习俗和体形特征等方面，也有这两个民族的明显特点。

　　安多地区有广阔无垠的大草原，数百条长年不断流的河流和季节性流水的间歇河流，加上分布甚广的湖泊，到处都是优良的天然牧场，藏族地区最丰美的草原大多集中在安多。草原为藏族游牧民提供了生存空间，并相应地产生了高原游牧文化，即适宜于高海拔地带的一种生活方式，积累了丰厚而实用的高原生存经验。家庭以一夫一妻为主，按性别年龄分工劳动，男外女内，自给自足，以物易物为主的农牧交换作为生活与经济的补充。按部落聚居，分小股群落散牧，把部落看作是一种个人依附和情感寄托的复合群体。在地广人稀的艰苦环境中，人与人在艰难的环境中互相依托、合作才能生存，重视群体意识、服从群体、维护群体成为传统的行为准则。

安多盛产良马，在古代马是最好的代步工具，大大缩短了人们空间上的距离，促进了和周边的交流融合，同时马还是四处征战的法宝。

### 3. 康区

据藏文史书记载，所谓"康"并无固定的疆域，习惯上是指丹达山以东一带地区。"康"这个藏语名称是唐代以后才出现的，其含义据《白史》中的解释："所言康者，系指其边地"，因此可以理解为以卫藏为中心的边地。康区地域范围大致包含西藏的昌都（图1-2-4），四川甘孜、阿坝，云南迪庆，青海的部分地区，大部分处于横断山区的大山大河夹峙之中。其所处三江流域土地丰饶，物产丰富，20世纪70年代对卡若遗址的发掘表明，在距今4000~5000年前的新石器时期，这里便产生了发达的文明。对于康巴人的先祖，有多种说法。普遍认为是西羌的后裔，但在西方认为，康巴人是亚历山大大帝东征留下的雅利安人后裔。吐蕃时期，这里是著名的东女国和苏毗王国的所在地。

历史上称康区为"四水六岗"，反映出了康区多山多水的地理环境特点。因处在西藏与四川、青海、云南交界的咽喉部位，虽然有大江大河阻隔，但自古以来许多重要的路线还是在这里汇集，形成了著名的"茶马古道"。今日我们所谓的"茶马古道"，实为源自古代的"茶马互市"，即先有"互市"，后有"马道"或"古道"。它主要穿行于今藏、川、滇横断山脉地区和金沙江、澜沧江、怒江三江流域，是以茶马互市为主要内容，以马帮为主要运输方式的一条古代商道，也是我国古代西部地区以茶易马或以马换茶为中心内容的汉藏民族间的一种传统的贸易往来和经济联系之道。这种贸易有悠久的历史，远在唐朝就已有文献可考。直到近代，人们仍然在这些路上从事着大量的商贸活动，用内地的丝绸和茶叶换取工布的草药、羊毛、皮货和西藏中部的藏香。茶马互市的发展和茶马古道的繁荣，促进了川藏和滇藏沿线高原城镇化的发展。"茶马古道"的繁荣，极大地促进

图1-2-4 昌都山谷（来源：李佳 摄）

了民族交往和经济、文化的融合。

康区自古以来就是一个多种民族、多种文化产生和发展的地方，司马迁发现此地民族实在太多，无法进行记录，只能以"皆氏羌"而概括。直到今天，康区仍然保留着多民族、多语言、多宗教文化的特点。地处经济、文化交流和军事前沿的康区，较早地接受了来自青海、甘肃等地的黄河文化和来自四川、重庆的巴蜀文化、长江文化，居住于此地的藏、汉、彝、纳西、羌、傈僳等多民族文化相互影响，彼此融合，兼收并蓄，求同存异，形成了既有多方位、多民族文化复合，又有独特个性，兼容、开放并具有丰富内涵和底蕴的康巴文化。

康区人被称为"康巴"。康巴男人恩怨分明，彪悍神勇；康巴女人们，却是难以言状的妩媚。

### 4. 阿里

"阿里"在藏语中为"属地"、"领地"（图1-2-5），在史书记载中被称为"象雄"或"羊同"。据敦煌古藏文文书记载，象雄是青藏高原的十二小邦之一，曾遣使至唐。羊同经过逐步发展，在约公元4~5世纪建立了象雄王国，鼎盛

时将地域划分为内中外三部，内象雄大体为今阿里地区所辖范围。公元7世纪吐蕃王朝建立之后，派兵征服了象雄，象雄随之归入吐蕃版图，吐蕃实现了全境的统一，自此有了"阿里"的称谓。吐蕃通过广阔的象雄旧地，北上葱岭入西域而进取中亚，南下喜马拉雅而进入南亚，构成吐蕃称雄欧亚辉煌历史中重要的环节。公元9世纪，吐蕃王朝分崩离析，吉德尼玛衮逃至羊同的扎布让，娶羊同地方官之女没卢氏为妻，生三子，等到他的三个儿子长大成人后，他将阿里分为三块分封给三子，形成了"阿里三围"。长子日巴衮占据芒域，以今克什米尔的列城为中心，后成为拉达克之首领；次子扎西德衮占据普兰，以今西藏普兰县为中心，成为当地的首领；三子德祖衮占据扎布让，继承其父的事业，以今西藏札达县为中心，成为古格之首领，分别成为拉达克王朝、普兰王朝和古格王朝。普兰被称为云彩汇集的地方，古格被称为云彩弯弯的地方，芒域被称为云彩最高的地方。后来三部分逐渐被德祖衮建立的古格王朝吞并统一，并在13世纪随西藏一起归属元朝。

早在唐代，中国与外界的交流主要是通过陆路，其中最广为人知的是从甘肃、青海、新疆再到西亚的"丝绸之

图1-2-5 阿里神山圣湖（来源：蒙羽轩 摄）

路"。而另一条从四川西部经玉树到吐蕃，再经小羊同走向西亚的路，因为走的人少而不被熟知。这条路也可到达当时的波斯，成为西藏和波斯之间文化交流的主要通道。根据唐义净《大唐西域求法高僧传》卷上记载的内容来看，玄奘是从阿里进入印度的。随后走过这条路的僧人还有道希、玄台、道却、道升、玄惠等。公元7世纪形成的以巴格达、开罗、科尔多瓦、西班牙为中心的阿拉伯文化，在医学、数学、历法、建筑等各方面取得重大成就，对亚洲、非洲、欧洲部分地区的科学文化发展影响甚大，同时也给西藏地区带来很大的影响。《白史》说："彼时其他国家与西藏关系最多者，厥为波斯等国。尔时波斯国中，非但盛行佛教，即哲理等学说，也无能比较彼国者。故西藏之王臣，似皆学波斯国之风俗。传说松赞干布以红绢缠头，披彩缎之斗篷，著钩尖革履等，亦皆同波斯之风俗……阿拉达克处，直到现在传为法王后裔者，于新年等节会，谓是往昔王之服饰，戴一顶钻形之帽，其顶细长角上有长寿佛像，用红绢缠缚，绢端于前交错等等。"经此通道，今天西藏地区广为人知的绿松石、天珠等珠宝和藏红花等进入西藏，西藏特产麝香作为高级香料进入波斯甚至罗马帝国，因此这条经济文化交流通道被称为"麝香之路"。

尽管在7世纪随着吐蕃的统一兼并而慢慢淡出历史的视野，但曾经灿烂的象雄文明却影响至今。栾建章先生撰文称："公元7世纪，松赞干布兼并统一西藏各部落，建立强盛的吐蕃王朝，西藏正史开始书写。而近几年考古发现纷纷证明：古象雄文明才是西藏文明真正的根。"作为西藏文化的根基，象雄人的宗教、文字等深刻影响了吐蕃以及后来西藏社会的各个方面。古象雄文化的痕迹贯穿于西藏的方方面面，从生产到生活，从民俗到信仰，古象雄文化的影子无处不在。藏文起源于象雄文，当年松赞干布派他的大臣吞米桑布扎创造藏文，最多只能叫象雄文字的改良。今天西藏的习俗和生活方式，有许多也是象雄时代留传下来的，比如转神山、拜神湖、插风马旗、插五彩经幡、刻石头经文、放置玛尼堆、打卦、算命，都有雍仲苯教遗俗的影子。至今世界各地的文化、艺术、宗教等领域依旧能够找寻到这些来自远古象雄的文明符号，至今依然能够看到来自远古象雄文化的遗存。

一方面深厚的底蕴影响深远，同时处在这个中亚、西亚、南亚、东亚的交汇处，本土文化和外来文化交汇融合，形成了阿里独具特色的人文形态。

# 第三节 西藏经济环境

## 一、西藏经济发展简要历程

据《贤者喜宴》记载，西藏最初的原始人类，也就是六个部落的人们"食自然之稻谷，衣树叶之衣，生活状况犹如林中之兽类"。《雍仲苯教目录》和佛教史书《红史》等形象地把这些人称为"食肉赤面人"。这些记载可以溯及几万年前西藏原始社会时期的经济状况，当时的农业、牧业都没有形成，人们过着以采集为生的原始生活。

大约在公元前4600年之前，西藏地区就已经发展到母系氏族公社阶段。西藏的农业至少起源于4000年前，这个时期，农业生产处于"刀耕火种"的原始状态。据卡若遗址中出土的大量石锄、石斧和粟米，表明当时的卡若人已以农业作为取得基本生活资料的重要来源。但由于这时的农业还很不发达，所以狩猎和采集仍是当时不可或缺的辅助来源。西藏畜牧业的出现也可追溯到4000年以前，如卡若遗址和其他一些文化遗址出土的兽类骨有牛、羊、猪、狐、狍、鹿、獐等，均属当时饲养的动物。人类文明社会的第一次大分工是畜牧业和农业的分离，这时畜牧业大概已从种植业中分离出来，成为独立的经营部门，标志着西藏经历了人类社会的第一次大分工。农业和畜牧业的分工，必然出现交换，但这时的交换还只是以物物交换的非商品形式进行的，还不能称之为商品交换。

《贤者喜宴》记载，雅砻悉补野部落布德贡杰在位时，已能"烧木为炭，炼矿石而成金银铜铁，钻木为孔做成犁及牛轭，开掘土地，引溪水灌溉，犁地耦耕，垦草原平滩而为耕地，因不能渡河遂于水上建桥，耕种庄稼之农事首始于此"。这时还发明了"熬皮制胶"，建造了青瓦达孜宫。这时原始手工业开始起步，标志着西藏开始了第二次社会大分工。随着农业、畜牧业和手工业的发展，交换活动也日渐频繁，随着交换的增加和范围的扩大，便开始出现了直接为交换而进行的生产，即商品生产。为适应这种商品经济发展的要求，作为交换过程中的一般等价物出现，最后金银被作为货币，用于商品交换中的支付。及至吐蕃王朝前期，生产工具的制造已经达到一定水平，生产力大大提高，劳动产品有了剩余，私有财产出现，商品贸易开始萌芽，吐蕃特产麝香作为高级香料运到了罗马帝国。

公元7世纪，松赞干布建立了吐蕃王朝。这一时期极力吸取邻近各族的先进思想、先进技术和文化，使社会生产得到进一步发展。农业"蓄山水为池，引下水为渠"，从自然农业向灌溉农业转化，耕地面积进一步扩大，先进耕作技术得到推广，广泛使用牲畜和农耕工具，种植品种增多，呈现出繁荣景象。畜牧业饲养的种类繁多，放牧方式由"逐水草以牧"逐步"储存山草和建立畜圈"，划分了草地类型，实行分区轮牧，畜产品除了满足需求，还与邻族交换，为以后的"绢畜贸易、茶马贸易"奠定了物质基础。手工业者有了木匠、石匠、铁匠等工匠，通过联姻和武力扩张引进先进技术、掠夺唐"义士"、"百工"和战俘，掀起了一场手工业技术革命，建立了制陶、冶金、纺织、建筑、酿酒、制墨等手工业，达到了"宝器数百俱，制冶诡殊"的水平。随着技术的广泛使用，建筑业发展迅速，兴建了大昭寺、小昭寺、布达拉宫、桑耶寺等大批建筑。自吐蕃之初就已开采金、银、铜、铁等矿产，采矿技术也有一定的发展。设立了专门的猎官和渔官管理狩猎活动，民间也有了采集药材的活动。生产的持续发展，社会分工加强，产品更加丰富，为贸易活动奠定了基础。制造了升、斗、秤等度量工具，专门设置了商官管理商业贸易活动。松赞干布以法律形式规定了升、斗等8种度量衡的形式，赤德祖赞时又增加了克、红斗、铜币、

桑拉铜币等度量衡单位。商品生产在品种上和规模上都有扩大，给商品交换带来了繁荣景象，不仅在品种和规模上，而且在方式和地理上表现出很强的互补性和区域性。本土贸易活动相当普遍，形成了一些重要的商业据点和新兴的商业集镇。以"茶马互市"为代表的互市贸易开始形成发展，吐蕃输出牛、马、羊及畜产品肉、酥油、乳、麝香、牦牛尾等，还有盐、硼砂、玉石等矿物产品和白银、工艺品及药材、土特产品。内地输入的商品有丝绸、纸张、墨、茶叶等，其中茶叶是输入量最大的商品。吐蕃当时正处于西域与中原、东亚与南亚的交通要道上，成了各国间商品交换的桥梁和纽带。从波斯、泥婆罗（尼泊尔）进口食品、珍宝；从泥婆罗、天竺等南亚国家进口粮食等农作物；从波斯、唐朝进口丝织品、器皿。当时的麝香是最好的出口商品，除此还有牛、羊、马、毛毡、珠毡等。吐蕃盛产金银，金银器皿或金银本身也以商品和货币形式流出。[①]

13世纪，随着元朝的建立，西藏正式归入中国版图，西藏建立了以萨迦寺为中心的萨迦政权，正式形成"政教合一"的封建农奴制度。西藏经济主要局限于贵族商人和寺庙商人手里，经济发展受到严重的阻碍，商品交换品种单一，发展日趋缓慢，经济文化出现了衰退迹象。这一时期形成了以庄园经济和寺庙经济为主的特殊经济形态，土地掌握在占人口总数5%的三大领主手里，而其他人则在人身上依附于领主。庄园间互不相属，彼此封闭，超越游牧，不得相互往来和通婚，使西藏形成一种自给自足的小农经济状态。庄园在维护西藏封建农奴统治的同时，也严重扼制了生产的专业化社会化发展。寺院最主要的经济方式是经商，通过特权向民间进行摊派、无偿"乌拉"差役和高利贷获取了大量资本，为从事贸易活动提供了基础，以羊毛、皮张、牦牛尾、名贵药材等土特产品同内地交换茶叶、绸缎、棉布及其他日用品，少数实力雄厚的寺庙还经营印藏之间的进出口贸易。寺庙经济为寺院所在地带来了繁荣，也培育了一些市场和城市，但是寺院经济的过度膨胀也给西藏社会经济带来严重的

① 狄方耀. 西藏经济学导论[M]. 拉萨：西藏人民出版社，2002.

负面作用。近代工业革命开始后，随着《西藏尼泊尔条约》等一系列不平等条约的签订，外国资本长驱直入，向西藏输入商品和掠夺原料，社会生产由单一走向畸形。三大领主中间也出现了若干经济实力很强的商业集团，在西藏各城镇、内地及国外城市设立商业网点，经营范围不断扩大，还强行控制传统的民间贸易。[①]西藏也曾进行过近现代工业的尝试，但因种种原因没有成功。

西藏和平解放后到民主改革前，总体而言原先固有的封建农奴制并没有发生本质变化，但中央开始对西藏进行财政补贴，在西藏开展经济建设。修筑了公路机场等基础设施，初步改变了西藏交通闭塞的状况。在西藏建立了银行、邮电、贸易和交通运输等国有经济。建立了十几个工矿企业，初步开创了近现代工业，培养了新一代产业工人。对西藏整体经济实行帮助扶持，进行垦荒生产，促进了农牧业的恢复，停止了下降趋势。民主改革后，随着上层建筑的根本性变化，西藏的经济也开始进入一个全新的发展阶段。

## 二、当前的西藏经济

1. 广泛使用现代生产要素的农牧业。西藏的耕地主要集中在一江两河和三江流域的河谷地带，2017年耕地总面积242.75万亩，人均耕地面积约1亩。农业地理跨度大，海拔高差大，作物品种类别多。目前的农业机械化水平已经大幅提升，生产科学化水平持续提高，传统农作物如青稞品种经过持续的选育和改良，一大批灌溉工程建设并投入使用，农药和化肥的使用，大大提高了农业生产的效率，减轻了自然灾害和病虫害对农业生产的影响，提高了农产品的产量和质量。畜牧业是西藏重要的基础产业，西藏有纯牧区和半农半牧区，但没有纯农区，畜牧业与西藏的生活密切相关。2017年牲畜总头数1756万头，在传统牧业基础上，畜牧品种不断改良优化，畜病防治已经建成完善的体系，畜牧产品的加工与运输逐渐走向机械化，畜牧机械已经广泛应用于牧业生产。逐渐建立了不同类型的专业化畜牧产品生产基地，专业化水平不断提高，商品化程度也达到了较高的水平。

近年来，在市场的调配下，现代生态农牧业开始出现并形成规模，也持续提高了农牧业生产规模化和集约化的水平，一批高原特色农牧产品品牌已经具有很高的知名度，极大提高了农牧业产品的的附加价值，进一步提升了农牧业生产的绩效。农牧产业的发展同时也为以农牧产品为原料的手工业产品提供了重要的来源，带动了相关产业的发展。

2. 民族手工业焕然一新，部分生产环节现代化。西藏民族手工业产品最大的特色就是民族特色，近年来产品种类不断增加，已经形成了包括地毯、卡垫、围裙、绘画、雕刻、金银首饰及藏刀、藏被、藏帽、藏靴和木碗生产在内的手工产品生产行业，经营方式也形成了国有、集体、个人三种经营方式并行。手工业现代化具体体现在部分生产环节的现代化，成为传统工艺和现代技术结合的典范。例如地毯生产中，羊毛的洗毛、合毛、捻线、染色、剪毛和洗毯等工序已经完全可以采用机械化生产，极大地提高了生产效率，但编制工序则采用传统的技法由手工完成。这既充分利用了现代的科学技术，又传承了传统工艺，质量不断提高。很多产品既有实用价值，也有一定的装饰作用，逐渐走向市场。[②]

3. 具有地方特色的现代工业体系逐渐完善，工业化率不断提高。西藏的水利、地热、太阳能、风能等资源丰富，具有发展工业的得天独厚的优势。已经建立起包括能源、机械、轻工、电力、地质和矿产、建筑和建材、森工、制药、食品加工等行业在内的具有西藏特点的工业体系，但工业化水平较低，企业规模普遍偏小。

4. 公路、铁路、航空等交通运输体系不断发展完善。西藏现以拉萨为中心，形成了四通八达的公路运输网。除了少数县乡外，几乎乡乡通上了公路，并逐步向村村通的目标扩展。拉萨至林芝高速、拉萨至山南高速、拉萨机场高速、日

① 安平. 西藏经济发展研究[M]. 北京：中央民族大学出版社，2010.
② 张艳红. 西藏经济现代研究[M]. 北京：民族出版社，2012.

喀则机场高速等高等级公路已经建成并投入使用，拉萨至那曲高速、拉萨至日喀则高速已经开工建设。青藏铁路、拉日铁路已经建成通车，川藏铁路已经开始建设。以拉萨贡嘎、日喀则和平、昌都邦达、林芝米林、阿里昆莎等机场为基础开通了通达全国各主要城市的多条国内航线以及加德满都等国际航线，成立了本土的西藏航空公司。

5．邮电通信信息化快速发展。西藏目前已经实现村村通电话、乡乡通宽带、县县通光缆，所有行政村实现了移动通信盲区全覆盖。信息基础设施的完善，使信息普及程度不断提升，信息技术融合应用得到发展，互联网产业快速兴起，基于互联网的新业态新模式开始出现。

6．多种新兴产业出现并持续发展。随着西藏经济现代化，一些新兴的产业，如饲料加工工业、酿酒和饮料工业、旅游业、信息咨询业、房地产业、藏医藏药业、文化娱乐业、广告业等在西藏逐渐出现，并得到迅速发展。西藏拥有举世无双的自然景观和人文资源，旅游业是发展最快、潜力最大的特色产业。藏医药业开始将传统优势与现代科技、生产工艺结合起来，逐步走出西藏、走向全国、走向世界。西藏野生动植物资源种类丰富，利用这些资源发展高原食用菌、红景天、人参果等具有高原特色的绿色食品加工业，形成一定的加工能力和品牌效应。对牦牛、优质青稞等农畜产品深加工，通过产业化经营形成规模经济。西藏矿产资源丰富，运用市场机制吸引资金、技术，提高了矿产资源开发的附加值。随着城镇化进程和基础设施建设的加快，建筑建材业规模逐步扩大，所占比重不断增加。目前已经形成的旅游业、藏医藏药、高原特色生物产业和绿色食（饮）品业、农畜产品加工业和民族手工业、矿业和建筑建材业等六大支柱产业中，新兴产业占了绝大部分。

经济环境决定了生产生活形态，西藏现代经济的飞速发展，使得人们对建筑的认识和需求产生了很大的改变。如何继承和发扬传统建筑中的精华，使之融入现代经济环境，形成适应时代的现代建筑，是当前需要认真思考的问题。

# 第四节　西藏传统建筑的传承演化

## 一、西藏传统建筑的萌芽形成（远古早期至公元7世纪）

在西藏传统建筑萌芽之前，史前时期的西藏高原人或许经历了一个漫长的"穴居"时代，在藏文典籍中反复出现的猕猴与罗刹女结合发源藏人的传说背景就是今天山南市泽当贡布日神山"摘邬洞"。在近代考古学家的田野调查中也多次提及西藏西部与北部发现的大量洞穴。结合洞内的岩画和发掘的打制石器，可大致认定这些洞穴当中的一部分确为古人类遗址。这就是说，在西藏传统建筑萌芽之前，西藏高原的人们基本仰仗天然洞穴而居。从远古人类生存以来到旧石器时代这个时期或可称为西藏建筑的原始时期。

### 1．萌芽时期（新石器时代）

迄今为止，在西藏境内发现的新石器时代遗址大约有16处，其中较为著名的有昌都卡若遗址、拉萨曲贡遗址、贡嘎县昌果沟遗址、林芝新石器采集点等。这些遗址大部分分布在藏东地区和雅鲁藏布江中下游地区。同时，在藏北和藏西也发现了一些年代可以上溯到新石器时代的人类活动遗迹，如大石遗迹和岩画。这说明，距今大约5000年前后，进入新石器时代后，西藏的大部分地区已经有人类在居住和活动。

昌都卡若遗址是迄今发现的最早的西藏高原定居点，这或许为我们理解当时藏族先民的建筑活动和社会图景提供了一个窗口。

卡若遗址发现于1977年，经过1978和1979年前后两次科学发掘，共发掘了房屋基址28座及烧灶、道路、石墙、石围圈和灰坑等各类遗迹。从遗址的总体形态看，卡若是一处大型的居住聚落遗址，遗址中发现的房屋排列较为密集，均背山面河而居。房屋的类型可分为圆底房屋、半地穴式房屋和地面房屋三种。从建筑技术的角度看，已经发展出了分属早期的草泥墙和晚期的石墙两种墙体技术。其中的石墙构造，几乎全部采用砾石砌成，垒砌的石块大多呈扁平状，大石在下，小石在上，上下层相互交错压缝，并使用草泥灰浆黏合嵌缝。同时结合房屋周围均匀分布的柱洞推测，卡若遗址可能早已出现现代"石墙—擎檐柱"房屋的雏形。除居住建筑外，卡若遗址发现了多处圆形石台和石围圈，从其形态及其与周边建筑遗址的关系等方面判断，这些圆形遗址或许与卡若先民的原始信仰及精神生活有密切关系。

后续相继发现的小恩达遗址、江钦遗址的房屋基址，在基本结构和布局上和昌都卡若遗址的早期房屋均相类似，都是半地穴式的木骨泥墙窝棚式建筑；2000年后，在琼结邦嘎遗址发掘的半地穴式房屋式样与卡若遗址晚期的石砌墙体半地穴房屋有一定相似之处。卡若文化所反映的这种建筑技术对后代藏族建筑技术和艺术的形成、发展、演变都有决定性的影响。

### 2. 雏形时期（部落小邦时期）

经过漫长岁月，西藏高原出现若干氏族部落，一些强盛的氏族部落吞并若干弱小部落，形成了十几个部落联盟或小邦国，这些邦国在藏文史料中统称为十二小邦和四十小邦。在敦煌吐蕃历史文书及后期文献《贤者喜宴》中均提及这些小邦均据堡寨而居，可见在西藏社会跨入奴隶制的吐蕃王朝之前，各小邦国的统治聚落建筑营造之一斑：堡寨当为各邦最为重要的建筑，才会出现在重要的历史文献之上。敦煌古藏文写卷P.T1060中还详细地提到了几处小邦堡寨即宫殿的名称。

这些小邦堡寨实际是与当时青藏高原所奉行的苯教信仰密切关系。赞普王室根据苯教神人天降的神话，自比为苯教所奉之神祇，下凡到人间统治吐蕃。故自第一代聂赤赞普起，共有26代赞普都以苯教治国。在聂赤赞普和穆赤赞普时期，出现了37座供苯教徒集会举行宗教活动的"杜耐"建筑，尔后出现名为"赛康"的苯教神殿建筑。并且，每一位赞普修建一个"赛康"的传统一直持续到囊日松赞时代。"赛"为象雄文，是神的意思，"康"是藏文，是殿堂之意。这些神殿在某些文献中又被称为"赛喀尔"，"喀尔"是城堡之意，也指神居之所。虽然"杜耐"、"赛康"以及

"赛喀尔"的具体建筑形式已难复原探究，但是从其名称看，这些宗教建筑大概也属石砌碉房堡寨之类。

兴建于公元前2世纪聂赤赞普时期的雍布拉康，是藏族建筑史上第一座宫殿，它根据天然地形，居高而筑，巍峨挺拔的石砌结构是西藏传统建筑古老形制的雏形，对后期西藏建筑的发展具有直接的影响，这种碉楼建筑风格在后来的寺院建筑、宗堡建筑甚至庄园民居建筑中都反复出现，并成为西藏传统建筑别具地域特色的特征之一。

## 二、西藏传统建筑的发展成熟（公元7世纪至20世纪）

公元7世纪30年代，松赞干布在逐步吞并象雄、苏毗等诸部落和邦国的基础上建立了吐蕃王朝，创立和完善各项制度，采取积极的开放政策，加强与唐朝的关系，引入佛教，大力吸收中原物质与精神文化，到赤松德赞时期达到鼎盛，造就了西藏地方历史的第一个高潮时期，也是藏民族和青藏高原地区建筑历史的第一个繁荣时期。

在建筑上首先表现在对古老传统的承袭，如沿用小邦时期的堡寨建筑形制。松赞干布时，在拉萨红山为文成公主兴筑九层宫室，为尼泊尔赤尊公主修建索波宫；赤德祖赞时，在山南桑普修建扎玛止桑宫（红岩宫）。这些宫殿遗存较少，现存的遗迹也与早期原作差异较大，但根据文献记载，均表现为传统的城堡式建筑，依山而筑，居高临下，凝重浑厚，防御性特征明显。

除继承与发展古代建筑传统外，随着西藏与周边文明交流的深入，建筑也广泛吸收中原、印度、尼泊尔等地的建筑文化，在风格也不断融合创新。如文成公主采用汉地占卜术勘定大昭寺、小昭寺寺址；在具体建造中，大昭寺中心佛殿则采用印度僧院式建筑风格，沿方形庭院内侧兴建成列的僧房，同时又采用斗栱、藻井等唐地建筑结构方式，特别是人字大叉手梁架，明显反映出唐代建筑手法（图1-4-1），整体体现了藏汉风格的巧妙融合。建造于赤松德赞时期的桑耶寺则更为明显地体现多种建筑风格的结合，如在乌孜大

图1-4-1　大昭寺中心佛殿上部人字叉手梁架（来源：毛中华 摄）

殿底层采用西藏本地石砌碉房结构，中层采用汉地木梁架结构，顶层采用北印度顶阁式建筑样式，兼具藏、汉、印建筑格调，因此又被称为"三样寺"（图1-4-2）。与吐蕃王朝早期不重陵墓不同，从松赞干布开始，西藏陵墓建筑也在与中原唐朝文化的交流中逐渐发展成熟。以山南琼结藏王墓为例，唐蕃王室陵墓建筑有许多相似之处，如陵墓布局，封土形制，陵前碑石仪制以及墓碑雕刻纹饰等陵墓制度均体现唐蕃在建筑文化上的紧密联系，这些建筑艺术也体现了吐蕃王朝时期建筑艺术活动不仅服务于宗教，在相当程度上也是出于贵族阶层的政治和生活需要，这些艺术创作自然也体现了王室贵族的艺术审美与创作趣味（图1-4-3）。

公元9世纪中叶，随着吐蕃王朝在统治阶级内部争夺王位的斗争中瓦解，西藏自此走入分治割据时代。在此背景下，吐蕃赞普后裔在前后藏、阿里和青唐各地的分散势力距离恢复吐蕃王朝统一的目标愈来愈远，建筑艺术也走入低谷。一些赞普的后裔想以复兴佛教的方式，增强自己的政治影响，由此出现西藏佛教后弘期的上、下两路弘法。公元996年，藏西阿里古格小王益西沃依仿桑耶寺，修建了托林寺及其他几座寺庙，并派青年前往印度学习佛教，学成之后回到托林

图1-4-2　桑耶寺乌孜大殿（来源：毛中华 摄）

图1-4-3 藏王墓石狮（来源：毛中华 摄）

图1-4-4 托林寺西北塔（来源：毛中华 摄）

寺翻译经典，传法授徒。公元11世纪之后，随着佛教在西藏的复兴，特别是藏传佛教各教派的形成与发展以及吐蕃赞普后裔在政治上的淡出，使得佛教寺院建筑在西藏的振兴获得了巨大空间，这也决定了自此之后的西藏建筑艺术所具有的明确的宗教性，这种倾向与吐蕃王朝时期建筑艺术兼具宗教与世俗趣味有着很大的不同。同时需要说明的是，由于在后弘期早期，藏传佛教建筑大部分属于地方政权或各个教派的产物，其接受的外来艺术源流不同，在建筑艺术上也就形成了不同的风格与地域特色。如在藏西阿里，受克什米尔建筑艺术的影响为甚，古格、拉达克、普兰等小王朝形成了一种西部特有的以石窟群、曼陀罗信仰和西喜马拉雅山地艺术风格为主要特征的建筑风格。20世纪中期，托林寺残塌的东北塔、西北塔壁画及彩塑的重新发现，也印证了藏文典籍记载的藏西阿里在后弘初期佛教建筑艺术兴起过程中受克什米尔佛教艺术样式及以大译师仁钦桑布为主要代表的"新译密咒"派所译曼陀罗仪轨影响的历史背景（图1-4-4）。

1247年，凉州会谈标志着长期处于分裂割据的西藏纳入蒙古汗国的统治，1260年，忽必烈大汗任命萨迦派首领八思

巴为国师（后晋封帝师），统领西藏地方事务，西藏在行政管辖层面纳入到中央王朝的统一体系中，元朝的大一统带来了各民族文化空前的大融合与大交流，也给西藏地方的建筑发展带来继吐蕃王朝之后的第二个高潮。萨迦派获得西藏地方统治之后的1268年，八思巴的本钦释迦桑布征集乌斯藏各万户和千户府的力量，开始建筑萨迦南寺，直到1274年完成该寺的第一轮修建。萨迦南寺的主要建筑是萨迦大殿（拉康钦莫），由其他众多的拉章、佛堂、僧舍和多重城墙、壕沟等附属建筑拱卫，是一座集宫殿、寺院和城堡建筑为一体的大型建筑。萨迦南寺最主要的特征之一便是内外双重城墙及其上的羊马城、敌楼、垛口以及城外的护城河等城防设施，这与元大都都城防御性的瓮城极为相似，显然在很大程度上借鉴吸收了元代都城建筑的形制。这一方面是因其作为西藏地方政府统治机构，必须加强军事防御、彰显强有力的统治之特殊需要，同时也充分反映了萨迦地方政权与中央王朝之间的紧密联系。代表着南寺建筑发展的第二个特征便是"拉章"建筑的出现与发展。"拉章"原系八思巴仿照蒙古怯薛（禁卫军）组织而设立的一个俗务管理机构，在萨迦南寺中

最初建立了"拉康拉章"，是为八思巴的驻锡之所。昆氏家族内部发生分裂后，拉章也一分为四，由各分支父子相承，并轮流出任萨迦法王。后来，拉章建筑逐渐演变为萨迦地方政府所在地，规模日益宏大，成为西藏早期政教合一制度下的特殊建筑形制，对后世影响很大。

夏鲁作为萨迦十三万户府之一，与萨迦关系密切，八思巴之弟娶夏鲁万户之女，生子达玛巴拉，继八思巴之后任忽必烈之帝师。夏鲁以帝师母舅之家，在元代显赫一时。夏鲁万户在政治和经济上的不断强大，为夏鲁寺建筑繁荣提供了充足的物质基础。1306年，在元朝中央政府的财力和技术支持下，夏鲁万户长扎巴坚赞从汉、蒙之地邀请大量技艺精湛的工匠前来扩建夏鲁寺，修建了夏鲁金殿并按照宋元时期内地建筑做法建成了多座歇山式琉璃瓦屋顶，其面阔与进深材份制度、斗栱法式、屋面坡度、柱式比例、琉璃鸱吻、瓦当、滴水、拱壁门窗细部等都体现出与内地建筑相同或相似的做法，实为元官式建筑在西藏的遗珍，藏汉建筑合璧的典型成功范例。

此外，元代西藏地方的佛塔建筑也得到了很大的发展。1330~1333年，拉孜觉囊寺大塔建成，形成寺中有塔，塔中辟殿，塔寺结合的奇观，这种建筑风格更影响到后期的江孜白居寺十万佛塔（1418~1436）、拉孜江塔（15世纪初）、日乌其金塔（1449~1456），并成为一种独特的佛寺建筑风格流行开来。西藏佛塔建筑甚至流传到元大都，如元至元八年修建的妙应寺白塔已成为西藏与祖国内地之间建筑文化密切交流的象征。

藏传佛教各教派于公元13世纪初期基本形成，14~16世纪的西藏社会相对平稳繁荣，各教派寺院集团与贵族家族联合或融合成政教集团，获得了长足发展；自15世纪初兴之后，格鲁派逐渐壮大，并形成了以拉萨和日喀则为中心的寺院网络，各教派相继建造了一批大寺院，丰富和完善了西藏建筑的样式和风格。如拉萨格鲁派三大寺均为规模宏大、结构严密、富丽堂皇的大型宗教建筑。在总体布局上，善于利用山体沟谷等自然地形，在传统碉楼宫堡建筑的基础上，形成错落有致，跌宕起伏的整体景观；在内部空间营造上，艺术性地通过巍峨雄伟的殿堂与渺小的个体尺度形成强烈的空间对比，突出宗教的神圣，强化宗教的感染力；在外部形象上不厌其烦地使用金顶飞檐、法轮金幢等装饰题材，既与沉稳厚重的石砌碉楼结构形成对比与平衡，又形成外部空间的视觉焦点，激发信众礼敬神佛、寻求解脱的信念。将宗教含义蕴于建筑内部空间与外部形象，利用建筑手段来强化宗教的神圣庄严的目的在这一时期的佛寺建筑中得到淋漓尽致的体现，标志着藏传佛教建筑的高度成熟。

17世纪中叶以后，西藏地方与中央政府的关系更为亲密。格鲁派占据了宗教统治地位，获得了空前发展，同时也造就了布达拉宫、罗布林卡等一系列伟大的建筑珍品。布达拉宫经过清代历世达赖喇嘛不断地营造，成为规模最大的藏族宫殿建筑群，重楼叠宇，巍峨雄伟，鬼斧神工与天然美景融为一体，装饰华丽，工艺精湛，不仅成为藏族建筑艺术的巅峰与典范，还被借鉴模仿于承德避暑山庄普陀宗乘之庙、云南甘丹松赞林等处，成为藏传佛教的象征。罗布林卡则是西藏园林建筑艺术的顶峰，既受到内地传统造园手法的影响，又体现出西藏独特的造园艺术特点。

## 三、西藏传统建筑的融合与传承（20世纪至今）

从1913年开始，十三世达赖喇嘛在西藏进行了一系列带有近代化性质的社会"新政"。其措施之一便是派遣一些贵族子弟到英国或英属印度等地学习，并成为一时热潮，除这些留学生外，一部分政府官员也曾到访英印等地。这些人不论是在海外留学或在国外短暂逗留，归藏后在一定程度上对西藏社会的发展与社会风尚起到了引领作用，可以说是西方物质生活方式的最初引入者，对西方享乐生活方式的欣赏自然也体现在建筑上。20世纪20年代初，地方政府噶伦兼商人擦绒在把位于八廓街的府邸出售给邦达家族之后，便在拉萨河畔兴建自己的擦绒庄园。与以往的府邸不同的是，这座新府邸在保持传统建筑风貌的同时，采用了很多的大玻璃，同时为了解决室内空间因设柱而导致空间使用不便的问题，擦绒在重要的接待房间内使用了工字钢横梁，增加了梁的跨度，以减少室内柱子的使用。在室内装饰上也大量引入现代的装饰艺术题材——如汽车等现代装饰图案。这些现代的建筑材料都是从印度翻越喜马拉雅山脉而来，给拉萨传统建筑风格带来一丝新的风尚，并立即引起了富裕的贵族阶层的效仿，这或可视作西藏传统建筑寻求现代化的初步尝试。

西藏和平解放后，西藏地方社会焕发出前所未有的活力，兴建了一批重点工程。班禅小楼建于20世纪60年代初，按照传统藏式庭院式建筑设计，同时又融合现代建筑技术。建筑立面仍然采用传统的棕色藏式檐口，以体现班禅至高无上的宗教地位，在建筑内部则采用了桦木墙裙、桦木地板、刻花门，建有现代供暖、供水及卫生设备，开启了传统藏式建筑现代化传承的开端。自治区政府成立后，中央多次部署援藏建设工程，成为西藏传统建筑现代化的黄金时期，如1980年代四十三项工程建设的拉萨饭店、西藏宾馆等，在建筑细部、色彩、材料等方面都充分地吸收了西藏传统建筑的特点。

进入到21世纪，随着对西藏文化传统的大力关注，人们对西藏传统建筑的研究也更加深入，不论是对建筑空间、建造体系还是外部装饰都有更加深刻的认识。反映在现代建筑创作上，也早已超越最初的对传统建筑样式简单的效仿，转而探寻藏式建筑背后所蕴含的古老的营造意匠、空间模式，积极从民族性、地域性和时代性等多维角度寻求藏文化在现代语境下的表达与传承。

## 第五节 西藏建筑的多元融合与藏外传播

### 一、西藏建筑的多元融合

西藏地处青藏高原，地广人稀，境内高山密布，江河湖泊纵横，交通不便。但在西藏高原的周邻都是文明发达的地区，一方面在强烈的对未知的好奇与渴望以及现实需求的双重驱使下，同时独特的地理位置也使联系这些区域的通道穿过西藏，诸如"麝香之路""茶马古道""盐粮古道"以及一条未知的和"丝绸之路"相似的联系波斯的通道，使西藏自古以来都和这些地区在政治、经济以及文化方面都保持着密切的交往。这些地区包含了东部的中原地区、南部的印度和西部的波斯，其中以和中原地区的交往最为密切。建筑也在这些交往中不断吸取营养，并有机融入其中，成为西藏传统建筑的一部分。

从上古时期开始，这种影响和融合就已经开始。杜齐在《西藏考古》中记述"在西藏许多遗址上都发现地上竖立着或是分散或是成堆的巨石。""可以认定在西藏存在着一个从新石器传统发展起来的史前时期巨石原始文化。它有两个传播途径：一是通过青海地区的欧亚平原的走廊进入西藏中部，或许一直到后藏。另一条进入克什米尔和斯皮蒂。"卡若遗址的考古发掘出现干栏式建筑，与时期大体相近的河姆渡文化、仰韶文化、龙山文化聚落的建筑物存在很多相似之处。我们可以理解为在相近似的环境条件下，生活在不同区域的人们找到了相似的适应策略和方法。但也不能排除这是与我国南方濮越系统的民族和西北氐羌系统的民族之间的文化交流过程中，彼此相互影响而产生的一种结果。

松赞干布建立吐蕃王朝后，吐蕃社会进入一个快速发展时期，开始加强对外政治、经济、文化的联系，和周边地区的交流逐渐频繁，彼此之间的联系也越来越紧密，并一直持续到近代。《西藏通史—松石宝串》记载，尼泊尔赤尊公主来到吐蕃时，带着父王所赐的释迦不动金刚和弥勒法轮、度母旃檀像为主的身语意所依以及无数奇异珍宝，随从侍女、能工巧匠向吐蕃进发。而唐王朝文成公主入藏时，"随身带来了许多有关天文历法五行经典、医方百种和各种工艺书籍，同时带来了造纸法、雕刻、酿造的工艺技术人员。"吐蕃时期开始就通过文成公主和赤尊公主嫁到吐蕃时随同带来的汉、尼工匠，尼泊尔和中原的建筑技艺开始来到西藏，从而直接影响西藏建筑的风格。吐蕃时期佛教开始盛行，随着佛教的传播，以及和周边的经济贸易往来，将这些外来的建筑文化传递到了西藏腹地，各种不同风格的建筑艺术开始逐渐影响西藏的建筑，并融入西藏本土既有建筑文化之中，成为西藏传统建筑重要的组成部分。较为典型的是寺院中随处可见的犍陀罗艺术风格，以及印度"窣堵波"风格的佛塔。进入元代后吐蕃正式纳入我国版图，一直到清代及民国时期，和内地也就变得更为密切。从这时候开始，外来建筑文化对藏区影响中，内地的影响也就成为最主要的部分。《汉藏史集》记载兴建夏鲁寺时，"上师达玛巴拉合吉塔到朝廷后，朝见蒙古完泽笃皇帝时，向皇帝奏请说：在吐蕃乌斯藏，有我的舅舅夏鲁万户家，请下诏褒封。皇帝说：既是上师的舅舅，也就与我的舅舅一般，应当特别照应。赐给夏鲁家世代掌管万户的诏书，并且作为对待皇帝施主与上师舅家的礼遇，赐给了金银制成的三尊佛像，以及修建寺院房舍用的黄金百锭、白银五百锭为主的大量布施。由于有了这些助缘，修建了被称为夏鲁金殿的佛殿以及大小大屋顶殿，许多珍奇的佛像，后来还修建了围墙。"其中所言夏鲁寺大殿的金顶是典型的内地风格。金顶在寺院中颇为流行，很多寺院的大殿都建有金顶，布达拉宫红宫顶上的金顶，是目前规模最大的金顶群。这些金顶除了用镏金铜皮替代了瓦，其余都基本遵循了内地歇山顶的建造方式，可见这种影响相对而言更为直接。

## 1. 大昭寺

大昭寺是西藏现存最辉煌的吐蕃时期的建筑，也是西藏最早的土木结构建筑，并且开创了藏式平川式的寺庙布局规制。大昭寺中心大殿的平面布局，和大昭寺中心佛殿最接近的是位于北印度巴特耶（Patna）县巴罗贡（Baragaon）村的那烂陀寺（Nalanda）僧房院遗址。[①]

早期佛神殿的建筑结构采用了梁架、斗栱和藻井等法式，有着内地风格的影响，尤其是人字大叉梁的结构，显然属于唐代的建筑手法，这些风格融汇在这种藏式风格的建筑中，又很自然地成为一种相映成趣的巧妙结合并赋予其很浓厚的地方特点。

神殿的中心是高敞的天井，围绕佛殿前则是一周较低矮的廊房，廊房粗大的柱体和梁椽望板与其四面收分显著，厚重坚实的墙体、低矮古朴的殿门，一起构成一组和谐的建筑布局，呈现古老浑厚的格调，廊房柱子皆作金刚撅形，柱身下面呈方形，上面八角形，中部有束腰彩画，柱头刻莲瓣方斗，托木轮廓简洁粗大，上面往往浮雕与敦煌风格相似的飞天形象和繁复绚丽的花纹，大殿周围的邻殿间、殿门、梁架、额枋上都雕有多种生动图案，在出檐间有半圆雕人面狮身伏兽作为承檐，雕梁画栋，琳琅满目，可能是受尼泊尔风格的影响。

吐蕃时期的佛殿不仅门道狭窄，而且其门楣门框的装饰极其精妙，雕满了形形色色的宗教人物，从人物的形体刻画，密集排布的构图形式和飘逸的飞仙形象呈现着浓厚的尼婆罗和古天竺艺术风格。

金顶的布局上显然也在突现释迦佛殿，释迦佛殿上的金顶不但最大，而且其屋脊上饰件和斗栱也有别于其他金顶。从这种平面布局和金顶的歇山式，这种做法可以看出汉式建筑的明显特征，但在一些细部的处理上又采用了许多佛教所特有的主题，两者结合得如此和谐，形成了西藏地区古代佛教建筑的特有形式。[②]

## 2. 桑耶寺

桑耶寺始建于公元8世纪吐蕃王朝时期，又名存想寺、无边寺，位于扎囊县桑耶镇境内雅鲁藏布江北岸的哈布山下。

整个寺院的布局，是按佛学思维中的"宇宙"的结构设计而成，一般认为是以古印度摩揭陀地方的欧丹达菩提寺（飞行寺）为蓝本；也有人认为，桑耶寺的建筑形式与佛教密宗的"坛城"（即曼陀罗）相似，是仿照密宗的曼陀罗建造的。位于全寺中心的"乌孜"大殿，象征宇宙中心的须弥山；"乌孜"大殿四方各建一殿，象征四大部洲；四方各殿的附近，各有两座小殿，象征八小洲；主殿两旁又建两

① 宿白. 藏传佛教寺院考古[M]. 北京：文物出版社，1996.
② 西藏自治区志—文物志编纂委员会. 西藏自治区志—文物志[M]. 北京：中国藏学出版社，2012.

座小殿,象征日、月:主殿四角又建红、绿、黑、自四塔,以镇服一切凶神魔刹,防止天灾人祸的发生;而且在塔周围遍架金刚杵,形成108座小塔,每杵下置一舍利,象征佛法坚不可摧。此外,还有一些其他建筑,为护法神殿、僧舍、经房、仓库等。全部建筑又围上一道椭圆形围墙,象征铁围山,四面各开大门一座,东大门为正门。

据有关文献记载,"乌孜"大殿的建筑吸取了西藏、内地和印度的构造风格。底层采用藏族建筑形式,中层采用汉族建筑形式,上层采用印度建筑形式。各层的壁画和塑像也都按照各自不同的法式进行绘画和雕塑。这种藏、汉、印合璧的建筑格调,在建筑史上是非常罕见的,所以有人据此又称桑耶寺为"三样寺"。

砖瓦是桑耶寺现存数量最多、时代最早的文物之一。根据史书记载,砖瓦主要用于红、黑、绿塔和王妃拉康,大多烧制于吐蕃时期。现存的砖有红、黑、绿三种颜色(绿砖施釉),分别属于红、黑、绿三座塔的建筑材料。砖的形制有方形、长方形、梯形、子母口形四种,大小型号也不一致,砖面一般都有文字,皆为藏文,系烧前模印而成,其内容都是表示该砖所在的方位,如"内"、"外"等。瓦的形制有板瓦、筒瓦两种,大小也有几种不同型号。皆施绿釉,釉薄而光亮,瓦面一般都有藏文火印,内容与砖文相同,瓦内有很细的布纹。有些板瓦和筒瓦带滴水或瓦当,滴水上饰乳钉纹、三莲瓣波浪纹,瓦当上装饰灵塔、大乳钉和连珠纹等图案,非常精致。

距桑耶寺大约8公里的松嘎尔村附近建有石塔。石塔共五座,呈东西一线分布。五座石塔的形制大同小异,均由塔基、塔瓶、塔顶三部分组成,全系整石雕凿。塔瓶均为"覆钵体",与印度"窣堵波"形制大体一致,移植特性十分明显。[1]

### 3. 萨迦寺

萨迦寺分为南北两部分,萨迦北寺建于1073年,是藏传佛教萨迦派的祖寺,由昆氏家族的昆官却杰波所建,现已成废墟。现存的是萨迦南寺,建于1268年,是储备民巴赴大都前,命令本钦迦桑布组织修建的。南寺形似城堡,四周环绕高13米的城垣,平面呈正方形。城堡东面正中辟城门,门上建有敌楼。西、北、南三面也各建一敌楼,城墙四角建有碉楼式的角楼。城堡外还环绕一道较矮的土城遗迹,再外围以城壕。

其平面布局呈方形,是一座典型的仿内地城池建筑格局建造的城堡式建筑群。"四周修有坚固的围墙……围墙以外修有低矮的土城——羊马城。羊马城以外还有石砌的堑壕一道。围墙之上修有四个角楼,顶端的女墙开有垛口。这些都是当时内地城堡建筑形式在萨迦南寺的具体应用。"[2]

### 4. 夏鲁寺

夏鲁寺坐落于雅鲁藏布江南岸、年楚河流域的西部一片开阔的河谷中,西、北、南三面环山,夏鲁普曲河从北面山脚蜿蜒东流。根据夏鲁寺志记载,夏鲁寺始建于宋元祐二年(1087年),后毁于地震,至1320年元朝时重建。夏鲁寺是夏鲁派(亦称布顿派)的祖寺。

夏鲁寺大殿祖拉康为木架结构,大殿底层为藏式,中央有36根木柱支撑的大经堂,四周有转经廊。转经廊内绘有许多早期壁画,十分精美,绘画风格具有明显的中原艺术风格,同时还受到印度、尼泊尔佛教艺术的影响,夏鲁寺的壁画为藏传佛教寺庙壁画中时代最早、题材最为丰富的地方,为研究西藏早期的绘画艺术提供了珍贵的实物资料;大殿上层为汉式建筑,即以大经堂顶为庭院,四周设置前殿和南北配殿,各殿以回廊贯通。各殿均为歇山顶式,上覆琉璃瓦,殿内壁画彩绘绚丽多彩,具有明显的元代建筑遗风。

### 5. 罗布林卡

罗布林卡是西藏园林建筑的杰作。"它集中体现了藏族

① 西藏自治区志—文物志编纂委员会. 西藏自治区志—文物志[M]. 北京:中国藏学出版社,2012.
② 杨嘉铭,赵心愚,杨环. 西藏建筑的历史文化[M]. 西宁:青海人民出版社,2003.

造园、建筑、绘画、雕刻等多方面的艺术成就。""建筑的内部装修，颇受内地装修手法的影响。十三世达赖喇嘛曾专派工匠到北京学习装修的各式做法与布置方式。园内建筑之隔扇、窗棂的形式及纹饰、雕镂等，基本上采用了内地的装修手法。这一点以金色颇章尤为突出。宫内隔扇、窗棂的雕饰，每扇各异，极尽变化之妙。其图案如八仙过海、福禄寿禧、龙凤花草等，皆与内地相同。"此外，东龙王宫（鲁康夏）、西龙王宫（鲁康奴）、湖心宫（措吉颇章）等景区布置和建筑物，以及上述建筑物的石栏杆、石桥，均较多借鉴了内地园林中亭台楼阁的建筑风貌。①

措吉颇章意即湖心亭，位于格桑颇章西北120米处，湖心亭的建筑外形与内地的水榭建筑相类，属歇山博脊挑角汉式结构，殿顶四角饰摩羯鱼套兽，屋顶涂黄釉子，殿周围有露天回廊，修有大理石栏杆。②

## 二、藏式建筑在藏外地区的传播与发展

藏传佛教是宗教，更是一门艺术。从公元7世纪初佛教由印度、汉地进入西藏开始，即在雪域高原这片土地上生长开花，结出累累硕果，最终形成藏传佛教。作为弘扬佛教精神道场的藏传佛寺，跟随着藏传佛教传播的轨迹，向少数民族地区和汉地延伸，出现在祖国大地的各个角落。它们成为藏传佛教传播的基地，更成为藏族、汉族以及其他少数民族间文化交流的历史见证和缩影。

元朝时期，由于统治者的大力扶持和倡导，萨迦派取得了西藏地方领导权，使宗教和政治、上层僧侣和世俗贵族联系在一起，开创了西藏"政教合一"制度，从而大大促进了藏传佛教和藏传佛教建筑的发展，藏式建筑也伴随着藏传佛教的传播而开始在西藏以外的地区发展。随着元朝的衰落，萨迦地方势力在西藏也逐渐被新兴势力所取代，继之而起的是控制帕竹噶举派的朗氏家族所建立的帕竹地方政

权（1354—1617年）。元末明初之际，宗喀巴（1357—1419年）实行宗教改革，创立格鲁派，藏传佛教正式向外传播。

同其他种类的文化一样，藏传佛教在其形成后，也会发生空间上的传播，加之时间的推进，共同导致了藏传佛教文化的扩散现象。藏地以外的藏传佛教建筑就是伴随着藏传佛教的传播而开始兴建的。经过元、明、清三朝的扶持，藏传佛教以青藏高原为中心，分别向东、北传播，在中国境内形成了半月形的分布态势，构成了我国境内由青藏高原至蒙古高原与云贵高原西北地区的藏传佛教文化圈。毗邻于西藏周围地区所受到的藏式影响往往深刻一些，诸如川西北、青海、甘南等地的藏传佛教建筑。蒙古地区的藏传佛教建筑则又是另一种情形，因为藏传佛教建筑自藏地传入蒙古地区，其间经过了青海、甘肃等地，难免发生了种种变异，而使蒙古地区佛教寺院建筑带上了这些地区的建筑特点。另外，由于蒙古地区和中原内地广泛的政治、经济、文化联系，在其建筑形式上不可避免地又受到中原内地建筑的影响。

### 1. 青海地区的藏传佛寺

青海是藏传佛教文化的重要传播区，寺院林立，信教人数众多。纵观我国藏传佛教发展史，青海在藏传佛教及其文化传播、发展过程中具有特殊地位，可以说是藏传佛教文化发展、弘传的一个重要区域。明代是青海藏传佛教建筑创建的一个重要时期，特别是明朝廷在继元朝之后统治青藏高原，为了能够尽快完成对青藏高原的治理，充分利用在青藏高原上传播较为广泛的藏传佛教各教派势力，使藏传佛教势力在明代有了稳定的发展。

青海作为青藏高原的组成部分，在明代藏传佛教寺院的创建过程中有众多藏传佛教寺院产生。其中，塔尔寺作为青海地区最大的藏传佛教格鲁派寺院具有很强的代表性。塔尔

① 杨嘉铭，赵心愚，杨环. 西藏建筑的历史文化[M]. 西宁：青海人民出版社，2003.
② 西藏自治区志—文物志编纂委员会. 西藏自治区志—文物志[M]. 北京：中国藏学出版社，2012.

图例
活佛府邸区
中心殿堂建筑区
辅助建筑区
僧舍建筑区

图1-5-1 塔尔寺总平面图（来源：张婧 绘）　　图1-5-2 塔尔寺（来源：张婧 摄）

寺位于青海省湟中县，是藏、汉、回等民族建筑形式结合的一组建筑群，是我国藏传佛教格鲁派创始人宗喀巴大师的诞生地和藏区黄教六大寺院之一，1961年被国务院列为全国重点文物保护单位。

塔尔寺占地600余亩，于明洪武十二年（1379年）建塔，嘉靖三十九年（1560年）建寺，迄今已有600多年的历史。整个寺院主要建筑有宗喀巴纪念塔殿、三世达赖纪念塔殿、护法神殿、长寿佛殿、弥勒佛殿、九间殿、大拉浪、如意塔、太平塔、菩提塔、过门塔等，规模宏大。殿宇、经堂、佛塔、僧舍以及庭院交相辉映，浑然一体，自古以来即为黄教中心及佛教圣地，在全国及东南亚享有盛名，历代中央政府都十分推崇塔尔寺的宗教地位。

塔尔寺与其他藏传佛教寺院相比有一些显著的特征。首先，塔尔寺的选址相对独特。通常所见的藏传佛寺，大都选址在山前相对平缓的地带，如拉萨的色拉寺；或是建在山顶，如拉萨的甘丹寺；或背后靠山，前有平川的山坡上，如哲蚌寺、扎什伦布寺，建筑借助山势，层叠上升，形成雄伟壮观的气势。如此，建筑依山而建，可控全局，重点突出。但是，塔尔寺没有选址这样的地形地势。原因主要为它的建设时序过长，未能预先有意识地进行选址，而是在宗喀巴诞生地建寺。它处在一个较为狭窄而弯曲的山沟，两侧有高坡，没有平坦开阔的地段（图1-5-1）。在鲁沙尔镇看不到它，即使进入寺内，经过建有八塔的广场，到小金瓦殿等地，终因山势曲折，也不能看到全寺的主体建筑物。但塔尔寺并未因为选址的问题而削弱全寺利用总体布局所营造的独特艺术气氛，通过空间转换、朝拜路线的设置、建筑的围合，最终达到宗教神秘而高贵的要求（图1-5-2）。塔尔寺的整体布局局促，礼佛、观佛的空间相对狭小。人们在高大的建筑物空间中感受的是渺小，从而产生对藏传佛教的崇敬之情。

再者，塔尔寺整体的风格是华丽的，辉煌的，甚至是细腻的。塔尔寺建筑材料的选用上，融合当地的技术与风格，以砖墙、木结构坡屋顶为主，这些都大大减弱了藏式建筑的沉重坚实感，更多地显示出轻扬、华丽的效果。与其他藏传佛教寺院极为不同，塔尔寺的建筑更多的是接受了当地汉、回民族建筑的影响，经过融合而形成了新的地方特色，又给青海东部一些其他喇嘛寺院以直接影响。

### 2. 内蒙古族地区的藏传佛寺

内蒙古地区藏传佛寺（召庙），大都按照从西藏或五台山朝佛时带回的图样，或参照汉地佛寺形制建造，根据现存实例，可概括为藏式、汉式、汉藏混合式三种形式，其中以汉藏混合式居多①。所谓"藏式"是指同西藏佛教寺院建筑的自由布局式相类似，单体建筑之间没有明确的关系，通常利用地形，将主体建筑（其形式也是接近于西藏措钦大殿、扎仓形制）置于重要位置，与低矮的次要建筑形成对比，形成鲜明的群体艺术形象。最为常见的便是"汉藏混合式"，其明显特征是在汉式佛寺的基础上，在中轴线的后部通常布置一个主体建筑——汉藏结合的大经堂。所谓"汉式"是指其总体布局、单体建筑都同内地佛寺相类似，有明确的中轴线贯穿前后，主体建筑置于中轴线后部。

（1）藏式召庙

著名的实例是位于包头市东柳树沟的五当召，藏名为"巴达嘎尔庙"，汉名为"广觉寺"，后因寺前峡谷名为五当沟，故而俗称五当召。五当召是寺内第一任活佛罗布桑加拉措按照从西藏带回来的建筑图样建造的，始建于康熙年间。整个寺院规模宏大，占地20多公顷，合300余亩。五当召是内蒙古现今保存最为完整的一组纯藏式风格的藏传佛教格鲁派寺庙（图1-5-3），于1996年被国务院评为第四批国家重点文物保护单位。

图1-5-3　内蒙古包头市五当召（来源：《中国古代建筑史（第五卷）》）

---

① 孙大章. 中国古代建筑史（第五卷）[M]. 北京：中国建筑工业出版社，2002.

五当召整个寺院坐北向南，依山而建，气势磅礴，极具藏式建筑特色。寺院主要建筑包括措钦、扎仓、活佛拉章、灵塔殿、康村、僧房以及部分服务用房等。总体布局采取随地形自由布置的方式，将主要殿堂建在中央的山冈及下面的平地上，两侧山谷布置体量较小的僧舍等附属建筑。寺周无围墙，总体效果如众星捧月，突出了中间山冈上的主体建筑群。五当召利用室外室内环境的交替、不同尺度空间的有机组合、内部陈设的处理以及装饰、光线、色彩、声音等诸多因素共同作用，将朝圣者逐渐推向迷离的宗教氛围之中，从而使得整个寺院散发出浓郁的宗教气氛。

（2）汉藏混合式召庙

这类召庙在内蒙古地区占绝大多数，几乎遍及各旗。如呼和浩特市乌苏图召（图1-5-4）、阿拉善旗的福因寺（图1-5-5）等。这类召庙建筑的特点主要表现在独宫或佛殿建筑造型上。为藏式平顶建筑加建汉式歇山或庑殿式瓦顶的楼阁。如在经堂上凸出部分及佛殿上部加建汉式屋顶。有的经堂前廊亦改为二、三层的楼阁形式，上覆汉式屋顶，门窗装修亦改为棂花

图1-5-4 内蒙古呼和浩特市乌苏图召（来源：《中国古代建筑史（第五卷）》）

隔扇门窗。其他部分仍保留藏式做法，如外墙面收分、梯形窗、边玛檐墙、藏式彩画及壁画。但也有的建筑已将边玛墙改为红色抹灰墙，仍保持藏式装饰风格。这类汉藏混合式召庙的装饰中，使用琉璃的部位明显加多，如屋面、脊饰、山花等。

图1-5-5 内蒙古阿拉善旗的福因寺克东庙经堂（来源：《中国古代建筑史（第五卷）》）

这类召庙的总体布置各有不同。位于山区、丘陵地带的寺庙多为自由式布局，将独宫及主要佛殿分别布置在地势高处，彼此互为对景。如阿拉善旗的福因寺、广宗寺等。在平原地带多汲取汉式寺院的布局传统，采用沿轴线对称布置。在轴线上从前至后的建筑内容大致为：牌坊（或影壁）、山门、天王殿、大经堂、佛殿（或佛楼、佛塔），再配以钟鼓楼、碑亭、喇嘛塔、厢房等，组成重重院落，如额木齐召等。

（3）汉式召庙

当地又称"五台式"，因其是根据信徒去五台山朝佛时带回的建筑图样修建的。如锡林浩特的贝子庙（图1-5-6），东乌珠穆沁旗的喇嘛库伦召，巴林右旗的大板东、西大寺等。其建筑特点从总体布局到单体建筑的形制，均采用汉族

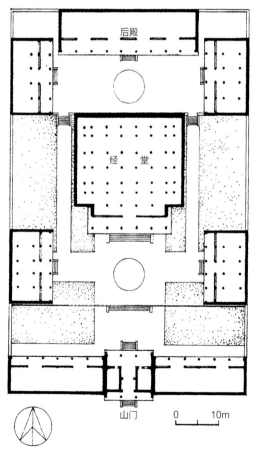

图1-5-6　内蒙古锡林浩特贝子庙第二庙平面图
（来源：《中国古代建筑史（第五卷）》）

寺庙形式。如将主要殿堂建在中轴线上，配殿及钟鼓楼等对称地布置在两厢，形成重重院落。大经堂下基座皆为高台，木结构柱枋斗栱，屋顶为歇山瓦顶，殿堂皆有前廊，或四周有围廊。外檐装修为汉式格扇门窗。

但细部装饰纹样及壁画仍带有藏式风格，殿堂、厢房等建筑的正脊中央，安装喇嘛塔式的脊饰，表明寺庙为藏传寺庙。在这类召庙里，因为需要用木构坡顶的汉式建筑手法来解决经堂的大体量空间问题，所以其经堂造型往往与传统式样不同，如多个屋顶勾搭连接，前后屋顶重叠错落，加设围廊等。其平面格局也不一定循守前廊—经堂—佛殿的扎仓模式，有的建筑就没有单独后拖的佛殿。

总之，蒙古族各类召庙，自明代以来，不断总结、吸收汉藏建筑技艺，已经形成自己的民族特色。如汉藏混合式大独宫（经堂）的平面，空间均按西藏寺院扎仓形式布置组合，但具体的建筑用材、工艺技术继装饰艺术又必须由当地或汉族工匠完成，所以产生了这种汉藏交融的独宫形式。如采用组合坡屋顶、琉璃瓦、砖墙、木制门窗装修以及用墙顶上的深棕色粉刷装饰横带代替藏族建筑中的边玛檐墙等。

## 3. 北京的藏传佛寺

作为元明清三朝的都城，北京是一个各民族文化集聚的中心。自元代开始，藏传佛教开始进入北京，藏传佛教寺院建筑也在这个时期进入了北京，至今屹立在北京西城的妙应寺白塔是八思巴的弟子阿尼哥建造，是藏传佛教寺院建筑在内地的一座丰碑。明、清两代继续采纳了元代的施政方略，支持和推崇藏传佛教，藏传佛教在北京传播很迅速，新建了很多藏传佛教寺院建筑。

北京的藏传佛教寺庙有雍和宫、福佑寺、黄寺、隆福寺、大隆善护国寺、妙应寺、五塔寺等。上述寺庙中规模最大建造最精美、豪华，至今保存最完好的寺庙当数雍和宫（图1-5-7）。雍和宫位于北京城的东北隅，雍和宫的总体布局、形态处理、空间结构、装饰艺术和色彩，既保留了明清时期汉式宫殿建筑的风格，在后来的改扩建过程中，又仿西藏正规寺院的扎仓建筑形制，分别建造了专供研习医学、

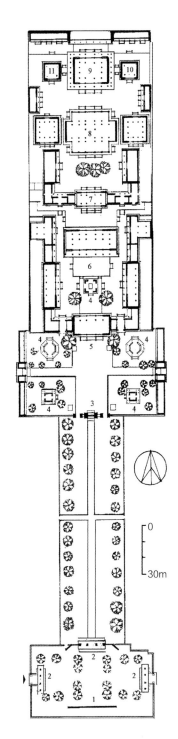

1. 影壁　　2. 牌楼　　3. 昭泰门
4. 碑亭　　5. 天王殿　　6. 雍和宫
7. 永佑殿　　8. 法轮殿　　9. 万福阁
10. 永康阁　　11. 延绥阁

图1-5-7　北京雍和宫平面图（来源：《中国古代建筑史（第五卷）》）

图1-5-8　北京雍和宫（来源：王军 摄）

天文、历算、显宗、药师殿等经院建筑（图1-5-8）。密宗殿的密宗塑像、唐卡和壁画均系藏式风格。主体建筑之一的法轮殿为十字形布局，殿顶有座藏式镏金宝塔，是汉藏建筑艺术结合之作。万福阁外观三层，内部全为中空，供奉一尊18米高的弥勒佛站像，这种大空间的多层楼阁，反映出清代建筑结构上的成就，也是明清藏传佛寺中很多佛殿、塔殿的常用手法。这种汉式建筑结构为主体，其中融汇了藏式建筑的艺术特色，成为藏传佛教寺庙建筑在汉地的典型建筑形制。

### 4. 承德的藏传佛寺

承德是北京和内蒙古之间的一个藏传佛教中心，承德的

图1-5-9　承德普陀宗乘之庙（来源：《中国建筑史参考图》）

外八庙是清王朝为解决北京、西北部边疆和西藏问题的历史过程中应运而生的。据记载，当时我国漠南、漠北、青海、新疆包括巴尔喀什湖东以南广大地区的蒙古族、维吾尔族、哈萨克族、柯尔克孜族和西藏、四川等地的藏族以及台湾的高山族等边远地区的兄弟民族上层人物，都曾来避暑山庄朝觐。

在外八庙中，规模和影响较大，而建筑形式直接与西藏建筑有直接关系的寺庙有3座，分别为普陀宗乘之庙、须弥福寿之庙和普宁寺。普陀宗乘是藏语"布达拉"的汉译，其建筑形式是按西藏布达拉宫的形制建造的（图1-5-9）；须弥福寿之庙是外八庙中建造时间最晚的一座寺庙，是六世班禅从日喀则专程到承德为乾隆70岁生日祝寿，乾隆皇帝下令"肖其所居"，营建该庙。由于历代班禅居住于扎什伦布寺，故仍以扎什伦布为名，汉译为"须弥福寿"。

普宁寺的建筑法式则基本按照西藏的第一座藏传佛教寺庙桑耶寺之式建造的，其主体建筑大乘之阁及其四周的一组建筑均是据桑耶寺的佛教宇宙修建的，大乘之阁代表宇宙中心之须弥山，其余四周的建筑分别有红、黄、黑、白塔，代表月亮和太阳的"日殿"和"月殿"，还有象征"四大部洲"和"八小部洲"的众多建筑物。

## 5. 五台山的藏传佛寺

五台山是中国著名的佛教圣地，是文殊菩萨的道场。据历史记载，早在东汉年间，五台山就有僧人在此建寺弘法。藏族人对五台山的认知要追溯到吐蕃王朝时期。元朝开始，随着西藏纳入中央的版图，藏族僧人前往五台山朝拜的数量日益增加，帝师八思巴、第三世噶玛噶举派活佛让迥多杰曾来朝圣，五台山开始成为内地藏传佛教的一个中心。明、清两朝随着藏传佛教在中原、蒙古地区广泛的传播，五台山开始建藏传佛教寺院，并收藏教徒，藏传佛教在五台山得到空前的发展。汉系佛教寺院与藏传佛教寺院在五台山并存，故有黄庙和青庙之分，黄庙就是指藏传佛教寺院，据统计，清雍正时期，五台山的藏传佛教寺院就有26座，僧人千余之多。藏传佛教上层人士进京者，均来五台朝圣布道，因此，五台山也就成了藏传佛教信徒朝圣的圣地，至今如此。

五台山的藏传佛教寺院建筑的整体布局到单体建筑，都是汉式建筑的形制，但是佛殿内佛像、佛龛等装饰是藏式的，另外还有佛塔建筑也是采纳藏式覆钵式的形制。大文殊寺（菩萨顶）建在山顶，视野开阔，高敞宽宏，门前有108级云阶及牌坊，具有极强的引导性。全寺按轴线布置，山门内有天王殿、钟鼓楼、菩萨顶、大雄宝殿等建筑。全部建筑均用三彩琉璃瓦覆顶，显示了一定的皇家气派。文殊院内建筑雕饰较多，彩画辉煌，且柱间装饰有飞罩，是山西一带的特色手法。

## 6. 沈阳的藏传佛寺

清初时期，由于蒙古各部笃信藏传佛教，为了巩固其政权，努尔哈赤和皇太极对藏传佛教很是推崇，在修建沈阳故宫时被直观地运用在不同的建筑上。尤其是在其东路和中路建筑上融入与体现了藏传佛教寺院建筑手法，如大政殿藻井上的梵文天花，大政殿的须弥座式台基、殿顶瓦上的相轮、火焰珠、殿内天花上的梵文装饰等，都体现了蒙古族和喇嘛教的建筑艺术特点[①]。大政殿和崇政殿的门廊中，都采用了藏

① 朴玉顺，陈伯超. 沈阳故宫木构架中的多民族特征[J]. 沈阳建筑大学学报（社会科学版），2007（3）.

传佛教寺院建筑的方形柱式结构，屋檐下的木雕莲瓣，门旁的叠经都是藏式寺院建筑的风格。

清太宗皇太极继位之后，继承了努尔哈赤推崇藏传佛教的政策，而且随着后金势力的不断壮大，对藏传佛教的需要更为强烈，使之比努尔哈赤时代有了更大的发展。努尔哈赤和皇太极对藏传佛教的推崇，在修建沈阳故宫时，建了四座藏传佛教塔寺建筑，护国法轮寺就是其中的一个寺院。

护国法轮寺位于沈阳市崇山东路中段，始建于清崇德八年（1643年），是清太宗皇太极敕建的沈阳城外环古盛京东、西、南、北四塔寺之一，北塔法轮寺的名为"护国法轮寺"，因其地处盛京城北，故俗称"北塔法轮寺"。1905年，部分建筑毁于日俄战争。四塔的建造形式，均为砖筑藏传佛塔建筑，是由基坛、塔身、相轮（塔刹）三部分构成。乾隆四十三年（1778年）乾隆皇帝东巡时，曾驾临法轮寺礼佛，并亲书"金镜周圆"匾额，悬挂在寺的大殿之上。北塔是四塔四寺中保存最完整也是香火最旺盛的一座寺庙，佛殿内塑有天地佛、日光、月光菩萨和八大菩萨，墙面上绘有密宗壁画，是一座汉式建筑风格的藏传佛教寺院建筑。

上篇：西藏传统建筑解析

# 第二章　西藏传统建筑的聚落类型、选址与空间布局特点

西藏传统聚落是我国传统聚居形态中的一种类型，一方面具有一般聚落形成发展机制的普遍性，另一方面也因在十分特殊的历史发展进程而具有其特殊性。经过长期演变形成具有鲜明特征的复杂体系，同时产生和形成了诸多不同类型的传统聚落，不同聚落类型既有相似性，也在空间形态、形成机制和发展演变方面存在巨大的差异；有的聚落类型现在仍保持着旺盛的生命力，有的类型只剩下历史遗迹或仅存少量的历史文献记载。

本章选取宗山聚落、寺院聚落、农耕聚落以及庄园聚落等西藏典型传统聚落类型进行分析和解析。其中，宗山聚落主要从宗教政治背景对聚落的产生和形成进行分析并以历史上的宗堡作为主要实例；寺院聚落则重点从藏传佛教历史发展的过程分析了主要寺院聚落的空间形成和特点，并以西藏境内四大寺为典型实例；农耕聚落主要从农业生产和生活的角度展开分析，并以农业生产地区划分尽量选取了西藏不同地区的传统村落作为典型实例；庄园聚落从农奴制关系的角度进行阐述，并以豁卡这种特有的形式作为实例。

# 第一节　聚落类型及特征

## 一、宗堡聚落

　　"宗"是旧时西藏地方政府相当于县一级的行政机构，"宗"在藏语中本意为堡寨、堡垒的意思，是具有防御性的建筑。因此宗政府办公场所多设置在扼守交通要道的小山之上，也称为宗堡或宗堡。现在西藏的主要城市大多是在帕竹时期所建的"宗"的基础上发展起来的[①]。公元14世纪，帕竹噶举教派教主统一卫藏地区后，即在西藏各地兴建了以乃东为首的13个宗，并安排宗本负责管理。这些宗堡设置于重要的地理位置，一般位于依山傍水的交通要道附近，而宗政府的建筑位于山顶以利于军事防御。随着历史的发展，宗堡的功能逐渐演变为一个地方的行政管理机构的称谓。其功能也更为复杂，包括办公、居住、储存以及宗教用房，同时包括围墙和堡垒等防御性工事，从而形成了系统的地方行政建筑宗堡建筑类型，"宗堡建筑"属于西藏官式建筑类型。17世纪中叶，五世达赖在西藏全境设立了53个宗政府，并划定了各宗的明确管理范围，到了清末已经建立了不同规模的宗一级地方政府上百个[①②]。宗堡在功能上作为政治中心以及在地理位置上的凸显，一般都是一个地方的标志性建筑，有研究认为最早的宗是位于山南地区的雍布拉康，而等级最高的则是布达拉宫（图2-1-1）。宗堡的建造对聚集人口，形成市镇具有重要的作用。宗堡建筑是宗堡聚落的核心。

　　宗堡建筑的主要特征在于其军事防御性和"宗+民居"的综合功能。宗堡建筑的原型是早期的"堡寨"。距今2000多年前，藏区上中下地区形成了十几个小邦国，历史上称为"十二小邦"或"四十小邦"[③]。在小邦境内分布了众多的用于军事目的的堡寨。堡寨逐渐发展成为各个邦国的都城，成为区域内的政治和军事中心。这些堡寨具有较好的地理位置

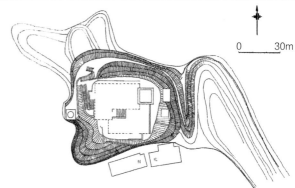

图2-1-1　雍布拉康地势示意及总平面（来源：作者自摄）

和资源条件，是西藏早期城市的雏形和基础[④]。进入吐蕃时期，堡寨向城市过渡，形成比较完整意义上的城市的形态[⑤]。因此宗堡聚落中，出于军事防御的角度，首先宗堡建筑选址都位于山顶高处，占据险要的地形及交通要冲。例如布达拉宫、江孜宗、达孜宗和贡嘎宗等（图2-1-2、图2-1-3）；或者建在交通要道旁，例如帕里宗选址在亚东峡谷口；其次宗堡建筑具有复杂的建筑体系和坚固的建筑形式。宗堡建筑一般都是以建筑群的形式出现，包括居住、办公、储藏和防御等功能建筑。宗堡建筑的围护结构具有超出一般建筑需求的厚度，有的下部墙体厚度可以达到1.5米以上，有的采取双

① 陈耀东. 中国藏族建筑[M]. 北京：中国建筑工业出版社，2007.
② 周晶，李天. 宗堡的设立与西藏初级城市发展关系研究[J]. 西藏研究，2014（6），56-60.
③ 恰白·次旦平措著，陈庆英译. 西藏通史—松石宝串[M]. 拉萨：西藏古籍出版社，1996.
④ 何一民，付志刚，邓真. 略论西藏城市的历史发展及其地位[J]. 民族学刊. 2013（1），56-66、116-118.
⑤ 何一民，赖小路. 吐蕃元明时期西藏城市的兴衰[J]. 甘肃社会科学. 2013（2），96-102.

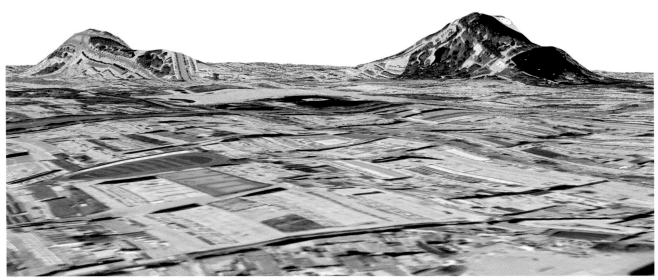

图2-1-2  布达拉宫高程地形（来源：范超昌 绘）

图2-1-3  江孜宗高程地形（来源：范超昌 绘）

层平行夯筑的外墙；有的宗堡建筑还挖有暗道通向山下，可以传递信息以及取水，其目的都是加强军事防御性能；第三宗堡建筑周围分布着村庄等居住区，形成"宗+民居"的模式。宗堡聚落需要一定的人口规模，以满足生产生活的物资支持。同时在发生战争时可以集合当地居民进行防御抵抗。因此宗堡与村落相互结合相互依存，形成一定规模具有军事

要塞性质的堡寨与具有农耕性质的村落相互依存的聚落形态。由于历史上西藏政教合一的制度，西藏多数城镇是由掌握世俗行政权力的宗政府和掌握宗教权力的寺院共同作用形成。西藏历史上长期以来地方政府的每个官职均由僧俗共同担任，因此在城镇中除了宗堡建筑外，亦会建有寺院。两者在空间关系上具有一定的联系。居民区则分布在宗堡和寺院

之间。宗堡和寺院都对城镇的发展起到重要的作用。这种类型的聚落往往因政而建，因寺而兴。

## 二、寺院聚落

藏传佛教寺院是一种独特的宗教聚落形式，与佛教在西藏的传播和发展具有密切的关系。寺院提供僧团修行、传法、居住生活以及信众朝拜等功能，是具有明确主旨和复杂功能的一种聚落形式。寺院聚落由于所处的地理位置不同，再加上政治、宗教观念的影响，呈现出丰富多彩的聚落形态。

寺院聚落的空间具有非常特殊的形式，大致可分为三种：宗教哲学象征式、自由发展式和城堡式。第一种宗教哲学象征式，多出现于早期的寺院。典型实例为西藏山南扎囊县的桑耶寺，以其具象的建筑表达抽象的宇宙观，寺院的布局以古印度摩揭陀的欧丹达寺为蓝本，建筑形制体现了密宗坛城和曼陀罗的思想。全寺中心的乌孜大殿象征宇宙中心的须弥山；乌孜大殿四方各建一殿，象征四大洲；四方各殿的附近各有两座小殿，象征八小洲；主殿两旁为两座小殿，象征日月；主殿四角建红、绿、黑、白四座塔[①]（图2-1-4）。与之相似的还有扎囊扎塘寺的总体布局是按照曼陀罗的形式，有研究认为该寺在建造过程中借鉴了桑耶寺的风格（图2-1-5）。第二种自由发展式是藏传佛教寺院最为常见的形态，常见的藏传佛教寺院往往是一大片高低错落，不同大小的建筑聚集，建筑群的外围形状也很不规则，没有明显的中轴线及对称的形式。实际上是由于大量的寺院是在很长一段时间内根据地形的制约建造而成，并未刻意出现规整的对称的布局。随着寺院规模的扩大而进行增建和扩建。在平原地上的寺院以早期建筑或主体建筑为中心，向四周发展，利用低矮的低等级建筑，衬托出主体建筑，依照与地形的关系，寺院形式的变化有机结合，杂而不乱，有内在的章法和规律。如拉萨大昭寺、山南昌珠寺、日喀则夏鲁寺等。建于山地的寺院，顺应地势，沿等高线层层

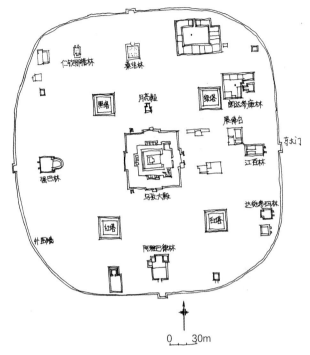

0    30m

图2-1-4　桑耶寺总体布局（来源：《西藏传统建筑导则》）

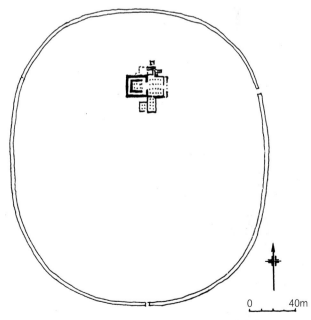

0    40m

图2-1-5　扎塘寺总体布局现状（来源：《中国藏族建筑》）

---

① 徐宗威. 西藏古建筑[M]. 北京：中国建筑工业出版社，2015.

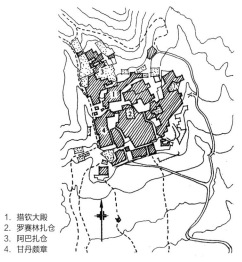

1. 措钦大殿
2. 罗赛林扎仓
3. 阿巴扎仓
4. 甘丹颇章

图2-1-6　哲蚌寺总体布局（来源：《中国藏族建筑》）

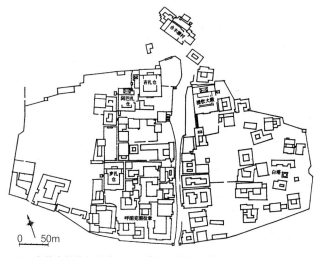

图2-1-7　色拉寺总体布局（来源：《中国藏族建筑》）

分布，自然形成有节奏的轮廓线，尤以格鲁派四大寺最为典型。采用自由发展式布局的寺院多数是开放的，尤其是一些大型的寺院，如拉萨的哲蚌寺、色拉寺等（图2-1-6、图2-1-7）。整个寺院没有统一的大围墙，但扎仓和拉章等各部分自成体系。第三种城堡式寺院往往并不是单纯的寺院，而是与某些小王朝的都城合建在一起，很多宗堡建筑都属于这一类型，如雍布拉康、贡嘎宗堡等，但最典型的城堡是萨迦南寺。萨迦南寺既为寺院，又为萨迦王朝都城，出于安全防卫，采取了城堡式格局。萨迦南寺分内、外城，设两道城墙，外城为羊马城，设回形土筑墙一道，其外有护城河，城墙四角及各边中部均设有高达三、四层的碉楼，内城中心就是以拉康为中心的佛寺。由于萨迦南寺建在平原上，所以建筑空间布局有了更大的灵活性，人的主观因素游刃其中，在原有城堡式格局的基础上，也赋予了它更多宇宙图式的意义（图2-1-8）。

与自由发展的山地寺院相比，宗教哲学象征式和城堡式的格局建造时间比较集中，建筑群外形规整，但它们仍是将主要殿堂作为构图中心，有效地控制着整个群体，使其统一和谐。由以上分析可以看出，藏式寺院在群体组织设计方

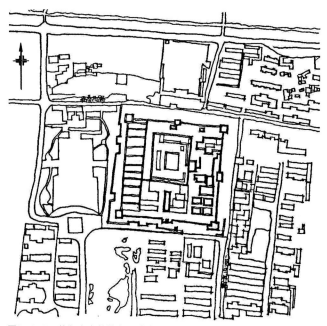

图2-1-8　萨迦南寺总体布局（来源：靳含丽 绘）

面，有一个共同的出发点：就是以主体建筑为构图中心，围绕主体建筑周围布置次要建筑，强调主体建筑形象的纵向突出，以其控制全寺，这也是佛教的宇宙图式在藏式建筑中衍生、演化的物化表现[①]。

---

① 胡晓海，董小云. 藏传佛教寺院建筑的群体布局研究初探[J]. 内蒙古科技与经济. 2011（21）：109-110.

## 三、农耕聚落

以农业为主要产业的村落主要分布于雅砻河流域、拉萨河流域、年楚河流域等地（这都是雅鲁藏布江中游的支流流域），有宽阔的河谷平原和充足的河水灌溉，气候也相对湿润温和，具备了发展农业和形成村落的自然条件及安全保障。

西藏地区的地理环境及资源等因素的特殊性决定着村落的分布具有不同的特点。以所处地理环境的差异，西藏村落的分布大致可分为以下几个区域："一江两河"流域，藏东峡谷区，喜马拉雅山高山区，阿里地区；而藏北高原由于气候极端、水源缺乏，人口极为稀少，历史上以游牧帐篷为主要生产生活集聚地。

"一江两河"流域是西藏农业最发达的地区，也一直是西藏人口密度最大的区域。该区域位于冈底斯山脉东段与喜马拉雅山脉之间，村落大多位于江河、湖盆谷地，与山体关系密切，方便组织农牧业生产。村落格局整体呈平面自由状，有机扩散，道路曲折，尺度多变，采用较为统一的藏式平顶和土、石建筑材料，形成了建筑风格统一的典型西藏村落景观。

藏东峡谷区位于青藏高原东缘，横断山区北部，为一系列东西走向逐渐转为南北走向的高山深谷，其间挟持着怒江、澜沧江和金沙江三条大江。村落多位于大江及其支流两侧，村落建筑的分布较为分散灵活。有代表性的村落有盐井村、僜人村、米堆村等（图2-1-9、图2-1-10）。

喜马拉雅山区村落多位于高山垭口，自古以来就是西藏与喜马拉雅山南部地区交通的必经之路和贸易通道。较有代表性的是亚东县下司马镇春培村。此村落位于大山的河谷之中，农田布局于河流两岸，村落集聚于山脚，聚集度高，布局自由，空间开敞度高，整体性风貌统一。村落入口处有寺院，布置转经筒，具有高度的空间识别意义。村落通过一座索桥与外界连通，既保障了对外交通，也有安全防卫的功能（图2-1-11）。

阿里地区的村落分布在群山连绵的峡谷地带或河流纵横的平原地带。村落选址在山麓平坦地带，山腰台地或缓坡地带或山间凹地。村落选址选取在近水源的地带或位于靠河的山腰缓坡之上，同时沿山体等高线呈线性格局，且相对紧凑，得以尽量少的占用完整的平整土地，而将其用作耕种。村落有可靠的水源保证，并有肥沃可耕的田地（图2-1-12）。

西藏传统村落的主要特征体现在宗教性的公共空间，同时也是西藏村落内部公共生活的中心。西藏村落在具备一般村落的生产、生活功能之外，大多都强调其内部公共活动的宗教性质。最常见的即村落的转经点，或紧邻寺院，或围绕

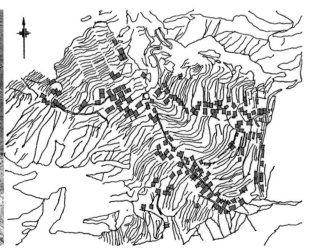

图2-1-9　芒康盐井村（来源：作者自摄）

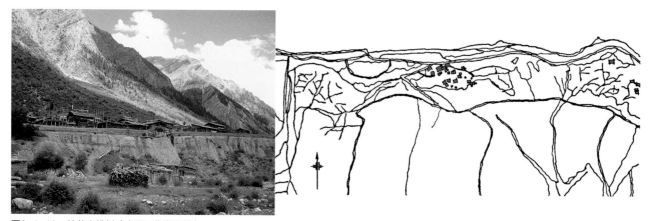

图2-1-10　林芝米堆村（来源：作者自摄）

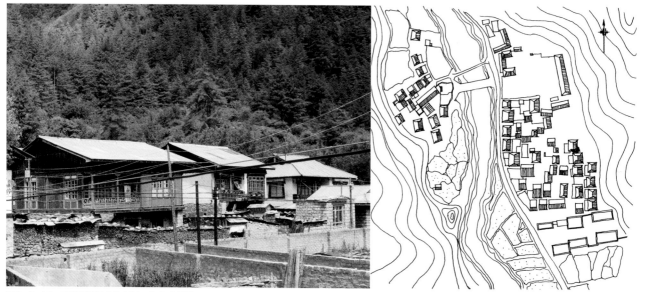

图2-1-11　亚东春培村（来源：作者自摄）

图2-1-12　普兰多油村（来源：作者自摄）

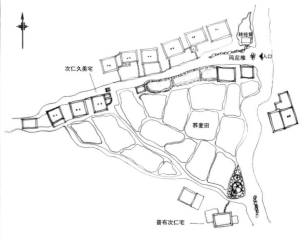

图2-1-13　村落公共空间转经墙（来源：作者自摄）

寺院，或在村落内部布置祭拜的佛塔、玛尼堆等，是村落公共活动的场所，同时也是村落精神空间的核心（图2-1-13）。这种宗教性公共空间对于村落的凝聚力具有重要的作用，在这个空间可以进行宗教或者非宗教的民俗节庆活动，因此宗教活动空间和场所往往成为聚落社区中民族认同和民俗认同的一个空间。西藏历史聚落的演化过程中，村落也是诸多城镇型聚落形成发展的"细胞"，作为人口集聚的最初形态和基本单元，随着生活、生产、宗教、政治等功能的逐渐完善和扩张，原先以简单集聚为目的的村落人口，逐渐向寺院、宗堡、谿卡等中心集聚，也成为寺城、宗城、谿卡等聚落形成的主要人口来源。

## 四、庄园聚落

"谿卡"（领主庄园制），意为采邑、庄园，其出现的时代比"宗"更早。是一种西藏历史上封建农奴制度下产生的聚落形式。西藏历史上最早的谿卡，出现于11世纪前期，并逐渐发展成为西藏的另一种基层组织。元明时期开始，西藏各地出现了多处大规模的谿卡聚落，并逐渐形成三种固定

的模式。谿卡也成为"宗"以下的一种普遍的土地拥有制度。13世纪晚期，随着西藏封建农奴制正式确立，领主庄园制的土地经营基本取代了在封建分裂割据时期的土地自耕形式，数以千计的大小封建庄园星罗棋布，形成西藏农奴制经济的主体；14 世纪，帕竹法王将谿卡这一有效的基层管理办法向雅鲁藏布江中游各地推行；17 世纪后期，甘丹颇章政权期间谿卡制度逐渐定型。根据西藏各领主实际掌有领地的大小、多寡不同，谿卡分为"雄谿"（政府庄园）、"格谿"（贵族庄园）和"却谿"（寺庙庄园）三类，即被后世称为的三大领主庄园。谿卡既是一种土地拥有的制度，也是一种典型的西藏历史聚落，同时具有宗堡和农耕聚落的性质。历史上较为著名的谿卡，如朗赛林、甲玛赤康、庄孜等谿卡，其选址、布局、主体建筑均体现出西藏地区聚落独特的内涵[1][2]。谿卡的建筑形式与布局的主要特征是其反映了庄园领主与农奴在权力和地位上的关系，"每一个谿卡既是一个自然村落，也是一个或大或小的独立社区，一个军事组织、一座城堡，甚至是一个小社会。"（图2-1-14）

"谿卡"聚落，一般位于农村地区，其组成包括庄园主建筑及其周边的农田、牧场、民居及林卡等。其基本的营造特点为：一是庄园建筑是整个谿卡的中心，其规模之大和外观之华丽，与聚集在其周围的民居形成鲜明对比；庄园建筑对周围的农田、牧场、林卡以及民居形成空间上的统属意向。二是谿卡主体建筑选址于风景优美、良田广阔的平地之上。其建筑规模一般根据谿卡贵族的权力、官职的大小而不同，但总体上在西藏民族的住宅类型的建筑中属于大型居住建筑。其规模、体量巨大，装饰豪华，是典型的西藏民族贵族住宅。三是谿卡主体建筑往往注重军事防御，具备完备的防御性工程设施，一般包括多道高大城墙、深壕沟，城墙上有射箭孔、投石箱，城外四周还有陷马坑。四是谿卡建筑内拥有大量的仓储空间，存放粮食、武器、工具，库房一般设在主楼的底层；一般都有磨坊、纺织机房等工场，供朗生和

① 刘永花. 浅谈民国时期西藏的宗和谿卡[J]. 四川民族学院学报：2017, 26（3）：14-18.
② 徐宗威. 西藏古建筑[M]. 北京：中国建筑工业出版社，2015.

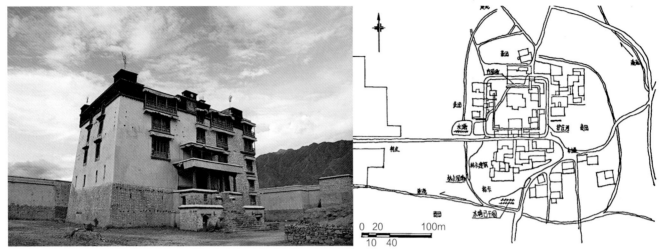

图2-1-14　朗赛林庄园（来源：作者自摄）

农奴们进行捻毛线、织氆氇、制作家具等生产活动。庄园内还设置有惩罚农奴的牢狱[1][2][3]。

## 第二节　聚落的选址特点

从建造原始定居点开始，人类就需要考虑其选址问题。随着社会的发展，聚落的种类也开始逐渐丰富。除了以农业生产为主的最初始的聚落形式外，西藏历史上出现了各种具有军事、经济和宗教等不同功能侧重的聚落类型。根据其承担的功能，不同类型聚落的选址也有所侧重和各自的特点。总体而言，西藏传统聚落的选址顺应了其所处的青藏高原特殊地理环境，充分地考虑了山势、河流以及平原谷地的地理因素。

从更本质的角度分析，西藏传统聚落的选址都需要满足临近资源、能够防御、具有居高临下的视野以及与周围环境相协调的特征[4]。几乎所有的聚落类型宗堡、寺院和民居都占据利于观察来访者的较高的位置，这一方面利于防御，一方面也使聚落或建筑不占用宝贵的可以用于耕种的土地。同时在具有宗教等级的社会中，不同的高度往往能反映建筑及使用者的等级和权力。因此具有政教合一功能的建筑也往往位于一个地区的最高处。不同的聚落在功能上互相涵盖，因此本节讨论聚落的选址主要以聚落的主要需求特点作为分类，包括农耕型聚落、军事型聚落以及宗教型聚落。

### 一、毗邻水源，以利农耕

随着人类在西藏的生产力和生产方式的发展，从新石器时代起家畜饲养和牧业生产开始在西藏地区出现。根据生活环境和自然条件的不同，部分地区开始农作物的种植。因此一部分人开始以定居的方式生活，逐渐开始建造原始定居点的过程。这种简陋的定居点可以看作是西藏聚落最初的起点。这种聚落的产生方式也符合人类聚落产生的基本规律，即由于人类社会大分工及农业的出现使得聚落得以产生[5]。根据考古发现，西藏的原始先民已经开始根据多种因素进行有一定科学性的定居点选址。以西藏昌都卡若遗址为例，其选

① 徐宗威. 西藏古建筑[M]. 北京：中国建筑工业出版社，2015.
② 周晶. 20世纪前半叶西藏社会生活状态研究（1900-1959）[D]. 西北大学，2005.
③ 拉毛加. 西藏庄园制研究[D]. 西藏大学，2013.
④ 拉森. 拉萨历史城市地图集：传统西藏建筑与城市景观[M]. 北京：中国建筑工业出版社，2005.
⑤ 王鲁民，韦峰. 从中国的聚落形态演进看里坊的产生[J]. 城市规划学刊，2002（2）. 51-53.

址位于澜沧江和卡若水交汇的三角台地上，即是利用了在高山峡谷地形中，这种地段具有地形平缓，利于农业耕种，易于获取水源，交通便利和渔猎等优势[①]。在选址方面，西藏早期的聚落文明就已经从地理环境、地形条件、水文和气候条件几个方面考察定居点的选址。一般选择在背山面水朝阳一侧，河道主流与支流交汇的岸边台地河谷地带上。这种选址的考虑一方面满足生产生活的水源需求，一方面在洪水季节可以向背后山地的高处安全地带转移[②]。除水源外，耕地资源也是影响聚落选址的重要因素。耕地资源是保障农业生产的基础，也是聚落得以存在发展的保证。因此平衡居住和农业生产用地的关系是西藏聚落选址的重要方面。在平原较少山地较多的地区，传统聚落选址特别注重避免占用良好的农业生产用地。因此聚落选址在山体缓坡、山腰及山顶等地带。这种在山地选址带来的另一个问题是聚落的安全性。因此选址需要考虑避开山脊、隘口等大风地带，同时山体的地质条件也是需要考虑的因素。

以西藏两种代表性地区林芝和阿里地区为例。在气候条件方面，两个地区具有差异明显的气候条件。林芝地区森林资源和植被丰富，雨量丰富气候条件相对较好；阿里地区属高原寒带干旱—半干旱地区，相对于林芝气候条件更加严峻。在地形条件方面，林芝地区属于典型的河谷平原，高山峡谷和高原丘陵地貌；阿里地区以河谷平原及盆地为主，地势开阔平坦[③]。在林芝地区，虽然拥有西藏最丰富的河谷平原，但是传统聚落较少出现在河谷平原地区，而主要集中在山脚缓坡地带和山腰陡坡地带。山脚缓坡或台地地带具有较多的选址优势，在垂直交通处理方面相对于陡坡地带较为容易，且缓坡有利于避免遭受洪涝灾害；可以兼顾山上的林业、牧业及农业等，更为重要的是不需要占用耕地资源。同时山上的树木资源可以为聚落的建设提供丰富的木材和石材等建筑

材料以及取暖用的燃料等，在高原气候环境下树林也为聚落调节生态环境。由于地形的限制，山腰陡坡地带也被充分利用作为聚落的选址。一般选址背山面水或背山面田的地带，多位于向南坡上，不仅可以有较好的日照条件也可以防风避寒，同样也避免了对耕地资源的占用，但始终与河流保持紧密关系[④]。在阿里地区，村落选址同样体现了与山体、河流与耕地的关系。选址集中在河谷平原，山腰缓坡或台地，临近水源和耕地资源。林芝和阿里地区虽然在地理和气候条件上具有明显的差异，但在聚落（村落）选址理念上保持相当的一致，说明在原始的聚落定居点选址方面，适宜耕种的土地，水源和阳光是主要考虑的因素，其中水源是最重要的因素。这也是以农耕为主要生产方式的村落选址的主要考虑因素，也是之后更为复杂的其他的类型聚落选址的基础。

## 二、耸峙峰顶，以利防御

防御性聚落是传统聚落的发展中一个重要的阶段。在距今2000多年前，在西藏历史上出现了以军事为主要目的的聚落形式——"堡寨"。"堡寨"出现的背景是小邦纷争的时期[⑤]，因此军事防御是重要的需求。这些堡寨主要为作战和屯驻等军事目的。作为军事用途的堡寨在选址上也经过特别的考虑，选择的地点一方面位于险峻的山顶，以利于军事防御；同时也具有较好的自然资源条件，人口集中利于农牧业生产[⑥]。因此一般而言堡寨的选址具备三个要素：一是占据凸起于平地之上的独立山头；二是能够控制山脚下的交通要道；三是背靠大山，面向河谷盆地[⑦]。典型的例子如乃东宗堡和琼结的宗堡。雍布拉康是早期以堡寨为中心的聚落代表。公元4世纪，聂赤赞普为防止其他部落的侵犯，在山南泽当以南的南扎西次日山上建造了雍布拉康。雍布拉康同时具有军

① 西藏自治区文物管理委员会，四川大学历史系. 昌都卡若[M]. 北京：文物出版社，1985.
② 霍巍，王熠，吕红亮. 考古发现与西藏文明史（第一卷）：史前时代[M]. 北京：科学出版社，2015.
③ 木雅·曲吉建才. 西藏民居[M]. 北京：中国建筑工业出版社，2009.
④ 萧依山. 西藏林芝地区传统聚落与建筑研究[D]. 重庆大学，2016.
⑤ 恰白，次旦平措著，陈庆英译. 西藏通史—松石宝串[M]. 拉萨：西藏古籍出版社，1996.
⑥ 何一民，付志刚，邓真. 略论西藏城市的历史发展及其地位[J]. 民族学刊，2003（1），56-66.
⑦ 周晶，李天，李旭祥. 宗堡下的聚落—西藏早期城镇的形成机制与空间格局研究[J]. 西安：西安交通大学出版社，2017.

事要塞和王宫的属性[①]。一方面南扎西次日山地势险峻利于军事目的，另一方面山下具有良好的农业耕作条件，形成若干村落围绕。这些村落从属于堡寨，为王宫提供农牧业和手工业的支持，因此形成了特殊的具有军事要塞性质的堡寨与具有农耕性质的村落相互依存的军事聚落形态。

居民区建在山前平地上或者围绕宗堡修建，宗堡有道路与居民区相连，一旦有战事发生，山下居民就进入宗堡固守。除了民居之外，居民区内还分布有贵族的林卡，农民的晒场，街面上有商铺、酒馆和茶馆等。主要道路旁边一般会有沟渠，有些沟渠可能曾经是堑壕，具有防御功能[②]。

## 三、隐于山峦，以利修行

藏传佛教寺院是西藏地区传播佛法、信众朝拜、僧侣修行和生活的重要场所，是典型的具有宗教性质的聚落类型。藏传佛教寺院的选址是在苯教寺院选址理论的基础上，与在佛教传播的影响下，逐渐与印度佛教的宇宙哲学思想和汉地风水堪舆相结合，经过长期的发展形成了系统理论和方法。由于需要同时满足生活需要和宗教功能，寺院在常规的聚落属性外，还具有重要的精神象征，遵循一定的宗教教义；为满足僧侣修行所需的环境，寺院一般需要离开世俗村落一定的距离，以提供僧侣聚集修行佛法的清静之地。因此寺院选址的首要条件是远离尘世的安静的地方[③]。

由于寺院作为一个具有较多人口的聚落，其选址仍具备最大限度地利用有利于僧俗生活的自然条件。寺院需要临近水源用于饮用和灌溉；具备远、近放牧的草场；具备可用来建房和耕田的土地；具备盖房的木材和烧柴的木料；具备磨盘石和建房石材的石料等等，基本考虑了建筑所用的土地、材料和人们生活的基本条件，具有一定的科学性和合理性，说明寺院建筑地点的选择还需满足基本的聚落生活需求。

寺院的选址方式还需依据一定的规则和步骤。第一步是

根据教派祖师的预言或提示寻找合适的寺院方位。藏传佛教寺院中很多寺院都是根据上师预言寺院的名称或地址，再遣弟子前去寻找相应的地方。这种方式主要是指明寺院选址的大致方位。这种通过活佛高僧预言的选址方式主要指明建寺的大致方位，也是高僧大德传播佛法的一种方式。

## 第三节　聚落空间的形式特点

### 一、中心空间模式

西藏传统空间在模式上具有明确的指导思想和规律，因此传统聚落也形成了比较鲜明西藏民族聚落的特点。虽然不同的聚落类型在空间形态上有所不同，各具特色，但是其具有较为一致的内在布局理念和规律。通过对西藏传统建筑与聚落空间模式的解读可以发现宗教在其中具有重要的作用与影响。传统建筑和聚落都具有一定的宗教内涵，其中宗教性建筑如寺院建筑更是对城镇和聚落格局起决定性的作用。例如大昭寺、扎什伦布寺、白居寺等寺院对于拉萨、日喀则、江孜的城市形态都有着十分重要的影响。甚至小型的集镇和村落也往往以寺院或寺庙为中心或重要参照物形成；除此之外带有宗教含义的各种标识，如玛尼堆、经幡、风马旗和其他各类建筑装饰都成为聚落与建筑的重要元素。更为隐形的是聚落所处的地理环境中的自然元素如山、湖都被赋予了特别的宗教意义。

各种类型的西藏传统聚落空间遵循着某种共同的理念，这些理念与西藏民族对自然的理解以及原始地方宗教具有一定相关性，尤其与经过长期及与各方融合后形成的藏传佛教相关。从哲学角度分析，西藏民族的建筑和聚落的特点可以归纳为中心性以及室内空间氛围外在的"象"。最初的自然观及藏传佛教的世界观以及某些修行教义展现出西藏民族观

① 何一民，付志刚，邓真. 略论西藏城市的历史发展及其地位[J]. 民族学刊，2003（1），116–118.
② 陈耀东. 中国藏族建筑[M]. 北京：中国建筑工业出版社，2007.
③ 龙珠多杰. 藏传佛教寺院建筑文化研究[D]. 北京：中央民族大学，2011.

念信仰之内含的"意"。

中心性是西藏民族建筑和聚落呈现出的"象"的显著特点，从民居中的中心立柱到城镇中占主导地位的宗堡或寺院，包括转经、转山、转湖等宗教行为的路径也都是围绕着某个中心进行。而佛教典籍中有关世界图景的描述最鲜明的特点之一就是世界以须弥山为中心。以上具有明确中心感的"象"一部分是源于西藏民族原始的生活观感和建筑历史，一部分源于从印度佛教到藏传佛教一脉相承的"世界中心说"之"意"所强调。中心性是西藏民族理解世界的方式，也因此反映到建筑和聚落的空间格局中。

这种中心意识的产生与高原自然环境具有直接的关系。青藏高原地形环境广阔无际，在这样尺度巨大的地域环境里，山、湖泊等地理实体都可能作为一种景观而被赋予某种神圣或者特别的含义，甚至成为西藏民族原始宗教中的自然神。由此开始，被神性化的世界和未开化的世界便被人为地区分开来。同时赋予西藏民族先民在辽阔的高原之上的归属感和被庇护感。同时，一定范围内的视觉上突现的物体也成为生活场景中的一种提示，巨岩等自然元素被提取出来，成为人们生活体验中的中心体。辽阔的环境退居为辅助性的背景。人们在接受这个区域及其内部的中心体之后，认知和认同便转向中心体，中心体也成为一定地域的标识。另一方面，在选择游牧作为生存方式，从一群人驯化兽群到一个人单独畜牧，这种劳作模式的个体化加剧了人的孤独感，同时也愈发体现牧民作为个体生命的突出性[1]。夜间为了防御野兽的袭击及避风，牧人把帐篷支在牲畜的中央，帐篷和居住其中的人再次被置于广袤大地的中心地位。以上这些行为都在无形中强化西藏民族的中心体意识。

以最基本的帐篷和藏式民居空间模式为例，帐篷不仅本身是一个中心，它的内部也具有一个中心即中心立柱。最初牧人在牛毛黑帐的主梁中端加设中柱仅仅是为了结构支撑，但后来逐渐被赋予宗教的含义，将帐篷认为是一个微缩的世界，而这根木柱象征着世界的中心，甚至沿此中心可以上

升，也可以下沉。类似的象征意义也出现在作为游牧民族的西伯利亚文化中。他们的圆帐象征了天空的形状，并在顶端开洞，烟从此洞飞扬出去，直达北极星。在帐篷逐步退出西藏主要的居住模式之后，柱子的支撑性仍作为代表神秘与安全的力量象征，并在其后以砖石夯土建造的藏式民居中被沿用。所以，传统的西藏民族居室中总是以木柱作为支撑并被有意识地加以强化。即便某些新建的藏式建筑在结构上已经完全不需要再以中心立柱承重，但仍因其象征意义被保留下来，并且加以装饰予以强调。室内空间的中心体意识，便从作为结构功能的一部分变成对世界中心的演绎，并延续至今人的观念之中。

中心性空间模式除了受到对宇宙的原始理解的影响，也受到佛教典籍中世界图景的重要的影响。藏传佛教继承印度佛教里"世界中心"的概念。传统佛教认为宇宙的中心为须弥山，世界以须弥山为中心取圆分为四大洲和八小洲，并有日月星辰围绕。须弥山的高处延伸至天界，下部是黑暗的地界，人的世界位于中部。世界的图景便是以须弥山为轴心的大圆盘。而作为"坛场"和"聚集"之意的密宗中的曼陀罗，其形成的各种体现世界结构的图示最鲜明的特征便是无论其平面以方还是圆为基本元素都必然是围绕一个中心展开，外部圆和内部圆同心，方圆内切或者外接。从而塑造了强烈的中心感，以突出中央主尊的地位。

曼陀罗本义就是筑方圆之坛，以安置神佛，于是作为聚集众佛和信徒的很多寺院建筑便根据曼陀罗的图示或佛教典籍中描述的宇宙图景建造起来。例如江孜的白居寺，是将立体曼陀罗表达在一座建筑上。而著名的桑耶寺则是做了分开的布置，并且平面布局符合以须弥山为中心、四大洲、八小洲的构图模式。

由于空间中心的产生，空间的秩序便有了产生的参照。以空间的中心为参照，根据一定的秩序和规则，聚落空间得以形成和产生。宗教信仰者的空间图式和不信教者是不同的。通过设置某些具有象征意义的点，信徒可以由此获得对

---

① 张世文. 亲近雪和阳光—青藏建筑文化[M]. 拉萨：西藏人民出版社，2004.

不同空间地点的体验。这些点即成了空间的中心，并因此展开了空间秩序。中心性的空间模式反复出现在西藏不同尺度的聚落中。这种秩序在聚落的最终形态上表现的方式有三种：（1）最显著的是标志物恰好作为整个聚落平面的几何中心上，聚落发展过程中，其他建筑是依此标志物为原点向外拓扑扩展；（2）标志物虽然不是几何中心，但却是视线上的统领性的焦点，其余的建筑不仅不得超越这个点，还要确保与此点的视线廊道的通畅；（3）以追求路径上通达中心的方式形成聚落的整体秩序，其典型表现是放射或者环绕的道路；以聚落中某种实际功能为核心，通过提供人的活动空间而组织人流聚集和人心的归向。中心为空间、路径、行为提供了展开的参照和依据，并最终在聚落形态上体现出某种秩序性。

尽管中心意识在西藏民族传统的生存空间中都尤为突出，但在世界范围内并不是特例。很多其他民族地区的文化中均试图在宇宙图示和地理方位等方面将自己置于环境的中心，如古希腊文明、伊斯兰文明都有自己的世界中心。西藏传统文化中冈仁波齐是世界的中心。中心意识是人类赋予环境和世界以秩序一种认知模式。而西藏民族通过将自己的宇宙观、秩序观投射在居所上，通过独特的方式将天、大地、神灵、生灵向自己的生存空间聚集，从居住的帐篷到神圣的寺院，将中心之"意"在各层次的空间中呈现出中心之"象"。

## 二、二元空间格局

随着不断地发展和演变，西藏形成了以城镇为代表的较为复杂的传统聚落形态，并开始包含更为丰富和固定的空间要素。满足居住需求的民居是聚落中数量最多且密度最大的空间要素，一般以成片的形态存在，是整个聚落得以存在的基础；寺院是西藏传统聚落中普遍存在和具有精神意义的

空间要素，寺院的位置往往是聚落逐渐围绕形成的起点和中心，因此与主要居住区的关系十分接近。这两种空间要素在聚落空间中紧密结合。寺院的数量视城镇规模不同，对于大型城镇例如拉萨，除了大昭寺作为中心寺院外，还分布有近20个大小不同的小型寺院及拉康，但中心主要寺院是聚落产生的主要起始点；宗堡或宗堡是政治和行政中心。"宗"是西藏地方政府的行政机构，因为其地理位置位于小山的山顶并具有一定的防御性，因此被称为宗堡或宗堡[①]。宗堡是城镇等复杂聚落所必须具备的功能，也是具有标志性和统领性的空间要素。宗堡与民居的关系具有天然的层级，也反映在这两种空间要素空间距离上。在一个聚落中宗堡的数量只有一个。寺院和宗堡都对聚落的产生和发展产生了重要的作用，逐步发展成为双极点的空间格局，即聚落的生活中心和政治中心。

这种二元空间格局的产生有其内在的原因。格鲁派在掌控西藏之后，为了加强对地方的控制，噶厦为各级地方政府机构配置了僧官，与贵族俗官共同管理地方事务，一方面在宗堡内增建了少量宗教建筑，一方面兼任宗政府官员的僧官因为掌握了更多的社会资源，有机会新建和扩建寺院。这样就在主观和客观两方面形成了宗堡型城镇在空间布局和功能布局上的二元制，这是较大规模的传统城镇聚落双极点空间格局产生的内在原因[②]。

就寺院而言，其主要目的是为了满足信众朝拜，因此在寺院附近产生了大量的人流活动，在寺院周围逐步发展起贸易活动形成商业中心，又进一步带动了居住区的发展，进而成为城镇发展的重要依托。民国时期出版的《西康纪要》中有这样的描述："西康既为喇嘛教支配之地，无论士庶，均加敬信，故虽村落乡区，莫不有共建之寺庙；而牛厂游牧之民，迁徙无常，生活靡定，对于喇嘛若兰之建立，亦不遗余力。往往有一部落，即有一寺庙，而此寺庙，即为该族人民聚集之中心；天幕连延，环寺而居，商贾骈集，交易货物，

① 周晶，李天. 宗堡的设立与西藏初级城市发展关系研究[J]. 西藏研究，2014（6）：56–60.
② 周晶，李天，李旭祥. 宗堡下的聚落—西藏早期城镇的形成机制与空间格局研究[M]. 西安：西安交通大学出版社，2017.

又俨以寺庙为市肆"[1]。以拉萨为例，在大昭寺的地位确定之后，前来朝圣和居住的信众日渐增多，因此在寺院周围出现了旅店、商业、学校和住宅等一系列建筑。由于藏传佛教的朝拜方式中要求有环绕主要寺院的转经道，因此形成了八廓街。最初是作为宗教转经的用途，之后逐渐成为城镇的重要交通道路。随着朝拜信众人数的不断增加，给八廓街带来了巨大的人流和商业需求，除了最初的宗教功能外，环绕大昭寺的八廓街地段也逐渐成为拉萨的商业中心和生活中心。

就宗堡而言，作为政治中心和行政中心，其具有一定的军事防御性质，一般设置在山顶，相对寺院距离居住空间较远。规模较小的宗堡可以只有一座满足办公、宗教和居住的综合型建筑，规模较大的宗堡具有宗政府、经堂、佛殿、碉堡、监狱及城墙等一系列的城堡体系[2]。宗堡所在的山下也有居住区，称为"雪村"意为"下面的村子"。对于较大的宗堡，"雪村"除了民居外，还包括林卡和晒场等。而对于重要的宗堡，"雪村"主要为统治者提供生活服务的机构以及僧俗贵族、官员的宅院及低等职员、工匠、农奴的住所。例如布达拉宫的"雪村"占地面积约5万平方米，包括雪巴列空、贵族住宅、藏军司令部和羌仓等诸多功能区域，是集行政、司法、监狱、税收、铸币、工厂等职能为一体的办公场所。

宗堡与寺院这两种要素的空间关系也随着宗教的发展而呈现出由近到远的不同变化。最初宗堡与中心寺院的空间距离不会太远，以兼顾僧俗官员办公和军事防御的需要。因此有些寺院也修建在山巅，与宗堡比肩而立，或是建在通往宗堡的半山腰处。例如早期的曲水宗堡与寺院、琼结宗堡与日乌德钦寺、昂仁宗堡与却得寺等。随着聚落规模日益扩大，寺院的商业功能逐渐发展，也因为宗堡的作用不断弱化，寺院的地理位置明显下移，最终发展成为由城镇民居环绕的平地寺院[3]。宗堡和寺院都是聚集有居住区和标志性建筑的空间要素。宗堡型城镇的二元空间格局是从西藏地方政权强化政教合一制度之后开始出现的，在城镇的中心寺院建立之后，西藏民族日常的朝拜活动使寺院成为人流环绕和聚集以及贸易活动场所。这种精神上的转移也对城镇的物质空间产生了影响，二元空间格局逐渐形成。居民区逐渐向寺院靠近，形成向心型聚落，居住区的主要道路也逐渐引领至寺庙，使得寺庙的中心地位更加强化。这种城镇中心的转变并没有削弱宗政府的行政职能，而是一种非常稳定的双核心二元空间格局[4]。

① 杨仲华. 西康纪要[M]. 北京：商务印书馆，1937.
② 周晶，李天. 宗堡的设立与西藏初级城市发展关系研究[J]. 西藏研究，2014（6）：56-60.
③ 周晶，李天. 宗堡下的聚落—西藏早期城镇的形成机制与空间格局研究[M]. 西安：西安交通大学出版社，2017.
④ 同上。

# 第三章 西藏传统建筑的类型、风格和元素

西藏地域广阔，地理跨度较大，各地气候和物产也千差万别。按照"因地制宜，就地取材"的原则，西藏的工匠充分运用自己的智慧，用简单的材料创造出了不简单的建筑。在对西藏传统建筑进行分类时，如果从材料、工艺等方面进行考虑，种类异常繁杂。同时西藏传统建筑文化在发展演变过程中，与外来的文化相互影响，彼此交流借鉴。多种因素相互穿插交织，从而难以提取出某种非常明确的特征，来给西藏传统建筑一个准确的定义。忽略掉其他因素，仅从建筑本身的角度而言，我们认为在西藏采用传统材料和工艺建造的建筑，就可以称为西藏传统建筑。

虽然采用的工艺材料因为地域差异而不同，但如果更多地从某个建筑所承载的功能来考虑，则它们彼此之间就比较一致，也就可以把西藏传统建筑分为比较明确的类型了。按照这个思路，可以把西藏传统建筑大致分为寺院、宫殿、宗堡、庄园、民居、碉楼、园林、桥梁以及其他建筑。它们的起源、发展路径各不相同，彼此间既可进一步从材料、工艺和文化的差异分为不同类型，但同时也因为承载着相同的功能而具有很多共同的特性。

正如木心先生所言"古典建筑，从外观上与天地尽可能协调，预计日晒雨淋风蚀尘染，将使表面形成更佳效果，直至变为废墟，犹有供人凭吊的魅力。"西藏传统建筑也是如此，其独特的魅力不但不会因时间而消减，反而愈发强烈，并将一直伴随着在生活在雪域高原的人们，成为他们精神中重要的部分。

# 第一节 寺院

## 一、藏传佛教寺院概况

西藏地区的藏传佛教寺院数量多，分布广，规模大。在

藏传佛教建筑中，只有"佛、法、僧"三者都具备的被称为寺院，规模较小的寺院被称为"拉康"。现在很多寺院是在原有拉康的基础上扩建之后发展起来的，例如大昭寺，其建成之初仅为拉康的规模，是为供奉释迦不动金刚佛像的大殿，后经历多次扩建，修建形成今天的格局（表3-1-1）。

西藏主要寺院分布 表 3-1-1

| 名称 | 年代 | 地点 | 教派 |
|------|------|------|------|
| 孜珠寺 | 三千年前 | 昌都地区丁青县 | 苯教 |
| 帕巴寺 | 640 年前后 | 日喀则地区吉隆县 | 格鲁派 |
| 唐加寺 | 652 年 | 昌都地区贡觉县香贝乡 | |
| 大昭寺 | 公元 7 世纪中叶 | 拉萨市 | |
| 小昭寺 | 公元 7 世纪松赞干布时期 | 拉萨市 | |
| 昌珠寺 | 公元 7 世纪松赞干布时期 | 山南地区乃东县昌珠镇 | |
| 帕邦喀 | 公元 7 世纪松赞干布时期 | 拉萨市北郊 | 噶当派 |
| 提吉寺 | 吐蕃政权赤松德赞执政时期 | 山南地区洛扎县 | 格鲁派 |
| 雄巴拉曲拉康 | 749 年 | 拉萨市堆龙德庆县 | 宁玛派 |
| 桑耶寺 | 763 年 | 山南地区扎囊县 | 萨迦派 |
| 乃宁曲德寺 | 吐蕃时期 | 日喀则地区康马县 | 噶举派 |
| 日当寺 | 吐蕃时期 | 山南地区隆子县日当乡 | 格鲁派 |
| 康松桑康林 | 8 世纪晚期 | 山南地区扎囊县 | |
| 色切寺 | 9 世纪后半叶 | 山南地区隆子县 | 格鲁派 |
| 敏珠林寺 | 10 世纪末 | 山南地区扎囊县 | 宁玛派 |
| 热扎寺 | 11 世纪 | 拉萨市堆龙德庆县 | 格鲁派 |
| 建叶寺 | 11 世纪 | 山南地区琼结县 | 格鲁派 |
| 岗仲寺 | 11 世纪 | 拉萨市尼木县 | 噶举派 |
| 日嘎寺 | 11 世纪中叶 | 林芝地区工布江达县 | 噶当派 |
| 桑普寺 | 1073 年 | 拉萨市堆龙德庆县 | 萨迦派、格鲁派 |
| 扎塘寺 | 1081 年 | 山南地区扎囊县 | 萨迦派 |
| 夏鲁寺 | 1087 年 | 日喀则市夏村 | 夏鲁派 |
| 朗依寺 | 1107 年 | 阿坝县哇尔玛乡 | 苯教 |
| 蔡巴寺 | 1175 年 | 拉萨市 | 格鲁派 |
| 贡塘寺 | 1187 年 | 拉萨市 | |
| 蚌日曲德寺 | 12 世纪末 | 林芝地区朗县子龙乡 | 格鲁派 |
| 查嘎尔达索寺 | 12 世纪末 | 日喀则地区吉隆县 | 噶举派 |
| 墨如宁巴寺 | 13 世纪达赖时期 | 拉萨市老城区 | |

| 名称 | 年代 | 地点 | 教派 |
| --- | --- | --- | --- |
| 昂仁却得寺 | 1225 年 | 日喀则地区昂仁县 | 格鲁派 |
| 雄达寺 | 1260 年 | 昌都地区昌都县 | 萨迦派 |
| 萨迦寺 | 1268 年 | 日喀则地区萨迦县 | 萨迦派 |
| 乃西寺 | 13 世纪后期 | 山南地区措美县 | 格鲁派 |
| 日乌德钦寺 | 14 世纪 | 山南地区琼结县 | 格鲁派 |
| 日吾其旧寺 | 14 世纪 | 日喀则地区昂仁县 | 宁玛派 |
| 尕咪寺 | 1355 年 | 阿坝州松潘乡 | 苯教 |
| 夺登寺院 | 1385 年 | 阿坝县草原 | 苯教 |
| 桑珠甘丹寺 | 14 世纪末 | 日喀则地区昂仁县 | 格鲁派 |
| 曼日寺 | 1405 年 | 南木林县土布加乡 | 苯教 |
| 甘丹寺 | 1409 年 | 拉萨东郊达孜县隆县 | 格鲁派 |
| 哲蚌寺 | 1416 年 | 拉萨西郊 | 格鲁派 |
| 白居寺 | 1418 年 | 日喀则地区江孜县 | |
| 色拉寺 | 1419 年 | 拉萨北郊 | 格鲁派 |
| 强巴林寺 | 1437 年 | 昌都地区昌都镇 | 格鲁派 |
| 扎什伦布寺 | 1447 年 | 日喀则市尼玛山南麓 | 格鲁派 |
| 珠拉寺 | 15 世纪中叶 | 林芝地区工布江达县 | 格鲁派 |
| 八宿寺 | 1473 年 | 昌都地区八宿县同卡乡 | 格鲁派 |
| 顶布钦寺 | 1567 年 | 山南地区扎囊县 | 噶举派 |
| 恰嘎曲德寺 | 16 世纪末 | 山南地区桑日县 | 格鲁派 |
| 扎桑寺 | 16 世纪末 | 日喀则地区昂仁县 | 宁玛派 |
| 噶举寺 | 1747 年 | 日喀则地区亚东县 | 噶举派 |
| 库丁寺 | 1755 年 | 山南地区洛扎县拉康镇 | 噶举派 |
| 雍仲林寺 | 1834 年 | 日喀则地区南木林县 | 苯教 |

## 二、寺院的历史演进与发展

在佛教传入以前，苯教为西藏地区的主流宗教，据藏文史记载：苯教是在古象雄（今西藏阿里地区）发展起来的，创始人为辛饶米沃。从玛桑九族时期开始至雅砻王统治时期（第一代赞普聂赤赞普到第三十一代赞普囊日伦赞），是苯教建筑逐渐出现和发展的过程。苯教建筑先后或同时以大石、碉房、帐篷、堡寨、宫堡等形式出现，后来的藏传佛教建筑就是以这些建筑为原型和基础。公元7

世纪佛教传入西藏，在吸收了苯教建筑形式和工艺的基础上，结合中原地区、尼泊尔建筑等风格，形成了藏传佛教寺院建筑。藏传佛教寺院建筑的发展分为萌芽期、形成期和成熟期三个阶段。

### 1. 萌芽期

公元7～公元9世纪为西藏藏传佛教寺院建筑的萌芽期。公元7世纪，佛教正式传入吐蕃，吐蕃三十二代赞普松赞干布主持修建大昭寺、小昭寺以为供奉佛像，按照文成公主的

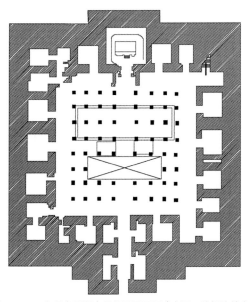

图3-1-1  大昭寺早期底层佛殿平面图（来源：陈栖改绘自《藏传佛教寺院建筑文化研究》24页）

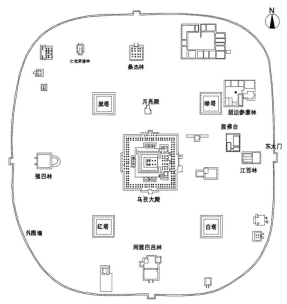

图3-1-2  桑耶寺总平面图（来源：陈栖改绘自《西藏传统建筑导则》）

女魔说，为镇压魔力，在女魔的十二关节点建造厌胜寺。这些寺院供奉佛像的佛殿，类似于苯教的塞康。在萌芽期，吐蕃各地兴建的著名寺院除大昭寺、小昭寺、桑耶寺外，还有昌珠寺、帕巴寺、枯廷拉康等大多为规模不大的佛殿。佛殿建筑特点是规模较小的方整空间，被室内转经道包围，内室面积多为2～4柱，平面呈"回"字形。小昭寺修建于吐蕃王朝时期的部分就是一层佛殿，佛殿方形，内室面积2柱，外围有转经道（图3-1-1、图3-1-3）。转经道的设置源于对佛陀礼拜方式的需要。虽然后期改成在建筑外围一圈环绕的小路，但是转经礼拜的方式却被世代继承下来，并成为藏传佛教中最常见和最基本的宗教仪轨。公元763年，赞普赤松德赞举全境之力，兴建西藏历史上第一座"佛、法、僧"三宝俱全的寺院——桑耶寺。桑耶寺依据古代佛教宇宙观，尤其是曼陀罗（坛城）思想仿照古代印度波罗王朝的阿旃延那布尼寺设计建造，建筑平面呈圆形，直径336米，乌孜大殿象征世界的中心须弥山，太阳、月亮殿象征日、月，四塔代表四大天王，大殿周围的十二佛殿代表须弥山四方的四大部洲

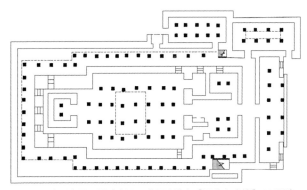

图3-1-3  小昭寺平面图（来源：陈栖改绘自《西藏古建筑》109页）

和八小部州，圆形的外墙代表世界外围的铁墙。桑耶寺的兴建标志着佛教在吐蕃生根发芽，也为后来的藏传佛教寺院建筑带来了新的设计理念和营造方法[1]（图3-1-2）。

对于这一时期的吐蕃，佛教是一种完全新兴的外来文化，所以模仿佛教昌盛的寺院修建自己的寺院成为首选方式。一方面，外来的传播者倾向于营造自己熟识的佛教世界，另一方面，也是吐蕃学习外来文化的一种途径[2]。

---

① 杨嘉铭，赵心愚，杨环. 西藏建筑的历史文化[M]. 西宁：青海人民出版社，2003.
② 同上。

### 2. 形成期

10～14世纪为西藏藏传佛教寺院建筑的形成期。吐蕃王朝灭亡后，佛教在西藏经历200多年的沉寂，10世纪始，佛教通过上路弘法和下路弘法再度发展，并与藏族文化、苯教文化进一步融合，逐渐发展成具有本土文化特点的藏传佛教。由于对渐悟与顿悟的理解和偏重显、密教法的差异，先后形成了宁玛、噶当、萨迦、噶举、夏鲁、觉囊、格鲁等不同的教派和教派支系，各教派为修习佛法的需要都建有自己的寺院。这一时期寺院成为僧侣们获取更多信誉的物质载体和象征。随着佛教的发展，经堂面积和寺院规模在不断扩大，开始形成"前堂后殿"或"前堂侧殿"的格局。佛殿与经堂结合，使建筑的体量增大。并且这一时期由于加强了对中原地区先进技艺的学习，已经开始出现本土寺院建筑形式，寺院建筑形式顺应发展要求逐步有了完整的形式，大体量，多立柱经堂空间的出现满足了藏传佛教不断扩张的要求。这一时期最典型和最具影响力的寺院当属萨迦南寺和夏鲁寺（图3-1-4、图3-1-5），萨迦寺分南、北两寺，北寺建在仲曲河北岸的奔波山南坡上，南寺建在仲曲河南岸的平原地带上[①]。

### 3. 成熟期

15～20世纪是西藏藏传佛教寺院建筑的成熟期。这一时期格鲁派发展壮大，藏传佛教在西藏占据了绝对地位，寺院建筑的形制趋于固定化。寺院建筑随着僧人的不断增加，形成了"措钦—扎仓—康村"的寺院结构体系，并开始出现大型寺院建筑群体（图3-1-6）。等级较高的建筑中经堂规模较大，面积一般在60柱以上。"前堂后殿"成为主要形式，经堂后部多并列三间佛殿；规模较小的建筑中可能仅有一间佛殿；等级较低的建筑只有经堂没有佛殿，在经堂的尽端摆放佛像或其他供奉替代佛像。寺院建筑中最主要的大殿建筑的平面以方形为主，十字形坛城平面的做法已经比较少见。建筑平面常被分成三段式，最前端是入口处门廊，形状多为方形或"凸"字形。中间是面阔常大于进深，多柱林立的经堂，通常正中若干排立柱升起到两层高，这种做法在15世纪之前少有，主要有两种可能：一是大昭寺中心佛殿天井覆顶后就采用了这样的做法，便于室内采光，后来的寺院建筑修建纷纷效仿大昭寺也试用了类似的做法；二是藏传佛教活动中，转经是最基本也是出现频率最高的一种宗教仪轨，回字形和前中

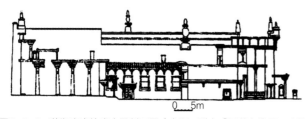

图3-1-4　萨迦南寺拉康大殿剖面图（来源：引自《西藏自治区·文物志》449页）

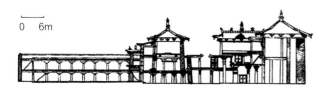

图3-1-5　夏鲁寺大殿剖面图（来源：引自《西藏自治区·文物志》451页）

图3-1-6　扎什伦布寺（来源：黄凌江 摄）

---

① 杨嘉铭，赵心愚，杨环. 西藏建筑的历史文化[M]. 西宁：青海人民出版社，2003.

图3-1-7　敏珠林寺大殿上空（来源：陈栖 提供）

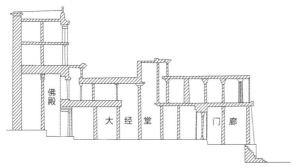

图3-1-8　敏珠林寺祖拉康剖面图（来源：陈栖改绘自《西藏古建筑》124页）

后三界的平面形式正是适应了这样的活动要求，利用中间高起的空间与四周低矮阴暗的转经道形成区分。最后段的也是最重要的就是佛殿，佛殿一般为方形，建筑面积多在2～8柱。从室外到门廊到经堂到佛殿的地坪是逐渐抬高的，建筑内部空间也极富变化，时高时低，时明时暗，烘托寺院内神秘的氛围[1]（图3-1-7、图3-1-8）。

## 三、寺院的选址与布局

### 1. 寺院建筑的选址

按照《俱舍论》、《地相术汇编》等书籍的记载，西藏寺院建筑选址非常考究，需建在离世俗村庄一个江扎[2]距离外

的安静之地，以便排除世俗干扰，保证僧侣专心修法。选址好坏对一座寺院的生活便利和发展兴旺极其重要，建寺者对寺院的选址十分慎重。西藏寺院选址需要考虑宗教、社会和环境等多种因素[3]。

（1）选址中的宗教因素

藏传佛教的思想对于西藏寺院的选址等各个方面具有重要的影响。在西藏历史上，与寺院选址有关的宗教思想主要有3种："女魔说"、"预言说"和"神迹说"。其中"女魔说"是一种宗教思想，"预言说"是一种根据高僧意愿和判断的选址方法，"神迹说"类似于以宗教和风水的方式分析地形并与神话传说结合。由于历史条件的限制，这些选址的思想具有唯心主义的特点，但仍反映出西藏先民对于时间和建成环境的良好愿望。

"女魔说"与寺院选址

根据记载"女魔说"出现在公元6世纪之后，由文成公主提出。松赞干布迁都拉萨后，在拉萨河谷大兴土木。文成公主揭示西藏的地形为仰卧的罗刹女，提出"此雪邦地形如岩女魔仰卧之状，其中卧塘湖（大昭寺地址）为魔女心血，红山及夹波日山作其心骨形状，若在此湖上供奉释迦牟尼像，而山顶又有赞普王宫，则魔必治矣。其周围地脉风水，各有胜劣之分。其胜者，东方地形如灯柱竖立，南如宝塔高耸，西如螺杯置于供架，北如莲花开放"[4]。文成公主在罗刹女魔的心脏位置，即涡汤湖，修建大昭寺以镇之，同时主张在罗刹女魔的左右臂、胯、肘、膝、手掌和脚掌修建12座寺院以镇魔力，这12座寺院多位于当时的边镇[5]（图3-1-9）。

"预言说"与寺院选址

藏传佛教寺院的选址，常根据教派祖师的预言或提示，寻找建寺的具体方位。如《雅隆觉沃史》记载：阿底峡大师的重要弟子俄雷必喜绕，跟随大师到聂唐时，大师在聂唐用手指向桑普方向，预言那个地方有块地形似右旋海螺地方，

① 杨嘉铭，赵心愚，杨环. 西藏建筑的历史文化[M]. 西宁：青海人民出版社，2003.
② 寺庙和村庄之间应相隔用呼喊能听到的距离，称为一个"江扎"。
③ 杨嘉铭，赵心愚，杨环. 西藏建筑的历史文化[M]. 西宁：青海人民出版社，2003.
④ 徐宗威. 西藏古建筑[M]. 北京：中国建筑工业出版社，2015.
⑤ 西藏地震史料汇编（2）[M]. 拉萨：西藏人民出版社，1990.

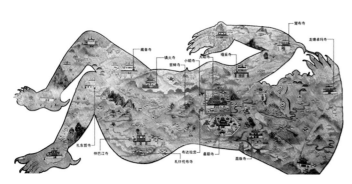

图3-1-9　西藏镇魔图（来源：摄于山南地区枯廷拉康内壁画）

如在此建寺弘法必有大果，于是雷必喜绕在那个方向建了座小寺，起初选址不正确，寺院未能兴盛，后来他找到了不远处的内邬托高台，形如大师所预言的右旋海螺，随即迁寺于此，该寺就是在藏族历史上非常有名的桑普寺。活佛高僧预言的选址是藏传佛寺选址的一个建筑传统，主要是指明建寺的大概方位，也是高僧大德们弘扬佛法的一种方式[①]。

"神迹说"与寺院选址

在选址过程中，常赋予周围山水以圣迹、神灵的传说。如贡嘎曲德寺，相传创建人吐敦·贡嘎南杰来到现在的贡嘎曲德寺的位置时，"他所带的经书被风吹到此地，有一乌鸦将经书含到这里，当时，阿底峡就从天上说，这里可称为佛法之地"。又如热隆寺的选址，史书记载："首先，此圣地的地脉殊胜，地形宛如八瓣瑞莲盛开；雪山、石山牧场和草山环抱，仿佛致敬似的成百条小溪汇流其间；天空好似八福之轮；周边呈现八瑞相。周边呈现八瑞相，即寺前冬日山形如同右旋白螺，热拉山峰状似撑开的宝伞，珀珈后山仿佛是盛满甘露的宝瓶，赞曲山像竖立的胜利幢，相贡山和其前山宛若金鱼游憩，阁木坝好似转动的金轮，本塘坝的山峦如荷叶开蓬，溪水如百鸟竞翔，嘉木沼泽似吉祥结。修道的禅林就坐落在这样的地方。"由此因缘，藏巴嘉热选此作为建寺地点。又如甘丹寺所在的王后岭如同度母，把甘丹寺搂抱在怀中等[①]。

（2）选址中的自然因素

西藏地区气候寒冷严峻，太阳辐射强烈且多风，同时也是地质灾害较多的地区，包括地震、雪灾和泥石流等，其中地震最为突出。根据《西藏地震史资料汇编》记载，西藏地震最早的记录是公元642年（唐贞观十六年）的拉萨地震，在此后的1300多年间，全藏71个县市当中，有地震记录的68个，发生过6级以上地震的52个。西藏发生大于4级的地震有上千次[②]。因此形成了在寺院选址时充分利用有利的环境因素，克服不利因素。建筑选址于山间平坝，北面背山，利用山体地势较高以阻挡冬季寒风，南面和西面地势低则可以争取更多阳光（图3-1-10）。同时"西藏建筑一般都选择在土质较为坚硬的地段上，如大昭寺、小昭寺都是建在坚硬的黏土及沙加卵石层上。较大规模的寺院建筑都是依山而建，如日喀则的扎什伦布寺，拉萨的甘丹寺、布达拉宫等。喇嘛住宅也多修建在岩石之上。"[③]

同时对于寺院，选出的地方还必须是"十善之地"，即具备十个基本的自然条件：具备远、近放牧的草场；具备可用来建房和耕田的土地；具备饮用和灌溉之水；具备盖房的木材和烧柴的木料；具备磨盘石和建房石材的石料。这十个条件基本考虑了建筑所用的土地、材料和人们生活的基本条件，具有一定的科学性和合理性，说明寺院建筑地点的选择，除遵循一定的宗教教义，还必须因地

①　杨嘉铭，赵心愚，杨环. 西藏建筑的历史文化[M]. 西宁：青海人民出版社，2003.
②　龙珠多杰. 藏传佛教寺院建筑文化研究[D]. 北京：中央民族大学，2011.
③　邓传力等. 基于壁画信息的西藏藏传佛教寺院建筑演变研究[J]. 西藏研究，2017（1）：99-104.

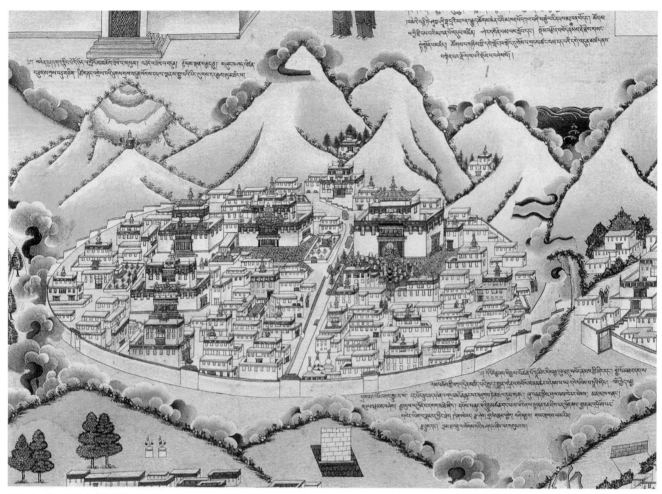

图3-1-10  色拉寺（壁画）

制宜，最大限度地利用有利于僧俗生活的自然条件。在选定地点之后，会有专人根据具体的建寺所在地的地理环境和条件进行具体的踏勘工作。主要观察所在地前后左右的地脉、山峰、河流等地理要素是否能满足安全和生活的要求。以上选址的步骤也体现了宗教聚落选址所具有的满足精神象征和生活需求的特点。具备所有优点而无缺点的环境是很难找到的。相地术取用物物相生相克的道理去扬长避短，或通过身、语、意（即造像、经文、佛塔）三个方面的宗教仪式行为去拔除魔障。如果某地周围的山形如恶魔等，可制作个石质或木质的男根放在寺院屋顶

并指向那个方向，大昭寺二楼就采用了这种方法[①]。这也是自然因素与宗教因素结合的情况。

### 2. 寺院建筑的布局

（1）宇宙模型——曼陀罗式布局

“曼陀罗”是梵文的音译，意思是“坛城”。“藏传佛教寺院建筑的象征意义主要体现在建筑的布局处理上，宗教的教义和情感激发了建筑技师们的想象力，使它们通过建筑的整体布局和平面布局，把佛教宇宙的构想变成了直观的图像和实体。复杂的佛教宇宙观结构，很难被广大的信徒理

① 宿白. 藏传佛教寺院考古[M]. 北京：文物出版社，1996.

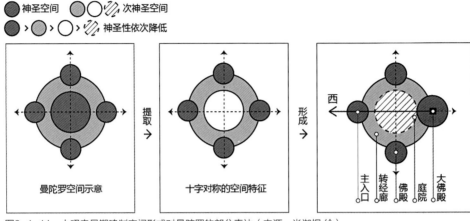

图3-1-11　大昭寺早期建制空间形式对曼陀罗的部分表达（来源：肖迦煜 绘）

解，佛教的艺术大师们把寺院建筑作为世界的象征，通过建筑的手段在平面布局中显示出佛教宇宙世界图景，这就是藏传佛教寺院建筑中的曼陀罗空间布局"。

　　大昭寺的初期形制是一栋两层的仿印式建筑，表达了部分曼陀罗世界观的佛教思想[1]。初期大昭寺的空间为一个十字对称的方形空间，四周的小型功能空间围绕中心庭院对称布置，这种空间是典型的坛城空间特征（图3-1-11）。这些空间在早期是以供居住使用的僧房为主，仅有少量佛殿散落布置于僧房之间[2]。大昭寺其坐东朝西的形式特征，很有可能是出于对曼陀罗世界观的部分表达，即以东为正的思想的体现。因此将最核心的空间主佛堂布置于东侧，从而出现了坐东朝西的形式；而围绕内庭院的廊道，也巧妙地融入了佛教万字旋的符号特征[3]，将曼陀罗其余各向的多方空间串联起来。因此，大昭寺的寺院空间呈现出一种部分表达曼陀罗形式的神圣空间特征，并初步奠定了十字对称的，以大佛殿一转经廊一庭院一主入口的空间轴线序列和布局。

　　桑耶寺空间布局是对曼陀罗世界观具象与完整的表达的寺院。在桑耶寺的整体空间布局中，乌策大殿位于寺院

正中，象征世界中心的须弥山；殿外四个对角设有四座高塔，象征世界八方[4]，这种通过围绕中心殿堂空间，以四条对称轴为对应关系，布置象征世界八方的四塔与四林的神圣空间，因此这种空间布局的形式正是对曼陀罗世界观的完整体现。桑耶寺空间形式的变化与大昭寺相比，主要体现在核心单体建筑空间形式上的改变，即在大小昭寺对曼陀罗世界观的部分表达之后，是对曼陀罗世界观第一次的完整表达。而与大昭寺相比，除了对曼陀罗世界观的表达之外，其所形成的佛堂一转经廊一主殿一经堂式的轴线序列（图3-1-12）。

　　（2）依山就势——自由式布局

　　西藏的地理环境以山地为主，藏族先民在长期繁衍生息的过程中，学会了改造和顺应山势的建筑理念。佛教传入西藏后，融合了当地文化，形成了藏传佛教，作为藏传佛教载体的寺院，也吸收了藏族先民长期与自然磨合形成的依山而建的思想。同时由于多教派多政权的出现，派系纷争不断，僧权斗争激烈。从而山地片区因其神圣性与防御性成了寺院建设的主要考虑选址地点。在佛教复兴的时期，由于村庄的供养使得寺院的财富剧增，多余的财富转化为金银以及艺术

---

① WEERARATNE D A. The six Buddhist universities of ancient India[M]. 2003.
② 汪永平. 拉萨建筑文化遗产[M]. 南京：东南大学出版社，2005.
③ ALEXANDER A. The Lhasa jokhang-is the world's oldest timber frame building in Tibet [J]. 2000.
④ 张世文. 藏传佛教寺院艺术[M]. 拉萨：西藏人民出版社，2003.

桑耶寺现状图

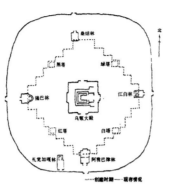
桑耶寺历史平面图复原

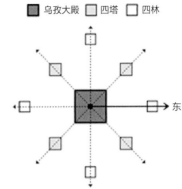
桑耶寺的八方世界神圣空间布置

图3-1-12　早期桑耶寺空间形式对曼陀罗的表达（来源：肖迦煜 绘）

品，使得寺院成为反佛势力和强盗的袭击目标，因此寺院开始向选择依山而建，除了表达佛教本土化的神圣性之外，也有出于增强防御性的目的①。早佛教后弘期，藏传佛教在西藏广泛传播，西藏各地都兴建了大量藏传佛教寺院，寺院布局逐渐形成独特的依山而建或据山而立的自由布局模式。15世纪初，西藏格鲁派四大寺院相继建成，均采用自由式布局（图3-1-13～图3-1-16）。它们有的根据地形先建成一组建筑，以后根据需要再建一组，每一组都是以一个重要建筑为主体，在周围布置一些附属建筑而形成一个有主次的群体。如哲蚌寺，位于拉萨西郊更培乌孜由南麓，以措钦大殿和四大扎仓为主，各自形成建筑组群，在西南角甘丹颇章又组成一组，在这些建筑组群之间，用道路、绿化带、成片的树林围墙等相连，形成有主有次，有虚有实的群体；色拉寺、甘丹寺也一样；也有的寺院布置在山头，踞山而立，如山南地区的卡久寺。西藏寺院建筑布局的特点是巧妙利用地形起伏，体现由低到高的欲界、色界、无色界的佛教三界空间观。

从早期严格遵照曼陀罗图示的空间布局，佛教寺院建筑出现了不同于按照曼陀罗世界观十字对称布置的整体寺院布局形式，即顺应山地地形的要求和相应的空间布局形态。萨迦北寺早期空间布局即为代表。1073年初建的萨迦北寺既是依山而

图3-1-13　哲蚌寺（来源：肖迦煜根据google地图处理）

图3-1-14　色拉寺（来源：肖迦煜根据google地图处理）

① 张建林. 追寻往日辉煌——萨迦北寺考古记[J]. 中国西藏，2007（2）：40-49.

图3-1-15　甘丹寺（来源：肖迦煜根据google地图处理）

图3-1-17　萨迦北寺现存遗址（来源：肖迦煜根据google地图处理）

图3-1-16　扎什伦布寺（来源：肖迦煜根据google地图处理）

建，寺院空间一直蔓延到山麓河床之上[①]（图3-1-17）。其早期的乌策大殿部分，维持了自桑耶寺以来的坐西朝东的布局轴向，延续了外绕礼拜廊的空间形式，但与桑耶寺乌策大殿的布局形式相比，十字形几何中心性明显削弱，在后期的建设中更是往南延展出来了空间，在往西侧延展时，更是与山体结合，形成了顺应地形的底层为山体上层为建筑空间的空间形式。萨迦北寺最早仅在山坡上修建了一座供修行用的小庙——萨迦阔布，且是与山体结合的洞穴（佛殿和转经道）到修行室的空间轴线序列。其后随着寺院的发展，和历代法

王的修建，108座建筑逐步遍布山体[②]，形成了与山体相呼应的群体建筑体系，藏传佛教寺院也首次出现了顺应山地发展的布局特征。这种背山临水的选址方式是佛教吸收本土"居中乘守"民间传统思想的具体表现之一[③]；同时，寺院建筑群落与山体的相似性又加强了寺院的神圣性，呈现出与山体轮廓相贴合的层叠式自由布局。

## 四、寺院的空间特征与解析

### 1. 三宝栖居——寺院的重要空间要素

藏传佛教寺院需要满足"佛、法、僧"三宝在僧侣宗教崇拜、修行、学习和生活的需求。根据不同的需求所对应的功能，寺院建筑分为不同的类型，其中最主要的空间要素包括措钦、扎仓、康村、米村四种，而辩经场则为僧人提供学习经文的室外场所。

措钦：措钦由措钦大殿、殿前广场、附设净厨组成完整的使用体系[④]。措钦作为寺院最高一级组织，是全寺的空间中心，一般位于寺院的核心位置，统领全寺。其建筑地位、面积、空间、内部装饰等首屈一指。一般为"回"字形平面，

①　张世文. 亲近雪和阳光—青藏建筑文化[M]. 拉萨：西藏人民出版社，2004.
②　汪永平，焦自云，牛婷婷. 拉萨三大寺建筑的等级特色[J]. 华中建筑，2009，27（12）：176-179.
③　邓传力. 西藏寺院建筑[M]. 拉萨：藏文古籍出版社，2017.
④　朱解琳. 藏传佛教格鲁派（黄教）寺院的组织机构和教育制度[J]. 西北民族研究. 1990（1）：255-262，266.

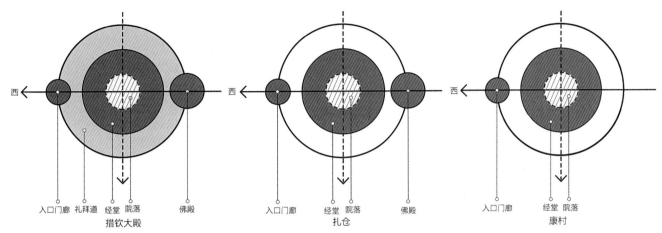

入口门廊 礼拜道 经堂 院落 佛殿
措钦大殿

入口门廊 经堂 院落 佛殿
扎仓

入口门廊 经堂 院落
康村

图3-1-18 寺院空间要素结构图（来源：肖迦煜 绘）

入口在西侧，沿轴线布置入口门廊、经堂、佛殿三部分，有些大殿布置有供转经使用的外围礼拜道，经堂规模较大，内有矩形天井。主要功能是为全寺院僧侣集体诵经、集会和举行大型重要宗教仪式提供场所[1]。

扎仓：由经堂、佛殿、前院、附设厨房和辩经场（一般只有较大的扎仓有）组成。扎仓空间结构与措钦大殿相似，一般为门廊、经堂、佛殿三部分（有些佛殿外围会有礼拜道），但等级和规模都次于措钦大殿，经堂面积较小，柱子数量少于措钦大殿。扎仓是供寺院某一个学院或经院的僧侣学习、诵经的场所，完整独立，属于寺院的教育单位[2]。僧人进入寺院后可根据学科的不同而进入到不同的扎仓学习。大寺院的扎仓实际上是一个独立完整的组织，而小的寺院一个寺则为一个扎仓。此外，措钦大殿和扎仓重在对佛殿、经堂的设置以及对宗教氛围的布置。

康村、米村：由小经堂和僧舍组成。作为隶属于扎仓的组织体系，根据僧侣的生源地进行划分，主要功能为提供僧侣的日常生活需要和小范围的学经诵经活动场所，重在对生活气息的布置。不同康村的僧侣不允许随便转康村，以免打乱其地域性界限。在建筑内部空间中，康村、米村只有门廊和小经堂两部分，一般不设置佛殿（只有较大的康村会有）。

经堂规模小于措钦大殿以及扎仓，等级较低（图3-1-18）。米村是康村之下更为基层的组织，一般较小的康村没有附属米村，而只有扎仓一级组织机构的小寺院一般则只设立米村而不设康村。

辩经场：僧侣学习和辩论经文的场所。辩经是藏传佛教教育学习中重要的一项内容，因此辩经场也是藏传佛教寺院中必不可少的一部分。大部分情况下僧侣会在大殿前的院子或回廊中辩经，但一般较大的扎仓附近会在露天空旷的清净之地设置由矮墙围绕而形成的辩经场[3]，其建筑形式比较单一。由于是室外学习空间，因此场内种植树木，地面铺满白色鹅卵石，并设置墙壁上画有彩绘的凉亭或讲经台供普通僧侣辩论活佛讲经时遮阴（图3-1-19）。

## 2. 经院教育——寺院的空间结构

藏传佛教具有组织严谨且等级明确的佛教教育体系。寺院作为藏传佛教教育的主要存在空间，在层级、布局和形态上也形成了与之对应的空间系统。在藏传佛教发展历史上寺院教育是主要的进行佛法教育和延续形式。经过几个世纪的发展，藏传佛教各教派都有其不同的教育体系。宗喀巴创立格鲁派之后，对寺院组织进行调整和改革，使得格鲁派寺院

① 朱解琳. 黄教寺院教育[J]. 西北民族大学学报：哲学社会科学版，1982（1）78-88.
② 杨嘉铭，赵心愚，杨环. 西藏建筑的历史文化[M]. 西宁：青海人民出版社，2003.
③ 朱解琳. 藏传佛教格鲁派（黄教）寺院的组织机构和教育制度[J]. 西北民族研究. 1990（1）. 255-262，266.

色拉寺措钦大殿　　　　　　　　　　　　　　甘丹寺夏孜扎仓

甘丹寺昂曲康村　　　　　　　　　　　　　　甘丹寺辩经场

图3-1-19　寺院的重要空间要素（来源：肖迦煜 提供）

教育组织体制逐渐成熟完备，形成了措钦—扎仓—康村系统的层层隶属的组织结构。其中措钦为寺院最高层级的行政管理机构，由全寺各扎仓堪布组成，主管全寺的事务，包括诵经、静修等佛事活动、僧众纪律及经济等事宜；第二层级为扎仓，依据学科不同进行分类，如专门授习显宗和密宗的显宗学院和密宗学院等[①]，是寺院的主要教育单位。由堪布掌管，负责僧侣的学习、生活等方面；第三层级为康村，按僧人家乡地域进行划分的组织机构，为寺院的基层组织。康村由资历最老的僧人充当吉根进行管理，负责僧侣的食宿和学经等方面的事务[②]。一些较大的康村下面还设有若干米村。作为一个经院组织或者行政单位，康村和米村都归属于所属扎仓的管理。寺院的三级组织机构都包含有重要的教育功能。藏传佛教在其长期的发展中形成了这种独特的经院教育模式，经院教育即寺院教育是藏传佛教教育的核心，而寺院是进行佛教教育的场所[③]。由于藏传佛教组织严谨且等级明确的教育体系，其对于寺院的空间形式产生了重要的影响和作用。寺院作为藏传佛教的空间载体在层级、布局和形态上也形成了与经院教育体系对应的空间系统。

① 仁青安杰. 藏传佛教教育的传统、发展及未来初探[J]. 法音, 2012（6）, 78-88.
② 胡晓海, 董小云. 藏传佛教寺院建筑的群体布局研究初探[J]. 内蒙古科技与经济, 2011（21）, 109-110.
③ 恰白. 次旦平措著, 陈庆英译. 西藏通史—松石宝串[M]. 拉萨：西藏古籍出版社, 1996.

（1）寺院教育与寺院空间演变

佛教从公元7世纪中叶开始传入西藏，经过和当地原有的苯教三百多年的斗争，直到公元10世纪才得以真正立足，寺院教育在此阶段形成雏形。由于佛教和当地原有的苯教斗争激烈，藏传佛教寺院参照借鉴印度、尼泊尔等不同地域的佛教文化。建筑形式较为单一，大多为佛龛式的回字形小型建筑，内设佛堂和转经道。桑耶寺是开端寺院教育的第一座藏传佛教寺院，自此之后，佛殿建筑前有了供僧侣学习的经堂建筑，并设立译经院、讲经院等修习佛教的专门学院。

11世纪中期到15世纪初，为寺院教育的中兴期。此阶段先后出现宁玛派、萨迦派、噶当派、噶举派、格鲁派、希解派、觉囊派、夏鲁派等不同教派。藏传佛教寺院由于佛教进一步的传播，数量和地位进一步发展，开始成为藏区文化和政治的中心，大大小小的寺院遍立于整个藏区。随着寺院规模的不断扩大以及更大规模宗教活动的需要，经堂、佛堂和礼拜道面积逐渐增加，僧舍和附属建筑也随之增加，并在大殿入口处修建向前突出的门庭。寺院建筑逐步从个体发展为群体模式。这个时期的早期阶段寺院中并没有扎仓的设置[①]，但开始传授佛经和仪轨制度，较大的佛堂多采用前经堂后佛堂的平面形式。15世纪之后，宗喀巴大师对寺院教育进行改革和完善，格鲁派势力不断扩大，藏传佛教发展到达了高峰，在藏族中达到了全民信教的程度，这一阶段为寺院教育的发展期。寺院建筑规模宏大，逐渐形成了"措钦一扎仓一康村"系统的组织机构和规范的教育制度。格鲁派三大寺也主要扩建于这个时期。寺院整体布局方式和建筑空间均围绕僧侣学习展开，形成大型经院式建筑格局。寺院经过大规模的扩大和发展，建筑群功能以及建筑空间形式也更为复杂多样（图3-1-20）。

（2）佛教教育体系与寺院空间结构的对应关系

藏传佛教的教育体系对寺院的空间组织结构具有重要的影响。经院式建筑群形制因此成了主要的寺院建筑模式，"措钦一扎仓一康村"的隶属关系决定了寺院的建筑等级。由于每个体系的使用功能和地位不同，其建筑布局以及侧重点也有所不同。从措钦大殿到扎仓再到康村和米村，建筑等级和规模依次缩小，形制做法依次简化。

在寺院的整体布局方面，藏传佛教寺院中最常见的布局方式为顺应地形自由布局，并随着寺院规模的扩大而进行增建和扩建。寺院整体空间较为灵活，但有一定规律可循。作为寺院的核心，措钦大殿的规模在整个建筑群中最为宏大，一般位于高处，并以此为中心，建筑物向四周发展；扎

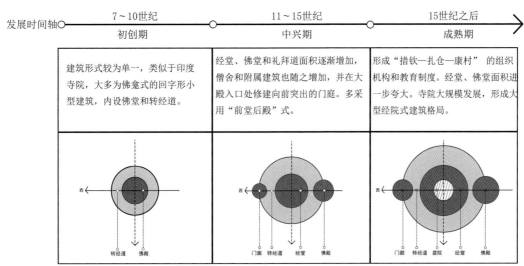

图3-1-20  寺院空间结构的演变（来源：靳含丽 绘）

---

① 宿白. 藏传佛教寺院考古[M]. 北京：文物出版社. 1996.

仓作为隶属于措钦的第二级组织，自成体系，为寺院的中间机构。一个寺院至少会有一个扎仓，也可以有多个扎仓。各扎仓一般以寺院核心建筑——措钦大殿为中心，环绕四周布置，满足学僧们日常诵经礼佛的需要[1]。扎仓之间也有等级之分，等级较高的扎仓一般会同大殿一起居于高处，而等级较低的扎仓位置也较为偏僻。等级更低的康村和米村作为僧舍，大小各异，建筑风格带有浓郁的地域特色，建筑整体呈现低矮平缓和朴素的状态。根据其隶属的扎仓的不同，自由穿插布置在措钦大殿以及扎仓之间。以格鲁派寺院为例，其空间布局自由，中心突出的空间关系也是对藏传佛教教育体系的直观反映。寺院以重要的宗教建筑为核心，层层向外辐射。寺院的核心是举行全寺性的集会和重大宗教活动的措钦大殿，之后是供僧侣诵经学法的经堂，最外围为僧侣日常生活用房。寺院由内而外的过程，不仅反映了藏传佛教寺院中的等级关系，并且体现了寺院建筑因其教育作用不同而由宗教空间向生活空间的转变（图3-1-21）。

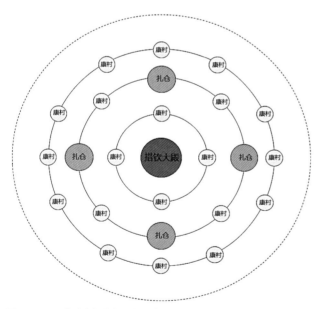

图3-1-21　寺院空间结构示意图（来源：靳含丽 绘）

以色拉寺为例，其中措钦大殿1个，为全寺的正殿，也是该寺活动的中心，由殿前广场、经堂和5个佛殿组成[2]；杰扎仓、麦扎仓、阿巴扎仓三大扎仓组成寺院的教育机构，根据格鲁派先显后密、显密兼修的学习特点，色拉寺的扎仓也有显密之分。其中杰扎仓和麦扎仓属显宗，阿巴扎仓属密宗，学习佛学、显宗仪轨、密宗等佛学知识；按恰白·次旦平措等著《西藏通史》所列，杰扎仓共有22个康村和1个附属米村，麦扎仓共有15个康村。而阿巴扎仓并无自己的经堂和僧众，也不设康村和米村[3]。色拉寺寺院空间大体呈顺应地形自由发展的模式。以措钦大殿为中心，附近设有杰扎仓、麦扎仓、阿巴扎仓三大扎仓主体建筑，中间穿插康村和米村等僧舍。除此之外，色拉寺还设置有室外公共空间，如辩经场、转经道、晒佛台等。色拉寺整体符合藏传佛教教育体系及其组织机构的特征，具有明确的空间结构和等级次序。

在整体布局上，色拉寺由一条贯穿南北的道路分为东、西两部分。措钦大殿作为整个寺院的核心机构，连同一些康村位于寺院东侧，在水平和垂直方向统领全寺。杰扎仓、麦扎仓、阿巴扎仓三大扎仓位于西侧，均有各自的康村和米村，一般以扎仓为中心分散布置。吉扎仓规模最大，位于北面地势较高处，在寺院中地位较高。麦扎仓及其所属康村则位于地势较低的南侧。阿巴扎仓为色拉寺的密宗学院，位于西北侧。由于格鲁派先显后密的教育体系，只有少数成绩优异的学僧才能进入密宗学院学习，因此隶属于阿巴扎仓的僧舍最少，私密性也最强（图3-1-22）。

色拉寺中措钦—扎仓—康村和米村的层层隶属关系同样也体现在建筑规模和内部空间之上。寺院中措钦大殿和三大扎仓的空间结构符合门廊—经堂—佛殿的组织特点，大部分的康村和米村均不设佛殿。而经堂的面积大小是其建筑规模大小的重要因素。色拉寺措钦大殿面积为1092平

① 儒弥、考斯勒，冯子松. 西喜马拉雅的佛教建筑（节选）[J]. 西藏研究，1992（1）138-146.
② 张鹏举等. 内蒙古地域藏传佛教建筑形态的一般特征[J]. 新建筑，2013（1）.
③ 吴晓敏. 史笈·肖彼三摩耶. 作此曼拿罗—清代皇家宫苑藏传佛教建筑创作的类型学方法探析[J]. 建筑师，2003（6）89-94.

图3-1-22　色拉寺寺院空间结构（来源：靳含丽 绘）

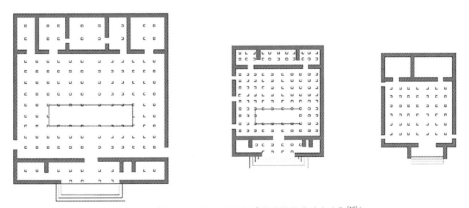

图3-1-23　色拉寺主要建筑平面（来源：靳含丽改绘自《藏传佛教寺院考古》[16]）

方米，经堂内有柱102根；吉扎仓面积为977平方米，经堂内有柱94根；麦扎仓面积为896平方米，经堂内有柱84根；阿巴扎仓面积最小，经堂内有柱46根；康村一般有柱20—40根不等（图3-1-23）。辩论作为藏传佛教教育中

最重要的学习方式之一，在色拉寺中也有所体现。色拉寺共有三个辩经场，均设置在扎仓附近，色拉寺的僧人们每天下午便集聚到辩经场，两人一组或者多人一组等方式交流所学心得和所悟佛法（图3-1-24）。

图3-1-24　色拉寺辩经场分布（来源：肖迦煜 提供）

### 3. 都纲法式——经堂的空间形式

经堂在西藏佛教寺院建筑发展的后期（1400年后）逐渐成为寺院建筑的主要空间形式[1]，是此后西藏寺院建筑群中最核心的部分。同时也是西藏传统建筑体系中主要的大空间类型。殿堂包括独立的佛殿和经堂。佛殿主要是供奉佛像供人朝拜；经堂主要为僧侣集中学习经文、礼拜和信众转经的场所，根据规模又分为措钦大殿和扎仓等不同的等级。在长期的发展中逐渐形成了专门的"都纲法式"作为建造规制。其中"都纲"为藏文音译，即寺院大殿，僧侣聚集的会堂，也是本节所指的经堂。"都纲法式"包含了寺院的主要建筑在空间形式具有的复杂的宗教含义和实际功能。

（1）经堂空间形式的宗教含义

寺院作为典型的宗教建筑，其建筑形式体现和反映藏传佛教的宗教教义及佛教对于宇宙模型的认知。作为由印度传来的宗教，藏传佛教继承了古印度佛教中的重要宇宙模型"曼陀罗"。曼陀罗是梵语中Mandala音译，来源于古印度

《吠陀经》中表征宇宙模式的几何图形（图3-1-25）。曼陀罗图形强调中心集合以及四极。藏传佛教寺院在不同尺度的空间都尝试对这种几何图形的体现和反映，最为著名和明显的即为"坛城"（图3-1-26）。而在单体建筑中，也会通过平面和形体加以体现。如平面十字对称，立面采用凸起的部分以象征世界中心须弥山。《西藏王统世系明鉴》记载"中央效须弥山形……依西藏之法建大殿底层"。寺院的经堂也在建筑形式上予以反映，中部经堂空间设置突出屋顶的天窗使之成为体现曼陀罗图式中世界中心须弥山的意向。相应的建筑立面呈现"凸"字形构图，天窗突出屋面，四周的建筑体量低矮厚重[2]。

桑耶寺乌策大殿的核心空间形式（图3-1-27）对曼陀罗空间形式布局表达得更为完整，首先将十字结构通过几次几何分形，形成了与塔形类似的整体空间形式[3]，是佛教曼陀罗世界观中，对中央须弥山结构的一种具象表达，也是十字对称的空间结构特征的一种表达。同时桑耶寺乌策大殿的功

---

① 陈耀东. 中国藏族建筑[M]. 北京：中国建筑工业出版社，2007.

② 汪永平. 拉萨建筑文化遗产[M]. 南京：东南大学出版社，2005.

③ RIAN. I M, PARK J H, AHN HU, et al. Fractal geometry as the synthesis of Hindu cosmology in kandariya Mahadev temple, Khajuraho[J].Building & Environment 2007.

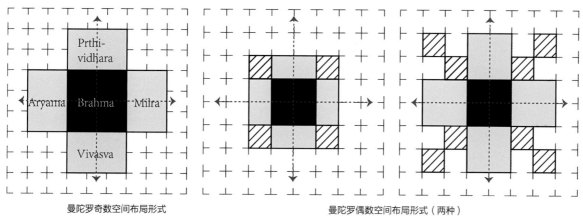

曼陀罗奇数空间布局形式　　　　　　　　　　　　曼陀罗偶数空间布局形式（两种）

图3-1-25　曼陀罗空间图样的奇偶形式示意（来源：肖迦煜 绘）

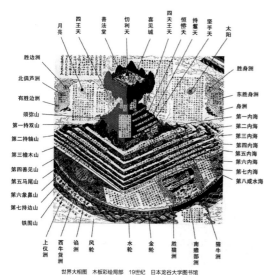

图3-1-26　佛教世界构成图示（来源：蔡东照神秘的曼陀罗艺术[M]. 北京：文物出版社，2008.）

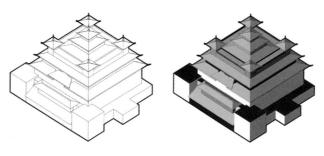

图3-1-27　桑耶寺乌策大殿图示（来源：肖迦煜 绘）

能空间基本以佛殿为主，其中心佛殿则采用的是与小昭寺相似的空间结构，即中心佛殿外绕转经廊的形式，以及坐西朝东的布局朝向也与小昭寺相同。

（2）经堂空间形式的功能作用

突出经堂屋面的天窗是"都纲法式"中反映曼陀罗的主要方式，同时在功能上起到了采光和通风等控制室内气候，维持室内环境的作用[1][2]。西藏寺院经堂为一层，经堂四周外墙一般不开侧窗。这种建筑方式的原因可能是由于经堂较大的进深和开间，侧窗已不能满足其对采光和通风的要求；也有观点认为这种方式是为了保证僧侣专心习经避免干扰[2]。因此经堂中部开口以满足通风采光是一种必然的方式。早期寺院经堂中部开口至少存在两种方式，分别是在经堂中部设置

① 陈耀东. 西藏阿里托林寺[J]. 文物，1995（10）4-16.
② 牛婷婷，汪永平. 西藏寺庙建筑平面形制的发展演变[J]. 西安建筑科技大学学报（社会科学版），2011. 30（3）29-34.

图3-1-28　大昭寺经堂天窗（来源：黄凌江 提供）

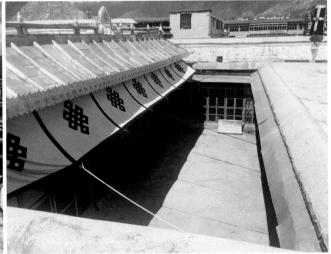

图3-1-29　小昭寺经堂天窗（来源：邓传力 提供）

天井和设置突出屋面的天窗。如建于公元7世纪的大昭寺采用天井的方式，而建于11世纪的托林寺则采用了天窗满足采光通风①。但随着寺院在之后不同时期的扩建和改建，经堂的天井也逐渐被改造为突出屋面的天窗。最早对将天井改造为天窗的做法可能出现在拉萨大昭寺②。扎巴绛曲主政帕木竹巴地方政权期间（1374~1381年）在大昭寺原正方形平面的中

后部分竖立高柱突出屋面，并在上部建天窗。根据《拉萨神变佛殿目录明鉴》记载："……从娘色曼的山上运来石头，把庭院和转经廊的地面换成石板；在天井里新安了十二根柱子，还竖了廊柱十根……"③（图3-1-28）。小昭寺也在此期间在经堂中部支起高天井并将顶部覆盖④⑤（图3-1-29）。除寺院外的其他重要建筑类型也采用了类似的方式，如布达

①　潘谷西. 中国建筑史[M]. 北京：中国建筑工业出版社，2004.
②　韩腾，次仁卓玛. 西藏乃囊寺"祖拉康"的建筑格局及特点[J]. 西藏民族大学学报（哲学社会科学版）. 2014，35（1）32-37.
③　张世文. 藏传佛教寺院艺术[M]. 拉萨：西藏人民出版社，2003.
④　西藏地震史料汇编（2）[M]. 拉萨：西藏人民出版社，1990.
⑤　张世文. 亲近雪和阳光：青藏建筑文化[M]. 拉萨：西藏人民出版社，2004.

拉宫顶层达赖寝宫西日光殿朝拜殿的天井也被改造为突出屋面的天窗①。可以看出突出屋面的天窗已逐渐形成固定的做法，演变为西藏寺院建筑中的一种程式化的规制，即"都纲法式"的主要组成部分。

经堂的功能需要满足大量僧侣念经和学习等长时间室内活动，因此需要更适宜的室内环境。将天井改造为室内空间，可以扩大室内使用面积，这是西藏佛教发展阶段，满足僧众人数增加的一种必然的需要。另一方面从室内环境方面分析也可以发现，西藏位于气候寒冷地区，开敞的天井在冬季会导致大量热量的散失和剧烈的冷风渗透，从而影响经堂的室内热环境，同时天井的直射阳光与昏暗的室内对比，使室内采光均匀度较低并可能形成过强的眩光。因此将天井突出屋面形成围合的天窗一方面是一种有效的保温方式，可以增加经堂的围护性使得其成为一个封闭的室内空间，另一方面可以将直射光转换为漫射光提高室内采光质量并兼顾通风的需求。同时也有助于形成室内明暗空间的对比而体现宗教氛围。因此突出屋面的天窗也逐渐成为西藏寺院殿堂建筑的一个固定的要素，起到控制室内温度、采光和通风等环境需求。与之类似，内地佛教建筑前期是以佛塔为中心，后来由于我国特别是在北方冬季寒冷，室外举行礼佛仪式会出现不便，因此寺院内出现容纳多人的法堂并逐渐发展成为取代佛塔的主要建筑②，说明气候也是影响佛教寺院形制的一个重要因素。

（3）经堂天窗的形式分类

西藏寺院经堂通过突出屋面的天窗，天窗后部的突起和环绕天窗的廊道及房屋三种元素的组合形成不同的形式。天窗一般分为三种组合形式。第一种形式的天窗突出屋面，周匝没有建筑环绕或仅有廊道。由于天窗与周边距离较大，天窗高耸出屋面的形式感更强（图3-1-30）。第二种形式，在天窗背后一至两个柱距的部分，将屋面突出一定高度全部实墙不开洞口，且高度低于天窗高度（图3-1-31）。第

图3-1-30　色喀古托寺经堂天窗（来源：黄凌江 提供）

图3-1-31　大昭寺三界殿天窗（来源：黄凌江 提供）

三种形式则是在第二种形式基础上，周匝为廊道及房屋环绕。这也是完全符合"都纲法式"规制的一种形式。天窗的进深较宽在3间或以上，而天窗与两侧廊道之间宽度较窄一般在2米以下，与正前方廊道之间的宽度小于天窗的高度。因此天窗更像被埋在天井之中（图3-1-32）。根据统计，第一和第二种形式的天窗主要在寺院的小型殿堂采用如拉康和扎仓，第三种形式的天窗一般在寺院的主殿即措钦大殿采用。天窗上部一般为平屋面，与建筑屋顶一样采用阿嘎土屋面；特别重要的寺院如大昭寺、小昭寺会在屋顶上设置歇山式样的金顶。三种天窗形式概念示意如图3-1-33所示。

①　陈耀东. 西藏阿里托林寺[J]. 文物1995（10），4–16.
②　张鹏举等. 内蒙古地域藏传佛教建筑形态的一般特征[J]. 新建筑. 2013（1）.

图3-1-32　甘丹曲果林及哲布寺天窗（来源：黄凌江 提供）

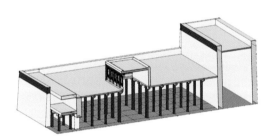

天窗形式一

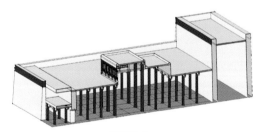

天窗形式二

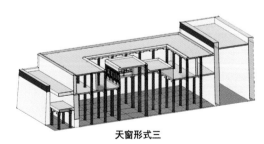

天窗形式三

图3-1-33　三种天窗形式示意（来源：肖迦煜 绘）

天窗的造型为长方体或近似立方体，平面形式以矩形和方形为主，开间大于进深的为主，也有相当一部分开间与进深相等，其中最常见的比例是1：3。不同形式天窗的高度差异较大，上述第一种和第二种形式的天窗高度一般在2～3米；第三种形式的高度在3.6米左右，在三种形式中最高。天窗的围护方式分为两种情况，大多数寺院的天窗后侧为夯土实墙，其余三面开敞通透。后侧墙体厚度根据实地调查一般为35厘米左右，其余开敞的三侧设置高出屋面约30～40厘米的挡水以防止雨水从天窗与屋面接缝处流入室内；少数寺院的天窗仅在南侧开敞，其余三侧均为夯土实墙，例如乃囊寺[①]。传统的天窗没有玻璃而是用透明油布替代[②]，20世纪初期玻璃窗从印度由亚东传入西藏之后，大部分寺院的天窗也逐渐采用了木质窗框和单层玻璃。

就朝向而言，天窗的主朝向（长轴）一般与殿堂的入口方向一致，而由于殿堂的入口根据地形和宗教要求有不同的方位，也使得天窗的朝向并不固定。正南向的比例最大，其次是正东向；有一部分为东南向的比例；而西向、北向和东北向的情况非常少，多出现在早期寺院中，例如大昭寺、小昭寺和昌珠寺。而具有多个殿堂的寺院中由于殿堂朝向的不同，天窗的朝向也可能不一致，如大昭寺的觉康主殿和三界殿处于同一轴线上，但入口方向分别为西向和东向，因此天窗也分别相对。值得一提的是那塘寺的措钦大殿虽然朝西，但其天窗的长轴方向旋转了90度而与殿堂的长轴方向垂直，因此天窗朝南而避开了西向。总体而言，天窗朝向有阳光的方位，在之后逐步形成的"都纲法式"中已明确规定天窗在南向及东西两侧开窗。

### 4. 引光生风——空间体系的气候调节

西藏传统建筑通过被动式策略调节室内气候以提供尽可能舒适的室内热环境。采用不同的被动式策略逐步形成了较为固定的建筑原型，并通过组合形成调节室内气候的系统。

① 维特鲁威. 建筑十书[M]. 北京：中国建筑工业出版社，1986.
② 陈耀东. 中国藏族建筑[M]. 北京：中国建筑工业出版社，2007.

经过长期的应用表明，某些系统对于室内气候的控制和改善是有效的且有智慧的，可以为当代建筑设计在适应地方气候时所借鉴。除了传统民居气候调节方法，单层建筑的经堂天窗和多层建筑的空间体系也是寺院等高等级建筑中的特殊空间形式，这种系统提供了一种适应高原地区严峻气候条件的多层建筑气候调节方法。

（1）单层空间的气候调节

天窗综合控制和影响殿堂的室内气候，包括室内热环境、采光和通风（图3-1-34）。在维持室内热环境方面，与天井相比天窗封闭了室内与室外之间的开口，减少了室内外空气的直接热交换。同时由于热空气向上移动，集中在天窗突出屋面的部分，成为室内和室外之间的一个热缓冲空间，进一步降低室内热空气与室外冷空气之间的热交换；而天窗采用集中式布置和规整的造型，使天窗的体形系数较小，以尽可能减少其散热面积；天窗的洞口仅设在有阳光直射的方向，在北向和顶部均为实墙，这种处理方式也提高了天窗的保温性能。在采光方面，天窗垂直开口避免了水平太阳直射，通过天窗的内壁将部分室外直射光转换成漫射光引

入室内，同时天窗的顶棚和内壁也增加了对屋顶散射光的反射。加之西藏寺院经堂内部悬挂大量的经幢等饰物，将入射室内的光线进一步遮挡和漫反射，形成了柔和昏暗的室内光环境。天窗相比天井进入室内的光照强度也相应减少，根据立体角投影定律，在天空亮度相同的情况下水平面形成的照度与天窗的高度相关，天窗的高度越高能提供的照度越大，因此寺院天窗往往较高，达到甚至超过普通房间的高度。天窗后部的凸起也被当地认为是为了增加室内采光的一种方式。在通风方面，由于经堂侧墙一般不开窗，因此不能形成对流通风。室内的通风依靠高耸的天窗所形成热压通风，将通过门洞或其他开口进入室内的空气通过天窗排出，实现室内的空气流动。而相对于通过侧窗产生的对流通风，热压通风强度较低，更适合于需要保温的冬季。

自古以来对室内气候进行控制是建筑共同的要求。公元前3世纪《建筑十书》中即认识到建筑选址，建筑形式，朝向及采光等对室内环境的影响并提出相应的设计要求[1]。宗教建筑是传统建筑中等级和要求较高的建筑类型，一方面体现了当时文化的发展水平，一方面也反映着当时最高的技术水平。而大

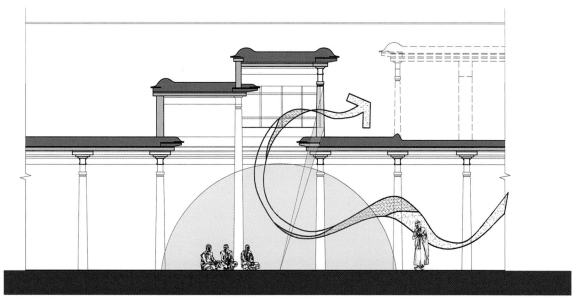

图3-1-34　经堂天窗对室内气候控制示意（来源：肖迦煜 绘）

---

① 维特鲁威. 建筑十书[M]. 北京：中国建筑工业出版社，1986.

类型1：大天窗模型

类型2：大天窗模型

图3-1-35　下拉章大小天窗室内（来源：黄凌江 提供）

空间更是宗教建筑中技术要求较高的空间形式。除结构体系和建造方法外，对室内环境及气候的控制也需要更为特殊的技术手段。寺院殿堂作为西藏传统建筑体系中的大空间，在长期的发展中，逐渐形成了符合一定规制的天窗。在严峻的室外气候条件下，通过被动式的方法形成一定的空间形式，实现了能够满足信众转经、朝拜和僧侣读经基本需要的室内气候环境。这种空间形式逐渐成为"都纲法式"的重要组成部分。

（2）多层空间的气候调节

多层空间的空间气候调节体系发现于大昭寺的下拉章。下拉章是位于大昭寺正门南侧的一栋三层建筑单体，历史上曾是班禅喇嘛的行政办公地点[①]（图3-1-35）。建筑顶层功能

是办公及佛堂等主要功能，第一层和第二层则分别为储藏室、僧舍居住功能，以及交通联系空间。其主要空间形式特征包括：二层和三层分别有一个中庭，每层的单元式房间围绕中庭布置；建筑进深较大，房间分南北两侧进行布置。北侧房间开窗较少，因此建筑北侧以实墙为主；在二三层中庭之间的楼板有水平开口，开口上部覆盖有木质格栅；在顶层采用突出屋顶的矩形天窗。天窗的投影面积与封闭中庭面积及楼板的水平开口面积成正比。在下拉章有两处地点采用了这种空间处理方式。根据屋顶天窗和楼板水平开口的面积分为大小两种形式。在大天窗中，水平洞口长宽各占一个柱距，约占中庭面积的11.1%，但其格栅孔洞的尺寸较小，边长约为120毫米，小于

---

① 杨嘉铭，赵心愚，杨环. 西藏建筑的历史文化[M]. 西宁：青海人民出版社，2003.

人脚的尺寸。因此水平洞口上仍可以作为活动的空间。小天窗的洞口较小，约占中庭面积的7.7%（图3-1-36）。

下拉章提供了一种传统的调节大进深多层建筑室内气候的方式。突出屋面的天窗、封闭中庭、水平开口和中庭入口等元素一起构成了温度控制、自然采光和热压通风的系统。通过采用屋顶天窗将原本开敞的中庭封闭，使室外开放空间变为室内封闭空间，减少了室内外的空气热交换和夜间热损失，同时仍能够让太阳辐射射入室内；通过楼板的水平洞口进一步使阳光能够进入到下一层空间，能够使多层建筑的下层空间进行一定的自然采光。天窗、水平洞口和中庭的入口形成了贯穿各层

的热压通风路径，高耸的天窗可以加强热压通风效应。这种方式弥补了大进深空间中缺乏同时不宜采用对流通风的问题。天窗开窗方式也遵循一定规则，即在朝南一侧全开窗，东西向全部或部分开窗，而北向则采用实墙。这种开窗规则能尽可能多将太阳辐射和自然采光引入室内，增加得热面积并减少散热面积。因此，天窗下部的顶层中庭空间具有阳光房的特点。而顶层北向房间也可以通过将朝向中庭一侧的侧窗打开，通过天窗进行自然采光和通风。这个系统提供了在太阳辐射充足但寒冷多风的气候条件下，适用于进深较大的多层建筑室内气候调节的空间模式（图3-1-37）。

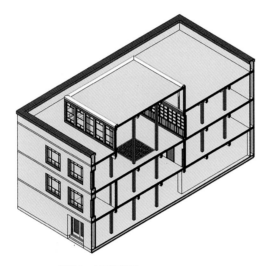
类型1：大天窗模型

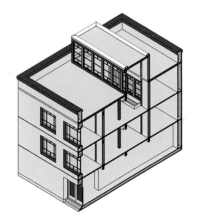
类型2：小天窗模型

图3-1-36　下拉章两种空间原型示意（来源：黄凌江提供）

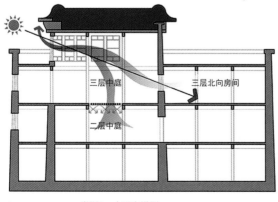
类型1：大天窗模型

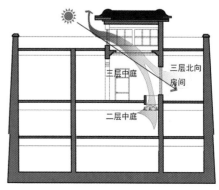
类型2：小天窗模型

图3-1-37　下拉章两种空间系统构成示意（来源：黄凌江 提供）

这种西藏寺院建筑中的室内气候调节系统由不同的空间和要素构成，在下拉章的两种形式对室内光环境和通风均能起到调节作用，同时维持了适合寒冷气候的封闭式格局，能够提高室内温度且减小其波动幅度。这种系统可以形成明显的热压通风效应，有助于严寒地区的自然通风。在采光方面，这两种形式的顶层中庭空间在大部分时间都可以获得足够的照度，同时顶层的北向房间也能获得一定的直接自然采光，但其多少取决于天窗的深度，即北部房间的侧窗和天窗的南向开口之间的水平距离。虽然是形成了一个封闭空间，但其二层中庭仍能通过楼板水平开口获得一定的照度。与室外庭院或天井相比，该系统更能适应寒冷气候条件。

## 第二节　宫殿

### 一、宫殿建筑的概况与分布

宫殿在藏语中称为"颇章"，是西藏各历史时期中央最高领导阶层的办公及居住用房，是西藏传统建筑中重要的组成部分。

西藏的宫殿建筑起源于堡寨。从两千两百年前雅砻部落时期修建的西藏历史上第一座宫殿建筑——雍布拉康（图3-2-1），到集大成的宏大建筑群布达拉宫（图3-2-2），西藏历史上兴建了不少宫殿建筑，主要分布在拉萨市、山南地区、日喀则地区、阿里地区等（图3-2-3、表3-2-1）。

图3-2-1　雍布拉康（来源：白宁 摄）

图3-2-2 布达拉宫（来源：白宁 摄）

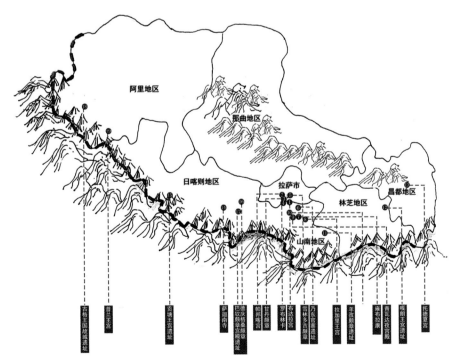

图3-2-3 西藏宫殿建筑遗存分布示意图（来源：宁亚茹 绘）

西藏宫殿建筑及遗址                                                                                                      表 3-2-1

| 宫殿名称 | 建成时间 | 在位藏王 | 区位 |
|---|---|---|---|
| 雍布拉康 | 公元前 2 世纪 | 第一代藏王聂赤赞普 | 山南地区雅砻河东岸的扎西次日山顶 |
| 布达拉宫 | 7 世纪 | 松赞干布 | 拉萨 |
| 帕邦喀宫 | 7 世纪 | 松赞干布 | 拉萨 |
| 札玛止桑宫殿遗址 | 8 世纪 | 赤祖德赞 | 桑耶寺北的一座小山岗上 |
| 古格王国遗址 | 10 世纪前后 | 德祖衮 | 阿里地区札达县扎布让去象泉河南岸 |
| 普兰王宫 | 10 世纪前后 | 西德衮 | 阿里地区普兰县 |
| 贡塘王宫遗址 | 11 世纪 | 六世贡塘王拉觉德 | 日喀则地区吉隆县城东南角 |
| 巴钦颇章宫殿遗址 | 11 世纪中叶 | 昆·官却杰布 | 日喀则地区萨迦县南 3.5 公里 |
| 萨迦南寺 | 13 世纪 | 八思巴——萨迦五祖第五人 | 今萨迦县 |
| 拉加里王宫 | 13 世纪 | 吐蕃王室后裔卫松的嫡系 | 今曲松县色物乡 |
| 嘎朗王宫遗址 | 13 世纪 | 第一代嘎朗王根聂波波 | 波密县城西南 |
| 羊孜颇章遗址 | 13 世纪左右 | 甲巴赤奔 | 山南地区隆子县列麦乡 |
| 乃东宫寨遗址 | 14 世纪 | 绛曲坚赞 | 山南地区乃东县雅砻河东岸 |
| 甘丹颇章 | 16 世纪 | 二世达赖 | 拉萨哲蚌寺 |
| 青瓦达孜宫殿遗址 | 16 世纪前后 | 第九代赞普代贡杰时期 | 山南地区琼结县青瓦达孜山崖上 |
| 罗布林卡 | 18 世纪 | 七世达赖 | 拉萨西郊 |
| 雪林多吉颇章 | 1956 年 | 班禅额尔德尼在拉萨的行宫 | 拉萨市 |
| 德庆格桑颇章 | 1954 年 | 班禅的夏宫 | 日喀则 |
| 托德夏宫 | | | 昌都 |

由于西藏政教合一的政治体系，西藏地区的宫殿建筑具有鲜明的宗教特征。尤其是西藏政教合一制度形成之后的宫殿，为各个喇嘛教派的法王、宗教领袖们所有，这既是它的最大特点，也是区别于历代帝宫如北京故宫的根本所在。如萨迦寺的平措颇章、卓玛颇章，系萨迦法王的宫殿；扎什伦布寺的颇章，则是班禅的宫殿；哲蚌寺噶单颇章曾经是达赖的宫殿。这些宫殿建筑无论是建筑的选址、功能、布局、装饰，都反映了藏传佛教的影响。这是西藏地区宫殿建筑与其他地区宫殿建筑的显著区别。

西藏的宫殿建筑多选址在地形险要的高山之上，气势雄伟、体量高大，建造技艺高超，装饰精美，集中代表了西藏传统建筑的最高成就。17世纪建成的布达拉宫则是最辉煌的宫殿建筑。

## 二、宫殿建筑的历史演进与形成发展

### 1. 宫殿的起源

宫殿最初起源于堡寨，属于城堡建筑类型。

西藏在远古时期形成人类部落，各原始部落盛衰纷繁，又逐渐发展形成"小邦"。这些邦国和氏族部落，在藏文史料中统称为十二小邦或四十小邦。在各小邦（部落）境内，最初可能是适应战争的需要而产生了具有军事防御性质的堡寨。据敦煌吐蕃历史文书《小邦邦伯家臣及赞普世系》中记载："遍布各地之小邦，各据一个堡寨。"除此之外，在几种文献中均提及各邦均据堡寨而居。《敦煌古藏文写卷》中还详细地提到了几处小邦堡寨（即宫殿）的名称："在恰吉亚果（江河之源头）地方，在穹隆银堡之内有王李聂秀，家臣为琼波和热藏杰……；在卡拉藏堆地方之藏吉俄卡尔宫内，有神藏拉吉乌，王为藏杰王恰氏，家臣有苏杜和囊……；在娘若香波之九层朗林宫内，有王罗昂杰和昂擦吉仲嘎波，家臣有俄米和直格……；在强嘎那杰地方之秀瓦巴列宫内，有神珠古之神玉和热，有王贺根和达尔根……"。

最初的堡寨大多修筑在山冈之上，多为高耸结构，是小邦政治、军事中心，也是部落首领的宫室所在。2004年在阿里地区噶尔县考古发现的大型城堡遗址"琼隆威卡尔"（藏文意为"琼隆银城"），被认为可能是上述文献提及的象雄达尔巴之王李聂秀的王宫。砾石块砌筑的房屋遗址，大致可分为防御性建筑（防墙和堡垒）、家庭居住建筑、公共建筑、宗教祭祀建筑、生活附属设施等空间类型。

这种堡寨建筑逐步发展形成了碉式建筑风格，并且成为影响藏族传统建筑的一条主线。

### 2. 宫殿的历史演进

#### 1）萌芽期

公元前2世纪至公元7世纪，为吐蕃兴起和鼎盛阶段，也是西藏宫殿建筑的萌芽期。

藏族社会发展至大约公元前2世纪，小邦中的雅砻部落崛起，有文字记载的藏族古代历史上的第一代赞普——聂赤赞普出现，他的出现标志着旧的分散的原始社会解体，新的统一的奴隶社会开始形成。聂赤赞普在今山南乃东县东南约5公里处雅砻河东岸觉姆扎西次日山头上建造了西藏历史上的第一座宫殿——雍布拉康。民间有云："地方莫早于雅砻，房屋莫早于雍布拉康，国王莫早于聂赤赞普"。雍布拉康为吐蕃赞普的城堡，是这个时期的标志性建筑，它既承袭了小邦时期堡寨的功能和特点，又为藏族碉式建筑的发展起到了启后的作用。

早期，雍布拉康为历代雅砻部落首领的王宫。至公元7世纪，藏王松赞干布统一高原，迁都拉萨后，在雍布拉康宫殿两边修建了两层楼的殿堂，殿堂的底层作为佛殿，二层设为法王殿。雍布拉康由此也逐渐演变成了一座集佛殿、寺庙于一体的建筑。后来成为松赞干布和文成公主在山南的夏宫。

以后历代都各有扩修，并且逐渐在殿堂西边增建了门厅，南边增建了僧房。五世达赖喇嘛阿旺·罗桑嘉措时，在雍布拉康后部雕楼式的建筑上加修了四角攒尖式的金顶，改为黄教寺院。

雍布拉康后又经多次维修重建，但仍保持原来的形制和结构。雍布拉康作为西藏第一座宫殿，其形制和选址对西藏后来的宫堡式建筑产生了极大的影响（图3-2-4）。

从雍布拉康开始，历代雅砻王相继建造了不少宫殿。吐蕃从第九代赞普布迪贡坚到十五代赞普伊肖勒，先后在琼结兴建了达孜、桂孜、杨孜、赤孜、孜母琼结、赤孜邦都等六座宫殿，统称为"青瓦达孜宫"。青瓦达孜宫是吐蕃兴建的第二大宫堡。六宫遗址现有城墙仍残存（图3-2-5）。

到今天，这些宫殿建筑由于历史的原因，除雍布拉康在20世纪80年代按原样重建外（图3-2-6），萌芽时期建造的各个宫殿、堡寨均已不复存在，其形制与规模均已无从考证。

图3-2-4　雍布拉康（来源：严梦圆 绘）

图3-2-5　青瓦达孜宫殿遗址（来源：赵旭 绘）

图3-2-6　重建的雍布拉康一角（来源：宁亚茹 摄）

图3-2-7　松赞干布时期修建在拉萨红山上的王宫和后宫图（壁画）
（两宫之间架有铁索桥，宫殿顶部饰有旗帜和长矛，共有九百九十九间房。）（来源：丁长征 摄）

### 2）形成期

7世纪至13世纪，吐蕃王朝经历了兴盛、衰败和分裂几个历史阶段，西藏进入封建农奴制社会，宫殿建筑进入形成期。

雅砻三十二代赞普松赞干布统一青藏高原各个部落，并迁都拉萨建立吐蕃王朝后，在拉萨玛波日山顶（今布达拉宫址上），兴建了红山宫（布达拉宫前身）。红山宫建筑仍继承了城堡建筑易守难攻的特点。据《西藏王臣记》记载，松赞干布修建的红山宫规模非常宏伟。"高达三十围墙，既高且阔，每边约一里余。大门南向，红宫九百，共一千间。一切宫檐口，以宝为饰。走廊台阁，铃铎泠然。堂皇美丽。自美好方面观之，等于自在天之最胜宫，观赏无厌，诸宝庄严，以各种绫罗作网与半网，妙好悦目。自可怖方面观之，等于罗刹城之朗迦布山，一切宫顶有刀剑及红旗十柄，各以红绫缚之。自坚固方面观之，若有边警，五人可守。又南方城垒，掘沟十寻，此上铺砖。一马驰驱其上，有如十马奔腾。又于南方，仿照梭帕宫式，建札拉吉祥越量宫，为赤尊自身之寝宫，共计九层，高大宏伟，庄严美丽，王与后二宫之间，连以铁桥，桥下悬绫幔、拂尘，有铃作声，王与后互通往来。"[①]（图3-2-7）该记载指出了红山宫建筑是建造在山顶之上及山的南面，有1000间房间，其中还有九层的高楼，周围有高大的围墙，南面有护城河。其建筑规模宏大，

已远超小邦时代的雍布拉康。红山宫在芒松芒赞和墀松德赞时期遭受到了人为和自然的严重破坏，仅存少数宫室。在朗达玛灭佛以后，吐蕃王朝瓦解，宫室就更加荒废了。

据《敦煌古藏文历史文书》、《西藏王臣记》等文献记载，松赞干布之后，各地还有一些宫殿建成，如赤松德赞的出生地——山南桑耶寺北山的札玛止桑宫（图3-2-8）等，但这些宫殿的形制及规模均不可考。但从资料分析，当时的宫殿是赞普处理政务、会见大臣的政治活动中心，其次是供赞普及王室成员生活所用。宫殿是这个时期最宏伟的建筑，是当时建筑文化的精华。

吐蕃王朝覆灭后，其后裔的两个支系分别在阿里地区和日喀则地区建立了王朝。德尊衮做了古格王后，在今阿里地区的札达县境内修建了古格王城，并在依山而建的王城顶部修建了宫殿；次扎西则巴贝在今日喀则地区吉隆县境内建立了贡塘王朝，六世贡塘王拉觉德修建了贡塘王城，在王城内修建了"扎西琼宗嘎波"宫殿（图3-2-9）。此时期修建的宫殿除了用于处理政务及王室起居生活外，已经有了宗教活动的内容，但其宗教功能空间也仅作礼佛场所，不是宫殿建筑的主要内容。

---

① 载于后世佛教徒所写的《西藏王臣记》，其中掺入不少宗教内容。

图3-2-8　札玛止桑宫遗址上修建的小庙（来源：白宁 摄）

图3-2-9　贡塘王宫遗址（来源：赵旭 绘）

3）成熟期

从13世纪元朝统一西藏至20世纪初十三世达赖喇嘛时期，是西藏宫殿建筑的成熟期。这一时期的西藏地方政权具有政教合一的特点，如萨迦地方政权、帕竹地方政权、甘丹颇章地方政权。政教合一体制的一个重要特征是宗教统治依附于政治统治，政治统治因为宗教统治而更稳固，很多大教派的高僧同时也是大政治集团的代表。这一特征表现在宫殿建筑上就是因领主与教主合二为一，驻锡与施政的场所合建，教派的主寺作为政教的统治中心，宫室建在寺内。这些地方政权修建的驻锡和施政的建筑，在藏语中称"颇章"，即为宫殿。

但随着历史的发展，到今天，这类建筑往往因为存在于寺庙中而易被笼统地作为寺庙建筑概而言之。再加之这些寺庙原有的政治影响力逐渐减弱，而宗教实力依然存在，从而使得原来的政治性活动场所如萨迦南寺和甘丹颇章被改造成宗教活动场所。但这种存在于寺庙中的宫殿建筑，由于曾经被政治领袖作为日常办公休憩的场所，符合宫殿建筑的基本特征，因此将其按宫殿建筑类型来加以解析。

萨迦政权统治时期是西藏建筑的转型时期，西藏地方政权归属于中央王朝的行政管辖，在经济、文化方面与内地的关系日益密切。政教合一的社会制度融入建筑领域中，在萨迦修建了藏族历史上第一座宫寺合一的建筑，并且是第一次在平原上修建宫殿和寺庙，也是西藏历史上唯一一次采用汉式护城河、内外城墙和角楼的布局特点（图3-2-10、图3-2-11）。萨迦南寺修建的一个重要目的，就是作为"帝师"八思巴返回萨迦之后的居所以及萨迦本钦、法王等行政官员居住和处理日常行政事务的地方。萨迦南寺内，除了供宗教活动的各种佛殿、经堂外，还有供教主及其亲眷起居生活的用房以及管理萨迦地方政务、教务的办公用房。这些建筑共同构成"政教合一"与"宫寺合一"的殿堂，萨迦南寺既是教派的宗教中心，也是当时西藏地方的政治中心，既是寺院又是宫殿。其宫寺一体的建筑形制对后来的宫殿建筑产生了重大影响。

而后帕竹地方政权统一卫藏，在山南乃东扩建了乃东官寨。今天，乃东官寨已不存在，但从史料的记载来看，乃东官寨包括宗教建筑、政务建筑、朗氏家族居住生活用建筑，以及完善的防御工程，是一个具有防御功能的大碉堡。

15世纪宗喀巴创建了格鲁派，拉萨逐步成为西藏的政治中心。格鲁派创建了以甘丹寺、哲蚌寺、色拉寺为主的寺院集团。其中哲蚌寺的甘丹颇章成为政教合一统治者居住的场所。1645年，五世达赖喇嘛在松赞干布修建的红山宫遗址上对其进行了复建，修筑了布达拉宫，作为政教合一的宫殿，供达赖驻锡之用。其后经300多年历世达赖的增修，至20世纪初的十三世达赖喇嘛时期，形成了今日规模的布达拉宫

图3-2-10　宫寺一体的萨迦南寺（来源：白宁 摄于1999年）

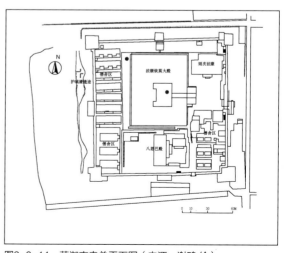

图3-2-11　萨迦南寺总平面图（来源：谢鸥 绘）

图3-2-12　布达拉宫（来源：宁亚茹 绘）

图3-2-13　天梯图腾（来源：白宁 摄）

（图3-2-12）。布达拉宫是西藏保存最为完整、艺术价值最高的宫殿建筑，是古代藏族建筑史上集寺庙和宫殿为一体的典范之作，也是西藏建筑的最高成就，它集中了西藏传统建筑的诸多特点，是集西藏传统建筑技术与艺术之大成。布达拉宫是西藏最宏大的宫殿建筑，依拉萨红山而建，各宫室建筑形制不一。布达拉宫主要由处理政务的白宫和处理教务的红宫组成。白宫主要包括：为政府服务的殿堂，如大殿、朝拜殿；供达赖喇嘛起居生活的空间，如寝宫；经师、摄政、管家等的用房，以及仓库等。红宫有供养历代达赖喇嘛的灵塔和进行宗教活动的佛殿。

## 三、宫殿建筑的选址、布局及功能

### （一）宫殿建筑的选址

#### 1. "天梯说"对宫殿建筑选址的影响

西藏的宫殿建筑通常都建在不同地区的高山之巅。而选择在山上建宫殿，一个重要的原因是受西藏古代天梯说的影响。西藏历史传说中的聂赤赞普是西藏第一个藏王，他和他之后的六个藏王，史称天赤七王，在传说中都是天界的神仙，等到他们死亡时仍会返回天界，彩虹是登天光绳，山体就是天梯。天梯说是早期西藏人信仰的一种表现方式，也反映了古代先人普遍存在的高山崇拜。在天梯说影响下，那个

时代西藏的很多房屋都建在山上。据《西藏文明》讲，当时"在所有的山岭和所有陡峭的山崖上都建有大型宫殿"。在今天，我们仍然可以在一些地方的山腰上看到画上去的天梯图腾（图3-2-13）和山顶上宫殿的废墟。

#### 2. 宫殿选址的防御意义

西藏宫殿建筑通常于河谷盆地的山冈上的选址特点，带有明显的防御性质。如雍布拉康选址于山南地区雅砻河谷的扎西次日山头上，地势十分险要（图3-2-14）；古格王国故城位于今阿里地区札达县象泉河南岸有东西两山夹持的一南北走向四面凸起的山体上，四面悬崖，王宫建筑位于山顶台地上（图3-2-15）；建于11世纪的贡塘王宫，选址在"形似巨幅帷帘的西山脚"，并在周围砌以围墙壕沟；乃东官寨建在雅砻河东岸如马蹄形的山冈上。

从防御意义来说，宫殿选址最重要的考虑因素，就是地形险要，利于防守。

#### 3. 权力的象征

旧西藏的地方行政单位称为"宗"，宗政府建在山顶形成宗堡建筑。老百姓的居民点称为"雪"，一般建在宗堡之下。王权、宗法、礼制等级观念对西藏建筑的选址及布局均产生了较大影响。宫殿建筑一般都建在山上，以表现旧西藏三大领主的至高无上。老百姓地位低下，一般建筑都建在山

0　　　30m

1. 寺庙
2. 佛塔
3. 民居

图3-2-14　雍布拉康的地势特点与地形示意图（来源：白宁 摄、杨琴 绘）

图3-2-15　古格王宫遗址（来源：赵旭 绘）

图3-2-16　1937年的布达拉宫，山下是"雪"（来源：赵旭 绘）

下。如布达拉宫建在高高的玛布日山上，下面的"雪"越发映衬出布达拉宫的巍峨与雄壮（图3-2-16）。

## （二）宫殿建筑的布局

宫殿建筑建于山冈之上，在其周围的山脚下会聚居贵族和平民的住宅，以及营房、仓库、茶馆等，从而形成大小不一的聚落。规模较大的宫殿多为依山而建的自由式布局，通常由位于山顶的宫殿区，山脚的雪村及山脚或位置稍远的树木繁盛之地的夏宫三部分组成。

宫殿区通常由宫殿主楼、佛殿及附属建筑，如库房、马厩、作坊等，围合成一个或多个院落并进行群体组合。有些院落空间尺度很大，成为广场，做宫内的户外活动中心，每逢节日、重大宗教活动等在此聚会、举行仪式。主要建筑如宫殿、佛殿等均占据良好位置，一般朝南。例如拉加里王宫就是典型的这种布局（图3-2-17、图3-2-18）。群体建筑周围一般设有围墙，具备防御功能。有时还设置通往山下的暗道。

西藏最宏大的宫殿建筑布达拉宫依山而建，布局因地制宜，各宫室建筑形制不一，结合地形与空间的因素较多，整个建筑群的平面布局没有明显的中轴对称性，平面形式随意性较强。布达拉宫主要由处理政务的白宫和处理教务的红宫组成（图3-2-19～图3-2-21）。雪村布置在山脚下，由各附属建筑依地势自由式组合。如藏军司令部、布

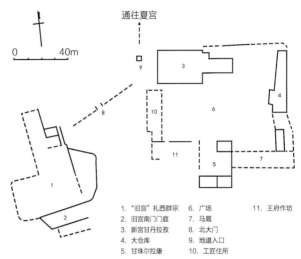

通往夏宫

0　　40m

1. "旧宫"扎西群宗　6. 广场　　　　11. 王府作坊
2. 旧宫南门门庭　　7. 马厩
3. 新宫甘丹拉孜　　8. 北大门
4. 大仓库　　　　　9. 地道入口
5. 甘珠尔拉康　　　10. 工匠住所

图3-2-17　拉加里王宫总平面布局示意图（来源：游娇 绘）

图3-2-18　拉加里王宫新宫及广场（来源：宁亚茹 摄）

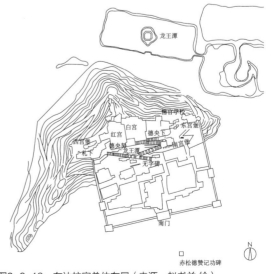

图3-2-19　布达拉宫总体布局（来源：赵书兰 绘）

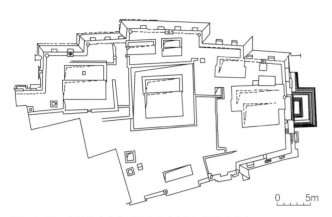

图3-2-20  布达拉宫白宫平面布局（来源：翟少鹏 绘）

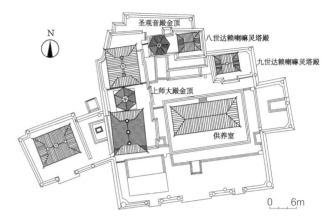

图3-2-21  布达拉宫红宫平面布局（来源：潘宇涛 绘）

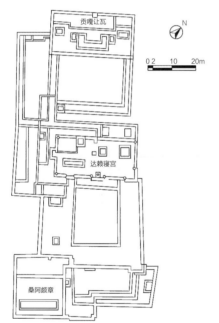

图3-2-22  哲蚌寺的甘丹颇章总平面布局
（来源：杨琴 参考《西藏古建筑》绘）

图3-2-23  甘丹颇章建筑群与哲蚌寺整体布局关系图（来源：严梦圆参考《西藏古建筑》绘）

达拉直属县及辖区办事处、粮库、监狱、印经院，以及一些僧俗官员住宅、勤杂人员用房等服务性建筑，各建筑之间的位置关系并无严格规划。在山脚或位置稍远的树木繁盛之地布置林卡或夏宫，提供休憩、玩耍和作花园之用（图3-2-19）。

而对于寺院中的宫殿，其布局最大的特点在于宫殿与寺院的关系可以看作是个体与整体之间的关系，既有关联又相对独立。如位于哲蚌寺西南角的甘丹颇章建筑群，由三进院落组成，分别为达赖讲经学习、办公和居住、存放经书资料的场所（图3-2-22）。这组建筑群作为独立的建筑体系，有自己明确的空间界定和独立完整的系统，使用管理都可以不与寺庙活动发生交叉。甘丹颇章既融入哲蚌寺整体中且与寺庙关系紧密，本身又作为独立完整的部分而存在（图3-2-23）。而作为宫殿而修建的萨迦南寺通过内外两道城墙和护城河将拉康钦莫大殿等建筑围合在一个近似方形的空间里，与寺庙部分的萨迦北寺隔仲曲河相望，独立又相关。

### （三）宫殿建筑的功能

宫殿建筑的主要功能包括政务、宗教、居住、防御等。

早期的宫殿建筑主要满足政务需要与王室居住，王与大臣议事、接见来使、王室日常生活起居等均是早期宫殿建筑的核心功能。这时的宫殿，是王权的象征。

吐蕃王朝覆灭后，各地封建领主割据一方，开始大力利用宗教。这时的宫殿建筑除满足政务及王室起居生活的功能以外，还承载宗教活动内容。随着政教合一体制的发展，宫殿建筑的宗教功能不断加强。早期阿里古格王国宫殿建筑群中仅有两处佛教建筑用于礼佛；到萨迦南寺宫寺合一，其中宫殿建筑属于寺院建筑的一部分；再到作为西藏宫殿建筑的巅峰之作的布达拉宫，专门修建红宫作为众多宗教活动的场所（图3-2-24）。布达拉宫的红宫采用经堂、佛堂等不同建筑空间组合，满足诵经礼佛、受戒修法、跳神法会、祭祀活动等众多宗教活动，具有多功能性、公用性的特点和强烈的政治、宗教属性。而布达拉宫白宫的功能空间则主要包括两部分，为政教服务的大殿、朝拜殿、西藏地方政府设置在布达拉宫的办事处等政务空间；以及为达赖喇嘛服务的寝宫、各类服务用房如经师、摄政、管家、侍从用房以及仓库等生活空间。

宫殿建筑还有一个非常重要的功能是防御。宫殿这种建筑类型本身就具有较强的防御要求，因为它必须保护居住者的安全，因此它的军事防御功能明显强于寺庙等其他建筑类型。首先在选址上宫殿建筑就非常重视防御的基本条件，通常都选址在山上，有利的地形为宫殿提供了第一道有力的屏障。其次宫殿建筑均建有围墙，如布达拉宫在雪城周围建有一道高大厚重的围墙，墙上开门，作为进出宫殿建筑群的关口。第三，宫殿建筑一般体量庞大，空间布局错综复杂，不熟悉的入侵者身处其中不易辨识方向，这也是宫殿建筑防御性重要的一方面（图3-2-25）。

图3-2-24  布达拉宫的宗教活动（壁画）（来源：西藏古建筑）

图3-2-25  布达拉宫的围墙（来源：白宁 摄）

## 四、宫殿建筑的空间特征与解析

### （一）宫殿建筑的空间组成

宫殿建筑的空间组成一般包括政务建筑、居住建筑、宗教建筑以及防御建筑、附属建筑等。

#### 1. 政务建筑

宫殿中的政务建筑空间包括会议厅、办公室、接待厅等。

如山南地区的拉加里王宫，其政务建筑集中布置在新宫甘丹拉孜的二层（图3-2-26）。建筑由木梯从底层庭院直接升至二层南面中间的门厅，门厅中有六根木柱，东、西、北三面有门，东面通四柱的会议厅（图3-2-27），西面通

法王办公室，北面通十六柱的礼会殿。礼会殿是王室举行佛事活动和每年征收租税的地方，也是该层的主要空间。礼会殿中央有阔三间深两间的空间升高一层，在升起的南面开高侧窗，解决殿内的采光通风问题。这种做法在西藏殿堂建筑中常见。

#### 2. 居住建筑

居住建筑空间是宫殿建筑的重要组成部分，通常由卧室、厨房、厕所、王室成员聚会的厅堂、宾客用房等组成。这些居住功能空间常集中布置在宫殿建筑主楼的顶层。如拉加里王宫的居住空间布置在宫殿建筑最核心的单体建筑甘丹拉孜的第四、五层。甘丹拉孜的第一层是酒窖和仓库，第二、三层为政务空间，第四、五层主要都是王室成员日常起居用的卧室、厨房、厕所等，四层还布置有王室成员聚会、观赏跳神舞蹈的厅堂等。今四、五层已拆毁不存。而在最大的宫殿布达拉宫中，达赖的寝宫则布置在白宫之巅的第六层。这里布置有两套寝室，终年阳光朗照，俗称东、西日光殿，西日光殿是十三世达赖喇嘛的寝室，东日光殿是十四世达赖喇嘛的寝室，分别由卧室、小经堂等空间组成（图3-2-28）。

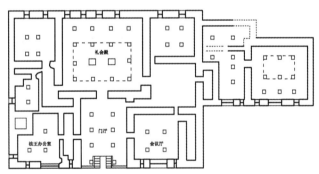

图3-2-26　甘丹拉孜二层平面示意图（来源：谢鸥 绘）

图3-2-27　甘丹拉孜的会议厅（来源：白宁 摄）

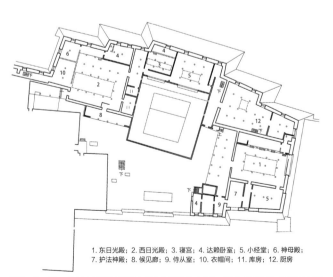

1. 东日光殿；2. 西日光殿；3. 寝宫；4. 达赖卧室；5. 小经堂；6. 神母殿；7. 护法神殿；8. 候见廊；9. 侍从室；10. 衣帽间；11. 库房；12. 厨房

图3-2-28　布达拉宫白宫第六层平面图（来源：翟少鹏 参考《西藏古建筑》绘）

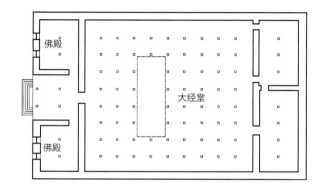

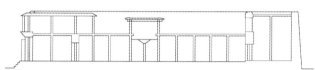

图3-2-29　甘珠尔拉康平面及复原剖面图（来源：谢鸥 参考《西藏古建筑》绘）

### 3. 宗教建筑

宫殿中的宗教建筑空间主要由各种殿堂（如佛殿、坛城殿、灵塔殿、供奉经书的殿堂等）、经堂、佛塔等组成。

如拉加里王宫中的甘珠尔拉康是拉加里王礼佛朝拜的重要活动场所，包括大经堂和佛殿两部分（图3-2-29）。大经堂是甘珠尔拉康的主要功能空间，也是尺度最大的空间，进深26米，面阔23米，殿内有68根柱子。大经堂中部靠前减柱4根形成天井，天井上再立短柱做高侧窗及屋顶。佛殿位于大经堂南面，由并列的两间殿堂组成，中间有门道相通。这种做法也符合西藏寺院建筑中将佛殿与经堂整合在一栋独立建筑中的传统做法。原建筑中还有小经堂、灵塔殿、法王静修室、供奉经书的殿堂、龙神殿等。

### 4. 防御建筑

宫殿的防御建筑常包括城墙、壕沟、角楼、城门、碉堡、地道等。

城墙、壕沟、角楼、城门：多数的宫殿都在建筑群体外围设有城墙用于防御。城墙外设有护城河或壕沟以加强防御作用。如宫寺合一的萨迦南寺设两层城墙，内侧的城墙由夯

土筑成，坚实牢固，城墙四角有高耸的角楼，并且设有垛口和向外凸出的马面墙台，进一步提高了防御效果（图3-2-30）；外城墙是一道低矮的养马墙，平时用于养马，战时可以作为比较简单的防御工事。城墙外是护城河。再如布达拉宫在雪城周围建有一道高大厚重的围墙，墙上开城门，作为进出宫殿范围的关口。

碉堡：宫殿建筑一般在关口建有碉楼，作为对外界进行观察的据点。布达拉宫建筑现存的有西圆堡和北圆堡（图3-2-31）。

图3-2-30　萨迦南寺的城墙和角楼（来源：白宁 摄）

图3-2-31　布达拉宫的圆堡（来源：白宁 摄）

地道：宫殿建筑常设置地道用作紧急疏散及遭围困时下山取水之用。如拉加里王宫，在原王宫之下辟有一条秘密的地下通道，共有两个洞口，一个位于王宫西楼底层的酒窖之下，另一个位于王宫西侧约300米处的拉加里寺西北隅，从上至下可通达河谷的罗布林卡河畔。该地道穿越几十米厚的砾岩层，宽1.5~2米，高2米，总长度达800米左右。地道内设有石阶可上通下达。

### （二）宫殿建筑的风格特点

早期的宫殿建筑采用碉堡式建筑风格，具有较强的防御特性。随着进一步发展，宫殿建筑风格的本土性与独特性日臻显现，其总体特征是：规模宏大、依山而建、错落有致、墙体收分、形体方整、坚固庄严、雄伟壮丽。

#### 1. 规模宏大，设施完善

宫殿建筑较同时期的其他西藏建筑规模宏大，建筑设施完善。如早期的古格王宫，从现存的遗址看，宫城占地长约210米，东西最宽处78米，占地面积约7150平方米，从残

存的遗迹能辨识出的建筑共有房屋56间、窑洞14孔、碉堡20座、暗道4条。四周城墙现存总长度约430米[1]。再如布达拉宫，总占地41万平方米，总体由山上的宫堡群、山下的雪城和山后的龙王潭花园三部分组成，其中宫堡群部分东西长360余米，南北最宽处为140米，高117.91米，总建筑面积90000平方米[2]（图3-2-32）。各种大大小小的建筑利用地形，高低错落，层层套接，错综复杂。

#### 2. 建筑形体与山体结合

西藏的宫殿建筑多选址在高山之上，或依山而建，建筑与山体浑然一体，更加体现出宫殿建筑的雄壮气势。

最典型的例子就是布达拉宫。布达拉宫修建在红山之上，采用西藏山坡建筑的传统手法，在山坡适当部位，用大石块向上砌筑墙体，将山头隐藏在建筑内部。建筑外墙收分，与山体结合自然。由于山坡的不规则，墙身与山体的交接处不是一条整齐的水平线，且交接处采用较大石材砌筑，石材表面不加工或者仅作粗略加工，使其与山岩形态颜色接近，山体被巧妙地组织到宫殿当中，建筑成为山的延续。

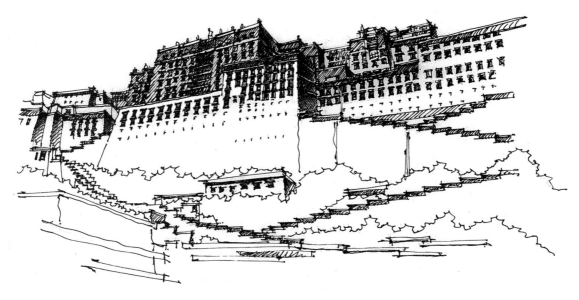

图3-2-32  规模宏大的布达拉宫宫堡群（来源：赵旭 绘）

---

① 西藏古建筑，P82.
② 西藏自治区志-文物志，P358.

图3-2-33　布达拉宫与山体的关系（来源：白宁 摄）

从南立面看，布达拉宫墙体的砌筑从比较低矮的山腰开始，使布达拉宫底面积较为开阔，以便上部布置更多的房间，在外观上加大了建筑本身体量，改变宫体与山体在高度上的比例，看上去红山仅起到基座作用，宫体成为视觉主体，更宏大雄壮（图3-2-33）。

### 3. 建筑体现崇高地位

无论是早期的仅代表王权的宫殿建筑，还是后期为政教一体服务的宫寺合一的宫殿建筑，其建筑选址、造型、空间设计上，都体现了宫殿建筑以及王权的尊崇地位。从山下向上仰望布达拉宫，先给人以"天宫"之感；到进入宫门至宫城内，以仰视的大视角看有明显收分的高耸墙体，更加能意识到宫殿建筑的宏大体量（图3-2-34）；通过感染力很强的大台阶、厚重墙体下的大门，更加深了人们震撼和崇敬的情绪；直至进入宫殿大厅，巨柱、横梁、额枋、精雕细琢的装饰、壁画，使室内空间再次形成气氛渲染的高潮。

在空间序列上，布达拉宫使用了先小后大、先抑后扬、以小见大、明暗对比和夸张尺度等手法，以达到层次分明、逐步发展、反复加强的意境，充分体现了宫殿建筑的崇高地位。

图3-2-34　仰视布达拉宫收分明显的高墙（来源：白宁 摄）

### 4. 色彩浓烈，装饰壮丽

西藏宫殿建筑除了在形体塑造上突出其庄严、雄壮的气势，在装饰上也处处以色彩对比、重施彩绘、大红装金以及室内的精雕细琢体现高贵、华丽的效果。

例如布达拉宫，色彩丰富且具层次感。首先白色为整体建筑的基调，每座白色建筑上开设的采光窗以黑色窗套勾框，建筑檐部以赭红色边玛墙强调轮廓，重要建筑的墙面为红色或黄色，富丽堂皇，重点十分突出，而闪光的金顶、金饰则锦上添花。在蓝天白云之下，布达拉宫的白、红、黄、

图3-2-35　布达拉宫的色彩与装饰（来源：白宁 摄）

图3-2-36　萨迦南寺大殿顶上的装饰（来源：宁亚茹 摄）

黑的色彩构成了艳丽而庄重的效果，使布达拉宫更显得辉煌壮观（图3-2-35）。

宫殿建筑的镏金铜瓦屋顶和金轮、金鹿、金幢等各种屋顶装饰构件，构成了西藏建筑最华丽的部分（图3-2-36）。其中布达拉宫屋顶装饰更是璀璨华丽，有七座金光闪闪的汉式歇山顶铺镏金铜瓦，还有强烈装饰效果的巨大镏金金幢、宝瓶以及小一些的镏金佛八宝饰品，与柔软的黄色香布交相辉映，分层次地在红墙顶上闪烁。

## （三）宫殿建筑的构造与装饰特点

### 1. 墙体

藏式宫殿建筑一般形体方整、稳重，立面形象厚重、坚固，这种立面特点主要是建筑结构和墙体材料的特性所决定的。

宫殿建筑墙体一般以块石墙为主，另有版筑墙和土坯墙。块石墙和夯土墙都砌筑得厚重、坚固。在宫殿建筑中常见的块石墙石块叠压咬合，并用黏性泥浆填缝。墙体收分明显，墙体收分能够增强建筑物的稳定性，也可以减轻墙体上部的重量。宫殿建筑的墙体底部厚度一般都在1米以上，最厚的达到3~5米，墙体的砌筑和收分凭工匠的经验，一般每层石块收分1~2厘米，沿山体的墙体最多收分达到3厘米以上，墙体整体收分的比例一般为1/10~1/60。厚重的墙体也有利于防寒保温。坚固的墙体、狭小的门窗还有利于防御（图3-2-37）。

墙体外皮分别用白土、黄土、红土等加入树胶和不同的其他材料熬制的粉刷浆涂刷，高大不易涂刷的墙体采用泼倒粉刷浆的方式。土坯墙和夯土墙有的不做粉刷，有的把粉刷浆抹平，还有的徒手将泥浆或涂料抹成半圆形的图案，这种做法一方面可使墙面的雨水顺花纹流走，另一方面也起到墙面的装饰作用。

图3-2-37　布达拉宫厚重坚固的墙体（来源：白宁 摄）

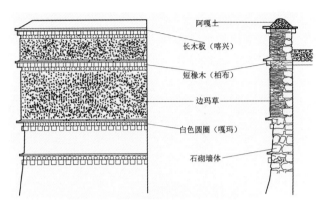

图3-2-38　边玛墙的构造做法示意图（来源：谢鸥 绘）

图3-2-39　雍布拉康的边玛墙（来源：白宁 摄）

图3-2-40　萨迦寺边玛墙上的经幢（来源：宁亚茹 摄）

隔墙一般用土坯砌筑。

## 2. 边玛墙

宫殿建筑的檐部采用边玛墙做法，它由西藏特有的"柽柳"制成，染成赭红色后，作为高大红墙最上端的重要元素出现。

"边玛"是生长在青藏高原的"柽柳"的藏语名称。将柽柳枝晒干去皮后切成30厘米左右长，用牛皮绳等捆扎成束，和石墙各占一半共同构成宫殿建筑、寺院建筑及贵族庄园主楼的女儿墙（图3-2-38）。边玛墙一般高度约1米至4米。赭红色的边玛墙既是西藏建筑特有的一种装饰，也是尊贵的建筑物的标志。允许使用这种檐口的建筑，只有宫殿、寺院和贵族庄园主楼（3-2-39）。

为了加强檐部的装饰效果，宫殿建筑的边玛檐部还会镶嵌铜质镏金的装饰物，如金法轮、宝瓶、宝伞、宝鱼、吉祥结、胜利幢、海螺、莲花等吉祥八宝图案，以及犀牛、大鹏、龙、狮、佛塔、卍字图案等。这些饰物与屋面上的金顶互为呼应，相映成趣。布达拉宫的白宫、红宫，萨迦寺的大殿女儿墙顶都能看到伫立着的镏金铜质金幢、绸布缝成的宝幢和牦牛绳编结的狮兽等（图3-2-40）。

### 3. 门窗

西藏高寒缺氧，昼夜温差大，夏天不热，因此在房屋建筑中，均采用厚墙小窗以利保温（图3-2-41），只有在特别显要的地方才做成大窗户或落地门窗。而转角窗的用法限制极其严格，只有宫殿中的重要建筑可用，如布达拉宫白宫顶层的东南角就有个转角窗，为东日光殿的窗户。宫殿建筑的门窗大多装饰较多。门窗上部均做二重椽或三重椽的挑檐，檐口用红、白、蓝等色的布帏制成"飞帘"，随风飘动，生动活泼（图3-2-42）。门脸门框都有较多的装饰，或彩绘或雕刻图案，外层门脸上雕刻的按照一定规律排列的小方格图案称为"堆经"，极具西藏建筑特色。门扇上大多涂上红色或黑色的油漆做保护，并在上面绘有花纹图案（图3-2-43、图3-2-44）。门窗两侧还有黑色的门窗套，形状为梯形，上小下大，是西藏建筑的重要特征之一。

图3-2-41　宫殿建筑中的厚墙小窗（来源：白宁 摄）

图3-2-42　布达拉宫的窗与飞帘（来源：白宁 摄）

图3-2-43　雍布拉康一层殿门（来源：白宁 摄）

图3-2-44　布达拉宫门的装饰（来源：白宁 摄）

### 4. 木构架

西藏大部分地区木材缺乏，加之山高路远运输困难，木料一般都被截成2～3米的短料。宫殿建筑也不例外，布达拉宫使用的木柱大多都在3米左右，柱径在0.2～0.5米。宫殿建筑的大殿、门厅等比较重要的空间，也有高大粗壮的长料木柱，如萨迦南寺拉康钦莫大殿有柱高6.6米，直径1～1.2米的四根大柱。有些殿堂、门厅用"亞"字形柱，这种柱的做法是使用几根木料拼接起一根较粗大的柱（图3-2-45）。这类柱子的断面形状还有圆形、方形、莲瓣形等。大殿中的木柱一般用镏金铜带作箍，并饰有各种花纹。各式柱子均有收分和卷刹，柱顶一般有坐斗，斗上置雀替、大弓木，梁置于雀替之上，梁上叠放数层梁枋木和出挑的椽头。布达拉宫的大殿中，刻画有莲花和凹凸齿形的枋木及其上逐层出挑的椽头最多有16层，且装饰精美。

藏式建筑木构架的装饰在室内装饰效果中至关重要，装饰方法主要为木雕、彩绘，追求堂皇、华丽的效果。梁的表面被划分成大小相等的长方格，格内填写梵文、经文或绘制花卉、鸟兽、佛像等图案。雀替的装饰更为考究。雀替分为两层，上层为长弓、下层为短弓，其形状精心雕刻，尤其是雀替长弓形状千姿百态（图3-2-46），再在表面用镂刻、着色的方法加以渲染，再绘以各种精细华丽的图案。木柱上也分别在柱头、柱身上加以雕刻或彩绘，柱带柱箍上更是以铜雕进行装饰，柱础也主要采用雕刻来装饰（图3-2-47）。

图3-2-46　布达拉宫雀替长弓的几种做法（来源：张晗 绘）

图3-2-45　布达拉宫入口处的"亞"字形柱（来源：白宁 摄）

图3-2-47　雍布拉康的木构装饰（来源：白宁 摄）

## 5. 屋顶

在宫殿建筑中，为突出重要的殿堂，常在其平屋顶上安装坡屋顶，上铺镏金铜瓦，一般简称金顶。金顶是宫殿建筑中亮眼的一笔，以歇山顶、庑殿顶、宝轮等丰富多样的形态，装点了赭红色的边玛草墙，改变了宫殿建筑的天际线，在阳光下如加冕的皇冠熠熠生辉。布达拉宫顶层有七座汉式歇山顶铺镏金铜瓦的金顶，形成金顶群（图3-2-48），屋顶装饰璀璨华丽。金色从屋顶流淌到墙身，既有具强烈装饰效果的巨大镏金宝瓶、经幢和经幡，也有小一些的镏金佛八宝饰品或梵文经文。金顶屋架的构造制作并未严格按照汉式做法。屋顶构架为木梁柱，柱高一米左右，也有采用井干式做法，即以矩形木枋，层层垒叠，构成金顶的基座，柱或基座上承斗栱，出挑飞檐，斗栱基本仿照清代斗栱形式，但构造做法已地方化，十分烦琐华丽。斗栱后尾为枋木，一般不装饰加工（图3-2-49）。

## 6. 装饰色彩及做法

西藏的宫殿建筑在外部色彩处理上，一般追求富丽堂皇、尊崇、庄严的效果。不同地区的宫殿建筑的用色上略有不同，多数以红、白二色为主，色彩对比十分强烈。布达拉宫白宫以白色调为主，红宫以赭红色为主，红宫与白宫之间几栋小体量的建筑施以中铬黄色（图3-2-50）。从建筑的整体效果来看，大片白墙面为布达拉宫色彩基调，上中部墙体及檐口部分为红色，顶部为金黄色，布达拉宫的白、红、黄的色彩构成了艳丽而庄重的色彩效果。雍布拉康色彩也是以红、白、黄为

图3-2-49　布达拉宫金顶斗栱（来源：蒙乃庆 摄）

图3-2-48　布达拉宫金顶群（来源：丹增康卓 摄）

主，灰色的石阶，白色的墙体，红色的檐口，黄色的四角攒尖
金顶，在扎西次日山上显得壮观、漂亮。

　　西藏建筑色彩的原料都是取之于本地，白墙采用当地
的一种白色石灰粉做涂料，掺入牛奶、蜂蜜、白糖和少量
青稞面粉调和后进行粉刷。一种工艺是将整个墙体涂刷成
白色，另一种工艺是采用泼倒涂料的方式将高大不易涂刷
的墙体泼洒成白色，粗犷豪放。宫殿建筑中的红色强调了
建筑群的中心，是建筑色彩的高潮，这种红不是鲜艳的
红，而是一种深沉细腻的赭红色，红色墙体的材料与做法
与白墙类似，粉刷的红粉里还要加入红糖、药散和一种用
树皮熬成的汁。在高原强烈的阳光下，这样炽烈的色彩让
人过目难忘。宫殿中的黄色与红色用法相当，但除了运用
于重要建筑外墙的色彩外，黄色的金顶也是宫殿建筑色彩
中最亮眼的部分。

　　黑色在西藏文化里象征着护法神，因此这一色彩主要被
用在建筑的主要出入口如门窗部位，最典型的就是门窗上的
梯形抱框装饰。宫殿房间的天花板大都以冷色调为主，根据
功能不同涂刷为群青色或者草绿色或天蓝色。室内地面由阿
嘎土夯筑而成，黑色的地面上，嵌着鲜艳的珊瑚、青金石。
室外各处刺目耀眼、张扬肆意，殿内则古老斑驳、半明半
暗。宫殿建筑的装饰色彩虽然华丽但并不混乱，以红白黄黑
蓝绿几种颜色为主，按照一定的章法，演绎出了拉萨宫殿建
筑的绚丽。

## 小结

　　宫殿是西藏各历史时期中央最高领导阶层的办公及居住
建筑，是西藏传统建筑重要的组成部分。西藏宫殿建筑具有
极其鲜明的宗教特征，这也是西藏宫殿建筑与其他地区宫殿
建筑的显著区别。从西藏历史上第一座宫殿建筑——雍布拉
康，到集大成的宏大建筑群布达拉宫，西藏宫殿建筑多依山
而建，一般规模宏大、错落有致、墙体收分、形体方整、坚
固庄严、雄伟壮丽、装饰精美、建造技艺高超，集中代表了
西藏传统建筑的最高成就。

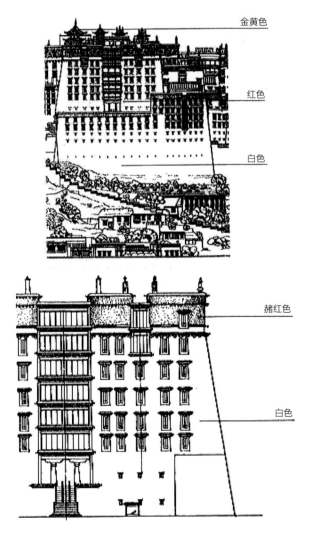

图3-2-50　布达拉宫的色彩搭配（来源：中国国家地理、西藏传统建筑
导则）

## 第三节　宗堡

### 一、宗堡的形成与演变

#### （一）宗堡的定义

宗堡是元末明初西藏社会发生重大变革时期出现的一种功能性建筑类型，属于西藏官式建筑。宗堡来源于"宗"（rdzong）的设置，"宗"相当于西藏县级地方政府管理机构，其作为西藏基层行政单位最早出现在元朝。宗政府所在地被称为"宗堡"，大多建在山顶或者制高点上。宗堡一般由一组功能齐全的建筑群组成，包括宗本和其他公务人员的办公和居住建筑、监狱等附属建筑，以及宗教建筑、作为防御工事的围墙和碉堡（图3-3-1）。[①] 一些宗堡在选址、形制和布局方面与西藏宫殿建筑有一定相似之处，但作为地方行政管理机构，宗堡在建筑规模、使用功能、建筑形制上仍具有独特性。

据《西藏自治区概况》载："解放初期，西藏共有一百四十七个宗（相当于内地的县）和相当于宗的'谿'，人口约一百万……"。其中较为著名的宗有日喀则的桑珠孜宗（图3-3-2）、曲松的曲松宗、江孜的江孜宗、琼结的琼结宗、定结的定结宗（图3-3-3）、昂仁的昂仁宗、扎囊的白玛宗、亚东的帕里宗等。[②]

现今西藏的宗堡遗址共有68处，其中拉萨地区10处，日喀则13处，山南地区35处，林芝地区5处，那曲地区1处，昌都地区2处，阿里地区2处（表3-3-1）。

图3-3-1　阿里日土宗遗址（来源：郭嘉甫 绘）

① 徐宗威. 西藏古建筑[M]. 北京：中国建筑工业出版社，2015：163.
② 杨嘉铭. 西藏建筑的历史文化[M]. 西宁：青海人民出版社，2003：156.

图3-3-2　桑珠孜宗原貌（来源：杜雨辰 绘）

图3-3-3　定结宗堡建筑（来源：冯舒娴 绘）

西藏宗堡建筑及遗存　　　　　　　　　　　　　　　表 3-3-1

| 序号 | 名称 | 建造年代 | 地址 | 现存状况 | 说明 |
|---|---|---|---|---|---|
| 拉萨地区 10 处 | | | | | |
| 1 | 达孜宗遗址 | 明 | 拉萨市达孜县雪乡达孜村北约 300 米 | 遗址 | |
| 2 | 查噶尔宗遗址 | 明 | 拉萨市达孜县德庆镇查嘎尔山山顶 | 遗址 | |
| 3 | 林周宗遗址 | 明 | 拉萨市林周县甘丹曲果镇北 | 遗址 | |
| 4 | 麻江宗遗址 | 清 | 拉萨市尼木县麻江乡驻地 | 遗址 | |
| 5 | 甘丹宗遗址 | 清 | 拉萨市尼木县吞巴乡吞普村东 1 公里 | 遗址 | |
| 6 | 曲水宗遗址 | 年代不详 | 拉萨市曲水县曲水镇雪村 | 遗址 | |
| 7 | 当雄宗遗址 | | 拉萨市当雄县，距县城 30 公里处 | 遗址 | |
| 8 | 旁多宗遗址 | | 拉萨市林周县旁多乡旁多村 | 遗址 | |
| 9 | 东嘎宗遗址 | | 拉萨市堆隆德庆县东嘎镇 | 少量墙基遗址 | |
| 10 | 内邬宗遗址 | 元末明初 | 拉萨市 | 已毁 | 20 世纪拆毁 |
| 日喀则地区 13 处 | | | | | |
| 11 | 桑珠孜宗遗址 | 元 | 日喀则市区北 800 米 | 现已修复改建 | |
| 12 | 江孜宗遗址 | | 日喀则地区江孜县江孜镇 | 已复建 | 国家级文物保护单位 |
| 13 | 切噶尔宗遗址 | 清 | 日喀则地区定日县切噶尔镇北侧 | 遗址 | 县级文物保护单位 |
| 14 | 拉孜宗遗址 | 元 | 日喀则地区拉孜县曲下镇南 | 20 世纪 60 年代被拆毁 | |
| 15 | 白朗宗遗址 | 明 | 日喀则地区白朗县嘎东镇白学村 | 20 世纪 60 年代被拆毁 | 帕竹时期的十三宗之一 |
| 16 | 杜琼宗遗址 | 清 | 日喀则地区白朗县杜琼乡杜琼村 | 20 世纪 70 年代被毁 | |
| 17 | 仁布宗遗址 | 明 | 日喀则地区仁布县德吉林镇 | 20 世纪 60 年代被毁 | |
| 18 | 定结宗遗址 | 清 | 日喀则地区定结县定结乡定结村 | 遗址 | 省（自治区）级文物保护单位 |
| 19 | 帕里宗遗址 | 明一清 | 日喀则地区亚东县帕里镇 | | 1903 年毁于抗英战火 |
| 20 | 昂仁宗遗址 | | 日喀则地区昂仁县县城东南的一座山头 | 遗址保存差 | |
| 21 | 加克西宗遗址 | | 日喀则地区江孜县加克西乡夏吾村北 150 米处的加玉山半山腰处 | 遗址整体建筑为石构建筑，现仅存墙基 | 该遗址以往未著录或公布 |
| 22 | 拉吾宗遗址 | | 日喀则地区南木林县热当乡波多村东南约 400 米的白丹孜姆山顶部 | 保存状况差，毁于 1959 年，遗址北、东、西三面墙体坍塌 | 该遗址以往未著录或公布 |
| 23 | 卡卡宗遗址 | | 日喀则地区江孜县卡堆乡务年村北侧约 200 米 | 遗址保存差 | 该遗址以往未著录或公布 |
| 山南地区 35 处 | | | | | |
| 24 | 白玛宗遗址 | 明 | 山南地区扎囊县阿扎乡驻地北 | | 首任宗本为"白玛"（女） |

续表

| 序号 | 名称 | 建造年代 | 地址 | 现存状况 | 说明 |
|---|---|---|---|---|---|
| 25 | 三兄宗遗址 | 明 | 山南地区扎囊县吉汝乡德来林村西 | | 传说该宗由三兄弟共同统辖而得名 |
| 26 | 朗赛宗遗址 | | 山南地区扎囊县扎其乡赛岭村委会南约2.5公里 | | |
| 27 | 加查宗 | 元 | 山南地区加查县加查镇象嘎村 | | 帕木竹巴时期较为有名的宗建筑，是拉加里王管辖区域 |
| 28 | 桑日宗宗府遗址 | 元一清 | 山南地区桑日县桑日镇东侧 | | 既是宗府也是家族庄园 |
| 29 | 卡达宗宗府遗址 | 明 | 山南地区桑口县白堆乡啦龙村东 | | 遗址面积 2800 平方米 |
| 30 | 恰嘎宗宗府遗址 | 明一清 | 山南地区桑日县绒乡巴朗村委会东部400 米 | | 早期为恰嘎谿卡，明时更改为恰嘎宗 |
| 31 | 沃卡宗宗本宅邸 | 元 | 山南地区桑日县增朗乡雪巴村 | 遗址 | |
| 32 | 恰嘎宗宗本宅邸 | 清 | 山南地区桑日县绒乡巴朗村 | | 恰嘎宗后任宗本府邸及办公之所 |
| 33 | 琼结宗东府遗址 | 清 | 山南地区琼结县琼结镇雪村西侧青瓦达孜山上 | 遗址 | |
| 34 | 宗孜宗遗址 | 元 | 山南地区曲松县曲松镇吉果村东 | | 遗址面积约 2000 平方米 |
| 35 | 当巴宗宗府遗址 | 元 | 山南地区措美县乃西乡当巴村村委会西面 | | 建于元代十三万户时期，取水道遗址仍存 |
| 36 | 达玛宗遗址 | 元 | 山南地区措美县乃西乡达玛村 | | 帕木竹巴政权时期西藏修建的十三宗之一 |
| 37 | 切卡宗遗址 | | 山南地区措美县措美镇玉美村西面 600余米山坡 | 遗址 | |
| 38 | 罗布琼宗遗址 | | 山南地区错那县觉拉村村委会东罗布琼宗堡坡上 | 遗址 | |
| 39 | 博沃日宗遗址 | | 山南地区错那县曲卓木乡曲卓木村西约6 公里博沃日山上 | 遗址 | |
| 40 | 洞嘎宗遗址 | | 山南地区错那县曲卓木乡洞嘎村南 | 仅存墙基 | |
| 41 | 多宗宗府遗址 | 明 | 山南地区洛扎县洛扎镇东南 | | 石头城堡之意 |
| 42 | 杰顿孜宗宗府遗址 | 明 | 山南地区洛扎县边巴乡杰麦自然村西南约 3 公里处 | 现仅存石砌墙基 | |
| 43 | 达玛宗遗址 | 清 | 山南地区洛扎县扎日乡 | 遗址 | |
| 44 | 生格宗遗址 | 清 | 山南地区洛扎县生格乡仲村西约 1 公里 | 遗址 | |
| 45 | 曲杰拉亚宗遗址 | 清 | 山南地区洛扎县日乡乃村北洛扎雄曲河北岸玛巴日山 | | |
| 46 | 乃东宗遗址 | | 山南地区乃东县泽当镇 | 遗址只有地基 | |
| 47 | 贡嘎宗遗址 | 元 | 山南地区贡嘎县雪乡雪村 | 遗址较丰富 | |

续表

| 序号 | 名称 | 建造年代 | 地址 | 现存状况 | 说明 |
|---|---|---|---|---|---|
| 48 | 果宗遗址 | | 山南地区贡嘎县东拉乡果曲村村委会南约 1 公里 | | |
| 49 | 玉曲宗遗址 | | 山南地区贡嘎县玉曲村村委会东南侧约 1000 米处山坡上 | | |
| 50 | 赞多宗遗址 | | 贡嘎县江塘镇娘索村西 150 米宗娘山 | | |
| 51 | 杰德秀宗遗址 | | 贡嘎县杰德秀镇杰德秀居委会驻地南侧山坡上 | | |
| 52 | 浪卡子宗遗址 | 元 | 山南地区浪卡子县浪卡子镇 | 遗址有石砌墙，历史丰富 | |
| 53 | 卡热宗遗址 | | 山南地区浪卡子县卡热乡政府西侧山上 | 遗址规模较大，毁坏严重 | 该遗址以往未著录或公布 |
| 54 | 门嘎宗遗址 | 元 | 山南地区浪卡子县阿扎乡念巴村宗日山（浪卡子宗的前身） | | |
| 55 | 林宗遗址 | | 山南地区浪卡子县达隆镇岭村委会以北 | | |
| 56 | 德斯林宗遗址 | | 山南地区浪卡子县多却乡柔扎村北 | | |
| 57 | 城真宗遗址 | | 山南地区浪卡子县浪卡子镇城真村 | | |
| 58 | 夏布宗遗址 | | 山南地区浪卡子县卡龙乡学庆村北 2 公里 | | |
| 林芝地区 5 处 | | | | | |
| 59 | 则拉岗宗宗府遗址 | 清 | 林芝地区林芝县布久乡则拉岗村 | | |
| 60 | 德木宗宗府遗址 | 清 | 林芝地区林芝县米瑞乡德木村北 | 遗址 | |
| 61 | 觉木宗宗府遗址 | 清 | 林芝地区林芝县八一镇足木村西 | 遗址 | |
| 62 | 太昭故城遗址 | 清 | 林芝地区工布江达县江达乡驻地 | 遗址 | 清末设太昭宗，县级文物保护单位 |
| 63 | 洞嘎宗宗府旧址 | 民国 | 林芝地区朗县洞嘎镇西 150 米 | | 20 世纪六七十年代拆除 |
| 那曲地区 1 处 | | | | | |
| 64 | 琼宗遗址 | 吐蕃部落时期 | 那曲地区玛尼县文部乡二村东 10 公里 | 遗址 | |
| 昌都地区 2 处 | | | | | |
| 65 | 森格宗宗府遗址 | 元 | 昌都地区昌都县卡诺镇生格村南 | 遗址 | |
| 66 | 洛隆宗宗府遗址 | 清 | 昌都地区洛隆县康沙镇东 150 米 | 遗址 | |
| 阿里地区 2 处 | | | | | |
| 67 | 日土宗宗府遗址 | 元 | 阿里地区日土乡政府所在地 | 遗址 | |
| 68 | 普兰宗遗址 | | 阿里地区普兰县夏格巴林（普兰达喀城堡） | 遗址 | |

## （二）宗堡的形成源于西藏特有的自然环境和社会历史

元末明初，西藏社会发生重大变革，帕木竹巴政权取代了萨迦政权，在西藏建立起新的政教合一地方政权。为了加强对当地军事和政治的控制，帕木竹巴政权在原来万户侯的基础上，于卫藏的重要位置建立了13个行政单位，称其为"宗"，成为地方权力机构，其后逐步在各地兴建了专供宗本管理行政事务的宗堡。随着长期的经验积累，宗堡的营造技术日益成熟，并伴随着其重要的政治功能，逐渐成为近代以前的藏区具有代表性的建筑类型（图3-3-4）。

### 1. 顺应自然环境的产物

宗堡适应了整个喜马拉雅地区的自然特征，它的特点和内涵产生于实际的需要、建筑材料的限制和恶劣的自然环境。西藏自然地势险要，各地长期各自为政，易守难攻，聚落之间的联系不多，因此形成封闭的防御性建筑，即宗堡的雏形。恶劣的气候及地质条件，形成了以石材建筑为主的早期构筑技术。有考古研究表明，距今大概5000多年的西藏昌都卡若遗址中已有碉房建筑的原型。此外，对于西藏早期与山地地形结合的碉堡式建筑原型的记录见著于大量史料中。因此有学者认为，西藏的宗堡源于本地建筑历史上存在的碉楼建筑。

### 2. 发展封建领土制经济形态的需要

宗堡的发展除了自然因素之外，也有其深厚的社会历史背景。西藏在历史上长期处于分封割据状态之下，加之战争使位于高山上的城堡式防御建筑有了生存土壤。众多的考古资料表明，西藏高原上早在新石器时代就已有了定居农耕的原始民族，古代先民由于生产力的发展、氏族组织松弛与解体，出现了以地缘划分的部落群体组织，后来部落又形成了小邦。这种小邦有各自堡寨，由一个王和家臣统治一个家族。当时各部落各自为政，互不统属，互相格杀，胜者为王，败者被收为编氓。不断的战争、摩擦、互相掠夺人口与财物，使位于高山上的城堡式防御建筑的出现成为必然。

图3-3-4　江孜宗（来源：王军 摄）

图3-3-5　杰顿珠宗（来源：舒晨校 绘）

### 3. 适应西藏当时政治体制的要求与需要

功能、形制与政治制度的结合，最终使宗堡变成了西藏行政基层单位的主要建筑形式。虽然城堡作为建筑名称出现最早是在吐蕃王朝时期，但它在当时仅仅是指一种有别于普通民居的特殊建筑，直到帕竹政权时期，"宗"才作为西藏地方行政组织基本的单位名称出现，相当于内地的县。清代的《西藏志》第一次用"官署"来称呼宗堡，并将其解释为："傍山碉堡，乃其头目碟巴据险守隘之所，俱是官署。"《大清一统志（西藏）》中记载："凡有官舍民居之处，于山上造楼居，依山为堑，即谓之城。"这里的"城"，就是我们所说的宗堡。元明时期称为"宗"，到了清朝时期称之为"营"。这说明宗堡在元代正式成为行政基层单位后，在明清又有了较大的发展（图3-3-5）。

### （三）宗堡的形成

吐蕃王朝统一前，西藏境内"各个小邦境内，遍布一个个堡寨"。吐蕃王朝时期到处是"宫堡"、"城堡"、"堡寨"等建设，赞普在一个个宫、苑、园内进行政治活动及下属会盟。吐蕃时期把这些服从赞普法令、拥护统一，并承担税法的地区称为"采邑境界（地方势力范围）"，分成共18个势力范围圈，又分成了61个"东岱"。"东岱"即豪奴千户，是当时用来保卫领土的军队机构。这些部落首领们为保卫其封土，在傍依山腹，形势险要之地建立宗寨。这些"东岱"即为宗堡的雏形，但互不统属，各自为政。

9世纪吐蕃王朝崩溃，除了阿里等部分地区，整个卫藏地区没有统一的法度和政权，各地方的赞普后裔或贵族的后代逐渐成为大大小小的地方首领，凭借自己的力量或者群众的拥护，掌管着一些部落或村庄。在这种情形下，出现一些将宗教首领和地方官员的职能结合起来的类似于行政机构的组织，即地方首领的官寨。这一时期地方首领与宗教力量即寺院之间的联系非常紧密，为宗堡制度的成型奠定了基础。

西藏于元代正式纳入祖国版图后，中央派员来藏清查户口，将西藏划分为十三万户，以萨迦为十三万户之首，以教派和家族来统领地区。后来噶举派中的帕木竹巴，即十三万户侯之一，打败了萨迦，建立了帕木竹巴政权，成为西藏新的统治者。

大司徒绛曲坚赞废除了萨迦时期的万户制度，在卫藏比较重要的位置上陆续建立起13个大宗，如贡嘎、扎嘎、勒乌、桑珠孜等，推广了帕木竹巴地方原来的庄园制度。最早建立的"宗堡"应该是仁蚌宗（今仁布县境内），位于日喀则东部的雅鲁藏布江峡谷地带，战略位置十分重要。该宗始建于1352年，即帕木竹巴地方政府执政的前2年，是绛曲坚赞在曲弥驻兵留守的大本营。帕竹政权在各要道依山筑碉堡或沿用原有建筑建立宗堡，派军驻守。

在绛曲坚赞时代，宗本由绛曲坚赞亲自任命，专门委任其忠诚的部下担任宗本（相当于县级行政长官），两年一任，每年考察各宗政绩。宗堡制度最大的益处就是宗本定时更换，避免了万户制度下世代相袭的弊端，消除了因家族势力过度膨胀而容易形成的不稳定局面，大大稳固了帕竹政权的根基。从此宗堡不再仅仅是一种建筑形态，而是和西藏行政统治制度紧密结合在一起的地方政权的官署建筑。

清朝时期，西藏社会沿用了明朝帕竹政权确立的宗、谿卡制度。随着统治范围的扩大，宗一级机构不断增多。宗正式成为地方行政县的代名词。五世达赖喇嘛成为西藏地方政教领袖以后，为加强其统治，在前后藏设立了53个宗。为了防止宗本制度的日益世袭化、地方化，1679年，桑结措嘉主持的西藏政府进一步削弱地方割据力量，"推行宗本流官制度"，使卫藏一些势力强大的大封建领主离开属地，居住拉萨担任官吏职务，从而集权于拉萨政府，削弱了封建割据的社会基础。

至中华人民共和国成立前夕，西藏共有147个宗以及相当于宗级的谿卡，作为地方行政管理机构行使权力。

## 二、宗堡的选址与布局

### （一）选址于城市中的重要位置

宗堡作为地方政府的行政管理部门，大多依山傍水，位于交通要道和地势险要的山顶高处，建筑形式采用传统的易守难攻的堡垒形式。其建造地理位置大约有以下三种：一是在要道旁，占据大山山头，面向河谷盆地，大多数宗堡的选址以此为特征，如江孜宗（图3-3-6）、日喀则、阿里日土宗（图3-3-7）、多宗、拉孜宗等宗堡；其次是位于河谷地区的宗堡，依山面水，占据山势不太高的小山，以控制山脚的交通要道，如达孜宗、曲水宗（图3-3-8）、贡嘎宗、恰嘎宗、沃卡宗、浪卡子宗等宗堡；第三种是牧区平原上的宗堡，在草原上建造，如拉萨地区的当雄宗。

吐蕃时期，封建领主开始建立宗寨，其属地的农牧民围绕宗寨居住，形成一个个小部落。这些部落通常选址在地势平坦的地方，宗寨则通常位于关口险地，据险而守，保卫着它的子民。从这时候开始，宗就处于部落的中心位置。到了明朝时期，十三大宗的建立更加强了宗的地位。《西藏王臣记》记载："于卫部地区，关隘之处，建立十三大寨，即贡嘎、扎嘎、内邬、沃喀、达孜、桑珠孜、伦珠孜、仁邦等等是也。"十三大宗所在地都是重要地段，承担着卫藏地区的安全防卫功能。到清朝，中央政府专门设置大营、中营、小营和边营，管理藏区各部。这些营均有防御性质，其中以边营最为明显，它驻在西藏边境，抵制邻邦的入侵，负责整个西藏的安全。现在大多数宗堡已经损毁，但是从仅存的几个宗堡以及其他宗堡的遗址中还是可以看出，这些建筑具有明显的瞭望防御风格。而我们所知的17世纪重建的布达拉宫，既是达赖的驻锡之地，也是"政教合一"的权力中心，从某种意义上，布达拉宫就是西藏规模最大的"宗"。

对于宗堡选址于山上的原因，也有学者认为是受宗教文化的影响。苯教是佛教传入以前西藏地方较古老的本土宗

图3-3-6　从广场远眺江孜宗（来源：王军 摄）

图3-3-7　阿里日土宗遗址（来源：李玉洁 绘）

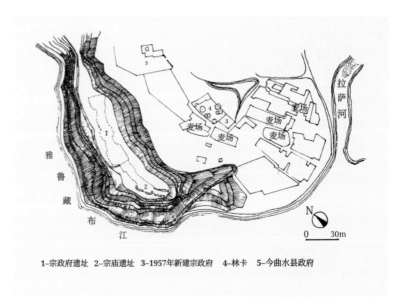

1-宗政府遗址 2-宗庙遗址 3-1957年新建宗政府 4-林卡 5-今曲水县政府

图3-3-8　曲水宗平面图（来源：根据《西藏传统建筑导则》，张蓉蓉 绘）

教，反映了高原先人对宇宙自然的最初认识。苯教对西藏地方文化影响巨大，苯教崇拜自然界的日、月、星辰和大山河流，相信天界的存在，相信非凡的人物来自天界，最后能返回天界，位于天地之间高耸入云的大山，则是天与地的接合处，连接着天上人间。因此苯教十分崇拜大山，对崇山峻岭的崇拜，使藏区早期的重要建筑许多都建于山上，如西藏早期宫殿建筑雍布拉康、山南的拉加里宫、拉萨的布达拉宫及阿里的古格王宫等，割据时代的统治者也将自己的建筑修在

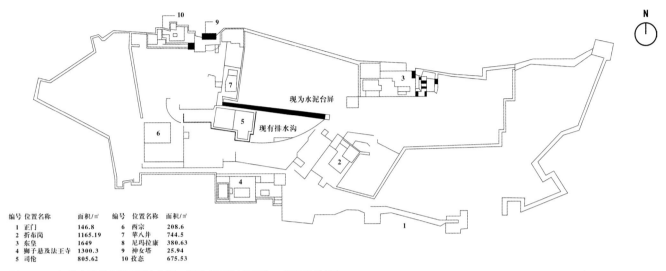

图3-3-9 江孜宗现状总平面图（来源：根据《西藏古建筑》，徐匡泓 绘制）

| 编号 | 位置名称 | 面积/㎡ | 编号 | 位置名称 | 面积/㎡ |
|---|---|---|---|---|---|
| 1 | 正门 | 146.8 | 6 | 西宗 | 208.6 |
| 2 | 折布岗 | 1165.19 | 7 | 莘八井 | 744.5 |
| 3 | 东皇 | 1649 | 8 | 尼玛拉康 | 380.63 |
| 4 | 狮子悬及法王寺 | 1300.3 | 9 | 神女塔 | 25.94 |
| 5 | 司伦 | 805.62 | 10 | 孜态 | 675.53 |

山上。因此，依山而建的宗堡选址也来源于藏民族早期的宗教思想影响。

## （二）布局自由，随山就势发展

西藏宗堡布局自由，各宗堡的上山入口似乎都不明显，大多没有像汉地宫殿或衙署那样有明确的轴线布局并按规整的轴线发展对称布局，建筑自由地随山就势发展，如同在山顶上自由生长出来一样。这种自由的布局一方面是由于宗堡依山而建，沿山体发展空间，受自然地形影响大；其次是由于宗堡多数是经过数十年，甚至数百年不断发展、扩建而成，才形成最后的面貌，而不是经过最初的精心规划设计而成。如江孜宗最初建筑实体因地制宜，随山就势，其折布岗部据说建于1950年，是江孜宗堡中最年轻的部分。法王殿堂部与它北侧相邻的司伦部分是江孜宗堡中现存最古老的建筑，其历史可以追溯到公元964年。可见其建筑绵延数百年依次修建（图3-3-9）。

## （三）由行政建筑、宗教性建筑和民居建筑组成

宗堡群在布局上通常由三部分组成，位于山上的行政建筑、宗教性建筑，以及山下的民居建筑。如山南贡嘎县的贡噶宗，山头上的行政建筑，邻近山头上的谢珠林寺和山下

的居民区共同组成了宗堡群（图3-3-10）。达孜县雪乡达孜村的达孜宗，位于海拔约3800米的山上，遗址面对拉萨河，依山而建。寺院在邻近的山头，民居在山下河谷平原展开（图3-3-11）。山南琼结县琼结宗是由行政建筑、居民区和寺院三部分组成，宗堡位于山脉东端向南突出的半岛形山体，相对低矮的山顶上建有一组5层高的大堡垒，北面偏东缓坡上是日乌德钦寺，中间有碉楼群沿山脊分布（图3-3-12），宗堡西面的广阔平地即居民区。日喀则地区江孜宗同样由行政建筑、白居寺、民居组成（图3-3-13）。

宗教性建筑一般为山上建筑内所包含的宗教建筑。在甘丹颇章政权之后，因为实行了一僧一俗的官僚体系，宗本多由僧官和俗官共同担任。宗堡主体建筑中会设有僧官所使用的空间。如定结宗堡主体建筑分为前后两院，僧俗功能分区清晰，前院为世俗生活区域，为俗官办公区；后院为僧官用房，佛殿也置于二层的后部。此外，在宗堡的周围，一般会设立一个或多个寺院，供所辖属民参拜。这些寺院有时设在宗堡附近的另一山头，与宗堡遥遥相对，其间有防卫墙和道路相连，可以互为奥援。有的寺院设在居民区内，或在宗堡下的半山上。有的宗隶属于附近的大寺院。如当雄宗隶属于色拉寺，色拉寺定期选派喇嘛任宗本进行管理；还有些地方辖地过小或者属民不多，没有必要单独设置宗政府办公场

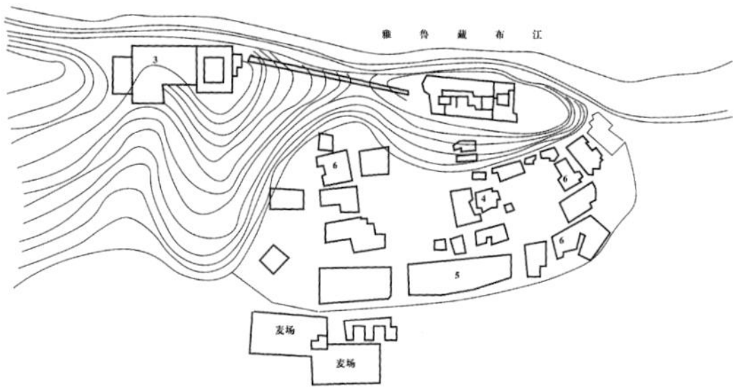

图3-3-10 贡噶宗宗堡、寺院、民居布置示意图（来源：根据《西藏古建筑》，徐匡泓 绘制）

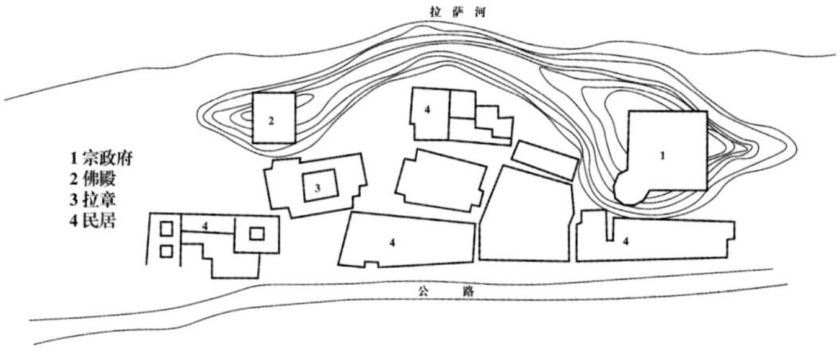


图3-3-11 达孜宗宗堡、寺院、民居布置示意图（来源：根据《西藏古建筑》，徐匡泓 绘制）

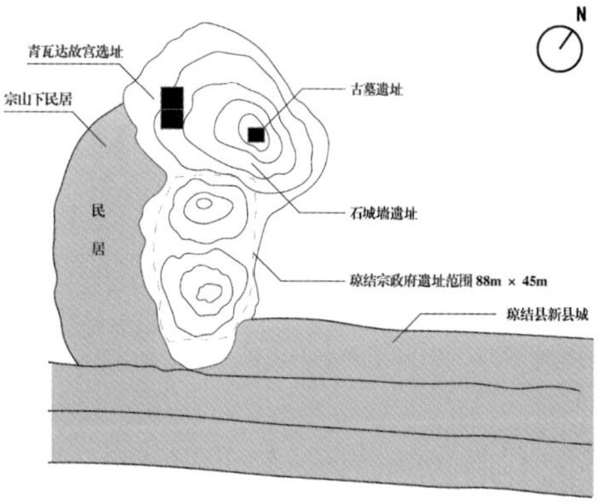


图3-3-12 琼结宗宗堡、寺院、民居布置示意图（来源：根据《西藏古建筑》，徐匡泓 绘制）

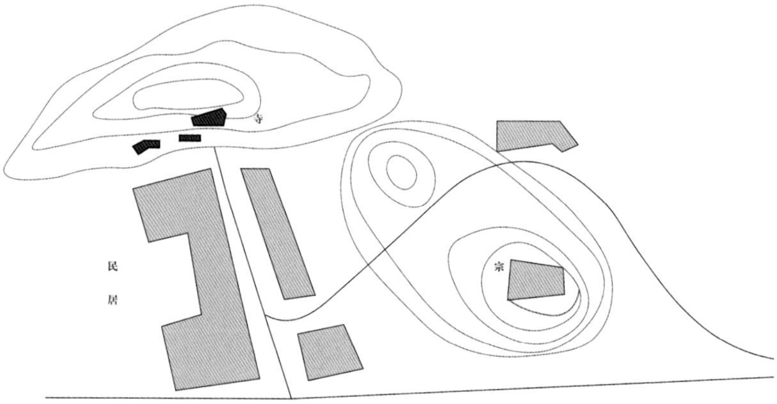


图3-3-13 江孜宗宗堡、寺院、民居布置示意图（来源：根据《西藏古建筑》，徐匡泓 绘制）

所，就将宗政府和寺院合二为一，寺院就是宗政府所在。

宗堡附属的居民区通常在宗堡的前面或围绕宗堡布置，视居民区的大小或当地地形、道路情形而定。藏语称居民区为“雪”，意为“下面”。较大宗的居民区内，除一般平民住宅、晒场、林卡、贵族庄园之外，还有寺院、茶馆等公共建筑，有的宗本府邸位于山下的居民村中，便于收税、管理，达孜宗的宗本府邸即驻于宗堡下的民居群中，贡嘎宗的宗本府邸也位于下面的雪村中。个别“雪”的周围还有城墙、壕沟等防御设施，宗堡上有道路与山下居民区之间的道路相连，居民区与境外道路相通。主要道路旁一般有沟渠，有的道旁渠边还栽有树木。遇有战事，居民即上山进入宗堡内防守。①

## 三、宗堡的功能

### （一）县一级行政机构

宗是西藏地方政权下的一级管理机构，因此其建筑首先具有的是行政功能。清代以来，西藏的宗主要作为县一级行政机构，其主要职能不仅是管理其所属的庄园，发挥着上传下达、收税执法的地方政府作用，也深入藏族平民的生活中，在藏区各地发挥着重要的作用。因此，在宗堡群中，各种政府职能体现在它的功能中，如下辖15个豁卡的琼结宗宗政府主要分为永新康、康尼、宗府和监狱四部分，收税、执法、宗教活动、审判都包括在其中。宗府楼等中心建筑群是宗堡重要的组成部分。宗本及其下属官员、士兵、奴隶等都

① 徐宗威. 西藏古建筑[M]. 北京：中国建筑工业出版社，2015，171.

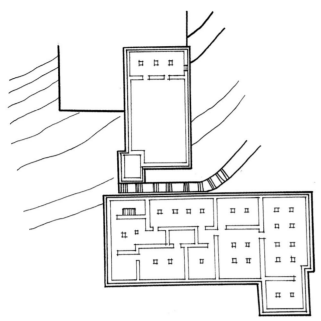

图3-3-14　江孜宗法王殿三层平面（来源：根据《西藏古建筑》，郭嘉甫 绘制）

住在宗堡中，其主体建筑不仅包括居住用房，也包括各种行政功能的用房，用于办公、收税、存放档案，或用作库房和仓库、马厩等。

### （二）宗教功能

宗堡具有一定的宗教功能（图3-3-14）。宗最早即是地方首领和宗教首领的职能结合的行政组织，宗堡通过其宗教职能教化民众、管理地方。一些宗堡的内部设有僧、俗两位宗本，江孜宗也同样如此，东西两座建筑分为僧官、俗官分别使用。在宗堡内一般会设有经堂、神殿等寺院功能用房，供僧宗本拜佛修行。如江孜宗堡，在僧宗本住房的前方设立了一个经堂，在经堂前面，还设有法王殿。日喀则的桑珠孜宗也设有经堂和佛堂。这些佛教建筑一般装饰华丽，在墙壁、梁柱上绘有精美的壁画，并悬挂着珍贵的唐卡，表示对佛的尊敬和虔诚之心。

### （三）防御功能

宗堡群的主体形态体现了其防御功能。宗堡众多，城垣重叠，明碉暗堡遍布，暗道纵横，形成了一个严密的防御系统。在建筑之间，有着很多相互穿插的通道。这些通道往往非常狭窄，有的地方仅容一人通过，可谓一夫当关，万夫莫开。江孜宗主体建筑依山而建，通道多为连接高低不一的建筑，所以很多通道迂回曲折、非常陡峻。有的地方的通道长度甚至超过600米长。这在很大程度上加强了宗堡的防御功能，不熟悉地形的外来人往往会身陷其中，不知所措。

宗堡也作为监狱收押罪犯及押解拉萨途经此地的重犯，此外由于宗堡的防御性，在重大战争中，宗堡自然承担了保卫地方、指挥作战的作用。

清至民国以来，宗政府在附近兴建学校，使宗堡也成为地方教育中心，如1905年清朝政府曾在当雄宗政府设立学校。

## 四、宗堡的规模及平面类型

### （一）宗堡的规模

"宗"作为行政区划，也有不同的等级，清代就把"宗"分为一、二、三等。因此，在建筑规模上，宗堡与它所在的行政等级是相符的。例如，清代在山南地区有23个宗，噶厦政府把它们分为三个等级：一等宗6个，二等宗12个，三等宗5个。从现存的宗堡遗址来看，其中一等宗（乃东宗、琼结宗、多宗、贡嘎宗、宗孜宗）的遗址面积均超过了2000平方米，而现存的二等宗（达玛宗）及三等宗（桑日宗）的遗址面积大约只有1000多平方米，且遗址中的单体建筑规模与建筑组群数量明显不如一等宗。

### （二）宗堡的布局特征

宗堡作为西藏各行政区划的政治中心，其平面组合在不同地区有着鲜明的差异性。一些宗堡依据山头上天然平台的地形，形成自由的不规则建筑布局，如贡嘎宗（图3-3-15）。而有一些宗堡，则以前后左右对称的藏式平顶碉楼形成合院形平面。根据宗堡建筑群的布局特征，可以分为顺应地形型、对称合院型以及碉楼中心型。

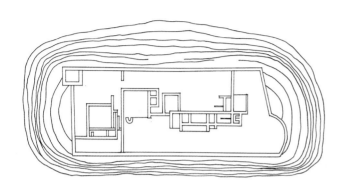

图3-3-15　贡嘎县贡嘎宗遗址平面（来源：根据《西藏古建筑》，李畅绘制）

图3-3-16　桑日宗主建筑（来源：《西藏古建筑》p173）

### 1. 顺应地形型

西藏地区，地广人稀，宗堡不仅是行政管理的机构所在，更是一个地区的象征与标志。因此，宗堡建筑多选址于山地最高处，与山形融合为一体，是区域内的制高点，这是藏区特有的一种布局方式。

桑日宗遗址位于桑日县东面的一座峻山之巅，长约2公里，宽200~500米，主体建筑面向西南，形如碉堡。桑日宗就是典型的随山就势，结合地形特点，将建筑组群相对自由的布局其中。桑日宗堡面积不大，形如碉堡，墙壁有石砌和夯土两种。其背面右侧为厚度1.5米的夯土墙，墙上设有外小内大的三角形瞭望孔，这也是用于射箭的窗口。正面和左侧为0.7米宽的石墙，背面建有一个环形碉堡，碉堡入口在宗政府主体建筑的二层，这个碉堡用于阻击从宗政府背后袭击的敌人。桑日宗建筑面积、建筑形式与雍布拉康极为相似。

桑日宗所在的这座山上有三条山脊，这三条山脊由下向上到宗政府建筑处合聚，每条山脊最宽不到10米，高在3~5米左右。山脊间的最宽距离不到100米，最窄只有10米左右，而且两边的山脊之外就是悬崖，形成了天然的坚固城墙。在这三条山脊上，每隔10~15米就建有一个岗哨或防道，使得桑日宗森严壁垒，大有一夫当关，万夫莫开之势（图3-3-16）。

### 2. 对称合院型

建于17世纪末的定结宗宗堡是典型的围合合院型平面组群，它修建于定结平原中的小石头山上，主体建筑坐北朝南，平面呈"回"字形，南北长42米，东西宽26米，高2层，分前后两院，功能分区明确（图3-3-17、图3-3-18）。另外位于林芝地区林芝县布久乡则拉岗村的则拉岗宗，宗政府为28柱的两层藏式碉楼，前后左右对称排列，也呈"四合院"式。同样林芝地区的德木宗，平面布局也为合院加院落型。

### 3. 碉楼中心型

在山南地区，接近不丹的洛扎等县的宗堡则在平面布局上表现出强烈的防御性，其典型布局为碉房坐落在中间，围墙呈椭圆形，四周有碉楼群的保护。例如位于山南地区洛扎县拉康镇的杰顿孜宗遗址，东、南、西三面为悬崖陡坡，现存环形防护墙、宗府楼、碉楼等建筑遗址。原建筑群平面略呈椭圆形，将宗府楼围在中间，周围依山建有各种形状的碉楼20余座，现皆仅存石砌碉楼（图3-3-19、图3-3-20）。

位于山南地区洛扎县的达玛宗扼守在西藏腹地与不丹王国的交通要道，其遗址的平面布局和杰顿孜宗一样，宗政府建筑以碉楼为中心，四周建有仓库、兵营、监狱等设施，将碉楼围合在中间（图3-3-21）。

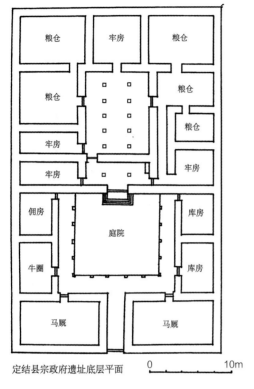

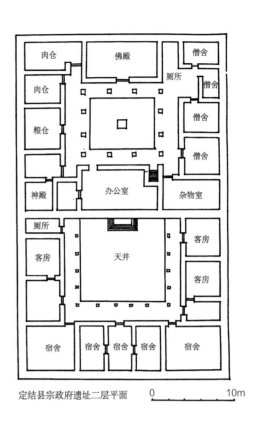

图3-3-17 定结宗建筑平面（来源：根据《文物地图志》，冯舒娴 绘制）

图3-3-18 定结宗（来源：高云强、冯舒娴 绘制）

洛扎县的多宗宗府遗址，遗址面积约4000平方米，现存山顶边缘的石砌防护墙残段、碉楼、宗府楼等遗迹。宗府楼原高5层，由周围墙体及碉楼围合在中间。位于山南地区措美县乃西乡当巴村政府所在地北侧的当巴宗遗址，建于13世纪，主体建筑位于山腰，是扼守在西藏腹地与不丹王国交

通要道上的一座重要堡垒。宗政府建筑以碉楼为中心，中心碉楼高3层。平面正方形，四面设有箭孔，外观为5层，残墙高13米，四周建有仓库、兵营、监狱等设施，成环形围绕中心碉楼。宗政府周围还建有一道高1.2米、宽1米的护城河（图3-3-22）。

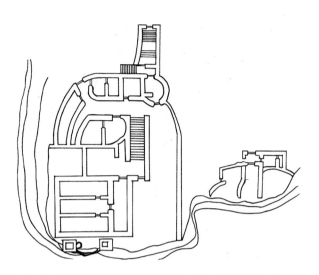

图3-3-19　洛扎县杰顿孜宗平面图（来源：根据《文物地图志》，李玉洁 绘制）

图3-3-20　洛扎县杰顿孜宗（来源：郭嘉甫 绘制）

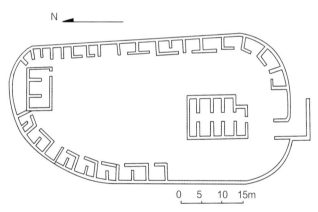

图3-3-21　洛扎县达玛宗遗址平面（来源：根据《文物地图志》，杜雨辰 绘制）

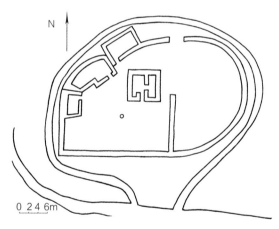

图3-3-22　措美县当巴宗遗址平面（来源：根据《文物地图志》，李玉洁 绘制）

## 五、宗堡的特征

### （一）结合自然山体的外形特征

　　宗堡通常选址于自然山体之中，占据着险要地形和交通要道。其主体建筑大多建在山顶，围以碉堡城墙，有巨大的高楼及收分陡峻的墙体。碉堡在山顶上形成庞大的城堡群，在制高点上，用巨大的体量展现出权力与威严。建在山地上的石墙收分很大，建筑呈向上收分的棱锥体，这些稳定结构的构筑物，从色彩到体量都与山体融为一体，

仿佛是山体的延续。

　　在宗堡建设中，宗堡大多沿山体等高线开辟出平地建房，主体建筑群沿等高线蜿蜒而行。有的是垂直于等高线建房，在坡地上根据地势高下，平整出一层层台阶般的平地，再在这些逐层抬升的台地上建房。每层台阶的高差被充分利用起来，一个台阶的高差一般是一层建筑的高度，进深视坡度而定。因此外观常呈现出顺山崖而延伸的陡峻高大的石墙墙体，实际内部功能，一二层为逼仄空间的储藏或防卫用房，而上层空间则逐渐扩大（图3-3-23、图3-3-24）。

图3-3-23　江孜宗（来源：党瑞 摄）

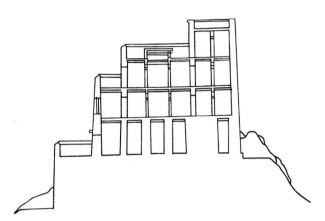

图3-3-24　江孜宗剖面示意图（来源：根据《文物地图志》，李玉洁 绘制）

图3-3-25　洛扎县多宗南部碉楼（来源：杜雨辰 绘制）

图3-3-26　地垄房对外防御窗口（来源：《西藏古建筑》）

## （二）防御性的功能特征

宗堡一般占据整个山头，建筑一侧为陡峭的悬崖，犹如刀削斧凿一般。在另外几面，也都是陡峭的山坡，很难攀爬。

宗堡的防御系统由几个部分组成，天然险要地势及围墙、碉楼群、建筑的防守、暗道等使宗堡易守难攻，在冷兵器时代成为割据一方的堡垒。如江孜宗在四周都建立了围墙，墙基多设在悬崖边上。墙体全部由石块砌成，厚约1米。围墙高度随着山体的高低起伏和地势险要与否而变化，在非常险要的地方不设置围墙。墙体主要是直接建立在山壁上，往往和山形成一体。在相对平缓的地段加高围墙，连同基础部分往往达到数十米高。有些地方甚至建立了两道围墙。围墙中间每隔一段就建立一个小碉楼，增强了宗堡的防御性。所以要想通过非正常的途径进入宗堡，几乎是不可能的。

宗堡常常在围墙四角或面临交通要道处修建碉楼，碉楼会依据不同情况修建圆碉、四角碉等。如山南洛扎县的多宗南部碉楼为圆形。碉楼开窗外小内大，呈三角形，底部不开窗。为防御需要，会在地下一层上部布置不起眼的枪洞防御上山的通道，试图对自身的防御做到尽善尽美，万无一失（图3-3-25、图3-3-26）。

## （三）功能复合性的布局特征

传统建筑一般多为单一性功能，由于西藏地区特殊的政教合一制度，作为区域政治中心的宗堡是一个将居住、宗教、工作、防御等各项功集聚在一起的建筑群体。

以江孜宗为例，其整体功能布局主要包含了居住用房、宗教用房以及行政办公的工作用房。居住用房是宗堡重要的组成部分。宗本及其下属官员、奴隶等都居住在宗堡里。江孜宗堡上的东宗是江孜宗本的居住用房，西宗则是江孜僧宗的住房。

院落是西藏居住建筑的一大特点，没有院落的住宅西藏人是不愿居住的。西藏人比较喜欢聚会，节日众多。在这些节

日中藏族人聚集在一起，或是拜佛求神，或是唱歌跳舞，或是骑马射箭，有着各式各样的形式。而平时不过节的时候，藏族人也喜欢聚在一起，喝茶聊天，或是玩游戏消磨时间。这些活动基本上都是在院落里完成的。院落给了人们一块属于自己的室外空间。即便在宗堡，藏族人对院落的喜好也得到很好的体现。江孜宗东宗的建筑南北向分成两个部分，北半部分是各种房间，南半部分是两个院落。两个院子通过一个走道连接，相通而又独立（图3-3-27、图3-3-28）。

江孜宗堡经堂位于僧宗本东边，是僧宗本平时诵经拜佛的场所。建于1390年的法王殿，最能体现江孜宗堡的宗教氛围（图3-3-29）。

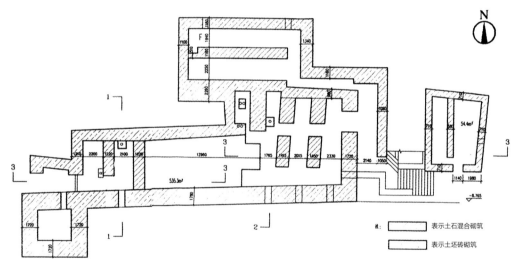

图3-3-27　江孜东宗一层平面（来源：根据西藏文物局资料 绘制）

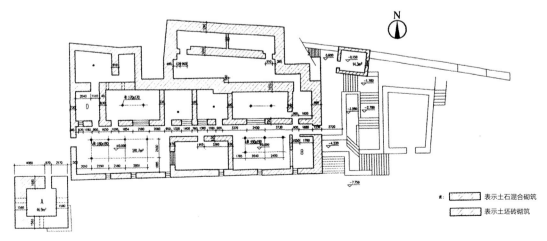

图3-3-28　江孜东宗二层平面（来源：根据西藏文物局资料 绘制）

图3-3-29　江孜宗法王殿室内（来源：张蓉蓉 绘制）

图3-3-30　江孜宗神女塔（来源：杜雨辰 绘制）

塔是随佛教从印度传入中国的。在印度，塔是为保存或埋葬佛教创始人释迦牟尼的"舍利"而营造的建筑物。但是在中国，塔的功能变得更复杂了，除了有保存舍利的塔外，还有在寺庙、城郊制高点或河流转弯处、海滨港埠之巅建造的具有纪念、军事、导航、城市标志和观赏风景等功能的塔，江孜宗上的神女塔就是为了纪念神女所建造的。神女塔位于江孜宗制高点（图3-3-30）。

宗政府的主要职能是收受差税和处理纠纷。江孜宗堡上的折布岗是当时宗政府官员的议事厅，宗本和其他宗政府官员就在这里讨论事务（图3-3-31）。

宗堡是在西藏独有的自然环境、宗教文化环境、社会历史氛围下产生的建筑。作为藏区环境特性的产物，宗堡与藏区的历史、自然环境融为一体，和寺院、宫殿、谿卡、林卡等建筑一样，以特有的方式表现了西藏的独特文化。

宗堡从选址布局、功能组织到建筑造型，都具有强烈的地域性特征。视觉中心及象征意义的高地选址，防御封闭与山体融合的造型特征，复合型的功能组织方式，都是对藏地特有气候、文化的体现。

图3-3-31　江孜宗折布岗（来源：《江孜城市与建筑》p65）

## 第四节　庄园

### 一、西藏庄园定义

西藏庄园是藏语"谿卡"一词的意译。这一词最早出现在10世纪后半期，当时西藏西部阿里地区古格王朝封建势力的首领把辖区内部分土地封赐给因翻译佛教经典有功的仁钦桑布译师作为供养庄园。谿卡从此就成了封建农奴制社会领主庄园的雏形[①]。13世纪晚期，元朝中央政府发布公告，

① 朱普选. 地理环境与西藏庄园制经济[J]. 西藏民族学院学报(社会科学版)，1994. 01期（总第57期）.

指出中央对各封建领主封地上对百姓以及土地、水、草、牲畜、工具等一律保护，不许侵犯，文告告诫农奴不许逃跑或者投靠他人，并按规只差服役。自此，西藏封建农奴制正式确立，领主庄园制度对土地经营基本取代了在封建分裂割据时代的土地自耕形式。随着社会经济的发展，到14世纪帕竹执政时期，西藏山南地区又新建、扩建了许多封建庄园，封建庄园在西藏成为占统治地位的社会制度并一直延续到中华人民共和国成立后的西藏民主改革时期。[①] 庄园可以看作

是较官府、寺院低一个层级的乡村行政中心。所以庄园建筑中心一般是庄园主及从事管理农村事务人员的居所，周边有附楼、牲畜棚、库房、围墙、打场、林卡等建筑群，有些大型庄园还建有城堡。这样西藏的庄园建筑不仅可以实现领主阶层对其土地和农奴管理，组织农业生产，还可以同时满足领主的生活居住、宗教信仰、军事防御等多种需求。[②] 西藏的庄园建筑众多且特色鲜明，是西藏建筑的一个重要门类（表3-4-1）。

西藏部分代表性庄园

表 3-4-1

| 序号 | 名称 | 地点 | 建造年代 |
|---|---|---|---|
| 拉萨地区 2 处 | | | |
| 1 | 拉鲁庄园 | 拉萨市城关区 | 清代 |
| 2 | 甲玛赤康庄园 | 墨竹工卡县甲玛乡 | 元代 |
| 山南地区 18 处 | | | |
| 3 | 甲日庄园 | 贡嘎县甲竹林镇 | 明代 |
| 4 | 俄布庄园 | 贡嘎县岗堆镇 | 清代 |
| 5 | 伦珠庄园 | 贡嘎县岗堆镇 | 清代 |
| 6 | 达热夏庄园 | 贡嘎县昌果乡 | 不详 |
| 7 | 哈鲁岗庄园 | 乃东县泽当镇 | 清代 |
| 8 | 颇章粉卡 | 乃东县颇章乡 | 17 世纪 |
| 9 | 朗赛林庄园 | 扎囊县扎其乡 | 明代 |
| 10 | 桑达庄园 | 扎囊县扎塘镇 | 清代 |
| 11 | 普布庄园 | 扎囊县扎塘镇 | 明代 |
| 12 | 鲁定颇章 | 桑日县桑日镇 | 17 世纪 |
| 13 | 恰麦庄园 | 桑日县增期乡 | 16 世纪 |
| 14 | 措吉庄园 | 琼结县下水乡 | 不详 |
| 15 | 强钦庄园 | 琼结县拉玉乡 | 不详 |
| 16 | 平若庄园 | 琼结县加麻乡 | 16 世纪 |
| 17 | 雪康庄园 | 琼结县琼结镇 | 不详 |
| 18 | 格西庄园 | 隆子县三安曲林乡 | 14–15 世纪 |

① 邓传力. 西藏庄园建筑特征研究[J]. 中华建设，2009.06：48-49.
② 郑宇. 西藏庄园建筑及其案例研究[D]. 北京：清华大学，2005.05.

| 序号 | 名称 | 地点 | 建造年代 |
|---|---|---|---|
| 19 | 帕热庄园 | 浪卡子县卡热乡 | 不详 |
| 20 | 桑顶庄园 | 措美县措美镇 | 不详 |
| 日喀则地区 6 处 | | | |
| 21 | 帕拉庄园 | 江孜县江热乡 | 20 世纪 30 年代 |
| 22 | 乃堆庄园 | 江孜县重孜乡 | 不详 |
| 23 | 朗东庄园 | 康马县少岗乡 | 清代 |
| 24 | 玉萨南巴庄园 | 拉孜县曲下镇 | 清代 |
| 25 | 吉布庄园 | 拉孜县锡钦乡 | 清代 |
| 26 | 色隆庄园 | 南木林县多角乡 | 18 世纪 |
| 林芝地区 4 处 | | | |
| 27 | 朗顿庄园 | 朗县朗镇 | 1880 年 |
| 28 | 冲康庄园 | 朗县子龙乡 | 19 世纪 |
| 29 | 桑杰庄园 | 朗县鲁朗镇 | 19 世纪初 |
| 30 | 阿沛庄园 | 工布江达县峡龙乡 | 清代 |

## 二、西藏庄园类型

西藏庄园一般分为三种形式：一是属于寺庙所有的庄园，藏语称为"却豁"；二是西藏地方政府分封给贵族的庄园，藏语称为"格豁"；三是官府所有的庄园，藏语称为"雄豁"。

### （一）寺庙庄园

寺庙庄园即"却豁"，庄园土地由地方政府封赠或由个别虔诚的教徒布施。寺庙庄园免向政府交税和服差役。寺院僧人或活佛私人占有的庄园称为"喇让"，喇让的建筑平面形式多为方形庭院，二至四层的主体建筑在北侧，包括门廊、经堂、佛殿等，与藏式寺庙建筑类似。门廊在主体建筑前部的正中，常为三间一进或三间两进，在门廊的一侧或两侧有楼梯直通二层。与其他庄园建筑类型相比，经堂是寺庙庄园建筑中最为重要的场所，从使用面积、房间的设置以及内部的装饰布局等都是其他庄园类型所无法比拟的。经堂在门廊后，其开间数和进深数依主体建筑的规模而定。经堂的中部空间高起，开有高侧窗来解决整个经堂的采光。有些庄园在经堂之后还设置佛殿，这是寺庙庄园的特色。经堂之后的佛殿通常进深不大，横向连通或根据开间划分为不同的室，高度为一层至二层。经堂两侧为配室，用作储藏、厨房或交通空间。主体之外的三侧建筑均为二层外廊式平顶建筑，建筑开间和进深都不大，常作为僧舍、厨房、仓库等。因庄园本身所属宗派的不同，反映在建筑上亦存有差别。例如，萨迦派又称花教，以红、蓝、白为代表色，在其寺庙庄园建筑群中，主体建筑的外墙颜色通常是保持白色不变，群房的外墙则满涂三色，使主体建筑更加突出群房之中。其他教派的庄园建筑或以教派的代表色为主导，或以白色或者材质原色为主。这类庄园现存较少，较为典型的寺庙庄园如山南的桑顶庄园和恰麦庄园。

## （二）贵族庄园

西藏贵族赖以生存的庄园 "格谿"，既有因功授封获得，也有世袭所得。西藏贵族庄园大致将其分为两类：一类是位于拉萨和其他 "宗谿" 驻地的贵族庄园， 藏语又称为 "森厦"；一类是位于乡间的贵族庄园，即藏语通常所称之 "谿卡"。

位于拉萨的贵族庄园 "森厦"，主要是上层贵族的宅院，这其中包含了诞生达赖喇嘛的 "亚谿" 家族的庄园。建筑群通常由一座回字形平面的三层高主楼及主楼前二层的院廊，形成完整的家院。这些贵族的宅院从外观上看差异不大，都是平顶碉房建筑，外围被很高的院墙环绕。位于乡间的贵族庄园占西藏庄园的绝大多数，从某种程度上可以说西藏的土地就是被这些大大小小的庄园分占的。西藏贵族庄园与贵族宅邸的主要区别在于，它既是贵族住宅又兼具生产生活管理及社会生活管理等多种职能。尽管这些建筑的空间布局、造型装饰多种多样，但仍然是典型的藏式碉房建筑。贵族庄园典型代表有帕拉庄园、雪康庄园和朗赛林庄园等。

## （三）政府庄园

由西藏地方政府直接管辖的庄园称为 "雄谿"，即政府庄园。政府将土地交给农奴耕种，将租税用于所属各机构的经费和高级官吏的俸禄。政府占有这些庄园的土地和生产资料，并作为政府财政的直接收入。政府庄园最初在西藏庄园中所占比例较大，但随着贵族庄园和寺庙庄园的发展，尤其庄园经济发展到后期，政府庄园的数量和面积缩小。政府庄园的建筑形式与贵族庄园差别并不明显。现存少量遗址，如山南的格西庄园、日喀则的吉布庄园等。

# 三、西藏庄园建筑特点

## （一）选址布局合理

### 1. 利于农牧生产

庄园作为西藏封建社会基础经济单元，与进行农业生产

图3-4-1　朗赛林庄园遗址（来源：刘京华 摄）

的土地关系密切。西藏庄园的产生与农牧业生产密不可分，庄园选址首先要考虑是否有利于农牧业生产和管理。从西藏庄园的发展历史看，庄园建筑多分布于东起山南，西至日喀则的雅鲁藏布江流域一带，这里土质肥沃、气候温和、交通较为便利，是西藏农牧业较为发达的地区。例如著名的朗赛林庄园，地处西藏山南地区扎囊县郎色林乡，就位于雅鲁藏布江袋形谷地中，平坦的谷地为庄园提供了广阔的可耕地（图3-4-1）。

### 2. 利于彰显身份

庄园建筑是在封建领主制度下专供特殊阶层领主居住的建筑，它在满足传统民居营建选址的普遍性原则基础上，又要体现其所有者特殊的社会地位。领主阶层们为了保持自己最高的社会地位，首先需要身处政治活动中心。所以，宗堡脚下的位置也是很多大型贵族庄园选址的理想地点，例如桑日的鲁定颇章、江孜的江嘎庄园等，日喀则的宗堡脚下也聚集了很多贵族庄园。

### 3. 利于军事防御

一些大型庄园考虑到自身安全问题，为了易守难攻，多选择将庄园建于背山面阔的地势高拔处，三面环山和紧靠宗堡脚下是最佳的选址位置，因为群山的围绕和宗堡的堡垒可以为领主们提供军事防御保障。例如西藏大贵族霍尔康家族的甲玛赤康庄园，距离拉萨市约70公里的墨竹工卡县，从

图3-4-2　甲玛赤康庄园遗址（来源：索朗白姆 摄）

选址上，该庄园三面环山，最南面的山形成一道屏障，与山南地区相隔，东西两面山体夹峙形成河谷提供农业耕作土地（图3-4-2）。

西藏的自然环境限制了庄园的分布地域，庄园分布不集中，民主改革以前全藏农业用地被划分成数千个大小不一的谿卡，很多贵族拥有不止一座谿卡，较大的领主不仅要管辖几个甚至十几个小型隶属庄园，还要代行宗的行政职能，成为地方政府代理人的办公地点。

## （二）使用功能齐备

西藏庄园的使用者是作为西藏三大领主的政府、贵族和寺庙，因其地位特殊，身份显赫，经济实力雄厚，反映到庄园建筑上，就是大多数庄园的主体建筑十分豪华、气派，附属建筑繁多，使用功能齐备，主要兼具生活服务、社会管理、生产劳动和宗教信仰等功能。

### 1. 生活服务

庄园建筑主要为庄园主提供生活服务功能，主要由主体建筑、庭院和附属建筑组成。为庄园主服务的主体建筑包括卧室、厅堂、经房等，通常占据最好朝向，并且陈设豪华。楼房底层常用作庄园仆役住房，或作奶牛圈、酒窖，或为存放粮食、什物、农牧手工业生产工具的仓房，也有直接用作牲畜棚的。二层以上是农奴主的主要生活空间，其中向阳的房间多为农奴主或庄园经管人的卧室和办事房，其余房间分

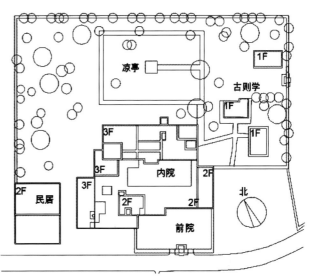

图3-4-3　帕拉庄园总平面示意图（来源：陈栖参照《西藏传统建筑导则》绘制）

别用作经堂、食品衣物储藏室、厨房等。也有在二层设置各种手工作坊等房间的。庄园主体建筑的顶层空间。一般分为两部分，一部分是房屋，另一部分是下一层的平屋顶，常可于其上晾晒衣物等。顶层居高临下，便于瞭望与防守。小的庄园站在顶层即可俯视全部风貌。经堂是建筑中最神圣、庄严的地方，常设在顶层，不受干扰，以示对佛的尊敬。顶层其余的房间为开敞式，称作敞间，因通风条件好一般作为储藏间，供风干存放肉类或粮食之用。一些较大的贵族庄园还会设置林卡，即园林。庄园中园林一般是在庄园主楼前后或邻近主楼的开阔地段。园林与主楼相对独立、自成体系，周边矮墙围绕，是主人夏季避暑场所（图3-4-3）。

### 2. 社会管理

庄园建筑兼具社会管理功能。庄园可以看作是比官府、寺庙低一个层级的乡村行政中心，在级别较高的庄园建筑中，常用于一层或者地下空间设置有监狱并配有刑具，这是部分庄园作为行政机构的一种特殊使用功能的表现。

### 3. 生产劳动

庄园作为西藏古代社会经济活动的一种主要组织形式，是封闭的自给自足的自然经济实体，它以农业生产为主，兼

图3-4-4  朗赛林庄园经堂（来源：刘京华 摄）

营畜牧业、手工业。庄园内可以配套有磨坊、纺织机房等手工作坊和加工作坊，供农奴从事集体纺线、打麦脱粒、制作家具等工作，生产、加工物质生活的主要必需品。

### 4. 宗教信仰

无论是在奢华雄伟的庄园主体建筑中，还是在简陋普通的庄园附属住宅中，礼佛空间都是必不可少的最为神圣的空间。其中尤以经堂空间的设置最具代表性，是宗教文化在庄园建筑中的最突出体现。相比较而言，规模较大的庄园建筑中的经堂空间，以及寺庙庄园建筑中的经堂空间要更加宽大华丽，宗教气氛也更浓郁一些。经堂的室内陈设比较讲究，是因庄园主对经堂寄予了非常丰富的感情。供品丰富多样，有齐全的佛像、经书，还常有金银制作的佛塔、佛龛，以及供佛用具等（图3-4-4）。

### （三）空间组织灵活

西藏庄园建筑常采用的庭院式的空间组织形态灵活，不仅可以起到空间聚合、气候调节以及防卫等功能，而且可以体现社会等级观念和伦理礼仪功能。

### 1. 院落空间

西藏庄园的院落空间因庄园规模大小的不同，围合成院的要素也有差别，院落空间一般有三种形式，使庄园建筑的空间布局呈现出多样组合的特性。第一种类似中国北方四合院形

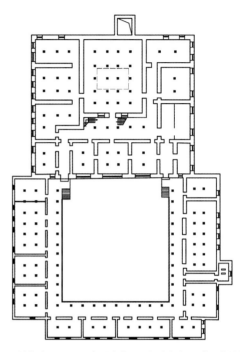

图3-4-5  拉鲁庄园平面示意图（来源：郝上凯参照《西藏传统建筑导则》绘制）

式，由单体建筑围合形成院落空间。从外观上看，西藏的很多庄园建筑很容易给人一种假象，那就是只是一栋庞大的建筑单体。而实际上，它同样是由多栋建筑单体组合而成的，只是各单体之间的联系更趋紧密，结合得更加严密。这种院落式的建筑空间布局在拉萨、日喀则等城镇聚落中较为多见。院落空间由主轴线上的三层平顶楼房和其余三面均为二层的平顶裙房组合，彼此用回廊连接，如拉鲁庄园（图3-4-5）。第二种院落形式是由建筑单体和院墙围合形成院落空间，这种类型的院落空间多见于乡村庄园建筑中，如朗赛林庄园（图3-4-6）。第三种是综合式，建筑群院落较大，由单体围合及院墙围合共同形成，如日喀则的帕拉庄园（图3-4-7）。

### 2. 天井空间

庄园主体建筑多为天井式平顶楼房。天井空间从底层贯穿至顶，面积不大，空间较小，与前院宽敞的空间院落形成鲜明对比。也有在二层、三层或更高的楼层上设置天井空间，并不贯穿到底层，其主要功能是采光通风。

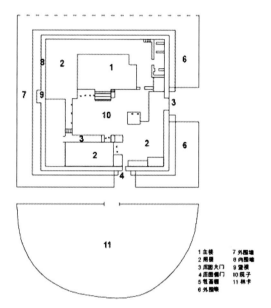

图3-4-6　朗赛林庄园总平面示意图（来源：陈栖参照《西藏传统建筑导则》绘制）

1 主楼　　7 外围墙
2 厢楼　　8 内围墙
3 庄园大门 9 望楼
4 庄园侧门 10 院子
5 牲畜棚　11 林卡
6 外围廊

图3-4-7　帕拉庄园底层平面示意图（来源：陈栖参照《西藏传统建筑导则》绘制）

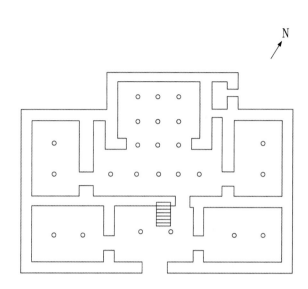

图3-4-8　鲁定颇章庄园一层平面示意图（来源：雷云菲参照《西藏传统建筑导则》绘制）

图3-4-9　雪康庄园对称的主立面（来源：次旺朗杰 摄）

### 3. 入口空间

庄园主体建筑入口位置设置呈多样性。一般都有一到两个可通往上层的建筑主入口，通常设于建筑的底层，位置并不固定，但设于中间位置的比较多见，多通过木楼梯联系上层空间，因其能彰显庄园建筑的气势（图3-4-8）；也有建筑入口设于二层的，或从室外的石砌楼梯拾级而上，或从主楼前裙房的回廊处设楼梯直通主楼二层。

### 4. 室内空间

通常庄园建筑左右对称的外立面会让人误以为建筑室内空间和立面一致，也会是对称布置，但是实际上大多数单体建筑内部的平面构图非常复杂，通常不会遵循中轴对称的原则，例如雪康庄园（图3-4-9、图3-4-10）。房间分隔因功能的不同较多变化，上下楼层的空间划分并不对应，上下楼层的柱子和墙体也不完全贯通，在保证结构稳固的前提

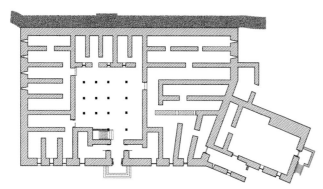

图3-4-10　雪康庄园一层平面示意图（来源：郝上凯根据次旺朗杰提供图纸改绘）

下，适当的用柱子代替墙体，或者用细的隔墙来代替柱子，添加或减少墙柱的现象比较多见。所以一些建筑室内空间像是迷宫一样错综复杂。

### 5. 交通空间

西藏庄园建筑内部连通各楼层以及屋顶的交通空间比较灵活多变。起联通作用的木制楼梯或设于进门右侧的空间，例如普若庄园、措吉庄园等；或设于入口左侧的空间，例如强钦庄园、帕拉庄园等；或正对主入口大门，如桑日县鲁定颇章庄园、朗赛林庄园等。其上各楼层联通空间的设置也不固定。在中国中原传统的楼房建筑以及现代楼房建筑内的交通空间多上下贯通，流线非常顺畅，可从底层直达顶层。而在西藏的庄园建筑中这种上下贯通的交通联系空间却不多见，大多数庄园建筑中的楼层联系空间多变且无规律可循，位置由方便主人决定。此外，西藏庄园建筑多采用木质楼梯，这种楼梯自重轻，占用空间小，易于搬动，也是造成交通空间灵活多变的原因。

### （四）装饰色彩华丽

不同类型的藏式传统建筑在装饰色彩的使用上有着不同的特点，遵循一定的等级规律。通常情况下，建筑等级越高，装饰越华丽考究，色彩使用越丰富多变；建筑等级越低，装饰色彩使用越简单质朴。庄园建筑虽比不上宫殿、寺院建筑的等级级别，但装饰色彩的丰富多样、等级的划分在此类建筑中均得到一定程度的体现。

传统庄园建筑通过使用高纯度夸张的装饰色彩来追求华美绚丽的视觉效果，其缤纷明亮的色彩不仅给人们带来强烈的视觉冲击感和震撼感，而且激发了人们的想象力。藏族独具特色的装饰色彩审美观与色彩所蕴含的特殊宗教内涵有着非常密切的关系。建筑中梁柱、门窗等装饰使用的颜色主要是黄、绿、红、白、蓝五色。藏传佛教的五大元素"地、水、火、风、空"在色彩世界中就对应黄、绿、红、白、蓝五色，同时又赋予这五种颜色以"五色主"之意，即五方佛或五种智慧。庄园建筑的外墙内壁、檐部屋顶、梁柱、门窗等装饰色彩各异，十分鲜明，极富特色。此外，建筑装饰还采用其他诸如金属、棉毛丝织品、植物等作为装饰材料，并发展成为专门的工艺技术：镏金、镶嵌、编织等。这些特殊装饰材料的巧妙运用，使建筑更具表现力，同时也由于装饰题材含有的多种意义的渲染，加强了建筑的文化气息。

### 1. 外墙

对比宫殿和寺庙建筑，庄园建筑的外墙装饰色彩比较简单朴素，显得粗犷大气。庄园建筑附属用房的外墙色彩趋向于材质本色，又因普遍采用夯土砌筑，所以土色比较多见。寺庙庄园中也只有地位较高的活佛的喇让才可以使用亮黄色外墙。女儿墙的色彩造型处理是庄园建筑的重点之一。通常的做法是顶层墙体向外出挑一排木椽头，木椽头上横铺长木条，这些木构件多漆成红色，上面再以青色的石板瓦挑檐和灰色的阿嘎土压顶组成。以绛红色边玛草砌成的女儿墙成为尊贵建筑的标志，也有涂刷红色涂料替代的。有资格使用边玛墙的庄园主人的社会等级越高，边玛墙的层数也会越多。如位于山南地区桑日宗堡脚下的鲁定颇章庄园，其二三层即分别设置有一层的边玛墙（图3-4-11）。同属山南地区的朗赛林庄园，主楼设有两层边玛墙，等级更高。

建筑外墙装饰手法主要有铜雕、石刻和涂色三种。铜雕较多见于"喇让"建筑之中，工艺粗犷、形象逼真，内容主要是宗教中的人物、动物和法器等。石刻多为石板石刻，俗称玛尼石，主要镶嵌于外墙面，或沿外墙摆放。内容仍以

图3-4-11　鲁定颇章庄园外墙边
玛墙和铜饰（来源：刘京华 摄）

图3-4-12　朗赛林庄园外墙边玛
墙和玛尼石（来源：刘京华 摄）

图3-4-13　雪康庄园内墙壁画（来源：土旦拉加 摄）

宗教经文、佛像和宗教图腾为主，如朗赛林庄园的外墙装饰
（图3-4-12）。

## 2. 内墙

　　各庄园建筑的外墙装饰差异不大，室内装饰更能体现庄园
主的身份地位。庄园主无不倾尽全力进行室内装饰，在室内家
具的布置、使用物品的选用上体现奢华。建筑内墙成为庄园装
饰的重点，彩绘和壁画是主要的装饰手段。装饰图案题材多为
非宗教性的一些图案，例如莲瓣、云纹、花草、动物等，也常
含有祝福和象征意义的吉祥图案，如吉祥八宝、和睦四瑞等。
壁画是庄园建筑内墙上重要的装饰手法之一通常用在经堂和主
人用房。壁画的题材广泛，有历史故事、人物传记、西藏风
土、宗教教义和神话故事等，内容极为丰富。例如雪康庄园的
经堂壁画内容就是藏传佛教中的十相自在图（图3-4-13）。

## 3. 木构架

　　柱、梁、椽等木构架的色彩装饰是庄园建筑中最具表
现力的地方。通常庄园附属用房的木构架装饰比较简单，
用色较为单纯，木椽多保留材质本色，柱子及其配件或涂成
红色，或不粉刷，保持材质本色，主体建筑底层的木构架和
其他次要房间的木构架装饰也很简单，有的甚至完全没有装

图3-4-14　拉鲁庄园柱身装饰
（来源：刘京华 摄）

饰，但是庄园建筑主要房间的木构架装饰则比较精细华丽，
皆施以彩画，尽显富丽堂皇之势。有的彩画还与木雕相结
合。木雕技法有高浮雕、浅浮雕和线刻三种。建筑顶棚满铺
的木椽涂成蓝色，或保留材质本色。其下柱、梁、雀替是建
筑装饰的重点部位。其装饰主色为红色、蓝色、绿色、黄
色。木柱柱头常为坐斗状，装饰手法有雕刻和彩绘，图案多
为莲花和梵文；柱身上部画出或浅浮雕卷草纹饰，下部绘
制佛像或短帘垂铃等（图3-4-14）。柱础一般雕刻图案装
饰。大梁划分成大小相等的长方格，主要采用木雕和彩绘。

图3-4-15　朗赛林庄园 大门装饰（来源：刘京华 摄）

图3-4-16　朗赛林庄园转角窗（来源：刘京华 摄）

梁上彩画采用分段、重复的方法，图案多为卷草或卷草与"藏八宝"等吉祥图案的结合，也有用佛像、动物、藏文或梵文咒语的。连接梁与柱子的双层雀替，上为长弓，下为短弓，是整个梁柱节点的重点装饰部位，常用彩画或彩画与木雕相结合的方法，其图案有卷草、云纹、火焰纹、宝珠、佛像、动物等，精美华丽，有很强的色彩装饰效果。

### 4. 门窗

门窗的样式和装饰在一定程度上显示着主人的身份和地位，所以大多数庄园建筑的门窗装饰都较为考究。大门分为门楣、门框和门扇三部分。

门楣、窗楣的作用相当于雨棚，可减少雨水对门窗的破坏。位置在门窗过梁的上方，其上亦常见出挑的短椽，门窗过梁施以蓝色，常彩绘四季花图案。较高等级的庄园建筑的门窗口可采用斗栱来承托门檐、窗檐的挑檐枋，斗栱饰以彩绘。建筑门窗边框使用黑色油漆勾出黑色梯形套边，沉稳大气。门窗框的木构件饰以五彩，层次感比较强，绘有莲花花瓣等图案。重要的门在门框上雕刻出堆砌的小方格，再涂以五彩，称为"堆经"。更有在门框和上槛外拼镶其他装饰构件，或用五彩画出这些饰纹，以突出重点（图3-4-15）。门多为双开板门。门扇涂饰的颜色有黑色或红色，也有保留材质本色的。庄园主要建筑常在门板上包贴几条铁皮或铜皮的条带，条带两端装饰镂空铜叶。门扇的装饰还有门环、门

扣、门箍等，多为镏金铜饰，也有木雕、彩绘。在门板上绘制日月、雍仲（万字符）、蝎子等符号图案是比较常见的装饰内容，用来表达主人驱魔避邪的愿望。

窗楣上两层短椽子，上层红色、下层绿色，绿色椽头彩绘装饰，窗过梁为蓝色绘制龙、莲花等图案。窗楣上挂短帘，不仅是装饰还可以保护窗楣免受紫外线损坏，短帘一年更换一次，现在也有用镂空花纹的铁皮制作门楣帘和窗楣帘的。底层小窗多用木条组成菱花窗格，或做成直棂窗，饰以绿色或保留材质本色。上层多为瘦窄的矩形窗，也有宽大的落地窗，窗台外设栏杆。例如朗赛林庄园的活佛房间就是用了转角窗（图3-4-16）。

### （五）防御风格明显

西藏的庄园建筑具有明显的军事防御风格，这是西藏特定的历史条件下适应生产力发展的必然产物。吐蕃王朝崩溃以后，青藏高原上一直未能建立起强大的统一政权。长达近四百年的割据状态虽然在清初最终确立了政教合一的地方政权，然而各类战争仍然不时发生，为了保障自身的安全，同时也是为了防止农奴起义对领主的威胁，西藏庄园建筑往往防御色彩浓重。庄园主们通过剥削广大农奴，积聚了大量的财富，同时建筑技术也达到了修建具有防御功能的大型庄园的要求，因此具有防御功能的庄园建筑也就应运而生，典型代表是位于山南扎囊县的朗赛林庄园和位于拉萨市墨竹工卡县的甲玛赤康庄园。[①]

① 杨永红. 西藏建筑的军事防御风格[M]. 拉萨：西藏人民出版社，2007.04.

图3-4-17　朗赛林庄园 雄伟的主楼（来源：刘京华 摄）

图3-4-18　朗赛林庄园 围墙及护城壕沟（来源：刘京华 摄）

图3-4-19　甲玛赤康庄园 围墙遗址（来源：丹增康卓 摄）

图3-4-20　帕拉庄园 封闭的庭院（来源：蒙乃庆 摄）

典型的西藏庄园之中都有一座犹如城堡叫作"馞康"的庄园主楼，它是整个庄园的中心，也是庄园的主要标志。主楼为碉房式平顶建筑，墙体高大厚实，石头砌成，有的厚达一米，非常坚固。主楼底层由于防卫需要，开小窗甚至不开窗（图3-4-17）。高而厚的围墙围合出紧邻主楼的院落，围墙、院落层层递进，牢牢护卫着庄园里面的安全。如朗赛林庄园设置双重方形围墙，内墙墙基宽4.5米，墙顶宽2米，墙高约6.5米，收分十分明显，墙顶设有木质檐口可以防止雨淋，内墙四角都建有碉楼；外墙高约2米，厚约0.5米，墙体下部为石块、上部为夯土墙。内外墙之间开筑有宽约5米、深约3米的壕沟，西面围墙正中设置望楼。双层围墙，四座碉楼、一座望楼以及一道壕沟，构成了强大的防卫体系，具有明显的防御功能[1]（图3-4-18）。甲玛赤康庄园的围墙高达10米，厚达1米，防御功能明显（图3-4-19）。又如帕拉庄园南面的围墙和门楼围合出庄园前院，面对着两层高附属建筑几乎不开窗户的高大墙体，封闭的院落空间犹如瓮城一般（图3-4-20）。西藏庄园还有投石箱、射击孔、陷马坑、城壕等防御设施。如在甲玛赤康庄园中拥有一千多个射击孔，众多的射击孔如果同时开火，不管是弓箭还是火器，都可以形成一股强大的火力，对敌人造成毁灭性的打击。

## 小结

西藏的庄园建筑是实现领主阶层对其土地和农奴管理，组织农业生产，可以同时满足领主的生活居住、宗教信仰、

① 强巴次仁、蒙乃庆. 中国古城墙（西藏卷）[M]. 南京：江苏人民出版社有限公司，2017.08.

军事防御等多种需求的一种特殊建筑类型。西藏庄园建筑
众多且特色鲜明，是西藏建筑的一个重要门类，具有选址
布局合理、使用功能齐备、装饰色彩华丽、防御风格明显等
特点。

# 第五节　民居

## 一、西藏民居分布与地域特色（表3-5-1）

西藏民居类型　　　　　　　　　　　　　　表3-5-1

| 序号 | 名称 | 地点 | 年代 | 相关信息 |
| --- | --- | --- | --- | --- |
| 1 | 藏南河谷平原民居 | 拉萨、山南、日喀则 | — | 庭院与围合 |
| 2 | 房窑结合式民居与牦牛帐篷 | 阿里地区 | — | 窑洞与帐篷 |
| 3 | 林芝市工布江达县错高乡结巴村4722号 | 林芝地区 | — | 坡屋顶、布局紧凑 |
| 4 | 昌都地区井干式木结构民居 | 昌都地区 | — | 多层竖向布置功能空间 |

## （一）拉萨、山南、日喀则——庭院与围合

### 1. 区域概况

藏南河谷平原区包括雅鲁藏布江流域地段的河谷平原，
及其支流拉萨河、年楚河、尼洋河的河谷地区，含拉萨市、
山南地区和日喀则地区的县市区域。西藏河谷平原气候是典
型的高原温和与半湿润气候，年平均气温6℃~8℃，年平均
降水量400毫米，年日照时数3000小时。

### 2. 民居特色

1）布局特点

民居一般采用围合封闭的院落形式，一般采用正方形和
进深小、开间大的平面模式。平面多为"凹"字形和"L"
字形布局，凹口朝南，利于采光和挡风，如图3-5-1所示。
南向厨房、起居室有大面积开窗，北向多为储藏室及次要房
间，不开窗或开小窗，东西向很少开窗，形成南向开敞、三
面封闭的建筑形态。

2）外观形式

民居建筑多为木石或土木结构，木柱上架梁，梁上架椽
子。民居室内层高较低，平均层高2.2米，柱间距2米左右。
方形空间、房间面积小、空间低矮，构成了传统民居的室内
空间模式。建筑色彩以黑白、红白或当地建筑材料固有色为
主，简单朴实，色调明快。

图3-5-1　藏南河谷平原民居（来源：索朗白姆 摄）

3）平面功能

民居建筑以实用性为首要原则，民居为单层或两层建筑。单层民居坐北朝南，体形为"口"字形或"凹"字形。中间为起居室或阳光间，北侧为经堂，南侧为阳光房或前廊，两侧南向房间多为卧室，北向房间多为储藏室。在院子南侧再单独盖两三间房，作为厨房和储藏室，在院子一角设置厕所。两层民居建筑，一层为牲畜棚、草料棚及粪便收集室，主入口有一个很窄的楼梯通往二楼平台。

4）建筑材料

河谷平原地区森林资源稀少，民居建筑以土砖、石材为主。民居建造就地取材，墙体多采用土石材料，只有梁和柱用木材。

5）建筑技术

（1）基础

地基基槽宽度略大于墙体，对于土质坚硬、含水量少的地基，单层房屋基础约1~1.5米，二层房屋基础约1米。挖好基槽后，先用素土夯实基底，铺一层较大石块的底石，用碎石和泥浆塞缝填实，基础高出地面两层石块后，为室内地坪，以上部分再砌墙身。

（2）墙体

墙体多用石块或土坯砌筑，在墙身两侧叠砌石块，石块之间填碎片石，然后再填有黏性的红土。墙体装饰多为手抓纹，它有利于雨水沿墙体快速下流，防止雨水向土墙渗透，如图3-5-2所示。

（3）屋顶

民居屋顶为平顶，屋顶多设置煨桑炉，屋顶四角插经幡，成为民居建筑最具特色的外形元素。近年来，新房大多数为钢筋混凝土预制空心板屋面，施工简单，成本低，但热工性能差。

（4）梁柱

民居建筑的柱式由柱础、柱身、柱头栌斗及上面的托木、梁等组成。两梁头在柱头相交，托木在柱头承托着梁，增大了柱头的承接面和枋的承载力，也作为装饰。藏族建筑梁柱组合不用榫卯，仅是上下搭接，入墙深度等于或超过1/2墙厚，可直接搭在墙上，或在梁底置一横木。

（5）门窗

传统民居门框、窗框两侧用宽约20厘米的黑条装饰，俗称"牛头窗"，如图3-5-3所示。门窗上方檐口用排列整齐的双层飞头，上挂色彩帷帘。窗子为白色方格玻璃窗，门框木构件上雕饰莲花、叠卷图案，门板上画有日、月等图案。

## 3. 小结

独特的地理环境气候特征，造就了富有地域特色的藏式传统民居。河谷平原区域民居建筑外部形体特征为就坡建房、屋皆平顶、立面丰富，建筑内部空间特征为院落封闭、空间低矮、家具布置受限。

图3-5-2 日喀则市曲布雄乡帮佳孔村——手抓纹墙（来源：王婷 摄）

图3-5-3 山南市贡嘎县吉雄镇扎庆村——低矮门（来源：索朗白姆 摄）

## （二）阿里地区——窑洞与帐篷

### 1. 区域概况

阿里地区位于西藏自治区西部，平均海拔高度4500米以上。北部地区属高原寒带干旱、半干旱气候，最暖月气温低于10℃，年降水（雪）量75～180毫米，为纯牧业经济区；而南部地区属亚寒带季风半湿润、半干旱气候，最暖月平均气温在10℃以上，年降水量400～500毫米，为半农半牧经济区。北部阿里与那曲地区使用帐篷，阿里南部的人们开创了窑洞式生土建筑。

### 2. 民居特色——窑洞（阿里南部）

阿里南部主要指普兰、扎达和日土等地，该地气候恶劣，常规的建筑材料资源如石头、木材等严重缺乏。在扎达和普兰地区，人们创造出具有地方特色的窑洞式生土民居建筑，在窑洞式民居的基础上又进一步发展出房窑结合式民居。直到近代，随着各种建筑材料的引进，平顶土石碉房在此地盛行起来，原有的窑洞生土建筑逐渐被废弃不用，成为历史的遗迹。

1）传统窑洞民居

阿里地区的窑洞民居历史悠久，自古格王朝时期，阿里的窑洞建筑就已十分流行，内容涵盖国王住所、佛殿、僧居、民居等各种建筑类型。窑洞式民居有崖窑建筑的形式外，也有在窑洞前面设置附建建筑，形成窑房组合。

（1）窑洞民居的选址与分布

窑洞民居的选址主要依山而凿，分布集中，一般是数个或数十个窑洞成组团分层排列在同一崖面上。在一个窑洞组团内部，民居窑洞与寺庙、贵族、统治阶层的洞窟结合。通常，王宫、寺庙洞窟位于最高层，僧人窑洞位于中部，而数量最多的民居窑洞则位于最低层。

（2）窑洞的形制

从平面上看，窑洞有方形、圆形、长方形等，方形平面最常见，见方约4米。从规模上看，有独立单孔窑洞构成一个居室的，也有3～5个单孔窑洞组成一个完整的多孔单元。窑洞的剖面为平拱窑顶，略微起拱，拱脚部位呈圆弧形，净高约2～2.5米。常见的双孔窑洞为双洞并置，之间相互连通，在窑洞周围凿龛洞作为储藏间，如图3-5-4、图3-5-5所示。

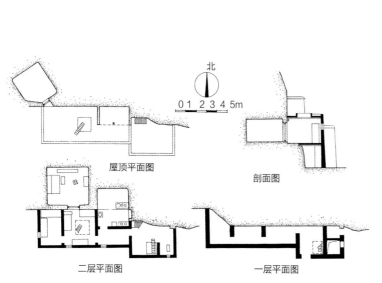

图3-5-4　窑房结合式民居
（来源：西藏工业建筑勘察设计院. 古格王国建筑遗址. 1985）

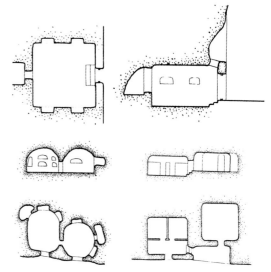

图3-5-5　单孔窑（上）多孔窑（下）
（来源：西藏工业建筑勘察设计院. 古格王国建筑遗址. 1985）

2）房窑结合式民居

房窑结合式民居是在窑洞之外建平顶房屋，形成前房后洞的布局。根据前侧建筑的不同又分为单层和多层，常见的为两层。冬居室设置在窑洞内，夏居室设在窑前建筑内。

以前在挖建窑洞时，使用从印度进口的"多孜"（十字镐）掘土成洞；然后收集牛粪、树枝熏出烟油，利用烟油的黏性，保护土质墙面和屋顶不脱落，地面一般需素土夯实。这种土窑，夏凉冬暖，但层高较低，采光不足。

3）民居特色——帐篷（那曲及阿里北部地区）

那曲与阿里北部合称"羌塘"，是西藏主要的牧区之一。牦牛帐篷是牧民民居主要的建筑形式。它便于搬迁、防腐防潮、经久耐用、取材方便、制作简单。随着纺织技术提高，棉质帐篷逐渐出现，这种帐篷室内凉爽，外观美观，方便携带和剪裁，牧民在白色帐篷上用各色布料剪裁拼贴成云朵、花卉、动物、宗教图案。

## 3. 小结

由于阿里地区气候干燥、寒冷，降水量极少，自然条件恶劣，植被稀少，缺乏木材、石材，土质松软，易于掏挖，因此穴居这一古老的居住方式得以延续，并发展为独具特色的洞窟式建筑。藏北草原有广袤土地，帐篷因具有防风防寒、防雨防晒、拆装灵活、易于搬迁等优点，成为牧民生活中不可缺少的重要房屋。

## （三）林芝地区——布局紧凑

### 1. 区域概况

林芝位于西藏自治区东南部，平均海拔3000米，地形复杂多样，有平原、山区、山麓等。工布地区位于西藏东部中心区域。林芝属热带湿润和半湿润气候，年降雨量650毫米左右。

### 2. 民居特色

1）布局特点

建筑普遍采用"人"字形双坡顶，利用坡屋顶下的空间

储存草料等杂物。民居多为内向型院落，平面多为长方形，也有"L"形，多为两层。院落多朝南、朝东。院落构成单元主要有：起居室、卧室、佛堂、厨房、卫生间、牲畜用房、草料房等。

2）外观形式

林区建筑多坡屋顶，如图3-5-6所示。采用木屋架制作歇山屋顶，屋面盖木板、石板和彩钢板，山墙砌墩子。新民居用彩钢板代替木屋顶，节约木材、防水。窗外有窗框，内含四扇木板窗扇，涂黑色梯形窗套，上做小雨篷。梯形黑框有宗教信仰、美观、增加视觉面积的作用。门上设门楣，墙上出挑梁、上置一斗三升，再上施枋、椽，做防水雨篷，施彩绘，椽头上挂香布，有遮阳、保护彩绘的作用。立面较为朴素，主要由黑白红黄构成，色彩明度高。

图3-5-6　林芝市工布江达县错高乡结巴村4722号（来源：王婷 摄）

3）平面功能

建筑一般坐北朝南，背山面水，大院落，分为供牲畜休憩的牲畜院，起交通过渡的前院。院落一般有农机房、草料间、牲畜棚、布洗池、煨桑炉等。当地民居为二层坡屋顶，一层较为潮湿，多为储藏间，风干室等辅助用房。二层主要为生活场所。平面为矩形，多用木制格栅，二层外挂木质卫生间，如图3-5-7所示。

4）建筑材料

多为石木混合结构，石头外墙与木头梁柱混合承重。屋顶采用木构架上放檩条，在檩条上添加一层防水层，即石棉瓦层，在于其上搁置木板，木板上压石头防止滑落。围护结构多用当地石材，有的用木板。目前存在的问题是彩钢板形式与传统建筑如何结合能不破坏建筑风貌。

5）建筑技术

（1）基础

做基础时，会开挖地基，地基宽度略大于墙体。挖好基槽后，夯实地基，再铺一层较大石块作为底石，然后用碎石和泥浆填缝夯实，基础高出地面两层石块，即为室内地坪，最后在室内地坪上再砌墙体。

（2）墙体

外墙面有收分，两面向内收，具有稳定感，内墙不收分。内墙墙体上层比下层薄。民居外部石墙收分一般小于1/10。材料有块石和片石，砌墙时先砌块石，再砌中间的石块。每砌一石，下面用2~3厘米的片石垫平。泥浆嵌缝，两层石块间，用石片找平；错缝搭接。转角及里外石块之间，选用较长石块使之"咬茬"，如图3-5-8所示。

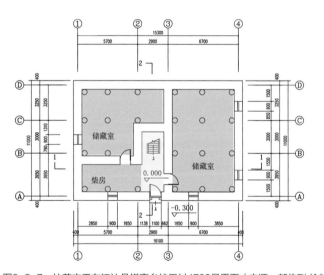

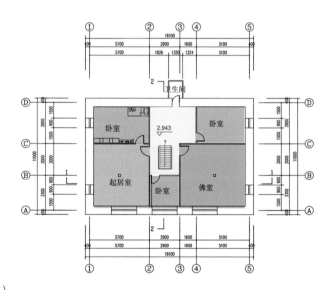

图3-5-7　林芝市工布江达县错高乡结巴村4722号平面（来源：郭伟刚 绘制）

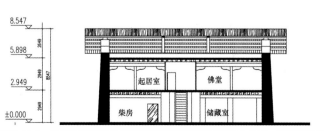

图3-5-8　林芝市工布江达县错高乡结巴村4722号剖面（来源：郭伟刚 绘制）

图3-5-9　林芝市工布江达县错高乡结巴村4722号柱子细部（来源：索朗白姆 摄）

（3）坡屋顶

木板瓦屋顶，自然朴实。屋顶盖板做法是先在椽上铺设木板，然后在椽上面铺设两层木板，上下交错拼接。最后在木板上压上石块。坡屋顶两端开敞在民居顶上，不仅利于通风采光，而且增加了储藏草料杂物的空间。

（4）梁柱

梁柱组合多为上下搭接，在柱头加栌斗、替木等结构以增大梁柱之间的接触面。梁上施椽，梁、椽的另一端搭在墙上，梁柱和墙体共同承重，石木混合结构。一层圆柱使用最多，柱身有收分。方柱多用在二层生活空间，加工精细，施彩画，有收分，柱头栌斗单独加工，如图3-5-9所示。

### 3. 小结

1）民居与地理、气候、自然、资源等因素关系密切。民居构成要素主要有起居室、佛堂、卧室、厨房、卫生间等。

2）民居多为两层建筑，一层多为储物空间，二层则是主人生活起居的地方。

3）民居外墙收分明显，屋顶挑空，向阳面开大窗，背阴面则多为小窗。

4）厕所多挑空设置在二楼。

5）门窗、室内梁柱装饰色彩明亮。

6）院内有存放牲畜草料的干栏式建筑，底部架空，二楼存放草料。

## （四）昌都地区——多层竖向布置功能空间

### 1. 区域概况

昌都，位于青藏高原东缘，横断山脉北部。整体地势北高南低，平均海拔在3500米以上，属藏东南高原湿带半干旱季风气候区，年平均气温7.6℃，为农、林、牧结合地。

### 2. 民居特色

昌都部分地区林业较为发达，部分民居除基础必须采用石材外，几乎所有的房间墙体均用木材，有的屋顶也采用木板加盖，成为经典的井干式建筑。昌都民居可分为三类：擎檐屋、夯土版筑平顶碉房、井干式木结构民居。

1）擎檐屋

（1）建筑特点

擎檐屋是木梁柱承重、石墙体不承重的碉房，其建筑外围的立柱粗大，直接承托二层屋檐外挑部分，而墙体不承受除自重之外的其他荷载，这种民居结构在昌都、类乌齐、丁青、察雅一带居多。目前昌都地区仍可见到大量擎檐屋，建筑四周常用篱笆等围合成简易院落，也有筑回廊围合成院落。

（2）平面功能

擎檐屋一层层高一般约2米，作储藏或圈养牲畜之用。一层外墙常用乱石砌筑，局部用树条编织，外抹草泥。二层层高3米左右，外围护结构用夯土墙。在建筑四周的框架柱——擎檐柱直接支撑屋面梁架。主要房间如起居室、卧室、佛堂等都位于二层，开窗朝南。

2）夯土版筑平顶碉房

由于地势狭窄，这里的民居平面较小，多修建两层以上。墙体材料就地取材，普遍采用石墙体或夯土墙，屋面为平顶。

（1）结构特点

这类民居属墙体混合承重结构体系，常以土筑版墙为承重墙体。内部木结构由柱、梁、椽组成，特殊的是，墙体大量采用夯土版筑技术。这里的版筑工艺很高，能够建造多层建筑且墙体垂直。楼面和屋顶采用密肋梁承重，上部铺设黄土，大力夯实形成楼板和屋面。

（2）平面功能

碉房一般采用内院回廊，在建筑中央作天井回廊。房屋第一层几乎不开窗，只开一个大门，作为圈养牲畜使用。第二层是主要的生活区，墙上只开狭小窗口。上下楼全凭一根在圆木上砍出锯齿形的脚蹬独木梯子相连。第三层主要作为储藏空间，堆放杂物和麦子、青稞等。

（3）建筑装饰

民居建筑常用白色、黑色、红色、黄色、绿色等鲜艳色彩，在窗楣及门楣上，将多层飞子木椽分层错置，并施以不同色彩，形成一种门窗典型装饰构图；在门窗上，常用三角形色块装饰，具有浓烈的地域色彩。

3）井干式木结构民居

井干式木结构是一种木墙体承重结构，主要分布在云南北部、四川南部和西藏东部。以前，井干式建筑既用作普通百姓住房，又作为富人的粮仓，现在则主要作为住宅使用。

（1）建筑特点

昌都地区的井干式民居大多位于江达县，该区域属于我国西南的重要林区，木材资源十分丰富。民居平面呈矩形，朝东或朝南，北面一般不开窗。内部结构采用梁柱体系，井

干式的木结构作为外部承重与围护部分，窗户则在半原木中间挖洞而成。

（2）建造特点

叠加原木有不同做法：①江达地方的"井干式"房屋一般仅在第二层才采用井干式的围护结构，第一层与擎檐屋类似；②将整座建筑都做成井干式的围护结构。

## 3. 小结

昌都地区气候恶劣，应重点考虑住宅冬季室内热环境的舒适性。在极端的气候条件和自然环境压力下，当地居民用自己的智慧和劳动，创造了具有独特风格的地域建筑。

# 二、西藏传统民居形态的历史演进

藏族先民在数千年与大自然的抗争之中，从原始建筑形态穴居经历了若干阶段的发展，最终形成了现今以西藏民居为代表的地区民居形式。

《苯教渊源》中记载："十几万年之前，藏族人民居住于峡谷岩洞之中，当时还不知砍伐森林，缝制绳条盖房"。在旧石器时代，西藏先民同中原地区"元谋人"、"北京人"一样抵御自然的能力极为有限，天然山洞便成为他们生活的家园。因缺乏实物作为佐证，原始穴居形态至今还只是猜想。然而，在距今四五千年的西藏昌都卡若遗址中发掘了大量清晰的建筑遗迹，足以反映西藏地区建筑形态的演进过程。在1000多平方米的遗址范围内密集分布着31座房屋基址，分别是新石器早、中、晚三期，延续时间约1000年之久。在新石器时代早期遗址中，建筑为半地穴、圆底房屋，窝棚式，由大小相等、长短相同的若干树干沿平面按一定距离插入地下，上端都聚拢于顶端，并用草绳或藤茎捆绑呈伞状造型。室内的火塘一般位于房屋中央。门的位置背山面水，门前有砂石、台阶以挡水。待到新石器中期，房屋呈现半地穴、正方形平面、棚屋平顶的特点，居住面逐渐上升到地面，建筑空间增加，个别出现隔墙，包括单室、双室建筑。梁、柱木构架，墙面上下放置为两层木板或圆木，其间填有土，面上有一层草拌泥，四角处上

下有十字咬接的遗迹。①这种构造方法目前在西藏一些地区民居中仍然沿用。到新石器晚期时，房屋有分室现象，以石墙为主，梁（柱）墙承重，平屋顶。室内有巨大的柱洞，说明这种建筑可能为楼房建筑，上层住人，下层饲养牲畜。这一建筑发展的过程可用图3-5-10来概括。卡若遗址在聚落选址、平面形式、结构构造、柱洞基础、墙身砌筑、地坪防潮等方面，都

反映出远在四五千年前的新石器时代，藏族的民居建筑已有了相当的发展和较高的水平。②

通过昌都卡若遗址建筑形态特征的阐述，我们总结和归纳出西藏民居建筑及建筑原型的形态演变序列（图3-5-11）③。并且，从图3-5-10和图3-5-11中可以发现西藏建筑原型形态中一些恒定不变的规律：首先在建筑用材上，围

| 时期 | 遗址平面图 | 复原想象 | 剖面图 | 房屋特点 |
|---|---|---|---|---|
| 新石器早期 |  |  |  | 平面近圆形或长方形、立面伞状，沿房四周立明柱，柱础为扁平卵石，门口筑挡水土埂。 |
| |  |  |  | 平面近长方形，立面伞状，以木骨做墙的围护结构，墙柱下垫卵石基础。 |
| 新石器中期 | 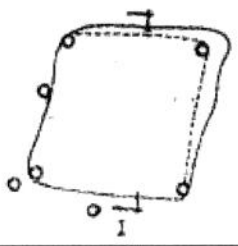 | 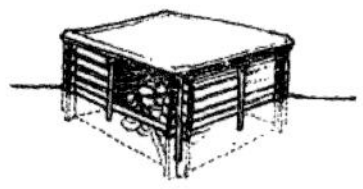 | 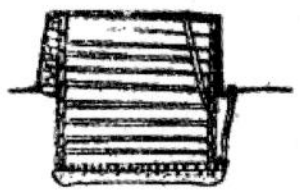 | 平面近正方形，木柱构架，穴壁四周为木板墙，出现擎檐柱。 |
| |  | 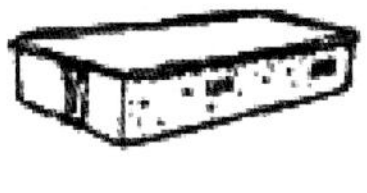 |  | 平面呈日字形，四周圆角，双室地面建筑，木构架，平顶，兼居住与公房性质。 |
| | 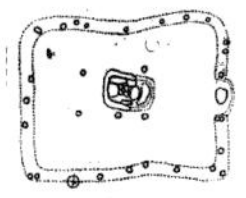 | 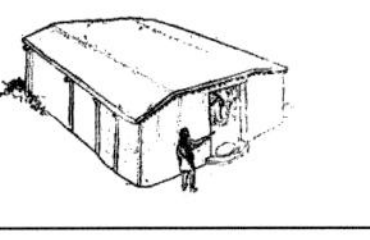 |  | 平面呈长方形，地面建筑木骨泥墙围护，柱基有所改变。 |
| 新石器晚期 | 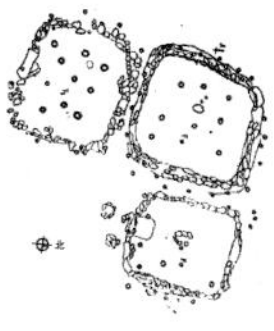 |  |  | 组合型：石墙砌筑、干栏建筑并存，平面方形或长方形，顶层空间小、擎檐柱、平顶，使用独木梯。 |

图3-5-10　卡若文化遗址居住建筑发展图示（来源：何泉，《藏族民居建筑文化研究》）

① 侯石柱，西藏考古大纲[M]. 拉萨：西藏人民业出版社，1981：35～37.
② 江道元，西藏卡若文化的居住建筑初探[J]. 西藏研究，1982（03）：103-126.
③ 同上。

卡若：（穴居）→半穴居〈深 浅〉地面建筑〈木骨泥墙 → 木结构体系\ 架空楼居 → 碉房建筑体系

图3-5-11 卡若遗址建筑形态演变（来源：格勒著，《格勒人类学、藏族论文集》）

护结构的材料以土、石为主，土石材料在西藏地区不仅容易获取，而且良好的热容性非常适合寒冷的高原气候；第二，卡若遗址中晚期房屋采用以土木或石木混合承重的结构体系，这种结构体系既可以适应于平房，而且也能够满足楼房承重的要求；第三，在空间上，平面以方形居多，室内有柱和火塘，层高低矮，平屋顶；第四，出现了如擎檐柱、独木楼梯等一些基本建筑构件。上述这些在卡若遗址中所呈现的建筑形态特征，目前在西藏民居中仍然得以沿用。因此可以认为卡若遗址建筑是西藏传统民居最原初的建筑形制，是西藏建筑原型的肇始。基于此，在卡若遗址之后的几千年演进中，西藏传统民居不断得以发展、丰富和完善。

## 三、西藏民居的建筑特点

藏区地域广袤，气候复杂多样，既有藏北地区的寒冷半潮湿型气候，也有藏西地区的寒冷干旱型气候、藏中地区的温暖半干旱型气候，还有藏南地区的温暖潮湿型气候。不同的气候条件不仅造成了植被资源在地理分布上的差异，同时也孕育了与气候相适应的民居形态，例如在藏北和藏西游牧区的帐房，藏东南地区的碉房，以及藏南地区的西藏民居。其中，西藏民居分布在西藏人口最密集、经济最为发达的藏南地区。

### （一）西藏民居的空间组合

#### 1. 基本空间单元

西藏民居基本空间单元是室内一根中央柱和四壁围合成而成的"中柱+方室"的形态（图3-5-12）。这种"中柱+方室"空间形成缘于材料尺寸的限制。在西藏，由于大部分地区缺乏森林资源，建造房屋所用木材主要是从路途遥远、

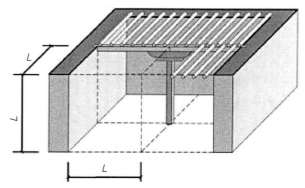

图3-5-12 西藏民居的空间单位（来源：何泉，《藏族民居建筑文化研究》）

山路曲折的林芝地区获取。为了方便运输，建筑用材通常切割成长度为2~2.2米、适宜山路转弯的尺寸。这种缘于运输方便的取材习惯，在不经意间深刻影响了后期房屋的建造。

本着经济、安全、兼顾空间舒适与灵活的考虑，西藏民居建立起用夯土、土坯或石砌的外墙与梁柱共同承重的结构体系，完成了"中柱+方室"基本空间单元的形塑过程（这里可以看到卡若遗址建筑原型形态的深远影响）。在基本空间单元里，室内高度为木柱、元宝木和横梁三者相加的尺寸，大约2.2~2.5米；平面宽度尺寸取决于纵向搭接在元宝木上的两根横梁尺寸，而进深尺寸取决于横向两根椽木的尺寸。长度相同的木材，使得平面的宽度与进深尺寸非常接近，因此空间边长通常为4~4.4米，面积约16~20平方米。通过图3-5-12的三维图可以看出，基本空间单元高度与长度之比为1：2，呈扁状的立体正方形。

对于房间大小的计量，藏族习惯用室内柱子的根数来描述。对于这样基本空间单位，藏族称为"一根柱的房间"或"一柱间"。根据使用者对空间的需求，"一柱间"可以加以缩减或拓展，如用作餐厅的"两柱间"、客厅的"三柱间"、储藏室的"半间"等等。

在基本空间单元中，特别应注意的是室内中央的立柱。从营造理念上讲，用柱子支撑内部空间，围合出人居住的形态，这也是藏族先民对意念世界的模仿和复制。藏民族的宇宙观和他们信仰中的理想化世界就是这样一个有四边环绕中、人生于其中的图式。

## 2. 空间组合

　　根据功能划分，藏族民居空间由佛堂、客厅、厨房、餐厅、卧室、贮藏间（粮仓）、卫生间、牲畜圈和院落组成。多功能空间的整合，是藏族民居空间组合的特点之一。如佛堂与客厅整合，客厅与卧室的整合。其中，围绕厨房这一热源空间的整合是最普遍的做法。为了节约燃料，大部分藏族人家把厨房和餐厅空间两者合一，整合成一个二柱间或三柱间的房间。在这个整合空间里，厨房里有用于炊事的土灶，餐厅中心有一铁炉，用来烧水沏茶和取暖之用，两个热源互为补充。

　　归纳藏族西藏民居平面空间组合方式，大致分为三种：

　　一是一明两暗型。客厅和佛堂居中，两端分别布置卧室和餐厨空间（图3-5-13）。在人丁增加时，在纵向方向上可以通过增加柱间数进行扩容，即变化成三合型的组合方式。

　　二是三合型。建筑主体呈"П"型平面，这是藏族民居空间组合最常见的形态（图3-5-14a、图3-5-14b）。横向上由4～6柱间，两端凸出部分有3～4柱间组成。建筑主体一般划出较大的采光较好的房间作为佛堂和起居室，用于为人们的日常起居、待客空间，面积为二柱间或三柱间；"П"型平面伸出两端采光较好的小套间，作为卧室；其他

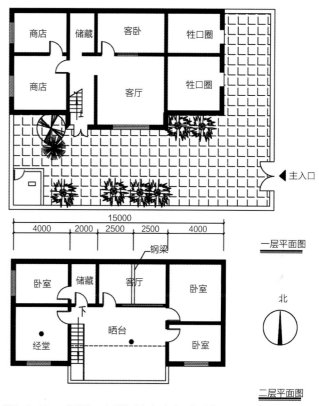

图3-5-14a　典型的三合型的空间组合（一）（来源：自绘）

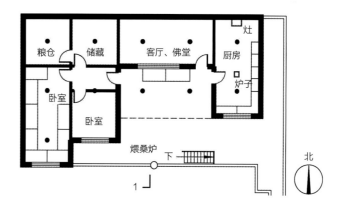

图3-5-14b　典型的三合型的空间组合（二）（来源：自绘）

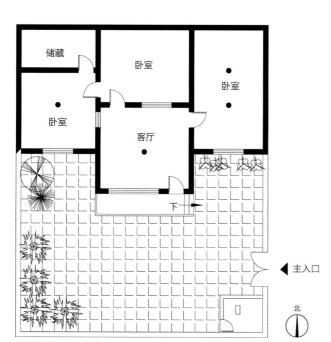

图3-5-13　一明两暗型的空间组合（来源：李静 绘制）

房间视情而定，如无需采光的房间则设置为储藏用房。各房间之间依靠半开敞的回廊联系。

　　三是四合型。以"一明两暗"为正方，对隔院落或天井建下房，用作餐厨空间；正方前部厢房连接上房和下房，形成一个封闭的"口"字形（图3-5-15）。

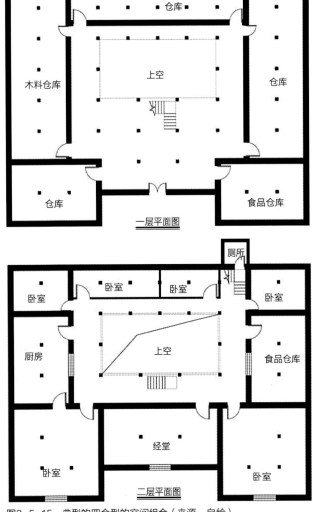

图3-5-15  典型的四合型的空间组合（来源：自绘）

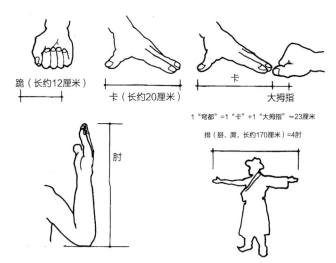

图3-5-16  藏族的人体尺寸（来源：《中国藏族建筑》）

对于二三层民居来说，三种组合形式的底层均为满铺的矩形，用于圈养牲畜和堆放杂物，大门开在底层，底层通过独木梯与二层相连。二层建筑主体退让后屋顶形成大面积晒台，为家庭劳动的主要场所；二层主体空间的划分与一层民居类似，各房间之间同样依靠半开敞的回廊进行联系。楼梯间多与回廊相连。若是三层民居，则将佛堂置于顶层，同时分冬夏居室。

## （二）西藏民居的营建技术

### 1. 特殊的建筑度量方法——人体尺寸法

建筑的度量方法是建筑技术的重要范畴。目前一般常使用的是标准尺制的度量方法，其应用范围大多在文化较为发达的地区。然而，在我国西南少数民族地区，包括藏族地区，目前仍然还保留着人体尺寸法的直观度量方法。

人体尺寸法是指利用手、肘等人体部位本身的长度作为度量单位的方法。在藏族建房过程中，以人体的"卡"、"穹都"和"排"三种单位最为常用。一卡（拇指伸直后到中指的距离，约20厘米）、穹都（手掌一卡加上一个大拇指的距离，约23厘米），最大的单位是"排"，即两臂平伸的长度，约1.7米左右（图3-5-16）。

与标准尺制的度量法相比，人体尺寸法的优点是可以根据人体所要求的最小活动空间的原则来确定每一部分的最小尺寸。例如民居的住居是8、5、9、10个"穹都"，以最小的建筑空间满足最基本的功能需求。可以看出，人体尺寸法来源于人们最基本的生活需要，它与现代设计中（如家居设计、室内设计以及工业设计）强调人体工程学的原理殊途同归，注重人适宜、舒适的使用需求。更为深层次的原因是，在生产力水平极为有限的条件下，采用人体尺寸法能够以最快、最省、最方便的方式搭建起房屋。

### 2. 建筑施工与技术

依照土壤性质及取材方便程度，藏族通常选择土木结构或石木结构。民居外墙面有收分，内壁和内隔墙则没有收分。依建筑形制和选材不同，收分的大小有明显的区别。寺院建筑收分最大，民居收分最小，收分由大到小依次排列是石墙、夯土墙和土坯墙。

　　土木或石木的混合结构的西藏民居是依靠土、石外墙与内部木结构共同承重。土熟可筑墙的地区，人们往往用土筑墙，或夯土或制成土坯。土坯制墙同砖砌，一般一顺一丁，注意上下错缝。砌筑一层土坯、铺一层稀泥找平，然后再砌一层。石砌墙体亦是铺一层块石上铺一层片石找平。与土坯制墙不同的是，工人先从墙角处开始砌筑，两角拉线找平后，再砌中间块石（图3-5-17）。上下皮石块注意错缝，并用片石沾泥浆后嵌入缝中加固。待墙砌筑好后，在方正空间的正中处立一木柱。木柱上承托一至两道元宝木，其上方承托横梁①。横梁两端搁置在横墙，梁上置细密的椽子。椽子或圆或方，搭在纵墙上（图3-5-18）。

　　内部由木梁柱组成纵向排架，排架上铺设密肋椽。在拉萨农区，荆条容易获得，通常用它编织成杆榻，并覆盖在椽子上（图3-5-19）。杆榻上加细石、土，再漫草泥捶筑②。民居的屋顶虽是土屋面，但经过分层夯实，表面采用压紧压光、找坡等措施，通常情况下可防雨雪。在页岩易取的地区如山南、林芝，页岩可以薄层启取，因而人们通常在椽子上直接铺盖页岩片，并在上面用泥、土密封作防风雨的处理。在土性稀松的地区，居民喜欢用石砌墙，屋面也有杆榻和石榻两种，内部空间也是柱和椽子结构。

　　可以看出，西藏传统民居还处于低层次的营建水平阶段。低层次水平体现在建筑材料的粗略使用与加工，体现在构造技术的落后与简易，还体现在缺乏正规营建组织与管理上，例如目前仍然广泛采用的互助换工的营建方式。但是，这种低层次技术完全符合和适应西藏地区对技术的接受能力。它既是节约建造资金的重要途径，也是自建方式能够顺利进行的关键。

图3-5-17　大小石块咬合的石砌墙体（来源：李静 摄）

图3-5-18　屋顶的密肋椽和杆榻（来源：李静 摄）

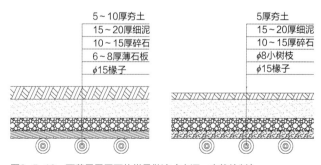

图3-5-19　西藏民居屋面的常见做法（来源：李静绘制）

---

①　这里的梁和柱不是直接搭接的，柱头上平搁短斗，短斗上搁长斗，长斗上再放大梁。
②　原先民居的屋面用捶筑"阿嘎土"方法夯实作顶。因"阿嘎土"取材越来越困难，因此也用细腻的黏土、草泥替代。

## （三）西藏民居的建筑细部

西藏民居有着十分独特和优美的建筑形式与风格，它给人以古朴、神奇、粗犷的美感。这种美感的形成与民居墙面、女儿墙和门窗构件等细部独到的处理手法有着密切关系。

包括民居在内的西藏建筑，女儿墙檐口是着重处理的部位。檐口由墙体向外出挑约0.5米间隔整齐地排列的椽子和覆盖在其上方的青石片构成。待铺砌好后，上面压一层黏性很强的黄土泥，用木板工具拍打成三角形，以增加坚硬度。女儿墙的这种处理方法，不仅很好地发挥青石片防水的作用，而且细密整齐排列的椽子给民居增添了不可忽视的细节。

与女儿墙檐口相似，西藏民居的窗檐、门檐也是采用整齐双层排列的椽木出挑于墙面的手法。窗檐、门檐上面悬挂彩色的香布。门楣和窗楣施以彩绘，门框、窗框两侧用宽25～30厘米的黑条装饰。门框木构件上雕饰莲花、经书叠螺形图案，门板上画有日、月和万字符图案。这种考究的门窗、檐廊装饰使得西藏传统民居表现出其独特的审美情趣（图3-5-20）。

墙体的表面处理也非常讲究。土坯砌筑的墙体表面要敷上一层黄泥做保护，并用双手指尖在墙面画出弧形图案。图

图3-5-20  西藏民居丰富多彩的檐廊（来源：李静 摄）

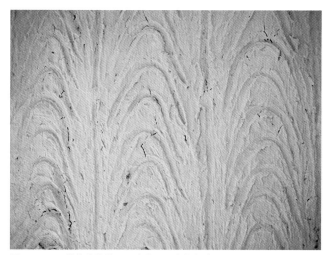

图3-5-21  墙体的涟漪肌理（来源：李静 摄）

案犹如水面泛起的涟漪，使墙面显得粗糙、凹凸不平。这种逆反于正常审美的处理方式不仅获得了意外的美感效果，而且雨水顺着弧形槽，改变了它本来的流向，这样雨水冲刷墙面的力量减小，保护了墙面（图3-5-21）。

## （四）西藏民居的色彩

"色彩作为人类的一种共同语言而存在着……色彩在具备物质的一种属性的同时，又具有作为共通语言的象征性和逻辑性。"[1] 作为建筑艺术的基本构成要素，色彩在建筑造型艺术中具有强烈的审美表现性。与其他地区民居比较而言，西藏民居的色彩不仅仅是建筑装饰及审美表达的需要，还包括人们对色彩所赋予深层内涵的惯性思考。

### 1. 色彩的寓意

在西藏众多艺术中，如绘画、雕塑、服饰等，运用最多的白、红、黄、蓝、绿、黑、青。人们对色彩规律的认识不是依照自然规律发展，而是严格奠守理性信念延续不变。看起来只是单纯强烈的几种固有色，但却有着含量极大的佛教美学文化的内容。

---

① （日）城一夫著，亚健译. 色彩史话[M]. 杭州：浙江人民美术出版社，1990：36.

藏传佛教密宗五部认为，如来部方位居中，部尊为大日如来（亦即毗卢遮那佛），色相为白，表征为法界体智性；金刚部方位居东，部尊为阿閦佛，色相为青，表征为大圆镜智；宝生部方位居南，部尊为宝生佛，色相为金，表征为平等智性；莲花部方位居西，部尊为无量佛（或称阿弥陀佛），色相为红，表征属妙观智察；业部方位居北，部尊为成就佛（亦叫不空佛），色相为绿，其表征是成作所智。这五部之佛以不同的色相表征各自的基本方位，同时还显现出境界不一的智性表征，它实为佛教宇宙结构学的基本模式。这个模式的建立表明，以五色为中心的色彩体系已在一个大的文化背景中整合起各类宗教社会信息。同时，藏传密宗文化还将蓝、白、红、绿、黄五色分别用以象征蓝天、白云、火焰、绿水和大地，各色又可象征勇敢、纯洁、权势、生命与智慧。不止于此，透过表象，可以发现西藏民居色彩运用在一定程度上受到中原文化的影响，上述五色在中原文化中分别代表水、金、火、木、土五行。五行被认为是构成世界的最基本的五种物质元素，宇宙间的一切均是五行相生相克，互为运动变化的结果。人之命运、人之生命力也与五行的生克相关。[1] 可以看出，在藏区人们的心目中这些色彩不仅包含了宗教的象征意蕴，而且融合了中原文化中五行的色彩含义。

### 2. 民居的用色习惯

西藏建筑色彩的施用遵循着既定的内容和程式的要求，它们在各方面都受到建筑等级的制约。因而在实际应用中，各类色彩须秉承相当程度的规范性。图3-5-22显示，以宫殿、寺院为代表的高等级建筑用色种类较多，可施用红色、黄色、黑色，甚至金色[2]。在人们意识中等级最低的民居建筑施用白色。这一色彩的规范性，笔者通过大量的实地调研得以验证。

在西藏民居中，建筑的主色调即为白色。白色在藏语中称为"尕布"，除了有白色之意外，引申意义多代表"吉

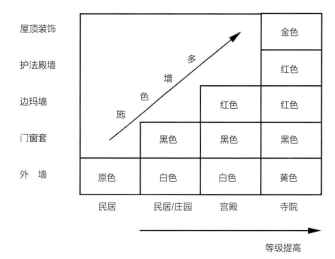

图3-5-22　西藏建筑施色规律分析（来源：李静 绘）

祥"、"纯洁"、"忠诚"、"正直"等，同时还有幸运和喜庆的象征。除了白色，民居还施用极少量的其他色彩，施色主要在以下两个部位：

一是门窗部位。在门窗周圈涂以20-30厘米宽的黑色边框。施以黑色的原因，是民间认为黑色是与恶煞凶神联系在一起，如黑色的阎罗王的角、黑色的魔天鬼神的胡须、黑色凶悍的护法神等，人们寄希望借黑色威严震慑的力量以避邪驱魔[3]。

二是外立面暴露的木构件。在藏族对民居暴露在外木构件有进行彩饰的习惯，如屋顶及门窗挑出的椽子施以土红色，门楣和窗楣施以彩饰。这种做法不仅起到外立面修饰美观的作用，而且通过涂以彩饰抵御雨雪、蛀虫对木材的腐蚀和破坏。

## 四、西藏民居建筑解析

### （一）空间特点：依山就势、方室横厅

西藏山地多、河谷平地少。为了减少土方的挖掘带来

---

① 苯教认为原始世界中有五大元素：土、水、火、风、空，五种元素有着各自的属性，五种元素相互作用，空生风，风吹火，火与水相撞，连续运动。由于五行因素，宇宙之间互相影响、互相制约的运动变化构成了物质世界。
② 徐宗威. 藏族传统建筑导则[M]. 北京：中国建筑工业出版社，2004：483.
③ 徐宗威. 藏族传统建筑导则[M]. 北京：中国建筑工业出版社，2004.

人力物力的损耗，民居采用"依山就势、就坡层层后退"的建房方法，即在坡地从下至上平整出若干台地，先在下面第一、二个台阶上建一两层建筑，以后每层退后一定距离，再建上层建筑。这种密集性、就坡垂直布局的营建方式，不仅最大限度地降低了建设活动对当地生态环境的破坏，而且在节约造价的同时平顶屋面也极大地丰富了建筑的使用功能和空间层次。平顶屋面在叠退后形成的平台阳光充足、视野开阔，这里往往成为人们煨桑、交通、眺望、晾晒及其室外起居的空间。在常见的二层民居中，平台之下即底层空间多为牲畜圈和杂物贮存。因此藏区的民居群落顺应山势高低起伏、鳞次栉比、高低错落，整个聚落形态与环境和谐共生、浑然天成。每户人家封闭的院墙也随地势布局，围合出内部开敞的院落空间，院内种植树木、养育花草，营造了宜人舒适的居住环境。

西藏大部分地区缺乏木材，需借助人力或畜力从东部林区长途运输，再加上山高路险，所运木料的规格和长度均受限，因此建筑的柱和梁通常采用长度相似的木料，民房用料一般约两米左右。室内高度取决于木柱的长度，房间的长宽取决于大梁和椽木的长度，所以柱间内形成的空间也就近似于一个正立方体。"方室"是最初受物质条件限制而形成特殊的形式，但延续至今，这种空间与其内部特有的家具布局，共同构成了藏族普遍认同的室内空间模式（图3-5-23）。藏族民众对方室的这种偏爱已然成为心理习惯，而很难讲出任何道理。面积有限的方室由于中心有柱，不可能安放宽大的家具。出于对空间的高度集约化使用，藏族在日常生活中使用多功能家具，并沿墙布置，以形成集中的使用空间。如所谓的藏凳，实际上是将坐具、卧具合而为一，常见的尺寸有2050毫米×900毫米×900毫米、1100毫米×900毫米×900毫米、2000毫米×870毫米×830毫米，上铺卡垫，白天作为藏式沙发，夜间则起到床的作用。谚语"吃饭要在垫子上吃，有话要在垫子上说"即反映了藏族居室单一空间的多功能化。藏族传统住宅普遍层高较低，房间面积较小，固然有木料短小造成梁柱长度有限的原因，但也不可否认，低矮的小房间有利于用较少的热量创造较舒适的热环境，高

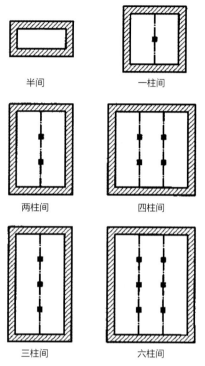

图3-5-23　"1柱间"同胚原型的变化（来源：陈耀东，《中国藏族建筑》）

图3-5-24　横厅（来源：索朗白姆 摄）

大房间则需要更多的采暖热量，热空气也容易聚积在顶棚附近，形成温度分层，造成能量的浪费。

另外，藏族民居偏好"横厅"设计（图3-5-24），即客厅开间大于进深，通常沿南向窗户布置藏式沙发，沙发前

放置火炉和藏桌，成为藏族民居中较为固定的家具布置模式。冬季阳光透过南窗普照在沙发上，温暖惬意，是藏族人喜爱饮茶聊天的地方。随着西藏城市化进程的加速，城镇住宅出于提高土地利用率的考虑，希望加大建筑进深，很多采用"直厅"设计的布局。但是在冬季严寒的西藏，直厅不利于太阳能采暖，厅的后部会由于晒不到阳光而无法利用，反而造成了面积的浪费。

图3-5-25　装饰性极强的民居院门（来源：李静 摄）

## （二）结构特点：厚重的围护结构，内部梁柱结构

西藏民居普遍采用土和石。这类厚重型热容量大的材料作为民居的承重和围护材料，且厚度较大，如墙体通常达到500毫米以上。西藏民居可以看作一种典型的被动式太阳房。南向大面积的玻璃窗起到直接受益窗的作用，在晴朗的冬季白天可以为室内提供充足的热量。厚重的土屋面和石墙面具有良好蓄热性能，能够吸收多余的太阳热量，避免白天过热，并在寒冷的夜间供暖，很好地适应了高原昼夜温差大对室内热环境的影响。

冬季的白天，围护结构以显热方式储存大量的热能，夜间向室内释放，减小了室外温度波动对室内的影响。因此，民居墙体的用材具有良好的热工性能，对于保持民居室内稳定的热环境起到了积极作用。

## （三）形式特征：质朴和绚烂的色彩与装饰

对藏族人来说，营建住宅截然不同于"简单地占据一个住处"。营建房屋是藏族人的定居过程，是人存在于大地之上、苍穹之下，诸神之前和神灵之中的"人神融合"的过程。从选择基址、选材备料到举行仪式，安排神灵居所以及祭祀场地等等建造和使用环节，处处体现藏族人敬畏神灵、崇拜天地、宇宙轮回的思想。民居内，佛堂、中柱、堡顶、大门、院墙等，处处是神灵显现之处、佛祖护佑之地。在这样一个人神同筑共居的场所，住宅成为一个藏族家庭及其成员精神高度归属和"安详地存在的一个被庇护的场所"。

在西藏民居中，南向墙面及门窗是民居装饰处理重点。墙面处理手法简洁质朴。无论是土墙还是石墙，人们都忠实地保留建筑材料砌筑时的原始状态，"咬茬"的石砌墙体、表面粗糙的土（土坯）墙形成的粗犷质感和肌理效果给人以不加修饰、追求原始的拙朴之感。与之形成鲜明对比的是，门窗构件、室内墙面以及梁椽的装饰手法呈现色彩绚烂、热烈祥和的特点（图3-5-25）。窗棂组合成图案多样的花格窗，用勾勒的黑框加以衬托和强调，两层叠落的红色飞檐下面悬挂白色的香布，在微风吹拂下更显灵动之美。掀开由碎布拼缝的门帘，走进室内，满眼是丰富绚丽的色彩。无论是墙上的宗教壁画、藏式家具的镂空木雕，还是中柱梁椽、藏毯唐卡，质朴与绚烂、粗犷与热烈形成的视觉冲击力，尽显高原民居浑厚大气与浪漫洒脱。

藏族民居的形态和装饰特征反映着高原人特有的审美观念，这种美来自于对自然环境与社会文化的诚挚响应，和对资源、材料与结构的忠实体现。拙朴与绚烂交相辉映，在地区生态与文化背景的依托下，产生与环境和谐的整体美。

## 第六节　碉楼

青藏高原碉楼作为一种古老、独特的建筑艺术形式，是青藏高原地域文化的有机组成部分，也是与藏族悠久历史息息相关的一份珍贵文化遗产。青藏高原碉楼主要分布于两个大的区域：一是处于青藏高原东南部的横断山脉地区，二是属于藏南谷地即西藏雅鲁藏布江以南的西藏林芝、山南和日喀则等地区。[①]

碉楼产生的年代甚早，至少在东汉已出现，一直延续到近代，西藏境内碉楼遗存多属于13~15世纪。它的基本特征是用石块砌建或以土夯筑而成，具有一定高度的建筑物，平面形制多为方形、六角形、八角形等，布局上既有单个碉楼独立存在，也有多个碉楼组合起来[②]（表3-6-1）。

西藏部分碉楼建筑　　　　　　　　　　表 3-6-1

| 序号 | 名称 | 年代 | 地址 | 备注 |
|---|---|---|---|---|
| 1 | 羊孜碉楼 | | 山南地区隆子县列麦乡羊孜村 | |
| 2 | 格西村碉楼 | | 山南地区隆子县三安曲乡格西村 | |
| 3 | 曲吉扎巴碉楼 | | 山南地区隆子县俗坡夏乡 | |
| 4 | 列麦第四村碉楼 | | 山南地区隆子县列麦乡第四村 | |
| 5 | 诺米碉楼 | | 山南地区加查县安绕乡诺米村 | |
| 6 | 门塘碉楼 | | 山南地区洛扎县洛扎镇门塘居委会门塘沟 | |
| 7 | 杰顿珠宗碉楼 | 14 世纪~ 16 世纪 | 山南地区洛扎县拉康镇 | |
| 8 | 曲吉麦碉楼 | | 山南地区洛扎县色乡色村玉若自然村 | |
| 9 | 曲许碉楼 | | 山南地区洛扎县色乡曲许村 | |
| 10 | 桑玉碉楼 | | 山南地区洛扎县色乡桑玉村 | |
| 11 | 邛多江碉楼 | 13 世纪~ 14 世纪或 18 世纪 | 山南地区曲松县邛多江乡者龙村 | |
| 12 | 白居寺碉楼 | 1426 | 西藏日喀则市江孜县宗堡脚下 | |
| 13 | 秀巴碉楼群 | | 林芝地区工布江达县巴河镇秀巴村 | |
| 14 | 须巴村碉楼 | | 林芝地区工布江达县 | |

## 一、碉楼的分布与选址

碉楼在西藏的分布十分广泛，从西部阿里地区的日土县沿西藏边境一直到东部的昌都，都有碉楼建筑，但目前保存相对完整和集中的主要在日喀则地区的聂拉木、亚东，山南地区的洛扎、错那、措美，林芝地区的朗县、米林等，其中尤以山南地区的洛扎、错那和措美三县的碉楼最为密集，也最为壮观。[③]

苯教是西藏高原的原始宗教，信奉万物有灵，认为石头亦有灵性，尤其崇拜白色石头。玛尼石堆、石棺、石墓等都是西藏存在的现象。[④] 西藏碉楼的分布和苯教有明显的对应关系，尽管还不能说苯教流行地区必有碉楼，却可从相反的前提得出如下结论：凡碉楼分布密集的地区，往往也是苯教盛行或苯教民间文化土壤较为深厚的地区。西藏山南的隆子、措美、洛扎一带为碉楼分布密集区。2006年在措美县当许镇一座白塔内发现了大量吐蕃时代苯教写本，内容涉及苯教治病、祛邪和丧葬等，是目前西藏发现的年代最早的苯教写本。说明吐蕃时代在今山南隆子、措美、洛扎一带即是苯教流行地区。当地碉楼分布密集，多为石砌，而且至今民间仍普遍将碉楼称作"琼仓"，都应与苯教密切相关。[⑤]

①、② 夏格旺堆. 西藏高碉建筑刍议[J]. 西藏研究，2002.
③ 杨国庆. 中国古城墙（第四卷）[M]. 南京：江苏人民出版社，2017.
④ 罗勇. 工布江达县碉楼文化探析[J]. 西藏研究，2016.
⑤ 石硕. 青藏高原碉楼的起源与苯教文化[J]. 民族研究2012.

雅鲁藏布江以南的山南、林芝和日喀则等地，在地理位置上主要处于雅鲁藏布江以南和喜马拉雅山脉以北的东西狭长的高山峡谷地带。这种具有高山、广川和深谷的地理环境，使分布在这里、以军事防御为主要功能的碉楼在选址上具有了"近山谷"和"傍山险"的特点，这与《后汉书·南蛮西南夷列传》中的记载"皆依山居止，累石为室，高者至十余丈，为邛笼"以及《隋书·附国传》中的记载"无城栅，近川谷，傍山险"均相符合。

诺米村碉楼遗址位于山南地区曲松县安绕乡诺米村以北约0.5公里处的山脊上，该地点南侧紧临雅鲁藏布江，与江面的相对高差约80米，海拔3356米。碉楼一面靠山，一面临江，两面皆为悬崖峭壁，地势险峻。该碉楼可能建于13世纪至14世纪之间。从该碉楼所处地势位置来看，具有十分明显的军事防御性质，居高临下，易守难攻，很可能用于江岸防务，主要防御南岸北犯之敌。[①]

白居寺位于西藏日喀则市江孜县宗堡脚下，海拔4120米。白居寺碉楼最早于1426年建成，现有13座遗址，均建在山脊之上，两边极为险峻。这些碉楼如同线上的几个节点一样将白居寺的院墙连接起来，碉楼的建造极大地增加了院墙的防御性，同时在外观上也显得更加丰富，从远处观望，白居寺山脊上的外围墙及其醒目，如长城一般连绵起伏，气势宏伟（图3-6-1）。[②]

图3-6-1 白居寺山脊上的围墙与碉楼（来源：蒙乃庆 摄）

图3-6-2 洛扎县曲许单体碉楼（来源：中国古城墙 第四卷藏南碉楼群 强巴次仁 蒙乃庆提供）

## 二、碉楼的布局与功能

根据碉楼个数以及和附属建筑的关系，碉楼的布局可分为三类：

### 1. 独立的单体碉楼

这类碉楼主要修建在山脊或山头上，单独存在（图3-6-2），与相邻碉楼最近距离不少于500米，单体碉楼平面大多呈"凹"字形，另外还有多边的"亚"字形、"十"字形和圆形、半圆形等，单体碉楼的平面尺寸，小者三四米，大者七八米；碉楼高度约为二十余米。就目前调查和发现的单体碉楼多数为小型的，此类碉楼更多的作用应当是烽燧，也就是烽火台。[③]

---

① 西藏自治区志·文物志.
② 吕志强，索朗白姆，刘洋. 浅析西藏白居寺碉楼和院墙的设计与结构[J]. 居舍，2017.
③ 徐宗威. 西藏古建筑[M]. 北京：中国建筑工业出版社，2015.

## 2. 组合碉楼

组合碉楼由2~5座相邻的单体碉楼以及相连的附属建筑组成（图3-6-3），这些附属建筑一般修建年代比碉楼本身要晚，主要是一些更适宜于居住的建筑，其高度一般在3层以下，多为两层，也有一些单层建筑，与当地的民居一样，这些附属建筑一直到现在仍有一些在使用。[①]

组合碉楼的出现可能与西藏特有的兵役制度有关，屯兵在这些碉楼附近又修建了适宜居住的建筑，在一些地方碉楼建筑也因此开始了演变，到后期出现了一些极具特色的碉楼式民居。

## 3. 碉楼群

这里所说的碉楼群是指由多个单体碉楼和组合碉楼围绕一个城堡（后期是宗）形成的占地2~5平方公里的十几个或几十个碉楼组成的碉楼群以及修建在碉楼附近的掩体墙共同组成的建筑群体。

最典型碉楼群是山南地区洛扎县的杰顿珠宗碉楼群，这是一个以杰顿珠宗为中心的庞大碉楼群。作为其中心的杰顿珠宗位于整个碉楼群的中央，杰顿珠宗完全是一座城堡建筑，修建于一座突兀的巨大山岩之上，山岩三面临崖，仅东

北侧修有通道，而通道是由壕沟相阻，其上建有吊桥，吊桥上下由门碉控制。与城堡相距100米之内的山坡上密集建有十余座组合碉楼，同时所有可通往城堡的山脊、谷口都建有具有烽燧作用的单体碉楼，这些碉楼根据山势和通行条件而疏密不同，修建最密是在城堡北侧的一个山谷内，仅在这一长约600米、宽300余米的山谷中就有碉楼十余座。在这一群碉楼之外，修建的碉楼相对距离就要远得多，而且基本上是以单体的烽燧碉楼为主，从而从整个碉楼群的整体平面布局来看形成一种辐射状分布（图3-6-4）。[②]

关于高碉的用途，在民间流传着许多非常动人的传说。西藏境内高碉所在的有些百姓认为，这些是在很古老的年代里，人们将力大无比、无法制服的大鹏鸟引至碉内，把它杀死的场所；有人认为，它们是《格萨尔》史诗时代，魔力十足的魔鬼的居所；有人认为，它们是防御准噶尔入侵时因战事而建等等。[③]

尽管说法不同，但是根据目前调查的碉楼，其主要功能还是防御性的军事设施，因为从碉楼的结构和建筑形式来说，每一座碉楼既是从属于整个碉楼群的单体设施，同时也是一个独立的防御单位，无论是单体的烽燧式碉楼还是组合的碉楼，它本身就具有一个完整的防御系统，从食

图3-6-3　洛扎县组合式碉楼（来源：中国古城墙 第四卷藏南碉楼群 强巴次仁 蒙乃庆 提供）

图3-6-4　杰顿珠宗城堡（来源：中国古城墙 第四卷藏南碉楼群 强巴次仁 蒙乃庆 提供）

① 徐宗威. 西藏古建筑[M]. 北京：中国建筑工业出版社，2015.
② 同上.
③ 夏格旺堆. 西藏高碉建筑刍议[J]. 西藏研究，2002.

图3-6-5　洛扎县边巴、拉康两地遗存大量掩体在碉楼间（来源：中国古城墙 第四卷藏南碉楼群 强巴次仁 蒙乃庆 提供）

物库房到取水暗道，再到碉楼本身高低不一的射击孔无不体现出其独立的防御功能。如果加以细分，那么单体碉楼主要的功能还是以烽燧作用为主，组合碉楼则是以抗击为主，而分布在碉楼群各处的掩体则带有一定的进攻作用。如洛扎县边巴、拉康两地遗存在大量掩体在碉楼间的布局（图3-6-5），能使人感到其攻则能战，退之能守，运用自如的军事功能。[①]

　　当然田野调查获得的民族志材料也显示出：碉楼在当地人的文化、观念及习俗中往往具有明显的"神"性及各种象征意义。一些碉楼分布地区还存在着碉楼是"为祭祀天神"或"镇魔"而建的传说。[②]

　　西藏工布江达县的碉楼普遍为十二角，有藏传佛教"曼陀罗"（即"坛城"）的象征意义（图3-6-6）。根据碳14测定，工布江达碉楼所建年代为吐蕃后期及其后400年分裂期。这个时期正是佛教后弘期，是文化大交融、交流、交往时期，也是藏族形成的重要时期。[③]

　　可以说，不同时代、不同的地理位置、不同的建筑者等因素决定了碉楼可能发挥的不同功能与作用。

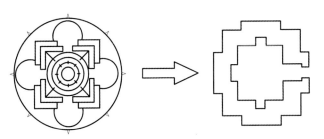

图3-6-6　"准曼陀罗"形示意　十二角秀巴碉楼平面图（工布江达县）（来源：车栋 绘制）

## 三、碉楼的种类与造型特征

　　西藏碉楼的建造是因地制宜、就地取材的，根据使用材料的不同，可以分为三种类型：

　　第一类是土碉，也就是碉楼建筑墙体用夯土筑成。土碉在西藏很多地方都有分布，如山南、日喀则、昌都等地区，其中分布最多的当属山南地区的隆子县。在隆子县雄曲河谷两岸，密密麻麻地分布着许许多多土碉，几乎是每隔十几米到几十米都会有一座碉楼，甚至一个地方有几座碉楼，这些碉楼规模不是很大，高度也不是很高，多数不足十米。从遗存看，土制碉楼内部墙壁上还有曾经用木材作为楼层的痕迹。[④] 日喀则市聂

① 徐宗威. 西藏古建筑[M]. 北京：中国建筑工业出版社，2015.
② 石硕. 青藏高原碉楼的起源与苯教文化[J]. 民族研究，2012.
③ 罗勇. 工布江达县碉楼文化探析[J]. 西藏研究，2016.
④ 杨永红. 西藏和藏彝走廊地区的碉楼建筑[J]. 康定民族师范高等专科学校学报，2009.

图3-6-7  白居寺碉楼的夯筑土墙（来源：蒙乃庆 摄）

图3-6-8  秀巴碉楼石砌墙体（来源：陈新 摄）

拉木县波绒乡政府西侧约3公里处的一处碉楼群，所有建筑均为夯筑，夯土内夹有大量石子，每一小夯层8厘米，大夯层厚约1米[1]。日喀则市江孜县宗堡脚下的白居寺碉楼采用的是大板夯筑法（图3-6-7），其外墙厚度一般在1.4米左右，内部隔墙的厚度较窄些，在1米左右。墙体中间层以黄土为主夯实，高度一般5米—7米不等，为了增加墙体的稳定性，人们在黄土中加入小石子与草料以增加它们之间的摩擦力和韧性。[2]

第二类是石碉，整个墙体用石头砌成，内部楼层及门用木材。石碉是西藏地区碉楼的主体，在西藏分布十分广泛。[3] 洛扎县碉楼遗址在西藏境内非常有名，而且是西藏境内碉楼分布最多的一处地点。位于该县买巴乡境内的碉楼多达100多座，分布于山谷环绕的坡地上，绝大多数碉楼是石砌墙体，一般为4~5层，总高12米~15米不等，平面形制都为方形或长方形，每层楼板用木平铺而成，有些碉楼内部

还遗存残缺的木梯。[4] 工布江达县的秀巴碉楼群，共有5座碉楼，现存高度约8、9层，总高20余米，平面形制都为十二角形，墙体均为片石砌筑（图3-6-8）。

第三类是土石混合碉，就是墙体由泥土和石头混合组成；或者是墙体分为内外两层，外部墙体用泥土夯筑，内部墙体为石砌；或者是墙体分为上下两层，下层墙体用石头砌筑，上层为泥土夯筑。楼板主要用木材平铺，楼层间的上下通达主要是木制楼梯，也有用凸出墙体壁面的石板、石脚蹬等。曲松县邛多江河西岸高台地上的碉楼群，墙体用石板砌筑而成，石板间以泥浆为黏合剂，内壁墙面抹有泥皮，楼层用石板平铺而成，设凸出于墙面的石脚蹬，可上下通达[5]。日喀则地区位于雅鲁藏布江南岸的宗热山山顶的宗热烽火台，墙体用片石垒砌而成，片石之间以泥作为黏合剂，最上层墙垣用夯土筑成，夯层共有两层，每层厚50厘米。墙体总高约5米，厚76厘米。[6]

① 徐宗威. 西藏古建筑[M]. 北京：中国建筑工业出版社，2015.
② 吕志强、索朗白姆，刘洋. 浅析西藏白居寺碉楼和院墙的设计与结构[J]. 设计与案例，2014.
③、④ 杨永红. 西藏和藏彝走廊地区的碉楼建筑[J]. 康定民族师范高等专科学校学报，2009.
⑤ 夏格旺堆. 西藏高碉建筑刍议[J]. 西藏研究，2002（4）.
⑥ 西藏自治区志一文物志编纂委员会. 西藏自治区志一文物志[M]. 北京：中国藏学出版社，2012.

　　西藏碉楼的单体造型十分丰富，有三角、四角、五角、六角、八角、十二角、十三角、十六和圆形碉楼等。其中四角碉楼分布最为广泛，十三角碉楼十分稀少。三角碉和六角碉只是在历史上出现过，现已不存。

　　四角碉楼的平面又可分为正方形、长方形、圆角方形。如曲松县诺米村碉楼底层平面形制为圆角方形，西、北墙体平面为方形，东、南墙体为内方外圆，墙体用片石垒砌而成，以泥浆作为黏合剂，墙体厚1～1.3米，高约14米（图3-6-9）。十二角碉楼的平面形制又被称为准曼陀罗造型（即坛城状），说明和宗教有关联，这种平面形制又可分为两类：一类如工布江达县须巴村碉楼的平面（图3-6-10），一类如工布江达县秀巴碉楼的"亚"字形平面（图3-6-11、图3-6-12）。

　　西藏碉楼单体以4～5层居多，高度从十余米到三、四十米不等，无论是夯土还是石砌，都墙身高耸、棱角突出，显示出威严挺拔的气势。碉楼四面大多布置有射孔或瞭望孔和采光亮窗。射孔或瞭望孔的形状有长方形、梯形、三角形等，外窄内宽，多上下交错排列。

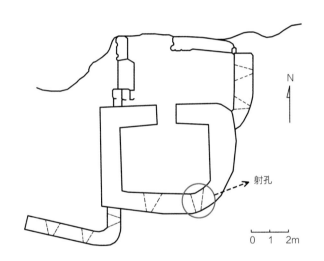

图3-6-9　曲松县诺米村碉楼底层平面图（来源：《西藏自治区志·文物志》车栋改绘）

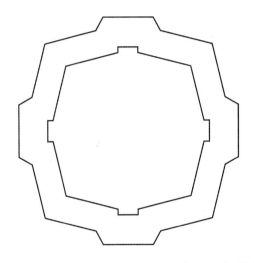

图3-6-10　工布江达县须巴村碉楼平面示意图（来源：《西藏高碉建筑刍议》陈新改绘）

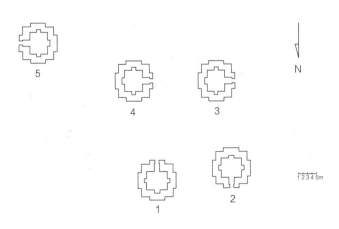

图3-6-11　工布江达县秀巴碉楼群平面（来源：根据《工布江达县碉楼文化探析》，车栋 改绘）

图3-6-12　工布江达县秀巴碉楼群遗址外景（来源：陈新 摄）

图3-6-13　洛扎县门塘碉楼（来源：中国古城墙 第四卷藏南碉楼群）

碉楼顶部可分为没有屋檐装饰和有屋檐装饰两种。没有屋檐装饰的占主流，有屋檐装饰的碉楼主要分布在洛扎县，另外在隆子县和乃东县雅堆乡的极个别碉楼也有类似装饰。屋檐装饰又有两种，一种是边玛草层，如隆子县列麦第四村内的碉楼（又称为羊孜高碉），墙体用片石砌筑而成，现存7层，残高约15米，顶檐部一周装饰为边玛草，屋檐角有原木雕饰一对。另一种为石块砌建，如洛扎县的高碉，屋檐全用石块砌建（图3-6-13）。

## 四、小结

西藏碉楼位于高山深谷之间，与自然环境浑然一体，其分布和青藏高原的原始宗教苯教有着密切的关系。碉楼近

山谷傍山险的选址，亦单亦群的布局，充分显示了碉楼强大的战争防御功能；然而碉楼所具有的"神"性、各种象征意义，以及和佛教密切相关的"准曼陀罗"造型，又揭示出碉楼不仅仅是战争的产物，也是千百年来民族交往、融合留下的珍贵历史文化遗产。此外，碉楼因地制宜的取材，丰富的单体造型也显示出西藏劳动人民的智慧和对美的追求。可以说古老独特的碉楼蕴含了丰富的民族文化内涵，因此只有不断深化对碉楼的多元认识，我们才能保护好、传承好这份珍贵的历史文化遗产。

## 第七节　园林

藏语中的词语"ᘠᘰᘰ"（音译"林卡"）与园林的意思接近，意为水草林木之地。根据尕藏才旦先生的《雪域气息的节日文化》一书对林卡的解释：林，绿洲，即绿色荟萃，林草茂盛的地方；卡，用土石围成墙专门保护。林卡，人们刻意栽种、培植、保护的林苑（图3-7-1）。在藏区尤其是西藏地区的风俗习惯中，人们既把一片自然的林草繁盛之地叫林卡，又把符合大百科全书定义的园林[①]也称为林卡（如罗布

图3-7-1　拉萨市次角林寺林卡（来源：邓传力 摄于2011）

---

[①] 根据《中国大百科全书》对园林的定义：在一定的地域运用工程技术和艺术手段，通过改造地形（或进一步筑山、叠石、理水）、种植树木花草、营造建筑和布置园路等途径创作而成的美的自然环境和游憩境域，就称为园林。

林卡）。为了便于区别，笔者暂且把前者称为自然林卡，后者为人工林卡。通过园林与藏语林卡二者概念比较：林卡范围大于园林，林卡中的人工林卡才相当于园林。因此本节关于西藏园林的叙述主要偏重林卡中的人工林卡（园林）方面的含义（表3-7-1）。

西藏主要园林                                                              表 3-7-1

| 序号 | 名称 | 地点 | 年代 | 类别 |
|---|---|---|---|---|
| 01 | 罗布林卡 | 拉萨市城关区 | 18 世纪 40 年代至 1956 年 | 行宫园林 |
| 02 | 德钦格桑颇章 | 日喀则市桑珠孜区 | 不详 | 行宫园林 |
| 03 | 甲玛赤康庄园园林 | 拉萨市墨竹工卡县 | 约在元代 | 庄园园林 |
| 04 | 囊色林庄园园林 | 山南市扎囊县 | 约 1349–1618 年 | 庄园园林 |
| 05 | 帕拉庄园园林 | 日喀则市江孜县 | 约 1937 年 | 庄园园林 |
| 06 | 江洛坚赞别墅园林 | 拉萨市城关区 | 约 20 世纪初 | 庄园园林 |
| 07 | 桑珠孜宗堡园林 | 日喀则市桑珠孜区 | 不详 | 宗堡园林 |
| 08 | 曲水宗堡园林 | 拉萨市曲水县 | 不详 | 宗堡园林 |
| 09 | 琼结宗堡园林 | 山南市琼结县 | 不详 | 宗堡园林 |
| 10 | 色拉寺辩经场 | 拉萨市城关区 | 不详 | 寺院园林 |
| 11 | 哲蚌寺辩经场 | 拉萨市城关区 | 不详 | 寺院园林 |
| 12 | 强巴林寺辩经场 | 昌都市卡诺区 | 不详 | 寺院园林 |

## 一、西藏园林的起源与发展

### （一）起源

对于西藏园林的起源可以从物质与精神需求两个层面来分析。物质需求方面主要是源于藏族先民对木材、材薪的需求。早期的藏族人民过着以游牧和狩猎为主的生活，居住方式是逐水草而居或根据狩猎情况进行迁徙。随着农耕文化的发展尤其是公元7世纪松赞干布统一全藏后，人民逐渐定居下来，并逐渐形成了特色鲜明的西藏传统建筑形式。在建筑材料方面，西藏传统建筑就地取材，以土、石、木三种材料为主。其中木材主要用在门、窗、梁、椽、栈棍、边玛墙方面。对于新建和维修房屋，都需要大量的木材，此外人民取暖做饭等也需要材薪，因此人们在自己所属的土地上专门种植树木以满足自身的需求，由此可见在一定程度上可以说是藏族先民对木材的需求是人工林卡产生的物质基础。

精神需求方面主要是林卡为人民的精神文化生活提供载体场所。西藏气候冬长夏短，每到夏天，人民都有逛林卡这种野外踏青的风俗。而对于逛林卡场地的选择既可以是自然林卡也可以是人工林卡。布达拉宫白宫门厅北壁上有一幅壁画，生动地描绘了人们在自然林卡中的欢乐情景。人们宴客谈心，吹笛弹琴，打牌游戏，这是现实生活中人们逛自然林卡的形象记录（图3-7-2）。随着逛自然林卡的盛行以及人们对其优越性的不断认识，为了方便人民在林卡中的活动，社会上层阶层就开始逐渐依托自然林卡，栽种林草树木、圈定用地范围，修建小体量休闲建筑以弥补临时搭建帐篷的不足，由此逐渐从自然林卡过渡到人工林卡（园林）。

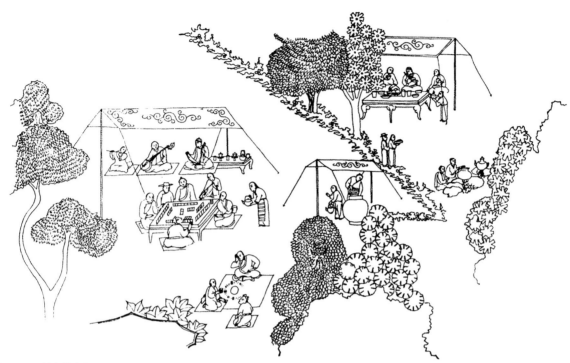

图3-7-2 林卡节（来源：西藏建筑勘察设计院. 罗布林卡，2011）

## （二）发展

### 1. 萌芽期（9世纪以前）

西藏园林始于何时，结合藏文史籍和陈耀东先生的《中国藏族建筑》等书籍记载看，"至迟从吐蕃时代即有人工园林，最早见于史籍的是吐蕃的止贡赞普时代。"如《汉藏史集》载：止贡赞普要求大臣罗昂达孜与之决斗，王臣二人在娘若的塔那园交战，结果赞普被臣下罗昂达孜杀死。《西藏王臣记》载，松赞干布诞生在亚伦扎兑园……王尧揖《敦煌古藏文历史文书》编年史中记载从公元7世纪至8世纪赞普驻跸、会盟的园林有："鹿苑、绿苑、多鱼之源、让噶园、虎苑、三善园、林仁园、若鸟园、鹅林园等等"[1]。此阶段的这些园林，其功能不仅作为休息游乐，而且供赞普及部落首领集会议盟，具备政治活动功能。至于这一时期的园林规模、内容、布局、形制遗存至今的实例等内容，鉴于作者阅历，还未见相关记载，但仅从园林命名可看出，多以植物、动物命名，可以推断当时人民在营建园林方面对动、植物的热爱，这也可以从西藏园林鼎盛时期的代表作罗布林卡中专门有马厩、动物园、大面积的绿化草地中看见一脉相承的延续性。

### 2. 发展期（10世纪至17世纪）

10世纪（后弘期开始）到17世纪，西藏社会历经了吐蕃王朝分裂后期、萨迦政权统治时期、帕竹地方政权统治时期、藏巴汗政权统治时期和甘丹颇章政权时期，与这些时期对应的社会制度有封建领主制和"宗"的行政建制，以及藏传佛教格鲁派迅速发展大兴寺院，西藏的园林也随之出现庄园园林、宗堡园林和寺院园林。

吐蕃王朝于9世纪中期分裂崩溃，进入了部落分立的时代，10世纪初叶，卫藏、阿里、塔布、工布地区出现了封建领主的土地经营制。1253年，西藏正式纳入祖国版图，归入元中央王朝统治，中央王朝并将政教大权赏赐给萨迦派首领八思巴，由此开始了西藏的封建领主制，从而出现了专供领

---

[1] 陈耀东. 中国藏族建筑[M]，北京：中国建筑工业出版社，2007：168.

图3-7-3　甲玛赤康庄园及其园林现状（来源：邓传力 摄于2011）

主这一特殊阶层所居住的建筑——庄园。而除西藏外的其他藏区则称土司官寨或衙门。周维权著《中国古典园林史》：庄园建筑为了安全保卫的需要，一律以高墙围成大院，重要的房舍如主人居室、经堂、仓库等都集中在一幢碉房式的多层建筑内，环境非常封闭，当然也很局促。因此，比较大的庄园一般都要选择邻近的开阔地段修建园林作为领主夏天避暑居住的游憩之用，类似于汉族的宅园或别墅园，这就是庄园园林。据现有资料分析，作为元朝设立的十三万户之一的甲马赤康庄园园林，是目前历史上记载的藏区现存的最早出现的园林（图3-7-3），《藏族社会历史调查》记载 "……门前的跳神场，城外的赛马场和林卡，是供贵族们娱乐的场所"[1]。但是关于其规模及特征无相关记载，至于当时其他各万户园林情况也暂未查到相关史料。

14世纪，由朗氏家族主持的帕竹噶举派从萨迦派法王手中夺走了掌管西藏地方的政教大权，建立帕竹第悉政权。由此开启了藏区封建农奴制发展的全盛时期。庄园建筑在这段时期得到蓬勃发展，据《藏族社会历史调查》记载，仅墨竹墨曲河沿岸一带就有大小庄园20余座。典型实例是山南市扎囊县囊色林庄园园林。《藏族社会历史调查》记载 "……高楼的右前方，有一片葱郁的林卡，林卡内有一组别致的小

院，是领主夏天居住的别墅。林卡内苍松古柏，垂柳翠竹，还有梨、苹果、桃、海棠、核桃等树木，以及牡丹、芍药、月季、黄花等高原上少见的花草。一进入夏天草木葱郁、幽雅至极"[2] 朗赛林庄园园林以大面积的绿化见长，小体量的建筑点缀在郁郁葱葱的树林中；在植物利用方面，充分利用高原乡土品种，还积极引进一些高原少见的植物品种；园林选址于平坦之地，不注重叠山理水，使地势自有高低，一派树繁草茂的自然氛围（图3-7-4～图3-7-6）。

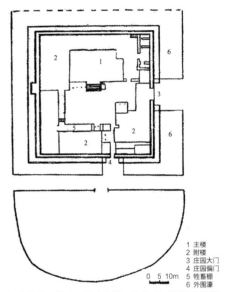

1 主楼
2 附楼
3 庄园大门
4 庄园偏门
5 牲畜棚
6 外围濠

0　5　10m

图3-7-4　朗赛林庄园总平面图（来源：徐宗威. 西藏古建筑. 2015）

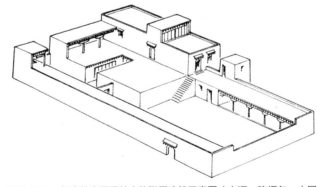

图3-7-5　朗赛林庄园园林中的附属建筑示意图（来源：陈耀东. 中国藏族建筑，2007）

① 西藏社会历史调查资料丛刊编辑组. 藏族社会历史调查(一)[M]. 拉萨：西藏人民出版社，1987：115.
② 西藏社会历史调查资料丛刊编辑组. 藏族社会历史调查(二)[M]. 拉萨：西藏人民出版社，1987：113.

图3-7-6　朗赛林庄园园林现状（来源：邓传力 摄于2011）

图3-7-7　哲蚌寺罗赛林扎仓辩经场（来源：邓传力 摄于2004）

　　帕竹第悉地方政权统治时期，一方面在经济上扶持庄园经济，因而促进了庄园园林蓬勃发展，另一方面在政治上建立"宗"的行政建制，由此兴建宗堡建筑。

　　宗堡建筑一般依山而建，建筑群随山势布置，平面多为不规则形状，一般在地势平坦之地建造供宗本等官员使用的园林——宗堡园林。如相关文献记载的于1353年修建的日喀则桑珠孜宗堡园林，该宗有四大林卡：扎西根则、甲措根则、嘎玛根则、鲁定根则。"桑珠孜宗南边的林苑中生长着非同寻常的柿子、睡莲、白莲、青莲等，花朵艳丽，飘逸芬芳"。"宗堡东面的园林甲措根则是各种树木的混合林。这里众花朵朵初绽，色彩鲜艳，枝繁叶茂，果实累累，枝头上各种鸟儿云集"。从这些描述中可以看出，宗堡园林以种植树木花卉为主，带有明显自然林卡的特征。

　　帕竹第悉地方政权后期，格鲁派创立并得以迅速发展，新创立的格鲁派在建造的寺院建筑群中，根据学经需求建立了许多寺院园林。寺庙院园林作为寺院建筑的组成部分，有活佛住宅园林和辩经场两种形态。活佛住宅园林与庄园园林相似，如哲蚌寺活佛园林。辩经场作为藏传佛教寺庙院建筑群的一个组成部分，它的主要功能是用作喇嘛聚集辩经的户外场地，也叫作僧居园。它的形成与释迦牟尼创建佛教时日中一餐，树下一宿的生活方式有关。辩经场通常位于对应的扎仓或康村附近，以成行成列种植榆树、杨柳为主，辅以红、白花色的桃树、山定子等，以体现佛经中所描绘的西方

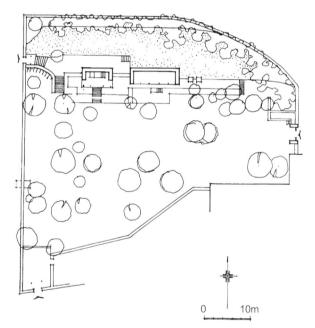

图3-7-8　罗赛林扎仓平面图（来源：西藏建筑勘察设计院. 罗布林卡，2011）

净土，七重罗网，七重行树，花雨纷飞的景象。场地地面铺以花岗岩小石子，局部设小体量凉亭、石制堪座等（图3-7-7、图3-7-8）。

### 3. 鼎盛期（18世纪至20世纪）

　　西藏园林的鼎盛期即为噶厦政府时期，由于政教合一制度不断完善，社会政治、经济、文化全面发展，在庄园园

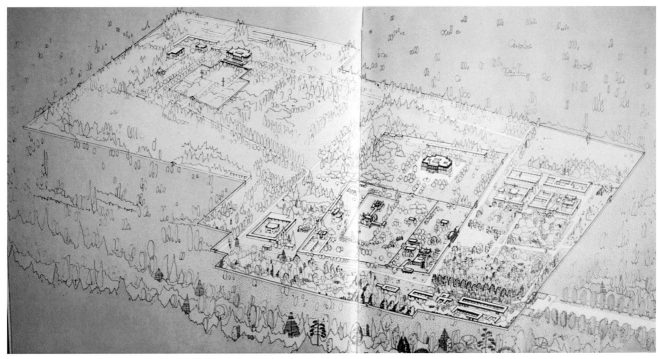

图3-7-9　罗布林卡全景（来源：西藏建筑勘察设计院. 罗布林卡，2011）

林、宗堡园林和寺院园林的基础上，出现了宫殿园林，也可称之为行宫园林。行宫园林是达赖和班禅的夏宫，也就是避暑行宫。班禅的行宫是德庆格桑颇章园林，建在日喀则。达赖的行宫称作罗布林卡，建在拉萨。罗布林卡一方面吸收了庄园园林、宗堡园林和寺院园林注重绿化的特点，造成树繁草茂的自然气氛，另一方面继承了辩经场体现净土胜境的造园手法，同时又有提高和发展，把极乐国土的具体形象通过造园的手法展现出来。罗布林卡作为鼎盛期的西藏园林代表，也是唯一的实例（图3-7-9）。

## （三）小结

西藏园林起源于藏族先民在房前屋后种植树木以满足建材和薪材的物质之需，同时在树繁草茂处嬉戏游乐以满足精神之需。西藏园林的发展经历了以自然林卡为代表的萌芽期，以庄园园林、宗堡园林和寺院园林为代表的发展期和以宫殿园林为代表的鼎盛期。

## 二、西藏园林的类型及特征

### （一）类型

根据园林所属的主体建筑类型，可以将西藏园林分为四种：庄园园林、宗堡园林、寺院园林、宫殿园林。

### 1. 庄园园林

庄园园林是庄园建筑的一部分，由于西藏庄园建筑众多，因此庄园园林是四种园林中数量最多、分布最广的园林类型。庄园园林，以种植树木为主，园林内的配套建筑数量较少，功能也较简单，主要是起居室和储物的库房等，以供庄园主使用。庄园园林保存至今较典型的有山南市扎囊县囊色林庄园园林、乃东县克松庄园园林、日喀则市江孜县帕拉庄园园林（图3-7-10、图3-7-11）、拉萨市西藏大学河坝林校区附近的江罗坚赞园林等。

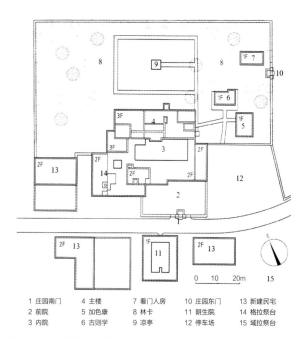

1 庄园南门    4 主楼      7 看门人房   10 庄园东门   13 新建民宅
2 前院       5 加色康    8 林卡      11 朗生院    14 格拉祭台
3 内院       6 古则学    9 凉亭      12 停车场    15 域拉祭台

图3-7-10  帕拉庄园总平面（来源：西南交通大学陈颖绘）

图3-7-11  帕拉庄园园林（来源：邓传力 摄于2011）

### 2. 宗堡园林

宗堡园林是宗堡建筑的一部分，以供宗本等官员使用。园林内仍以种植花草树木为主，带有明显自然林卡的特征。据现有相关资料分析，有相关记载的宗堡园林有日喀则市桑珠孜宗堡园林、拉孜县拉孜宗园林（图3-7-12）、山南市琼结宗堡园林、拉萨市曲水宗堡园林、山南市贡嘎宗堡园林

图3-7-12  拉孜宗堡园林（来源：西南交通大学熊瑛，摄于2011）

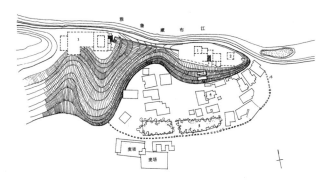

图3-7-13  贡嘎宗堡总平面图（来源：西藏建筑勘察设计院. 布达拉宫，2011）

（图3-7-13）等，可惜这些宗堡园林随着宗堡建筑的破坏已毁，只在一些史书上有零星的记载，具体形制及规模也有待考证。

### 3. 寺院园林

寺庙园林作为寺院建筑的组成部分，是归属于寺庙的园林，有活佛住宅园林和辩经场两种具体形态。活佛住宅园林与庄园园林相似，如拉萨市次角林寺的次角园林。辩经场是寺院僧众室外学经场所，根据寺院措钦、扎仓、康村、米村的组织体系，一般大型寺院的扎仓级别都有属于自己的辩经场。在西藏也有很多寺院不建造专门的辩经场，而是在寺院主楼前建一广场或院落，作讲经说法之用。典型的辩经场实例有哲蚌寺罗赛林扎仓辩经场、色拉寺辩经场（图3-7-14）、强巴林寺辩经场、桑耶寺辩经场、拉孜县曲德寺辩经场等。

图3-7-14 色拉寺辩经场（来源：邓传力 摄于2011）

图3-7-15 德庆格桑颇章园林（来源：邓传力 摄于2011）

#### 4. 宫殿园林

宫殿园林也称行宫园林，特指达赖和班禅的夏宫，也就是避暑行宫。宫殿园林在西藏最为典型的是两处：一处是服务达赖的罗布林卡，属布达拉宫的夏宫；另一处是服务班禅的德庆格桑颇章园林，属班禅驻锡地扎什伦布寺的夏宫（图3-7-15）。由于主人政治地位位高权重，行宫园林通常单独修建，规模宏大、功能丰富，建筑单体装饰精美，用色丰富。植物配置品种繁多，且引进较多稀有植物花卉品种，甚至还有动物。行宫园林是西藏园林发展至今的集大成者，具有明显的宗教、民族特色。尤其是罗布林卡，是西藏园林的标志和最完整的代表。

### （二）特征

#### 1. 选址

西藏园林一般选址于山脚下或河道边的地势平坦开阔之地，即使是依山而建的宗堡园林也是在缓坡平坦地段选址建造，这是其选址共性。根据徐宗威先生所著《西藏古建筑》一书，将西藏园林选址归纳为三种情况：一是与水相近。西藏园林注重绿化，林木生长需要水源，为方便取水灌溉，因此尽可能靠近水源建造园林。即使是有些建于半山的寺院，为让园林与水亲近，不惧路远，将园林建于河边滩地，如山南市敏珠林寺林卡。二是与林相伴。西藏园林选址常依托现有自然林卡进行建造，以便更好利用现有植物。三是与人相亲。为方便人民在林卡内的活动，西藏园林选址于平坦之地，从史料和实地调研中均未见有修建在高山之上的园林。

#### 2. 造园要素

##### （1）植物

植物在西藏园林中占比极大，种类丰富，品种除以本地树种为主外，还积极引进外来的植物品种，如牡丹、芍药、月季、黄花等。园内植物搭配遵循"点、线、面"的原则，使得草木和花朵颜色相得益彰，既突出不同植物的层次性，也兼顾其整体性，观赏性强。此外，西藏园林中的很多植物都带有浓厚的宗教色彩，不失为西藏园林植物的另一大特色。

##### （2）建筑

对于庄园园林、宗堡园林和寺院园林而言，园林建筑功能较单一，一般只满足使用者休息、游乐之功能，因此其建筑类型多为观景、避暑的亭、阁、敞廊等；对于辩经场所，其主要作用是僧侣们室外辩经学习的场所，因此其建筑类型更为单一，只是在场地一端坐北朝南建置开敞式的建筑物"辩经台（图3-7-16）"，作为主持辩经的"堪布"御用的座位或者达赖喇嘛听僧侣辩经之座。

对于行宫园林，由于使用功能较多，因此建筑类型多样。其建筑有宫殿、经堂、佛殿、书室、政府机关、观戏楼（图3-7-17）、辩经台，以及库房、牛圈、马厩（图3-7-18）、

图3-7-16　辩经台（来源：邓传力 摄于2011）

图3-7-17　罗布林卡内的观戏楼康松司伦（来源：邓传力 摄于2011）

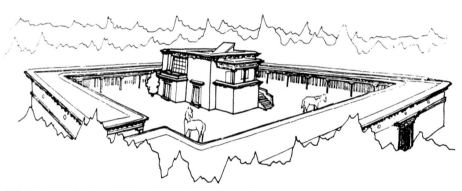

图3-7-18　罗布林卡内的马厩示意图（来源：西藏建筑勘察设计院.罗布林卡，2011）

图3-7-19　罗布林卡内的亭、廊（来源：邓传力 摄于2004）

动物笼舍、花房，还有亭、廊（图3-7-19）、阁等类型。各类型都体现出浓郁的藏风，特别讲究建筑屋顶的用材、色彩、造型和建筑细部的装饰，这些处理虽不及汉式园林建筑特别是南方园林建筑的玲珑剔透，但也在比例尺度十分恰当的建筑形体上增加了绚丽和精美，其木雕风格雍容大度、铜饰工艺圆润丰逸、彩绘技巧生动娴熟，无一不显示出一种成熟的艺术美。

（3）山水

西藏园林区别于汉地传统园林重视叠山理水的处理手法，而是自然而然，淡于山水的处理（图3-7-20）。从现存的实例调研中发现，对于人造假山仅有罗布林卡内的假山一处实例。对于理水也仅有龙王潭和罗布林卡湖心宫两处。其中龙王潭是在五世达赖喇嘛时期为修建布达拉宫取土而形成的，也不是人为设计刻意为之。西藏园林理水实例是罗布林卡内的湖心宫，仿照汉式"一池三岛"做法，有42米×

100米水池一方，池岸平直，质朴无华，理水手法不同于汉式园林。

（4）园路、铺地

庄园园林、宗堡园林和寺庙园林一般没有园路，因此谈不上铺地，一派自然质朴风光。行宫园林，尤以罗布林卡为代表，主要道路呈环状，类似藏传佛教寺院中的转经道，反映出宗教的影响。路径以直线布置，笔直不弯，与汉式园林曲径不同（图3-7-21、图3-7-22）。

图3-7-20　罗布林卡内的假山、水池（来源：邓传力 摄于2004）

图3-7-21　罗布林卡内的园路（来源：邓传力 摄于2011）

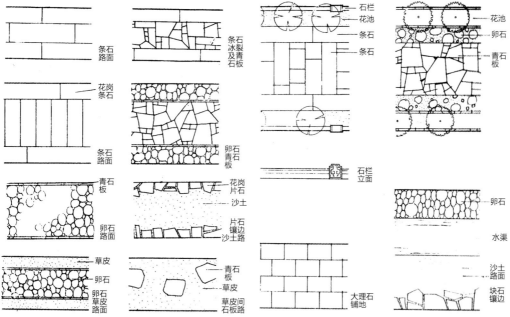

图3-7-22　罗布林卡园路示意（来源：西藏建筑勘察设计院.罗布林卡，2011）

（5）小品

小品常出现在行宫园林中，其他三类园林中，一般没有小品。行宫园林中的小品类型有：石雕，如石狮、石柱、石牌坊、石桌、石凳、石鼓、石曼扎、石花坛、石栏杆等，还有佛教色彩浓厚的香炉、佛龛等（图3-7-23）。

### 3. 布局

西藏园林的布局分为自然式、简单式和复合式三种。自然式主要是早期的自然林卡，特点是园林与自然环境融为一体，林木草地皆为自然天成。简单式园林以庄园园林、宗堡园林和寺庙园林为代表，布局简明，功能简单，以种植树木为主。复合式园林布局通常在行宫园林中运用，如罗布林卡，由于多功能的要求和不同时期历次发展的原因，全园自然划分成许多景区空间，成为诸多景区空间的集合体（图3-7-24）。

图3-7-23　罗布林卡小品（来源：邓传力 摄于2011）

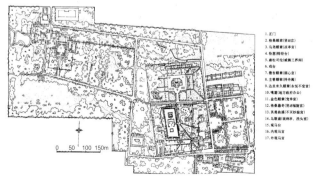

图3-7-24　罗布林卡总平面（来源：西藏建筑勘察设计院. 罗布林卡，2011）

### 4. 空间营造

（1）空间对比

西藏园林常用对比手法营造空间，具体有以下三种方式。一是自由与规则的对比。西藏园林的主体建筑常采用规则式布局，而对于园中休息娱乐的场所则随心布置，常采用自由式布局。由此形成了自由与规则的鲜明对比，既突出主楼或宫殿的威严，又彰显园林的自由活泼（图3-7-25）。二是天然与人工的对比。西藏园林中常常有自然的花草树木和人工营造的佛陀圣境形成对比。如罗布林卡的林区，其中种植的森森林木，徘徊其间的鹿、马、飞鸟和园外的峥嵘群峰浑然一体，一派自然生成的质朴风光。而措吉颇章景区建造"一池三岛"，周围的种植也营造佛陀圣境界。天然与人工的对比，能够丰富园林景观的形态，打破景观过于相似的沉闷。三是庄严与活泼的对比。藏族碉房式建筑具有敦厚、朴实的性格，反观供园主休憩的场所，则又充满了趣味性，这种鲜明的对比丰富了园主的日常生活。比如颇章（宫殿）建筑的庄严与其附属园林的活泼氛围就属于这种对比（图3-7-26）。

（2）空间层次

西藏园林也遵从 "主从分明、重点突出"的空间层次。主从分明方面：以建筑为核心，一般是以绿地环绕建筑物，或者建筑物散落在绿地当中，建筑就显得引人注目。如达旦明久颇章景区，宫殿居中，成为整个景区的构图主景，周围的喷泉和花草树木居于从属地位，衬托着宫殿的光彩（图3-7-27）。重点突出方面：对于简单式布局的西藏园林，如庄园园林、宗堡园林和寺庙园林，绿化成为整个园林的重点。对于像罗布林卡这种复合式布局的园林，为了突出整个园子的重点，就专门营建湖心宫景区，以展现佛陀胜境的理想世界，形成全园的高潮，也是全园的构图中心，起到了控制全园的作用。

（3）借景与对景

西藏的群山为西藏园林的借景与对景提供了十分方便的条件。如罗布林卡与附近的药王山形成了借景与对景的关系，给园林增添优美的自然景观。

图3-7-25 罗布林卡达旦米久颇章（来源：西南交通大学熊瑛摄，2011）

图3-7-26 反映格桑颇章景区的壁画（来源：西藏建筑勘察设计院. 罗布林卡，1985）

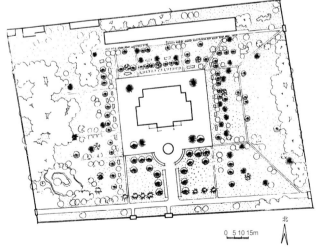

图3-7-27 达旦米久颇章总平面（来源：西藏建筑勘察设计院. 罗布林卡，2011）

（4）空间尺度

藏族人们生活的地区有着水面浩阔的湖泊、连绵不断的山峰、广阔无垠的草原，他们习惯了大气广阔。反映在藏式传统园林中，将绿地的尺度放大，采用大片的树林和草地的大尺度空间，与汉式江南园林精致可爱、小巧玲珑截然不同。

## （三）小结

西藏园林可分为庄园园林、宗堡园林、寺庙园林和宫殿园林四种类型。在选址布局中，西藏园林选址于平坦或坡度较缓的开阔之处，布局分为自然式、简单式和复合式三种。在造园要素中，西藏园林注重绿化，植物种类丰富；园林建筑藏风浓郁，色彩丰富，装饰绚丽；不注重园林山水的处理；对于园路、铺装、小品而言，除宫殿园林精心设计，佛教色彩浓重外，其他园林非常简单。

# 三、西藏园林的成景规律及其成因

## （一）成景规律

### 1. 展现树繁草茂的自然氛围

对树繁草茂自然氛围的追求，是西藏园林的重要成景规律。从西藏园林雏形期时，人们即选择树木繁盛、花草相融之地野外踏青。到发展期的庄园园林、宗堡园林、寺庙园林等，均大面积种植绿化。如罗布林卡作为行宫园林的代表，其绿地（树木、草地）覆盖面积占全园总面积的五分之四。

### 2. 追求佛陀胜境的理想世界

通过园林造景的方式展现佛陀胜境的理想世界是西藏园林另一成景规律。如辩经场成行成列栽植柏树、榆树，辅以红、白花色的桃树、山定子等，以模拟佛经中所描写的西方净土"七重罗网、七重行树、花雨纷飞"景象。罗布林卡园内不堆筑高大假山，使"地势自有高低"，而保持平坦地貌，榆树林采取"纵横成网格"的种植方式等等，都是依照

图3-7-28　措吉颇章示意图（来源：西藏建筑勘察设计院. 罗布林卡，2011）

图3-7-29　措吉颇章中的湖心宫和西龙王宫（来源：西南交通大学熊瑛摄，2011）

佛经中极乐世界"地面平如手掌"、"布局呈棋盘方格"的模式安排。措吉颇章（图3-7-28、图3-7-29）景区也是敦煌壁画中那些"西方净土变"的再现，造园者通过园林造景的方式把《阿弥陀经》中所描绘的"佛陀胜境"的形象展现于人间。

## （二）成因

### 1. 人与自然同生共存的自然观

藏区古老的宗教苯教用"卵生世界"、"卵生万物"的观点，阐明了宇宙的起源。认为宇宙与一切生物皆同源于卵，宇宙万物处于相互联系、相互依存、相互影响、相互作用的过程之中。"风依天空水依风，大地依水人依地"这句《经藏略义》上的话也说明了相同的道理。公元7世纪，佛教

传入藏区，其"缘起性空"说，"依正不二"说，都反复论证着人与自然万物同生共存的思想。特别是佛教关于"万物皆有佛性"的论述，建造了一种人与自然万物同生共存、和谐发展的境界。加上青藏高原以山为主、寒冷多风、干燥、平均气温低下、长冬无夏、春秋相连的自然环境，在这种严酷的生存环境下，高原人民对花草树木十分珍惜，反映在园林中，是利用自然生长或人工有意识栽植成片的树林或疏林草地，使园林具有相当丰厚的植物景观与绿化基础。

### 2. 以"性空"论为核心的藏传佛教美学思想

根据于乃昌先生的《西藏审美文化》一书，总结藏传佛教的美学思想是"性空论"，"彼岸"、"佛土"，是他们虚构出来的"极乐世界"、"美的世界"，美的根源就在神佛和天国那里。这种美学思想，伴随着藏传佛教文化，渗透到藏式传统园图佛陀净土壁画林的造园活动中。

既然美的根源在神佛和天国那，因此调动所有的艺术手段，展现"彼岸"世界的美就成为藏传佛教的审美表现。造园者根据佛经中的虚构，在人间再现佛陀净土，创造"彼岸"世界，从而教化信徒归依天国，起到直观宣传教义之作用。

### （三）小结

展现树繁草茂自然氛围和追求佛陀胜境的理想世界是西藏园林的成景规律。这样的成景规律的思想原因有两点，一是人与自然同生共存的自然观，另一个是以"性空论"为核心的藏传佛教美学思想。

### 园林小结

西藏园林起源于藏族先民对于建筑用材和薪材的物质需求及游乐的精神需求。随着经济的发展、政权的更迭、社会制度的变化、外来文化和造园工艺的进入，西藏园林经历了萌芽期、发展期和鼎盛期，发展形成庄园园林、宗堡园林、寺庙园林和宫殿园林四种类型。西藏园林的成景规律受到藏民和谐的自然意识和浓重的宗教观念的影响。在此影响下，

形成了西藏园林注重绿化，精于建筑，淡于山水的、具有佛教色彩的造园特色。西藏园林文化遗产价值高，希望对其妥善保护和科学利用。

## 第八节 桥梁

### 一、桥梁的概况

桥梁在藏语中称为"桑巴"。西藏境内山岭纵横绵延，江河沟壑交错密布，要保证交通的顺畅，跨越这些江河沟壑是需要解决的一个重要问题。顺应这种需求，桥梁得以产生和发展，并随着时代变迁和科学技术的进步，建造水平不断提高，形成了广泛分布在西藏，具有自己鲜明的特征，成为明显区别于其他地域的一种独特建筑形式。

桥梁的建造受多方面条件的制约，如材料、工艺技术水平和地理条件等。西藏人民在长期的实践中，充分发挥其聪明才智，按照"因地制宜，就地取材"的原则，充分利用当地常见易得的材料，利用当时的技术条件，建造出了各种不同类型的桥梁。很多桥梁桥形优美，结构合理，可靠耐用，时至今日人们仍然还在沿用过去流传下来的方法建造桥梁。这些桥按材料和建造方法的不同大致有木桥、索桥、石桥等形式，另外也有少量的其他类型桥梁，如栈桥和钢桥。而其中最有西藏特色的应当是木桥、索桥以及溜索，现存的西藏古代桥梁中多以这三种形式为主。其中的伸臂木桥为藏区所独有，溜索和现存的古代铁索桥也大部分集中在藏区。

除了满足交通需求，人们还注意到了桥梁所具有的独特美感，并予以发挥。《西藏王统记》载，公元632年松赞干布在位时，曾在拉萨布达拉宫周围建造了几座宫殿，分别让王妃们居住。为了方便往来在各宫殿之间架设了铁桥——布达拉宫金桥（图3-8-1），装饰华丽，铃声铿锵。《玛尼全集》中云："……王宫南面为文成公主筑九层宫室，两宫之间，架银铜合制的桥一座以通往来……"。在布达拉宫的壁画中，也描绘有这一华丽的情景。作为古代拉萨的门户之

图3-8-1  布达拉宫金桥（来源：丁长征 摄）

一，现存于宇拓路的琉璃桥采用了琉璃瓦盖顶，雕梁画栋，装饰精美。英国记者兰登称琉璃桥与龙王潭、拉鲁府（札希林卡）、却吉康林卡及拉萨大街一起，被视为拉萨五大美景。

## 二、桥梁的历史演进与形成发展

### （一）桥梁的起源

在科技发展水平不高的时代，西藏先民最早应该是依靠涉水、冰封时节踏冰过河、简单的舟楫（如独木舟）等简便易行的方式跨越河流。

传统舟楫一直沿用至今，以西藏特有的牛皮船为主，也有相当一部分木船。船需要船夫，码头也需人管理，效率不高且有一定安全隐患。史载："载者均以哈达上之，意欲求

其默佑，或者此即水神欤。"最好地描述了乘船时的紧张与不安。虽建桥需要大量的人力、物力、财力和比较复杂的技术，但相对舟楫而言，则便捷、高效、安全，受时间、季节等限制较少，无需专人管理，必要时进行维护保养即可，使用寿命长，因而备受青睐，大量建造。

关于西藏桥梁的起源，见诸史书的记载相对较少。《贤者喜宴》中云："吐蕃英明七臣中，首位明臣茹勒杰，烧木成炭智慧之业，炼矿采取金银铜铁，钻木成孔做犁扼，垦荒开渠导溪水，双牛耕作开垦草滩，建造桥梁渡人过河。从此开始耕种庄稼。"《西藏王臣记》中也记述了这段历史。以此西藏桥梁的记载可以溯源至大约公元7世纪左右。同时也可以窥见建造桥梁应当已经开始使用冶金技术，促成了桥梁建造水平的提高。

### （二）桥梁的历史演进

受材料和工艺的制约，在没有掌握金属冶炼技术之前，取材和加工制作都方便且结构简单的木桥应该是最早的桥梁形式。

吐蕃是西藏历史上社会、经济的一个繁盛的时期，与外界接触频繁，政治经济等各方面的交流和对外征战需要大量调动人员、物资。《新唐书》中记述："经牦牛河度藤桥，百里至列驿。又经食堂、吐蕃村、截支桥，两石南北相当，又经截支川，四百四十里至婆驿。大月河罗桥，经潭池、鱼池，五百三十里至诺罗驿。又经乞量守水桥，又经大速水桥，三百二十里至鹘莽驿，唐使入蕃，公主每使人迎劳于此。又经鹘莽峡十余里，两山相会，上有小桥，三瀑水注入泻击，其下如烟雾，百里至野马驿"。《旧唐书》记载："唐中宗李显神龙二年（公元706年），唐九征破吐蕃于剑川，毁其铁索桥"。《册府元龟·外臣部·交侵》中记载："唐德宗贞元十年（公元794年）正月，南诏蛮异牟寻……大破吐蕃于神川铁桥……收铁桥已来（以外）城垒一十六"。这一时期西藏桥梁无论在质量还是数量上都形成了一个飞跃，逐步形成了桥梁建造的雏形。

进入元代以后，中央政府开始了对西藏的管理，政治经济

图3-8-2　楚波日（来源：Charles Bell 摄）

图3-8-3　堆龙德庆钢桥（来源：托尔斯泰 摄）

联系日渐紧密，西藏同内地往来频繁，需求量的增加和不断引入技术和方法，使桥梁建造的数量和水平都得以进一步提高，这一过程一直持续到近代。久米德庆所著《汤东杰布传》中记述了15世纪香巴噶举派僧人汤东杰布，在西藏的江河上架设了二十几座铁索桥。其建造的最后一座桥是楚波日铁索桥，在今曲水县达嘎村，横跨雅鲁藏布江两岸，作为传统拉萨至江孜通道上的咽喉，一直使用到近代（图3-8-2）。

在清代，西藏与周边联系愈加紧密，关于桥梁的记载也越来越多。张其勤记述赴西藏途中经过昌都时，"道里绝险，故已为生平所未经，然尤以桥梁为最。番人之桥多架木为之，两端堆乱石为基，以之架桥，损败破坏；人行其上，摇动偏侧，危险万分"。陈渠珍在《艽野尘梦》中记述"中波密山高岸陡，别有所谓鸳鸯桥者，即用藤绳两根，甲绳则系于甲岸高处，徐降至乙岸低处焉。乙绳则系于乙岸高处，徐降至甲岸低处焉。各悬竹筐，人坐其中，手自引绳，徐徐降下，势等建瓴，往来极便捷也。"这是一种索桥的特殊类型——溜索。这一时期西藏桥梁应当主要以数量提升为主。

近代以英国为首的帝国主义势力试图渗入西藏，在他们记述西藏经历的书中，多次提到了各种桥梁。这一时期西藏和外界在交往的过程当中，也接触到了新的材料和技术，提高了桥梁建造水平。比如在拉萨堆龙德庆附近建造的钢桥，可以代表当时桥梁建造的最高技术水平（图3-8-3）。

## 三、桥梁的主要类型和选址建造

### （一）木桥

西藏部分地区的林木比较丰富，特别是藏东南地区，覆盖着大片原始森林。藏文史籍记载松赞干布在位时期，将都城从山南穷结迁至拉萨。从今曲水渡过雅鲁藏布江，沿拉萨河抵达拉萨，一路上架桥修路。在古董噶尔城西南七里（今东嘎乡）的河上，建造了一座长约100米的单梁简支木桥——池萨姆桥，可通行人畜车辆。英国人F.M.贝利在《无护照西藏之旅》中记述了他于1913年8月5日在通过一座木桥跨越了今林芝措高附近的巴河，桥长85码（约77.7米），建在四个巨大的木桩上，木桩由四根木头捆在一起立在地台上，整个桥总共有四五个这样的地台。美国人罗克希尔称西藏的桥梁多为木制，可见木桥在西藏是相当普遍的。因为取材建造相对简便，今天在西藏仍有很多木桥。

西藏传统木桥主要有两种类型：一是单梁简支木桥，有单跨（图3-8-4）和多跨（图3-8-5）两种形式；二是独有的伸臂桥，除此之外还有木制栈桥。木桥的建造工艺可繁可简，简单的独木桥直接将原木放置在河两岸即成，而复杂的大跨度伸臂木梁桥，则需要将木材纵横堆叠，工艺繁复，但可以跨过非常宽的河流和峡谷，建造中对力学原理巧妙利用，反映了工匠们的智慧。

图3-8-4　单跨简支木梁桥（来源：蒙乃庆 摄）

图3-8-5　多跨简支木梁桥（来源：蒙乃庆 摄）

### 1. 单梁简支木桥

早期受技术的限制，只能就地取材简单加工成独木桥，吐蕃与唐朝军队作战时，常建这种桥供军队辎重通行，为跨越宽阔的河流，在河中建造桥墩，将木梁架设在桥墩上，各跨仍用单梁，形成多跨简支木桥。桥墩多采用石砌而成，或采用类似打桩的方法将木柱支承在河床上，也有下部采用石砌上部采用木柱的方法形成桥墩。桥墩选在枯水季节，用围堰将河水截流改道后建造。在四季不断流的河流，则用抛石的方法建造。

日喀则吉隆中尼边境的热索桥是一座简单木梁桥。源于吉隆盆地北缘马拉山的吉隆藏布（布特库斯河）由北向南在热索桥与东北至西南流向的东林藏布汇合，注入尼泊尔境内。热索桥扼守于吉隆河谷山口，是古代吐蕃与尼婆罗、北天竺的交通咽喉。热索桥为二墩一孔平梁木桥，桥体总长度约30米，桥面距河面高度约6米。桥面由纵横排列的大木组成，两面用铁索连成护栏。以两岸的天然巨石为桥墩，上以石块堆砌平整，用泥浆作为黏合剂。

### 2. 伸臂木桥

伸臂木桥出现在大约7世纪末叶。是受中原地区传入的斗栱启发而来，主要由桥墩、伸臂和桥面三部分组成。桥墩建造方法大致和简支木梁桥相似。桥墩建造到伸臂第一层伸臂纵木的位置，先放置2～4层小横坊，然后放置第一层纵木。第一层纵木一般向上斜挑一定的角度，数量根据桥的宽度而定，一般选用直径粗大的原木。第一层纵木放置完毕后，在上部放置第二层横坊，然后放置第二层纵木，第二层纵木在第一层纵木基础上外伸1～2米。如此反复逐层继续向上架设横坊和纵木，直到需要的伸臂长度，其层数少则2～3层，多则5～6层（图3-8-6）。最后在伸臂之间用原木合龙并铺设桥面，形成完整的桥梁。木构件之间的固定一般采用牛皮绳或木钉固定。这种桥梁可以有单跨或多跨，一般建造在谷深河窄，水流湍急的地方，单跨简支桥跨度不能满足要求，但又缺乏建造桥墩的条件，于是通过这种方式来加长跨度。为了进一步加长跨度，还将伸臂和拱桥结合，进一步形成了独特的拱形伸臂木桥（图3-8-7）。

那曲地区比如县城西北的比如木桥建于明代，位于怒江一橄榄形河洲的西端两面，全长146米，分为南、北两部分。南桥全长91米，在中间和两端设三个桥墩，用圆（柏）木和大块卵石建成，架设到高出水面一定高度时加高两端，使中间形成凹槽，在凹槽内架设圆木，层层平铺伸出，至中

图3-8-6  索县伸臂木桥桥墩（来源：韦蛟 摄）

图3-8-7  拱形伸臂木桥（来源：严梦圆 绘）

图3-8-8  古宫寺栈桥（来源：蒙乃庆 摄）

图3-8-9  拉加里王宫栈桥（来源：蒙羽轩 摄）

间小于一根圆木的长度时，平铺一层圆木形成桥面。比如木桥跨度大，结构形式独特，建造技艺较高，是藏式伸臂桥的典型代表之一。

### 3. 木栈桥

西藏栈桥（图3-8-8）常见有两种形式，分别为悬臂式和立柱式。

悬臂式栈桥的横梁架设于悬崖边的平地部分，部分悬挑出路面，架设时一侧在峭壁上凿洞，另一侧设木支柱，支柱垂直立于下部地面或斜向支撑于峭壁下部另凿的洞口，然后将横梁两侧分别支撑在立柱和石洞，纵向铺设木板形成栈桥，也有悬臂式栈桥不设支柱而直接用大悬臂。拉加里王宫位于山南地区曲松县城西北的台地上，其中的王宫主体建筑位于台地边缘，一侧为悬崖。栈桥（图3-8-9）就架设于王宫外墙和悬崖之间，采用直径约30厘米的圆木作为横梁，其中一端伸至王宫外墙，另一侧悬挑于悬崖外，圆木上铺设夯土，形成栈桥。

立柱式栈桥则架设在植被茂密的地方，通行时需要清除植被，为通行顺畅架设高出植被的栈桥。萨拉特·钱德拉·达斯（SaratChandaraDas）在记述其清末在拉萨和西藏腹地旅行经历的《Journey to Lhasa and Central Tibet》中，记述了这种栈桥，采用竹子架设，称为竹子走廊。

## （二）索桥

因为工艺比较复杂，且受材料的限制，索桥的出现应当晚于木桥。早在西汉时期，我国索桥的雏形——溜索桥即已出现，被称为"笮"。西藏建造索桥的历史非常悠久，至今仍有很多古代索桥继续使用。原始的桥索有毛绳索、竹皮索、革索或藤索等，后期随着金属冶炼技术的发展，产生了铁索，因为可以建成较大的跨度，所以在宽阔的河流上大量建造，成为西藏索桥的主要形式，而毛绳索、竹皮索和革索则因为强度和耐久性差的问题而逐渐消失。西藏索桥大致可以分为溜索、藤网索桥和铁索桥三种。

### 1. 溜索

溜索（图3-8-10）取材和建造比较方便，在藏东南地区较为多见。英国人F·M·贝利在《无护照西藏之旅》中称西藏有各式各样的溜索，他于1913年8月3日在今加拉帕日峰附近曾见到过一座跨越雅鲁藏布江的溜索，由竹皮拧成，直径2～3英寸，一个半圆形的木头拴在溜索上，当地人形象地称为"马鞍"，把人或货物拴在"马鞍"上滑过去，供人用的"马鞍"大约6英寸长，供马用的要长一些。王宗仁记述其在西藏生活时，也称20世纪50年代，溜索在西藏随处可见，凡有河的地方几乎都有溜索。

溜索一般用牛皮或藤条制成，横悬在两岸陡峭的崖壁上。先将牛皮绳捆在腰上固定好，然后在牛皮绳上系一个木

图3-8-10 溜索（来源：甘博 摄）

质圆筒（溜筒），把溜筒挂在溜索上。也有在溜筒下的绳索上系一根短木或篓，过河的人骑坐在短木上，或坐在篓中。过河的方式有平溜和陡溜两种。平溜的溜索是水平的，只需一根溜索，过河的时候在溜筒上系一根牛皮绳连到两岸，靠过河的人自身攀爬或岸边有人拉动溜到对岸。陡溜的溜索有一定的坡度，需要两根溜索，过河的人利用重力自行溜到对岸。清史载："其制，两岸立竹，股竹为索，或长百丈，短亦六七十丈，横截岷江，断木为筒，状如覆瓦，系绳于上，凡村民与羌民往来，各以麻绳连筒缚身于索，仰面，以手攀索而渡，然后登岸解绳，虽渡牛马亦然，东西各置低昂，以筒溜之，甚速且便。"

陈渠珍在《艽野尘梦》中描述了溜索如何架设和过河："即引一老人，负藤绳两盘至……对岸来一番人，手携毛绳。于是彼此各持绳的一端，向上流力抛。忽两绳相交接，成一绳。再张索桥，引渡而过。两岸原有石墩，高丈许，中埋木柱。栓桥绳于柱上，即成桥也。对河番人，攀缘藤绳而过。余取所携毛绳观之，其一端系有三梭铁钩。又视老番绳端，亦系一铁球，大如卵。……渡桥去，人依桥柱，背河而立。有曲木，长尺许，如半月形，紧系胸间，桥绳即由此穿过。另一细绳，系人背上。自此岸循索溜达彼岸，一人牵引之。凡渡河之人，仰身倒下，手足紧抱桥绳，手攀脚送，徐徐而过。对河一人持细绳，亦徐徐牵引之。"

### 2. 藤索桥

藏东南的门巴、珞巴地区气候温暖潮湿，利用密布的原始森林中出产藤类和竹类做成桥索。清代典籍《归流记》中载："花木遍地，藤萝为桥"，可见藤索桥的创建年代可上溯到更早的年代。用藤条或竹条编成缆索，连接于两岸的木框塔架上，再用粗藤做成的圆圈，系在缆索中，最后用细藤编制桥面及护栏网。F·M·贝利称在今藏南波密、墨脱等地多是高山峡谷，很多村庄周围都是陡峭的高坡，当地采用藤竹混合编成的藤索桥，藤索通常由几根单股组成。《艽野尘梦》中称"波密地多藤桥，故村寨中皆牵绳为桥，高四五尺，密如网，使儿童练习也……此桥攀渡甚难"，可见跨越

图3-8-11　墨脱德兴藤网桥（来源：冀文正 摄）

图3-8-12　南木林香曲铁索桥（来源：蒙乃庆 摄）

藤索桥有一定的技巧。

　　20世纪墨脱县尚存一座横跨雅鲁藏布江上的德兴藤网桥（图3-8-11），桥身较宽，人畜都可以通行，直到20世纪90年代还在继续使用。德兴藤网桥始建时代约为12世纪，全长约200米，桥体悬空下垂呈半月状，用藤条网织而成，桥横截面呈"U"形，高1.5～1.8米，上端宽0.7～1米，挽一藤圈，共7个藤圈，藤圈以3根藤条拧挽成麻花状，直径2.5～3米，用以张撑桥面，桥体两侧分别用17根藤丝为经线，每隔10～20厘米织一纬线，底部经线为30～50根。藤索的编制方法非常独特，会随着使用过程越来越牢固。

## 3. 铁索桥

　　科学技术水平的发展，特别是金属的冶炼和使用，使西藏桥梁的建造技术得到了迅速提高，具备了建造铁索桥的条件，得以大量建造，目前保存下来的铁索桥大部分是在藏区。

　　铁索桥（图3-8-12）由索塔、铁索和桥面组成，根据铁索的数量有双链、三链和四链几种，铁索数量越多，桥身也越稳定，也更安全。双链铁索桥宽度和跨度都比较小，一般只能供人通行。在铁索下吊牛皮条或藤条，条上铺木板或藤网，铁索兼作左右扶手。三链则在双链的下方再增加一根铁索，行走时更加稳定，但桥面依然较窄。四链分为两上索和两下索，宽度和跨度都比较大，人畜均可通行，甚至可以通行车辆。大的索桥多采用石砌而成的碉堡，预先埋设粗大的铁环或架设数根粗大的横木锚固铁索。小的索桥则用索塔，将木柱（又名将军柱）埋置于石砌墩台中，主索系在木柱上，或跨于木柱间横梁上。也有在岩石上凿洞固定铁环或横木，将铁索直接锚固在岩石或横木上。铁索一般用两端半圆的环索交叉相扣连接而成。架设铁索是建桥的关键，铁索较重，架设难度很大，通常有三种方法。第一种方法首先在一侧岸边用弓箭系上一根长长的细绳，箭带着细绳射向对岸，对岸的人接到细绳后系上牵引绳拖回对岸，最后用牵引绳将铁索拖带过河；第二种方法是两岸各一人，同时向上游河心抛掷缆绳，绳头上系有石头或金属锤。当两条缆绳在河心铰接后，由于水流汹涌翻滚而拧绞为一，然后在缆绳上系牵引绳拖至对岸，用牵引绳将铁链牵引过河。第三种方法是用牛皮筏或木船将铁索盘于船上驶向对岸，边驶边徐徐施放铁索。

日喀则昂仁的日吾其铁索桥，横跨雅鲁藏布江，有东、中、西三座桥墩，全长90米，宽约1米，仅能容一人通过。东岸桥墩为圆柱形，采用片石叠砌，未使用黏合剂，间以木枋及圆木相互拉结。中部和西岸桥墩分为墩基与墩身两部分，墩基用片石叠砌，其上用大河卵石覆盖并在墩基石块间铺以纵向、横向的木桩护栏，相互以榫卯连接，形状略呈船形，迎水面砌成分水尖起分流作用，墩基上用片石砌出的圆柱状墩身。四根主铁链用厚1.5、宽3厘米的铁条锻打而成，在主链的下方用牛皮绳吊铺木板作为桥面。

## （三）石桥

西藏很多地区都有质地良好的石材，在拱桥传入西藏之前，就已经开始建造简单的石板桥。后受斗栱启发，独创了类似伸臂木桥的石板桥，增加了桥的跨度。这种桥采用大块片石，逐层向外悬挑叠砌，然后充填河沙和卵石，并以大块石压实。大约在明初，石砌拱桥技术传入西藏，开始大量兴建石拱桥。

明朝初年在日喀则东郊建造的苏木佳石桥，是由石台、石板梁等组成的多跨石板桥，桥长70余丈，共19孔，横跨年楚河，桥宽可通行车马。明洪武十三年（1380年）左右，在日喀则境内的查弄河上建造的一座石砌拱桥，长约40米，共6孔，拱圈由花岗石砌成，拱墙用片石叠砌，内填河沙和卵石，与中原地区的石拱桥砌筑方法一脉相承。罗布林卡内连接湖心宫的桥为石板桥，采用花岗石雕凿成石板，架设在花岗石砌筑的桥墩上，栏杆采用花岗石雕凿而成，工艺精湛。萨拉特·钱德拉·达斯在《Journey to Lhasa and Central Tibet》中，描述了他1882年5月30日经过今堆龙德庆县堆龙村附近的孜曲桑巴是一座漂亮的大石桥，约120步长，8步

图3-8-13　拉萨琉璃桥（来源：拉萨历史地图）

宽。1904年英军医花得乐（Waddell）在《Lhasa and it's mysteries》中称他1904年曾经过此桥，大约100码（约91米）长，有桥墩，为砖石结构，以坚石为栏，有五个水洞，桥下河水湍急。

在拉萨还伫立着一座古老的石桥——琉璃桥。琉璃桥为五孔梁桥，跨度28.3米，桥面宽6.8米。桥上东西两侧砌有石墙，墙上有门洞，门洞外侧分别置有木栏杆。石墙间按汉式设梁椽等构件上覆绿色琉璃瓦顶，组成漂亮耀眼的汉地古建歇山式廊桥（图3-8-13）。

## 四、桥梁的特征与解析

西藏的桥梁在建造和使用中，通常采用了很多独特的工艺技术，这些工艺技术与建筑中所使用的彼此交融，难以区分。很多桥梁的功能和装饰也更多具有建筑的特征，被赋予了灵魂和血肉。因而西藏的桥梁不单纯是构筑物，通常被认为是建筑的一种。

（1）西藏的桥梁建造因地制宜，形式多样。在选址中，通常选择河流比较窄，且河岸两端岩层比较好的位置，既减小建桥的工作量，也减小了桥梁的跨度，降低了技术难度。桥梁建在尽可能高的地方，防止河水对桥梁的冲刷，保证桥梁的安全。桥型一般根据当地材料和建造条件而定，林木丰富则选用木桥，跨度大则选用索桥。通过不同工艺材料的

组合创造出形式多样的桥梁，满足了跨越江河沟壑的需求，成为西藏建筑中独特的一个种类。

（2）西藏的桥梁集合了建造时期的先进技术，集中体现了工艺水平和技术能力。木桥独创了层层堆叠的伸臂木桥的建造方法，体现了对力学的认知。铁索桥通过选择合理的悬垂度，及不同桥索数量的组合，充分利用了桥索的受力特点，最大程度保证了整体稳定。桥头堡中设张拉装置，方便建造和维护保养。多次锻打提高了索环的性能，索环环环相扣，连接非常牢固。采用牵引绳的方法，解决了铁索的架设难题。石桥类似斗栱的层层堆叠方法和对拱的采用，充分利用了石材性能特点。

（3）多功能一体和独具一格的装饰效果。西藏很多桥是建筑物和构筑物的组合，如铁索桥的桥头堡除了本身架设铁索的需要，还设置库房存放维护所需的零件和工具，设置通廊供行人休息避雨，甚至作为关卡设置守卫的居室。拉萨的琉璃桥覆盖绿色歇山琉璃瓦顶，又以琉璃筒瓦盖缝，檐口施琉璃舌形滴水。四角饰龙首飞檐，屋脊中间饰琉璃宝瓶，两端有琉璃供果脊饰。组成漂亮耀眼的汉地古建歇山式桥廊，本身就是非常精美的建筑。《玛尼全集》中云："……王宫南面为文成公主筑九层宫室，两宫之间，架银铜合制的桥一座以通往来……"。铁桥装饰华丽，铃声铿锵，点缀其间，衬托了布达拉宫的奢华。即使是普通桥梁，独特的桥型犹如一道彩虹飞架于江河两岸，饰以五彩经幡等，表达对桥给予通行便利的感谢，也赋予对桥梁牢固安全的美好期望。

## 五、主要桥梁分布

西藏的主要桥梁见表3-8-1。

西藏的主要桥梁

表3-8-1

| 序号 | 名称 | 地点 | 建成年代 | 材料结构 | 规模 | 文保级别 |
|---|---|---|---|---|---|---|
| 1 | 热索桥 | 日喀则市吉隆县 | 清 | 单跨木桥 | 桥体总长约30米 | 自治区级 |
| 2 | 比如木桥 | 那曲市比如县 | 16世纪 | 多跨木桥 | 由南北两座桥组成，全长146米。南桥全长91米，3个桥墩，北桥全长51米，桥面宽2.05米，从一个桥墩单向伸出 | 自治区级 |
| 3 | 古宫寺栈桥 | 阿里地区普兰县 |  | 木栈桥 | 沿洞窟外山体修建，悬挑约2米 | 自治区级 |
| 4 | 拉加里王宫栈桥 | 山南市曲松县 | 13～14世纪 | 木栈桥 | 沿王宫外山崖修建，悬挑1.2米 | 国家级 |
| 5 | 德兴藤网桥 | 林芝市墨脱县 | 12世纪 | 藤索桥 | 长约200米，横截面呈"U"形，高1.5～1.8米，上端0.7～1米 | 自治区级 |
| 6 | 宗雪铁索桥 | 拉萨市墨竹工卡县 | 14世纪 | 铁索桥 | 1号桥长65米，宽2.5米，2号桥长24米，宽2.4米 | 自治区级 |
| 7 | 旁多铁索桥 | 拉萨市墨竹工卡县 | 15世纪 | 铁索桥 | 共一跨，全长约21米，宽1.1米 | 自治区级 |
| 8 | 楚波日铁索桥 | 拉萨市曲水县 | 14世纪 | 铁索桥 | 铁索桥南北排列的4个桥墩，推测长120米 |  |

| 序号 | 名称 | 地点 | 建成年代 | 材料结构 | 规模 | 文保级别 |
|---|---|---|---|---|---|---|
| 9 | 娘果竹卡铁索桥 | 山南市乃东区 | 14世纪 | 铁索桥 | 铁索桥南北排列的5个桥墩，推测长150米 | |
| 10 | 日吾其铁索桥 | 日喀则市昂仁县 | 14世纪 | 铁索桥 | 有东、中、西3座桥墩，桥全长90米，宽约1米 | 自治区级 |
| 11 | 彭措林铁索桥 | 日喀则市拉孜县 | 15世纪 | 铁索桥 | 共有4个桥墩，由南向北跨度分别约45米，124米，48米 | 自治区级 |
| 12 | 拉孜铁索桥 | 日喀则市拉孜县 | 14世纪 | 铁索桥 | 由东西两座铁索桥组成，分别有两座桥墩，西桥跨度为62米，东桥跨度不详 | 自治区级 |
| 13 | 香曲铁索桥 | 日喀则市南木林县 | 15世纪 | 铁索桥 | 桥面跨距55.7米，桥体横截面呈"U"形，面宽0.9米，高0.9～1.3米。桥两端分别建有桥头堡 | 自治区级 |
| 14 | 琉璃桥 | 拉萨市 | 清 | 石桥 | 五孔梁桥，跨度28.3米，桥面宽6.8米，桥上建有歇山式建筑，形成桥廊 | 自治区级 |
| 15 | 罗布林卡石桥 | 拉萨市 | 清 | 石桥 | 东桥四跨，西桥三跨，每跨净跨度大约1.5米，桥宽约1.8米 | 国家级 |

# 第九节　其他

## 一、城墙

　　西藏城墙与城墙的传统概念有较大区别。有学者认为在西藏由于没有真正意义的城池，因此也没有真正意义的城墙。但西藏也有具有防御功能的城墙，早在1978年至1989年发掘的西藏昌都卡若遗址中发现有石墙两堵，是目前在西藏发现的最早围绕建筑群修建的带有城墙功能的建筑了。但是西藏的城墙一方面数量较少，一方面是规模不大。因此西藏城墙的类型比较特殊。大致分为四个类型，即宫殿城墙、庄园城墙、城堡城墙、寺院城墙。

　　西藏古代的宫殿中位于西藏琼结县的青瓦达孜宫被认为具有最早的城墙。青瓦达孜宫是西藏吐蕃王朝时期先后修建的六座宫殿的总称。根据资料记载和实地调查，这六座宫殿是吐蕃第九代赞普布德贡杰到第十五代赞普伊肖勒时期，沿青瓦达孜山脊，在不同时期修建的互不相连的宫殿。为了连接这六座宫殿，当时的人们沿山脊修建了一条连接六座宫殿的城墙，由于当时的青瓦达孜就是吐蕃部落的都城，所以这条城墙可以算是西藏最早的宫殿城墙了。

　　第三十二代（或第三十三代）吐蕃赞普松赞干布迁都拉萨后，修建了布达拉宫，并在宫殿外建筑了城墙。据松赞干布著《玛尼全集》中所云：布达拉宫"以三道城墙围绕……王宫护城各有四道城门，各门筑有门楼设岗"。《西藏王统记》中也说："墙高约三十版土墙重叠之度，高而且阔，每侧长约一由旬[1]余。大门向南。……论其坚固，有强邻寇境，仅以五人则可守护。"这应当就是真正意义上的王城城墙了。

　　西藏另一类城墙是庄园类城墙。西藏初兴庄园建筑时，正是西藏社会相对动荡的时期，因此，在这一时期修建的城

---

[1]　古印度长度单位，1由旬相当于一只公牛行走一天的距离，大约11公里左右。

墙大多在主体建筑以外修建高大坚固的城墙，在城墙四角修建碉楼，正门之上还建有门楼，个别实力强的庄园主还在城墙之外挖一周护城河，其中位于山南市扎囊县的朗赛林庄园可称得上是这一时期庄园建筑的一个典型。

与中原地区不同的是西藏的宗（相当于县一级行政机构）大多建在地势险要的山巅之上，形成城堡，只在城堡所建山体缓坡修建围墙并加筑碉堡，并在城堡附近修建碉楼群作为与城墙功能相同的防御系统。所以，西藏的宗与中原相对的县城传统筑城的样式完全不同。

西藏宗堡数量较多，这类建筑是12至14世纪之间西藏历史上一种独特的建筑。宗堡大多修建在地势险要的山脊、山巅之上，但也有一些是修建在主要的交通要道、隘口。这类建筑周围都修建有用于防卫的城墙，并在城墙转角处建有碉楼，从而形成一个完整的防御体系。

此外西藏还有一类特殊的城墙即寺院的城墙，西藏各大教派兴起之时，正是西藏社会进入分治时期。这一时期社会动荡、教派之间战争不断，当时修建寺院时大多建有高大的城墙，城墙四角也都修建具有碉楼功能的角楼、门楼，如萨迦寺、乃宁寺即为其中的典型。

### 1. 宫殿类城墙

（1）布达拉宫城墙

布达拉宫建于公元7世纪，距今已有1300多年的历史，是西藏现存最大、最完整的古代宫堡建筑群。公元7世纪初吐蕃王朝崛起，松赞干布继承赞普位后，逐步统一了西藏，建立起强盛的吐蕃奴隶制政权，并在公元633年迁都拉萨（史称"逻些"）。公元641年，松赞干布在红山上修建了999间房子，连同山顶红楼共1000间。除了房子，当时还筑成每一边长一里的高大城墙。但当时的建筑未能完全保留下来，今仅存为吐蕃时期所建。布达拉宫一直作为历代达赖喇嘛生活起居和从事政治活动的场所，是西藏政教合一的统治权力的中心（图3-9-1）。

布达拉宫前的城郭北面紧邻红山，其余三面围以高大

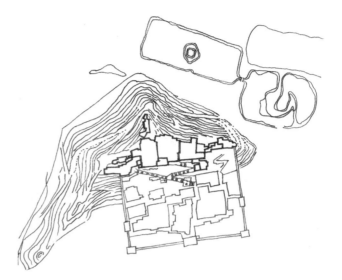

图3-9-1　布达拉宫平面图（来源：彭玉红 改绘，中国建筑技术研究院历史所，西藏建筑勘察设计院. 布达拉宫[M]. 北京：中国建筑工业出版社，2011）

城墙，城墙高6米，底宽4.4米，顶宽2.8米，可供人在顶部自由行走，墙顶外侧起砌女儿墙，墙体外皮采用花岗石砌筑，内部为夯土，南城墙正中为三层石砌城门楼，门内有一座石砌影壁，行人可绕影壁两侧出入。东、西城墙中有侧门楼，可供人出入。城郭东南、西南两拐角有角楼，两角楼未设门。红山上布达拉宫主体建筑群两侧分别设了两座城堡，分别是东大堡和西圆堡，东西两侧的城墙则一直沿山势修建，与其相连。北侧则山势陡峭，不易攀登。门楼、角楼的体量均较大，规格较高，功能完善。东大堡和西圆堡地势较高，瞭望范围宽阔，可覆盖城郭周围各个角落（图3-9-2）。

（2）青瓦达孜宫殿城墙

青瓦达孜宫殿及城墙遗址位于山南市琼结县琼结镇所在地的青瓦达孜山上，海拔3830米。根据史料记载，古代吐蕃从第九代赞普布德贡杰到第十五代赞普伊肖勒，曾先后在琼结兴建了达孜、桂孜、扬孜、赤孜、孜母琼结、赤孜邦都等六个宫，史称"青瓦达孜六宫"。这也是吐蕃早期继雍布拉康宫堡之后兴建的第二大宫堡。六个宫修建时代

图3-9-2　布达拉宫城墙（来源：黄凌江 摄）

图3-9-3　青瓦达孜古城（来源：蒙乃庆 摄）

图3-9-4　青瓦达孜古城墙（来源：蒙乃庆 摄）

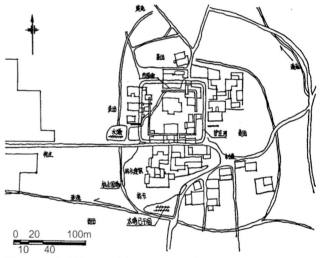

图3-9-5　朗赛林平面图（来源：靳含丽 绘）

不同，但相隔不远，为便于防御，宫殿之间都有城墙相连（图3-9-3）。

现山脊上的宫堡虽仅存三处遗址，中间最大的城堡为夯筑墙体，夯土墙体残高约5米、厚1.8米，土质硬，仅存墙体坚牢。但沿山脊修建的城墙基本保存，城墙石砌，高约5米、宽约4米，墙体中空，二层，下层内部高约2米、宽1米余，用于战时通行，上层面向缓坡的一面建有城垛。

帕姆竹巴政权时期在西藏设宗后，在青瓦达孜山上原宫殿建筑的基础上扩建了琼结宗府（图3-9-4）。

## 2. 庄园类城墙

### （1）朗赛林庄园

朗赛林庄园位于山南市扎囊县扎其乡朗赛岭村委会东30米处，海拔3620米。朗赛林庄园始建于帕竹王朝时期，是在原扎西若丹庄园基础上发展建造而来。庄园建筑占地8000余平方米，庄园原建有双重护墙，外墙为后期修建的包括整个庄园及园林的围墙，呈长方形，以块石为基，上部用土夯成墙，墙窄而矮（图3-9-5）。

内墙为城墙，下部垒石为基，石砌基础高约2米、基宽约4.5米，上部以夯土为墙，夯墙隔层夹有石板，下宽上窄，收分较大。墙顶宽约2米，墙顶外侧原有城垛，上可行人巡视，墙总高约10米，墙顶两侧有木檐，以此遮雨护墙。城墙呈正方形，在城墙四角各建有碉楼，大门设于东墙正中，门宽约3米，门前约2米处建有影墙护门。影墙与城墙之上建有门楼，门楼前设吊桥，吊桥由门楼控制。后期在南墙偏东处开一小偏门，并在护城河上建一座小桥。在西墙正中顶部设有望楼，楼基宽倍于围墙，站在此地可瞭望四方。在内墙与外墙之间，开筑有宽约5米的壕沟，均用石砌而成，具有明显的防御功能。

围墙内由主楼、牲畜棚、院子等建筑组成，围墙南面有庄园的果园。主楼在围墙中部偏北，整座建筑墙壁皆用土石构筑，坐北朝南，平面呈方形，主楼高7层、东西长30米、南北宽28.6米、总高22米，为西藏最高、体量最大的庄园建筑（图3-9-6）。

### 3. 城堡类城墙

#### （1）江孜宗城墙

江孜宗堡位于今日喀则市江孜县县城内，白居寺位于其西北侧约700米处。江孜距离拉萨230公里，距离日喀则100公里，地处去亚东、日喀则的交通要冲。宗堡山顶海拔4187米，但相对高度只有100多米，因为周围地势平坦，宗堡也

图3-9-6　朗赛林庄园及城墙（来源：黄凌江 摄）

就显得鹤立鸡群。站在宗堡上俯瞰四周，整个年楚河谷地平原尽收眼底，视线可及范围非常宽广，是理想的军事设防要冲（图3-9-7）。

吐蕃地方政权崩溃后的长期割据时期，吐蕃赞普的后裔班士赞看中了这块宝地，于公元967年，在江孜宗堡始建了宫堡式的建筑，以割据统治年楚河流域。萨迦地方政权时期，江孜法王热丹贵桑的祖父朗青·帕巴巴桑在萨迦地方政府的四大内臣中任"下卡瓦"之职，同时被授予年楚河中上游地区的统治权。帕竹政权时期，热丹贵桑的父亲朗青·贵嘎帕在帕竹乃东政权任职，继续统治年楚河中上游地区，并

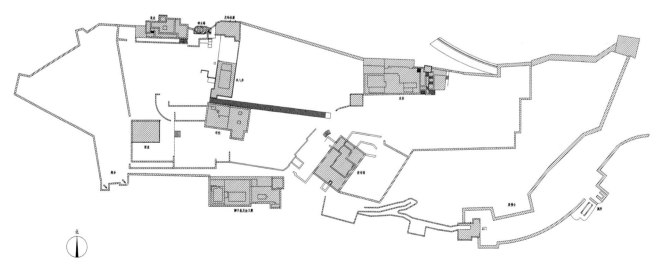

图3-9-7　江孜宗堡平面图（来源：蒙乃庆 绘）

图3-9-8　山脊上江孜宗堡防线1（来源：蒙乃庆 摄）

在江孜宗堡上扩建了宫堡式的建筑，使其成为当时在全西藏修建的十三大宗豁之一。清朝时期原西藏地方政府在江政宗堡上设立了宗的行政单位，使江孜成为全西藏大宗之一。

和西藏其他的宗堡建筑类似，江孜宗堡城也建在地势险要之处，宗堡西侧是刀砍斧削般的悬崖峭壁，高达数十米，十分险要。宗堡岩体非常坚固，建筑的墙基大多紧靠悬崖边缘，直接砌筑在岩体上。环绕整个建筑群的险要之处一般不设围墙，陡峭的崖面和建筑的墙体就起到了围墙的作用。在相对平缓的地方则设有围墙，在南面某些地段甚至筑有两道墙。围墙总长度1179.5米，墙体全部由石块砌成，厚度在1米以上，墙高连同墙基达4~5米。围墙中间每隔一段距离设有小碉楼，碉楼外部上方建有方形小孔。与其他城墙上所设碉楼不同的是，宗堡建筑群本身所处地势较高，在任何位置都具有良好的视线，可以观察到很远的地方，因

此碉楼的主要功能是进一步加强建筑群的整体防御功能，并非用于拓展视线以观察周围更远的情况（图3-9-8~图3-9-10）。

（2）卡热宗城

卡热宗城墙位于浪卡子县卡热乡所在东南侧山坡上，建筑遗址坐西朝东，是在宗朵山上的一个山脊上，据说是清初准噶尔入侵西藏时最难攻破的宗堡。建筑呈南向北排列，南高北低，高差约20米，南端位于一个山头，为一座半圆形碉楼及附属建筑，坐南向北，因依山而建，碉楼与前方附属平房建筑墙基基本在同一水平线上。宗城山坡上稀有土泥，建筑均由片石修建（图3-9-11）。

宗城主体建筑位于北部，整个建筑的主体东北部已塌陷，宗城就建在高约3米的高台基上。宗城建筑完全根据台基的形状修建，几乎没有规则，平面近似圆形，在距宗城

图3-9-9　江孜宗堡防线2（来源：蒙乃庆 摄）

图3-9-10　江孜宗堡防线步道（来源：蒙乃庆 摄）

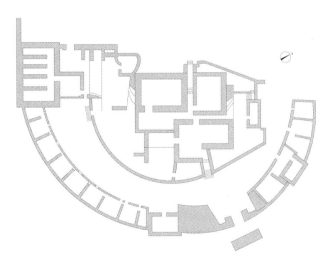

图3-9-11　卡热宗城平面图（来源：蒙乃庆 绘）

图3-9-12　卡热宗城城堡（来源：蒙乃庆 摄）

建筑中心以外约2～30米处修建一周圆形城墙，城墙基础宽2米、高约5米，完全由石块砌筑，城墙内侧建有一排小房间，大的宽6米、小的宽4米、长约4米、高2层，向外砌有内大外小的三角形射箭孔。城墙内的每个房间都分布有二三个射箭孔。在城墙上每隔五六十米建有一座碉楼，碉楼高出城墙约3米。同时城墙顶部外侧建有墙垛。城墙顶与内侧小房间屋顶平起，从而形成一条宽3米左右的平台用于士兵巡逻。卡热宗城因修建于山脊，西侧为坡度近70°的陡坡，所以西侧城墙防御工事较少，但与通往山下的取水暗道建筑同时建有五座碉楼，形成在冷兵器时代无法逾越的屏障（图3-9-12）。

## 4. 寺院类城墙

（1）白居寺

白居寺位于今日喀则市江孜县县城内，距离拉萨230公里、日喀则100公里。寺庙全称"白古曲德寺"，藏语意为

"吉祥轮上乐金刚鲁希巴城仪轨大区香水海寺"，是藏传佛教的萨迦派、噶当派、格鲁派三大教派共存的一座寺庙。据《汉藏史集》记载，白居寺始建于1418年，由江孜法王热丹贡桑帕巴主持修建。根据寺藏典籍《娘地佛教源流》等史书考证，热丹贡桑帕巴受明王朝册封的时间为1418年，与建寺时间相同。寺院三面环山，除吉祥多门塔和主殿措钦大殿外，其余建筑都位于山上（图3-9-13）。

据《汉藏史集》记载，大围墙修建于1425年，"每一边长二百八十步弓，围墙上建有十座角楼作为装饰，开有六个大门，并在墙处种上树木"。白居寺建寺历时约10年时间，由此推断大围墙为寺庙其他主体建筑初具规模后开始修建。大围墙的主要作用是保护寺院，防御外敌入侵。白居寺也是较为典型的西藏寺城之一。

按20世纪80年代文物普查数据，围墙全长为1440米。皆用黄土夯筑，有的部分外侧用岩石嵌砌，但内侧仍为夯土。围墙宽度2～4米，高3米左右。现存有13座角楼（也称"碉楼"）的遗迹，部分状态仍较为完好，并被作为寺院的拉联（即佛尝）。残破部分则另筑新墙和老围墙连成一体，到今天围墙仍保持基本完整。门楼多为长方形，北部山顶上有两座角楼，其北侧用岩块砌成半圆形厚墙，十分坚固；东北部角楼内侧有一座用岩石砌成的长30米、宽约10米的巨大石屏，为晒佛台。据《汉藏史集》的说法，晒佛的传统为白居寺首创，时间在法王热丹贡桑帕巴时期。原围墙的门置已不清楚，近代寺院大门开在南墙上，随着1984年江孜新街的形成，又重新在左侧新修了现在的新寺门，大门较为简陋，未设门楼。

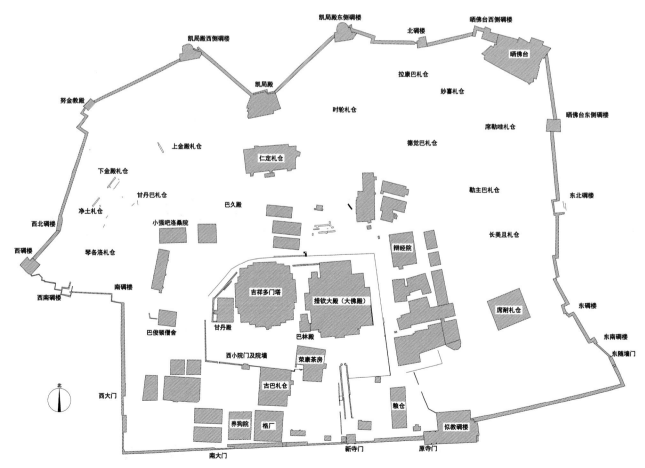

图3-9-13  白居寺平面图（来源：蒙乃庆 绘）

图3-9-14　白居寺城墙（来源：蒙乃庆 摄）

　　从围墙和角楼的建筑形制和其修建的位置来看，角楼和城墙共同构成了完整的防御体系。角楼内部的房间可以储藏一定量的武器、粮草，并可供官兵休息，功能与内地其他地方的城楼类似。角楼大部分位于山上，处于地势较高的位置，便于观察瞭望。现围墙四周没有护城河，但白居寺民间称"白润曲颠"，意为流水漩涡处的塔河上修闪眼桥，可见当时的年楚河是从宗堡下流过的。根据这些记载，加上现在古河道分析，当初白居寺的前面应是紧靠河流的，毗邻围墙的年楚河起到了护城河的作用（图3-9-14）。

　　（2）乃宁曲德寺城

　　乃宁曲德寺位于日喀则市康马县南尼乡，属年楚河上游的河谷地带，北距江孜县城10公里，南距康马县城35公里，东依札西达杰山，西临年楚河，海拔4100米（图3-9-15）。

图3-9-15　乃宁曲德寺城墙（来源：蒙乃庆 摄）

图3-9-16　乃宁曲德寺门楼（来源：蒙乃庆 摄）

图3-9-17　乃宁曲德寺城墙与角楼（来源：蒙乃庆 摄）

乃宁曲德寺创建于吐蕃时期，创建人为莲花生大师弟子、古印度僧人阿羌甲·强拜桑布。乃宁曲德寺是康马及其以南地区历史最悠久、规模最大的一座寺院。吐蕃时期，该寺占地90000平方米，寺周围筑有内、中、外三重围墙，中、外围墙现已被毁，内围墙保存尚好，乃宁曲德寺就建在这占地65000平方米的围墙之中。乃宁曲德寺现存建筑为四个四期：第一时期吐蕃时期，建筑包括围墙、佛堂、佛塔、欧子扎仓、吉察扎仓、曲康扎仓、丁吉扎仓、额占夏扎仓、那布扎仓等。该时期建筑均为夯土建筑，墙厚均达1米以上，具有较典型的吐蕃建筑特点。北部建筑在布局上形成以佛塔为中心的格局，具有古印度教寺庙以佛塔为中心的建筑格局特点。乃宁曲德寺原信奉宁玛派，后改为噶举派。15世纪初，宗喀巴大师两次到乃宁曲德寺，并在此新建佛殿和扎仓各一座，即为第二时期建筑，该寺也至此改为格鲁派。1904年，英军入侵西藏，在乃宁曲德寺发生战事。战事结束后，十三世达赖喇嘛在原吐蕃时期佛殿东面新建一座大殿，即现在的乃宁曲德祖拉康，由经堂、佛殿、僧舍等部分组成。

据调查和访问，乃宁曲德寺中、外围墙均为方形，三重围墙拐角上均建有角楼，其中外围墙和中围墙的大门上还建

有门楼，外围墙上的角楼和门楼相对体量较大一些。多重围墙使寺院形成坚固的防御体系（图3-9-16、图3-9-17）。

## 二、佛塔

藏传佛塔体现了西藏的建筑风格，是西藏神圣建筑的典范之一，它与曼陀罗法身一样是具有灵魂的，它又是一种宇宙的象征物。佛塔作为建筑物象征着佛教和佛陀精神，是随着佛陀出现，佛教发展到一定程度而出现的。藏传佛塔也是藏传佛教的重要标志物和朝拜对象。藏传佛塔源自于印度和尼泊尔佛塔，其形制和内涵寓意都是对古印度和尼泊尔佛塔的继承和改进。松赞干布时期佛教正式传入西藏，佛塔也在之后作为佛教象征物得以发展。佛塔在西藏的发展可以分为公元7世纪发展初期，公元8世纪发展期，公元9世纪破坏期，11世纪恢复期，14世纪兴盛期。

公元7世纪松赞干布时期的藏传佛塔属于发展初期，这个时期建造了西藏本土昌珠寺内第一座五顶佛塔。之后建造了拉萨红山顶白塔，大昭寺八塔等早期佛塔，也出现了模仿印度风格的佛塔与寺院结合的"塔院"式建筑。

公元8世纪赤松德赞发展期。这个时期佛教在西藏得以顺

利发展，出现了西藏历史上第一座大型寺院——桑耶寺，并在寺内主殿四角建造了白色、红色、青色及黑色四个佛塔，成为当时西藏地区佛塔建筑的标志及模仿的对象。在去往桑耶寺的道路上松嘎尔乡附近建造了五座石塔连成一线。这个时期的佛塔发展是藏传佛塔形制本土化和多元化的时期。

公元9世纪，西藏开始了大规模的"灭佛"运动，佛教在西藏受到重创，包括佛塔在内的佛教活动和建设中断长达一个世纪。

11世纪，印度佛学家，僧人阿底峡被请入西藏弘法，并带入印度的佛塔模型及建塔理论和技术。依据其教派形成了"葛当曲丹"及"葛当觉顿"式佛塔，成为11—14世纪西藏佛塔形制的参照和依据，建造了直贡梯寺佛塔及萨迦北寺佛塔群代表性佛塔等。

14世纪，在前阶段发展的基础上，藏传佛塔的修建从实践层面逐渐上升到理论层面。佛塔的造型及修建制度形成规范，形成了具有西藏特色的佛塔造型、比例、结构及内部宗教空间装饰等的理论体系。"五世达赖"灵塔在这个时期修建。随着这一阶段建塔的理论体系的发展成熟，藏传佛塔的建造也迈入一个新的阶段（图3-9-18）。

图3-9-18　西藏佛塔（来源：黄凌江 摄）

### 1. 藏传佛教思想对佛塔的影响

西藏佛塔的形成和发展与藏传佛教密不可分。佛塔在藏语中称为"曲丹"，在藏文中含有供养、祀奉的意思。西藏僧俗普遍认为建造佛塔是一种积累功德的行为。同时认为朝拜佛塔也是敬神礼佛的一种重要形式。《云法白莲经》中提到"无论修建金塔银塔，宝塔，琉璃塔……都能获得觉悟和解脱；同样无论修建石塔、檀香塔、松木塔还是砖塔，也都能获得觉悟和解脱，达到佛的境界"；《观音菩萨经》中提到"不论是谁，是要朝拜颂扬佛塔，即便千劫万劫也不用担心"。因此不论何种财力，修建不同材料的佛塔，只要建塔即是一种虔诚的宗教礼拜行为，而朝拜佛塔也是藏传佛教思想的一种具体表现。

西藏佛塔的类型也是以藏传佛教思想的为依据。按照佛教的原理分为身、语、意三种，"身"之塔代表佛陀、菩

萨或活佛的化身；"语"之塔代表佛陀的教诲；"意"之塔代表佛教最基本的思想精神。西藏佛塔仿照古印度的八大灵塔建造，形成了八种类型的佛塔，分别是①聚莲塔，藏语称"八邦曲丹"；②菩提塔，藏语称"香曲曲丹"；③转法轮塔，藏语称"扎西果莽塔"；④神变塔，藏语称"乔赤曲丹"；⑤神降塔，藏语称"拉帕曲丹"；⑥离合塔，藏语称"严敦曲丹"；⑦尊胜塔，藏语称"南嘉曲丹"；⑧涅槃塔，藏语称"娘堆曲丹"。每一种塔分别代表了释迦牟尼从出生到涅槃的八大成就或者佛陀八个不同的精神境界。其中"菩提塔"，"神降塔"和"尊胜塔"是西藏佛塔最常采用的三种类型。

佛塔的单体形式也分别对应了佛教的教义和理论。藏传佛教认为佛塔的方形塔基代表了坚固的地基，最上部为脱离物质世界的灵气，而登达以上境界需要经过佛教的"趣悟阶路"。这个教义与西藏佛塔的形式一一对应，通过塔座、塔瓶、塔刹等不同部位予以表达。塔座中的塔基表示人世间

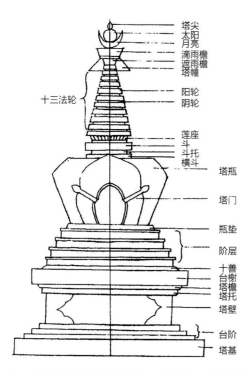

图3-9-19　西藏佛塔各部位名称（来源：龙珠多杰. 藏传佛教寺院建筑文化研究[D]. 中央民族大学，2011）

（土界）；从金刚蔓到顶面象征"趣悟阶路"；塔瓶部分象征水界；塔刹部分象征火；刹顶的月亮象征风，太阳象征精神，佛塔在形体上体现了佛教的土、火、水、空"四界"（图3-9-19）。

#### 2. 佛塔的功能与分类

藏传佛塔都具有一定的宗教含义，承担相应的宗教功能。按照其功能的不同可以划分为灵塔、降魔塔、消灾祈福塔等。

灵塔：在藏传佛教"后弘期"初期开始在西藏逐渐流行。其功能是将圆寂的高僧大德或活佛的骨灰或遗体经处理后保存在塔内，以作朝拜与供养塔葬保存，是具有藏族特色的一种丧葬方式。

降魔塔：佛塔在西藏传播和建造的主要目的之一就是镇魔以及异教。佛教进入西藏后，通过修建佛塔以表达镇降西藏本土宗教苯教的含义，保证佛教在西藏的顺利传播。

消灾祈福塔：佛教认为塔具有消除疾病或灾难的功能。

通过建塔消除人们无法解决的疾病或困难，并祈求平安等。乃东县境内的"一百零八"塔建造的目的即为祈求战争疾病的消除。

#### 3. 佛塔建造与材料

根据《塔式度量法》绘制佛塔图纸，由于《塔式度量法》中使用网格将佛塔比例进行了明确规定，因此用地范围一旦划定即可计算确定全塔高度、细节装饰尺度等建筑要素。

开工日期需请活佛选定吉日，然后根据图纸进行施工。首先开挖基槽，基槽深度及宽度根据佛塔高度与承重确定；基槽挖好后使用白灰与黏土按比例混合均匀，填充夯实找平，在其上砌筑基础墙；砌筑基础时会伴随一定宗教仪式在最底层装藏弓箭、刀斧等武器用来震慑恶鬼以免其破坏佛塔，还要放置敬献土地神的宝瓶，宝瓶内放置五谷、金银、珊瑚等具有象征意义的贵重物品后倒入滚烫酥油并封蜡。地基建造完成后将准备好的"主心木"开光后安置就位并支起固定；"主心木"又被称为"生命之木"，是藏式佛塔的中轴线，既起一定结构作用，也具有强烈的宗教内涵；典籍中认为"主心木"最好使用红白檀木、沉香木或结果实的树木制作，但限于西藏大多数地区缺乏优质木材，通常选用柏木制作，并加工成下部断面方形，上部断面圆形的形式，其中方形部分一般在塔刹高度以下，圆形部分则在塔刹内部；"主心木"根部、中心和顶端要分别绘制十字金刚杵、菩提塔、南杰塔图案，还要将整柱涂成红色或根据其比例位置在象征佛像"头顶"、"额头"、"喉咙"、"心脏"、"肚脐"、"私处"的六个位置上书写红色经文，使"主心木"成为一根经柱。树立"主心木"后便可搭建脚手架建造地上建筑；建造塔基与宝瓶时外皮按照图纸砌筑或雕刻打磨出各层级和弧面外形，内侧则直砌无收分，基础、塔基与宝瓶之间使用木板分隔，并在木板上装藏宗教象征物；塔基处装藏被称为"擦擦"的泥塑小佛塔与五谷，宝瓶处则留有塔门待佛塔封顶后进行装藏。宝瓶砌筑完成后在顶端砌筑一个方形基座为塔斗，上面建造十三层塔刹封顶；塔刹内通常装藏一对白海螺象征佛法之音吹遍大地，外面十三层法轮凹进去的部分被称为十三层母轮并涂红色，其他华盖、日月、宝顶等则涂金色。塔刹建成封顶后点燃柏树叶用烟熏宝瓶内部进行净化，然后在宝瓶内主心木四周放置藏传佛教经书，并在塔门后设置小供桌和佛像，装藏完毕即在塔门外加门饰封闭固定。最后举行开光仪式，佛塔即可完工。

藏传佛塔的建造材料可以分为土木材料，如土坯砖、石材及木材等和金属包括铜、金银等。佛殿外的佛塔大多为土木材料，佛殿内的佛塔如灵塔等采用金银等金属材料。有些石塔采用整个巨石雕刻而成。

### 4. 西藏佛塔分布与典型佛塔

西藏现存重要佛塔主要分布在拉萨、日喀则及山南地区；形式上以单体塔和塔群为主，同时在藏传佛教寺院内外均建有佛塔，在寺院内佛塔也是寺院的组成部分。

#### （1）松嘎尔石塔（群）

松嘎尔村位于山南地区扎囊县桑耶寺西15里的雅鲁藏布江边，这里共有大小不同五座石塔，均为整块巨石雕刻而成。石塔的建造于公元8世纪中叶，是赤松德赞为纪念莲花生大师进藏建寺弘扬佛教而在桑耶寺西边修建，根据传说这五座石塔是印度高僧寂护主持雕造的，同时建造的还有桑耶寺内的四色佛塔（图3-9-20）。

这五座塔自西向东第一座最大，为多边形底座方塔，其底座最长边4.1米，圆形塔瓶最大直径为2.5米，高1.65米，塔尖高2.95米，塔顶雕成太阳和月亮。距第一座塔向东约40米处为一小塔，底座最长边为2.15米，高3.6米。再向东约200米处的第三座小塔与第二座大小形状均相同。其东面约35米处是一座底座为正方形的石塔，边长3.5米，高4.9米，塔底是三级阶梯状，高0.95米，圆形塔瓶直径2.3米，高1米，塔尖高2.95，塔顶也是月亮和太阳。在第四座塔的东北面约9米处的第五座塔与第二、三座相同（图3-9-21）。

#### （2）日吾其金塔

日吾其金塔位于日喀则地区昂仁县日吾其乡政府所在地即日吾其村的西侧，南临雅鲁藏布江，距江岸约50米，北面靠山，海拔4260米。日吾其寺及其金塔是香巴噶举派僧人唐东杰布（1361—1485）的主要驻锡地之一，为宁玛派寺庙。其建造年代约在14世纪，距今约有六百多年历史（图3-9-22）。

图3-9-20 松嘎尔石塔（来源：蒙乃庆 摄）

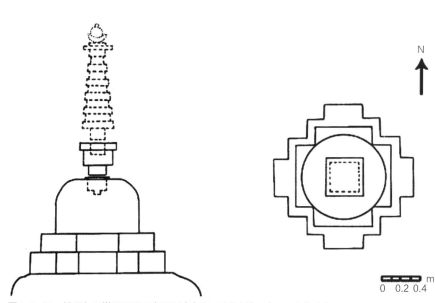

图3-9-21 松嘎尔石塔平面图及立面图（来源：西藏自治区志——文物志）

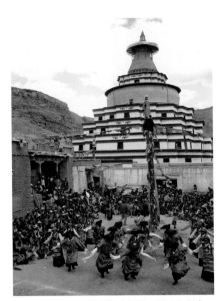

图3-9-22　日吾其金塔（来源：蒙乃庆 摄）

图3-9-23　日吾其金塔立面图（来源：西藏自治区志——文物志）

　　日吾其金塔既属日吾其寺的一部分，同时是一个"塔寺合一"的相对独立的建筑。金塔平面为"坛城"（即曼陀罗）形，呈多角多边的"亚"字平面格局，这些特点与江孜白居寺万佛塔一致。塔高6层，逐层收分，顶部为塔刹"十三天"及伞盖、日月火珠等，通高35米。各层每边墙面的正中皆砌出亮窗或亮门，其大小为1.2米(高)×0.8米（宽）。塔内中空，每层均用土、石砌筑有台阶数级，可沿内壁拾级而上，直通顶部的象轮"十三天"最高层。塔体用土坯砖砌筑，外墙抹涂以泥，再刷一层白色（系用当地山上的白土制成）。塔身各层的檐下用红、黑两色涂以宽条带环绕（图3-9-23）。

　　（3）桑耶寺塔

　　桑耶寺内的白、红、黑、绿四塔分别在"乌孜"大殿四角成直线的地方，塔与殿角相距数十米。据《贤者喜宴》记载，在"十二洲人完工后，又建白塔即大菩提塔，此塔以狮装饰，遂建成声闻之风格；红塔系长寿菩萨之风格，其上饰以莲花；黑塔以如来佛之遗骨为饰物，其形制系觉独佛风格；绿塔乃法轮如来风格，以十六门为饰物"。

　　白塔位于大殿东南角，形制与北京北海的白塔同，皆用石块、石板砌成，因塔体全为白色故名"白塔"。在塔基的方形围墙上，立有108座小塔，塔身方形，在腰部以上逐层收分如阶梯，上有覆钵形塔腹。但覆钵扁平而宽大，没有龛门，宝刹上置十七环相轮。在转经道旁有十六罗汉石像，分别雕刻在边长为0.74米的方形石板上。

　　红塔位于大殿的西南角，造型十分特殊。塔身用砖石砌成，形方而实圆，状如覆钟，腰部以上呈环状纹，上部为覆钵形塔腹，宝刹之上置两段相轮，上为七环，下为九环，塔身为土红色并泛有光泽。

　　黑塔位于大殿的西北角。塔形也很特殊，塔身如三叠覆锅，刹盘上托宝剑。第二级相轮七环，上即瓶盖和宝珠。塔身为条砖砌成，全为黑色。

　　绿塔位于大殿的东北角，平面呈四方多角形。塔基较高，沿阶数级而达第一层，四面各有龛室三间，内有塑像，每面都有明梯通往二层。二层每面只有龛室一间，亦各有塑像。第三层为覆钵形的塔身，上置相轮宝刹，刹身很长。相轮分为三级，每一级自方形托盘上置相轮九环，中间一段为第二级，有相轮七环，第三级有相轮五环。伞盖上承载宝瓶和宝珠。塔身为绿色琉璃砖砌成。砖为土加粗沙烧制，质地坚硬，釉色苍郁而富光泽（图3-9-24）。

桑耶寺白塔

桑耶寺绿塔

桑耶寺黑塔

桑耶寺红塔

图3-9-24　桑耶寺白塔、红塔、黑塔、绿塔（来源：黄凌江 摄）

（4）白居寺塔

白居寺塔位于日喀则地区江孜县白居寺错钦大殿右侧，属于寺院内佛塔。建造时间为在大殿建成之后的1425年或1427年开始修造，历时十年完成（图3-9-25）。

白居寺塔规模宏大，总高42.4米。塔基占地直径62米。全塔共108个吉祥门，七十六间龛地(其中一层十间；二层十六间，另有四间是一层塑像的上部；三层二十间；四层十间；五层塔肚四间；六、七、八、九层不分间)。全塔共九层，塔肚以下共五层，一层下为塔基设有龛室，一、二、三、四层各分成数量不一龛室，外形上呈四面十二角。第五层为覆盆状塔肚，塔肚上第六层呈四方形，内不分间，七层为十三天部分，第九层为塔顶伞状部分。九层以上即为金幢部分。在建筑构造上也极为科学，塔心为实心，每一层围廊构成环绕的转经路线，毗连的各神龛之间互相独立，由下而上，龛室面积逐渐变小，最终可直抵塔顶（图3-9-26）。

## 三、擦康

### 1. 擦康的功能

"擦康"是指专门摆放"擦擦"[①] 的房屋，又名"本康"。一般至少能装十万个擦擦或具有十万个佛像的擦擦才能修一座擦康。擦康一般位于道路的中央或者交叉路口等显著位置，便于信众朝拜。在离寺院较远的村庄，擦康成为朝拜的中心，擦康的四周镶嵌玛尼石或转经筒，信众以此为中心进行朝拜，绕擦康转一圈就等于向无数佛菩萨叩拜了无数次。

图3-9-25　白居寺塔（来源：蒙乃庆 摄）

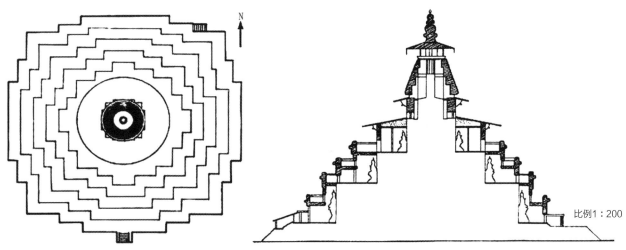

比例1：200

图3-9-26　白居寺塔平面图及立面图（来源：西藏自治区志——文物志）

① 一种模制的小型泥佛或泥塔。

修建擦康的目的有佑护消灾、祈福和拜佛朝圣等多种意义。由于体量较小，建设较为简单，成本较低，因此在民间其建造范围较为普遍，除道路之外，在村头、寺院等人员聚集处也都可以修建擦康。但是修建擦康有一套完整严格的程序和仪式，包括相地、净地和放置"擦擦"等。

### 2. 擦康的形式和建造

擦康的建筑形制一般呈方形，宝瓶状，也有长方形。建筑体型较小，外涂白色及红色。作为放置"擦擦"的建筑，在建造擦康过程中将"擦擦"装入建筑物内，最后封口，有的只保留一小口。此外，在信众转经的过程中，也会向擦康上放置"擦擦"或者石子（图3-9-27）。

根据察哈尔格西文集记载擦康的建造方法，擦康的选址很有讲究，在潮湿，容易受风雨侵袭的悬崖，如家畜圈养等不干净的地点，不能建擦康。在环境适宜地基坚硬，看起来令人愉悦的地点是建擦康的理想选址。

在擦康建造方面也有较多步骤。首先，准备好建擦康需要的一切必要的材料择吉日清晨，将梁、柱等建筑材料摆放在地上，用安息香熏香净化，主持仪轨的人洒自芥子念诵咒，将材料净化。其次，找两位身体健全，名字吉利的男子，扶住中间的柱子，固定中梁，再由主持者念诵吉祥经，在梁柱上拴上哈达等，以建立良好的因缘，仪式结束后，最后逐步将其余的木架，擦康的外墙、屋顶等建筑局部完成。擦康开门的方向，中部梁木两端所指方位的地名以吉利为佳。擦康的内外都要用白土粉刷，擦康内靠后墙处要装宝瓶（图3-9-28）。

图3-9-27　道路交叉口的擦康（来源：黄凌江 摄）

图3-9-28  擦康立面细部（来源：黄凌江 摄）

## 四、水磨坊

### 1. 水磨坊的功能

藏族人民食用糌粑已有几千年的历史，早期的糌粑是用人力手工磨制，随着生产力的提高，在西藏农区和部分牧区，藏民利用山间流水的落差，沿水流建造了水磨坊，利用水流产生的水能，加工糌粑及面粉等。据《旧唐书·吐蕃传》，吐蕃曾于公元650年向唐朝请求造酒、碾、硙、纸、墨之匠，这其中的"碾"和"硙"就指水磨。藏史中也有文成公主进吐蕃到康地时曾教当地吐蕃人建造水磨的记载。水磨坊选址一般在山间的泉水边，或河流沿边的草地上，通过挖掘水渠，使水流穿过磨坊的下部（图3-9-29）。

### 2. 水磨坊的形式与工作原理

磨坊多由石材砌筑，基本为单层建筑。平面一般为正方形布局，3.3米×3.3米，磨坊中部放置磨盘等器具。也有的磨坊平面呈矩形，多出的部分可以容纳一个人睡觉的空间，以供看守磨坊的人居住。磨坊开有洞窗，但窗洞一般较小，仅提供室内足够光线。

磨坊的水渠源头设有控制流量的闸门，水流通过从高到低的木槽注入磨坊底层，推动连接磨盘中轴的木转轮，木轮设计为逆时针转动，与转经的方向一致。磨坊上层设有大小相等的上薄下厚同心圆石质磨盘。磨盘四周是糌粑蓄池，磨盘上方吊有盛青稞的布袋，布袋底部装有出料管并与磨盘接触，随着石盘的转动，青稞自动均衡地通过磨孔落入摩擦面（图3-9-30、图3-9-31）。

图3-9-29　山间水边的水磨坊（来源：黄凌江 摄）

图3-9-30　水磨坊底层的木转轮（来源：黄凌江 摄）

图3-9-31　水磨坊工作场景（来源：黄凌江 摄）

## 五、门孜康

门孜康是拉萨老的藏医院，于1916年由克罗诺布主持兴建。藏语中，"门"表示"医"，"孜"指"历算"，"门孜康"就是"医学历算院"的意思。在藏医学理论中，人的身体情况与天文变化有关，藏药中药用植物的生长及药效也与季节变化有关，故过去学藏医也要同时学习天文历算，如今藏医已不再学天文历算。主体建筑为一座两层楼高的建筑，东西向布局，门朝南开。建筑长度约66米，宽18米。门孜康既为门诊楼，又是藏医学研究和教学的中心。建筑顶层的两端为院长和副院长的住房，中部为教学研究用房，一层两端为给该（教授）的住房，中间为教学用房。门孜康共

图3-9-32　门孜康（来源：黄凌江 摄）

有给该五人，其中藏医藏药两人，天文历算两人，眼科一人
（图3-9-32）。

## 六、玛尼堆

　　玛尼堆，藏语中称"玛尼夺蚌"，最原始的名称是"夺
蚌"，意思为"石堆"。最初的功能是作为领地、地界的区域
分界标志。在宗教逐渐兴起后，开始与西藏早期苯教自然崇拜
的石头崇拜产生联系。例如玛尼堆所用石块多为白色，这与西
藏原始宗教中的白石崇拜有关；在西藏一些地方与远古遗迹如
石器点、墓葬等伴生的列石、立石很可能就是西藏玛尼堆的雏
形，因为列石一般都是立在靠近神山、圣湖的附近，与后来的
玛尼堆放置位置基本相同。随着佛教在西藏的传播，西藏的原
始宗教仪式很多都为藏传佛教所用，因此堆放刻有宗教内容的
玛尼石作为某种标识的形式也由此传承下来了，名称也由"夺
蚌"演变为"玛尼夺蚌"。其功能也发生变化。后期带有宗教
意义的玛尼堆更多的是用于祈祷，代表了供奉曼陀罗的意思，
供奉曼陀罗也是一种对神、佛的祭祀。祭祀根据祭祀人的经济
条件，从高贵的金银到一般，而玛尼堆则是对出门在外和穷人
最能接受的方式，在供奉玛尼时多数人会口诵经文或祝词，多
是祈祷山神等自然神保佑、赐福。同时由于玛尼堆具有非常明
显的标志性，往往被作为重要地界的标志。

　　从历史发展角度概括，玛尼堆原为藏民在通衢要道或山
口、山脊或重要地方设置的交通及计算路程的标志，以石块
堆积。藏传佛教兴起之后，其上放置玛尼经文，或其他类型
的宗教咒语真言佛像等的石板或石块并插以经幡，具备宗教
的含义。

### 1. 玛尼堆的堆砌位置

　　玛尼堆根据其功能和含义分布在下列不同的位置。

　　第一类在山脊处，最初作为地界标志功能，进而演变
为祭祀功能，通过围绕玛尼石转经及朝拜，祭祀山神和神
灵；第二类在路边、桥梁、渡口、湖边等重要或危险路段，
经过的行人可以通过添加石头或者念诵经文而获得保佑；第
三类在寺院内及周边，寺院内的玛尼石会放置在专门的佛龛
或者镶嵌在墙壁上，寺院周边的玛尼堆主要放置在转经道
上，规模较大；第四类在村庄等聚落中，由于有些村落远离
寺院，因此会设置玛尼堆作为朝拜和转经象征物，替代寺院
的部分功能；第五类在天葬台周围附近，由于天葬有强烈
的宗教含义，因此天葬台附近的玛尼石刻主要与神灵有关
（图3-9-33~图3-9-35）。

### 2. 玛尼堆的功能

　　（1）地界标志：作为地界的标志是玛尼堆产生的目的
和最初的功能。在远古时代，藏族由大量部落构成，部落之
间各自拥有相对独立的领地，包括草场、山林等。领地的范
围意味着资源的数量，因此领地之间的边界争端层出不穷。
在确定的边界线上堆放石堆是早期解决领地边界问题的主要
方式，包括在山脉的山脊上堆放石堆表明以山脊为界限划分
领地。而领地意味着生存权和生存范围，因此玛尼石堆原本
的功能是作为领地划分和地界的标志，也是最根本的生存范
围的标志。

　　（2）宗教象征：随着宗教在西藏的发展，山地等地理
要素被赋予神灵的含义。石堆作为一种物质载体被赋予宗教
含义，也具有了神的属性。这种宗教内涵的转变一方面加强
了玛尼堆作为地界的标志，使得玛尼石堆不可以被轻易移

图3-9-33　纳木错湖边玛尼堆（来源：黄凌江 摄）

图3-9-34　路边玛尼堆（来源：黄凌江 摄）

图3-9-35　山边玛尼堆（来源：黄凌江 摄）

动。一方面使其也可以脱离本身标志物的功能而成为宗教象征物。同时由于藏传佛教的朝拜特点是围绕着象征物通过路径、空间、身体以"转"的方式进行。玛尼堆从地界标志向宗教象征物转化，空间影响的范围得以增加，成为重要活动前转经祭祀的场所。根据记载山顶上的玛尼堆有代表战神的意思，凡有征战行动出征前要围绕着山顶的玛尼堆绕行，并插上风马旗。玛尼堆也被放置在重要的路口或路段，主要供路过此处的人祈求上天的恩赐和神灵的助佑。因此玛尼堆的具体功能演化为对神山、圣湖、圣地进行供奉。

（3）指示标志：由于玛尼堆的形态和色彩在地域广阔的西藏高原上具有非常强烈的标志性，玛尼堆的另一个衍生功能是作为交通及方向的指示，例如在重要地段或有一定危险性的路口、山口以及没有方向感的草原堆砌玛尼堆。

### 3. 玛尼堆的形式

玛尼堆的形式主要分为三种。第一种是堆砌成石堆，规模的大小较为随意，主要根据场地的大小，转经线路而确定。第二种为长条形，可达数百米以上。第三种为砌筑成有台阶的塔式，或做成圆锥体。总体而言，由于藏民可以通过向玛尼堆增加石头的方式进行朝拜，玛尼堆的堆放方式带有较大的随意性，因此其不具有严格规定的形状，有的玛尼堆状如小山，有的则根据地形形成长条形。玛尼堆形态上最大的特点是动态而持续增长的，形态也较为自由没有固定的形制。

### 4. 玛尼石刻的内容

玛尼石刻是在玛尼堆基础上发展起来的，主要是宗教的产物和表达载体。玛尼石刻的内容以佛教内容为主，主要表现内容包括佛像、神像、画像、咒语、佛塔及经文等。具体内容见表3-9-1。

玛尼石刻的内容　　　　　　　　　　　　　　　　　　　　表3-9-1

| 佛像 | 释迦牟尼，无量光佛等各种佛像 |
|---|---|
| 神像 | 观音、文殊等各种菩萨；神母、牛头法王等护法神 |
| 画像 | 松赞干布、莲花生、格萨尔王等历史人物；噶玛巴、宗喀巴等法师 |
| 咒语 | 释迦牟尼、药王八佛、莲花生、观音、文殊、金刚持、万寿佛、度母等 |
| 经文 | 甘珠尔经 |
| 其他 | 佛塔、八吉祥、六长寿等图案 |

# 第四章 西藏传统建筑的营造体系

西藏传统建筑营造历史悠久、风格独特，是千百年来勤劳智慧的藏族人民的伟大创造，也是中华民族传统建筑文化的重要组成部分。

生活在高原独特自然气候下的藏族人民在不断地摸索和实践中创造出了独树一帜的营造体系，无论是所采用的材料本身，还是构造技艺，都以就地取材，因地制宜，崇尚自然为建造理念。在西藏传统的营造技术的发展过程中，吸取融入了汉地以及其他民族的建筑技艺及风格，同时也保留了本民族的建筑特色和风格。

地域分明的结构形式，粗犷的藏式收分墙体，赭红色的边玛草墙，形制多样的斗栱，光亮的阿嘎土地面，精美的彩绘雕刻等营造手法，形成了独具地域特色的西藏传统建筑风格，与雪域高原的自然景观浑然一体，给人粗犷、神秘的美感。

# 第一节 材料与结构体系

## 一、建筑材料

西藏高原独特的地形地貌造就了其生态及自然环境的多样性，给不同的地区提供了不同的建筑材料。综观西藏建筑的历史，就地取材是西藏传统建筑营造的一大特色，千百年来，藏族工匠依照不同的建筑材料资源状况来确定不同的建筑结构，例如林芝及昌都地区有着广袤的原始森林及黏土资源（图4-1-1），大多建筑采用纯木及土木结构；拉萨及日喀则地区盛产石材，因此一般建筑的营造体系采用石木结构；在木材与石材均十分缺乏的地区，如阿里扎达一带的古格故城遗址，都是依当地土质而建造的穴居土窑建筑（图4-1-2）。

## 1. 石料

西藏地区的石材按照其形状可分为两类，一类是不规则的自然形态的块石（图4-1-3），一类为片石（图4-1-4），当地称之为央巴石，按照石料可分为花岗岩、页岩、石灰岩等，在同一个建筑中，不同的部位均采用不同的石材；花岗岩强度及抗压能力较强，且容易采集、加工，是砌筑外墙的最佳材料，卫藏地区盛产这类花岗岩；片石属于页岩，片石在建筑中较多采用在女儿墙檐口压顶部位及院落地面铺地；藏式建筑独有的阿嘎土材料，一般用作屋面及地面面层材料，阿嘎土属于天然风化或半风化的石灰岩，主要成分为碳酸钙，其性状呈团状或块状结构，拉萨林周县和山南扎囊县的阿嘎土品质最佳。

图4-1-1 昌都井干式（来源：丹增康卓 摄）

图4-1-2 阿里皮央穴居（来源：土旦拉加 摄）

图4-1-3 块石（来源：丹增康卓 摄）

图4-1-4 片石（来源：丹增康卓 摄）

## 2. 木料

西藏东南地区由于其湿润的气候，坐拥着广袤的森林，木材资源丰富，而其余地区属于高原半干旱气候，木材产量有限，因此在藏中、藏北、藏西地区木材只能少量地用于建筑的结构、屋面、门窗或其他装饰构件上，藏东南地区采用纯木结构的较多。目前整个西藏地区可用于建材上的树种共有108个品种，一般常用的木材种类有红松、白松、桦木、杨木、柽柳等。红松质量最好，且防潮性能也较好，因此在木梁和窗户需要防潮的地方较多使用红松。白松容易加工且变形少，一般用在门框及小型的构件中。桦木质地较硬，一般作为建筑结构主材，木柱、木梁、雀替等传递荷载的部位较多使用，不容易变形、下沉（图4-1-5）。部分规格较高的建筑也会采用西藏云杉、松木等木材制作。杨木质地细软，一般采用在装饰雕刻构件上，大多数都是先雕刻，再贴到建筑构件上（图4-1-6～图4-1-8）。柽柳是生长在高原的一种普通灌木，根系发达，枝条为藤状，耐碱耐旱，通过去皮、晒干、捆扎等一系列人工加工后，用在建筑女儿墙外侧，并在表层涂刷红色涂料，既增加了立面的装饰，又减轻了建筑墙体的重量，成了藏式建筑极为独特的营造特色。藏南地区大部分木板作为楼地面，一般采用硬度及耐腐蚀较好的核桃木及柏树木材。

图4-1-5　桦木结构构件（来源：丹增康卓 摄）

图4-1-6　杨木雀替雕刻构件（来源：丹增康卓 摄）

图4-1-7　杨木藏式窗楣构件（来源：丹增康卓 摄）

图4-1-8　杨木堆经构件（来源：丹增康卓 摄）

### 3. 土料

土料在西藏建筑中应用得较为广泛，也是较为古老的营造材料，主要是由于相对其他材料而言，土料的取材较为方便。不同地方由于地质结构的不同，土质也有区别，然而老百姓依照千百年来的经验和教训，完全掌握了当地哪种土能起防水作用，他们就能够找到这种土。目前土料可以分为黄土（图4-1-9）、黏土、巴嘎土、白土（图4-1-10）、红土等。根据不同土料的性质，应用到不同的建筑部位，黄土为当地原状砂土，粗糙少盐，一般用为勾缝材料及夯土材料，越夯实，其土质结构越紧密，墙体越坚固结实，但是由于夯土墙体怕雨水浸湿，墙根容易酥碱化，一旦出现问题，

难以修补，因此夯土墙体除了在石材资源有限的藏东地区一直沿用外，卫藏地区在后期较少用之；巴嘎土是一种白色的细土，其成分与阿嘎土类似，相对阿嘎土较为细腻一些，主要用来做建筑内墙的抹灰层，通过与砂子按1：1的比例拌均匀后抹在墙面上，再经人工细致的打磨后（图4-1-11），可以使整片墙体光洁平整；白土及红土一般采用在建筑外墙立面的面层（图4-1-12），拉萨地区的白土主要产自当雄县一带的山沟，日喀则地区的白土主要来自本地的谢通门县和定结县内，红土主要取材于拉萨市林周县，而在日喀则地区这种土主要取自市郊和撒迦一带。

图4-1-9　黄土（来源：丹增康卓 摄）

图4-1-10　白土（来源：丹增康卓 摄）

图4-1-11　阿里日土宗内墙巴嘎土进行人工打磨（来源：丹增康卓 摄）

图4-1-12　堆龙德庆县楚布寺外墙喷刷传统红色涂料（来源：丹增康卓 摄）

## 二、建筑结构

西藏的传统建筑与西藏其他文化的形态一样，有其独特的个性，不同的地域环境及不同的生产方式，造就了形式多样的建筑风格，例如谷地的平顶碉楼、林区的坡顶木屋、牧区的帐篷、旱区的窑洞等，虽然形式丰富多样，但是一些共同的特点将它们统一到了一个体系内，藏族传统建筑的结构体系主要分为混合结构、纯木结构及纺织结构。

### 1. 混合结构

混合结构是西藏大部分地区较为常见的结构形式，其结构形式按照材料可以分为土木、石木及土石木混合结构，屋面形式以平屋顶为主，屋面及楼面的荷载通过椽子木传递到木梁，木梁的荷载可以通过两个方式传递到地面基础，一种是外围墙体传递，一种是由雀替传递到木柱，再由木柱传递到地面基础。因此在混合结构中墙体及内部的柱子共同承受荷载。混合结构从古至今广泛地运用于民居、寺庙、宫殿、宗堡、林卡等建筑类型中，其建筑内部空间通过木梁柱点式构造形成平面的柱网体系，不但使平面空间布局灵活且开敞，同时也弥补了木材跨度有限的缺陷，使得空间可以无限地延展。目前面积最大、柱子最多的拉萨哲蚌寺措钦大殿使用近200根柱子营造出面积超过2000平方米的内部空间（图4-1-13），这在汉地，乃至世界建筑史中也不多见。

图4-1-13 拉萨哲蚌寺措钦大殿（来源：丹增康卓 摄）

同时木梁柱点式构造延伸出了西藏传统建筑的计量单位，以每根柱子及四周的空间，称为"一柱房间"（藏语：嘎记），双向跨度较小，且仅靠外围承重墙体即可搭椽封顶，其内部无柱，被称为"半间"（藏语：江尬）。

混合结构按照结构体系分类可分为以下几种类型：

（1）相互连接的木结构墙体体系：这是西藏地区较常见的结构系统，由两个部分组成：大型承重墙和相互连接的木梁柱结构，这两部分形成一个整体结构系统。采用这种结构的地区通常缺乏木材资源。具有这种结构系统的房屋的外墙和内墙可以以不同的材料建造，包括天然石砌体、泥砖砌体或夯土建造。墙体形成建筑物的外围护结构，并作为内部分隔形成单独房间。所有墙壁都是承重的，内墙和外墙的宽度大致相同。由晒干的泥砖制成的墙壁厚度仅为30厘米，而石头和夯土墙的厚度为60～90厘米。梁和天花板托梁的端部放置在墙体的顶部，并与砖石或夯土连接。因此，天花板和屋顶荷载部分分布在墙壁上。上层结构与下层结构对齐，上层墙壁建在下层墙壁顶部，上层柱子设置在下层柱子的顶部。上层和下层的内部布局可以完全相同，或者内壁的厚度可以向上部减小，从而在较高楼层上提供较大的房间（图4-1-14、图4-1-15）。

在地面上使用木柱的区域，都设置在基石上以防止地面的潮气影响木材。木柱没有基础，只是简单地放在石头上。这种结构系统的房屋依靠其自身的重量来保证建筑稳定性。天花板和屋顶的重型结构增加了额外的荷载。两者都是由几层木板、树枝、泥土和天花板托梁顶部的石头构成。

（2）分离的木结构墙体体系：外墙的主要功能是包围结构独立的内部木结构，厚重的外墙围护起一个巨大的内部空间。外墙可以用石头或者夯土砌筑。从底部开始厚度约为90厘米，向顶部减小至约50厘米。内部空间横跨若干直线排列的柱和梁。这种内部木结构不接触外墙。所有垂直载荷均由沿墙壁设置的木柱承载。上层梁的对齐方式与底层不同，上层的大多数横梁都与地面的轴线正交。因此与下层相比，上层的木结构更精细。这种结构体系的特点是，建筑底层大部分是一个大型开放空间，而较高楼层的空间被轻质木墙隔

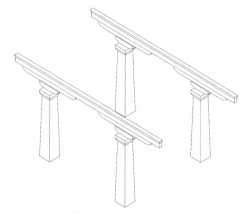

图4-1-14　结构示意图

图4-1-15　拉萨色拉寺梯庆康萨（来源：古艺格桑 摄）

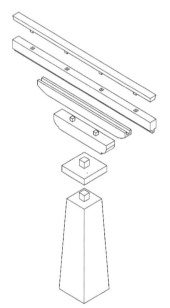

图4-1-16　结构形式示意图

图4-1-17　日喀则吉隆县帮兴村民居内部结构（来源：丹增康卓 摄）

开。房间布局和比例遵循柱网布置。柱距大约为3米，底层的木结构采用圆木建造，而上层采用细节精美的矩形方木建造（图4-1-16、图4-1-17）。

图4-1-17为采用这种结构的案例。建筑中柱距约为3米，柱子的尺寸较大，柱子底部为约40厘米×40厘米的矩形，它向上逐渐变细并用垂直凹槽装饰。横梁明显窄于截面约为18厘米x28厘米的立柱。大约18厘米×12厘米的次级木梁放置在主梁的顶部，为天花板托梁提供支撑。梁连接到柱头上，带有圆形凹口的凹槽接头。长圆形切口刻在梁的整个长度上，并放置在柱的长端中的凹槽中。

## 2. 纯木结构

纯木结构形式较少，主要分布在藏南地区，林芝、日喀则吉隆、山南措美等地区，由于藏南地区有着丰富的木材资源，本着就地取材的传统营造理念，纯木结构成了当地的主要建筑结构形式，同时由于藏南地区气候温润，且降雨量较多，为了满足屋面的及时排水，纯木结构的屋面形式基本采用坡屋顶（图4-1-18、图4-1-19）。在纯木结构体系中，外墙无论是石墙、土墙还是木板墙，其内部空间的荷载主要通过椽子、檩条、木柱、木梁传递，外墙仅仅作为外围护结

图4-1-18　林芝市米堆村民居1（来源：土旦拉加 摄）

图4-1-19　林芝市米堆村民居2（来源：土旦拉加 摄）

图4-1-20　牦牛毛帐篷（来源：网络）

图4-1-21　帆布帐篷（来源：班旦次仁 摄）

构，因此在地震的时候纯木结构有着极大的优越性，即墙倒屋不塌，在很大程度上降低了地震的破坏。

在这种结构方式中，承重木墙是原木结构和板墙的混合物。木板墙由柱子支撑。原木结构可以由圆木、半圆原木或具有互锁鞍形凹角的木板制成。这种结构的内部空间完全覆盖在一个"人"字形屋顶之下，或者由多个覆盖着"人"字形屋顶的空间组成。

### 3. 纺织结构

藏北地区有着广袤的草原，并盛产牛羊，整个区域经济基本以牧业生产为主，建筑结构为了满足牧区的生活及生产方式的需求，其形式主要以帐篷为主，按照材料可以分为两类，一种是牦牛毛帐房（图4-1-20），藏语称之为"拔"，主要是由牦牛身上的粗毛编织而成，颜色为黑色，雨水打湿后材质内部会自动收缩，有着很好的防水作用。另一种为帆布帐篷（图4-1-21），藏语称之为"苦儿"，布帐篷与牦牛毛帐篷相比较为轻便，易于搭建及携带，一般用于西藏各地夏季在郊外过林卡及集会时使用，其颜色主要为白色，边角以蓝色陪衬，讲究一点的布帐篷其表层缝制有吉祥八宝等图案。无论是牦牛毛还是帆布帐篷，平面呈方形，也有作六角形的，其结构方式以帐篷的大小为依据，用1根或2根木柱子支撑，四个角各支一根较矮的木柱，用牦牛绳子拉紧四周，并用木桩固定在地上，帐篷顶会留有空隙，作为通风及采光。

## 第二节　构造与工艺体系

### 一、构造类型与特点

#### 1. 基础

藏式建筑的基础依据建筑物所在的场地可分为两类，一类为平地基础，较为常见，基础做法是用石块、卵石、黄泥等掺和在一起放在基槽中作为墙体基础，一般由具备经验的老木匠视现场土质的好坏确定基础的深度，较好的土质，其基础深度按人体尺度"一膝深"，相当于50~70厘米，较差土质地基深度"一膝半至二膝深"，相当于1~1.5米。如大昭寺、拉鲁颇章位于沼泽地带，基础需要埋入砂卵石层。基槽挖好后先将素土夯实，然后铺填卵石或碎石一层，而一些高级房屋则铺块石或片石，再往里面填入黄泥浆，基本上填平以后往里面加入小石子，然后再夯实。一般为三层卵石，三层黏土，分层夯实，30厘米夯实一次，当基础砌筑出地面两层大石块的高度即为室内地坪标高，然后再开始砌筑或夯筑墙身。

另一类基础是地垄墙（图4-2-1、图4-2-2），西藏宫殿建筑及宗教建筑等大型建筑一般选择依山而建，藏族工匠擅长利用天然的原始材料作为建筑材料，而对于山地建筑，也秉持着尽量不破坏原始的地形地貌，随地形而建，随山就势，使建筑与地形相互融合。因此地垄墙自然而然成为山地

建筑最佳的基础形式，也是藏族传统建筑中极具创意的建筑手法之一。作为建筑物基础和抬高整体建筑的地垄墙，其结构主要以石木、土木结构为主，地垄墙内纵横墙的位置一般与地面上的柱网位置上下对应，其层高及墙厚依据地形、地貌和上部建筑面积的大小而确定，布达拉宫的地垄墙体最高处有几十米，墙厚最厚的地方可达到四、五米。地垄墙体外墙设有小型窗户，不但起到了良好的通风作用，使地垄内的木构件免于受潮而腐朽，同时也起到了一定的采光作用。通常地垄内不住人，但是部分平地庄园建筑也采用地垄墙体，例如山南的霍康庄园，其底部地垄墙有1.8米高，一般作为存放柴火或牛粪等。

#### 2. 墙体

藏式建筑中墙体主要承受建筑中垂直荷载，按照材料可以分为夯土墙、石墙、木墙及泥砖墙。

（1）夯土墙：夯土结构由黏土、淤泥、砂子和砾石混合物制成。房屋建造采用夯土墙较为普遍（图4-2-3），夯土技术在藏文化区域得到广泛应用。用于夯土建造的土壤必须具有高百分比的砂和砾石以及低百分比的黏土和淤泥。建造家庭住宅的土壤通常直接从建筑工地或附近的地点运来。这些土壤是从草甸土壤上只有约40厘米厚的草皮层下面挖出来的。松散干燥的土壤材料被填入木模板并在内侧压实。传统上，模板由在建的墙壁两侧水平放置的板制成，并且由木

图4-2-1　布达拉宫地垄1（来源：索旺 摄）

图4-2-2　布达拉宫地垄2（来源：索旺 摄）

图4-2-3　夯土墙（来源：丹增康卓 摄）

材垫片进行合并和分离。两个相对的板必须很好地夹紧以抵抗压力。夯土墙非常厚，家庭住宅的夯土墙厚度约为60~90厘米。一般，夯土墙的建造是由村庄里的家庭成员和邻居共同进行的。因此，施工通常在农业季节开始之前或收获之后进行。

在夯土工序中，将约20~40厘米厚的松散土填充到模板中并人工压实。每个工序层完全压实后，将拆开木板，然后再将其移开并重复使用。通常，在上层组装之前，夯土墙要完成干燥的过程。窗洞一般是将整个窗户作为模板一部分并在其周围夯实土壤而形成的。有时会在夯土中放置水平木梁以增强抗震性能。

（2）石墙：石砌工艺在西藏地区有着悠久的传统。根据当地可用资源，不同地区使用不同种类的石头。这些石头是从地面获得或者从附近的岩石中开采。用于砌筑的石头是火成岩和变质岩。常用的石材类型有：花岗岩或变质岩，如板岩和片岩，有时还有石英品种。板岩和片岩用于特定的建筑元件。

经验丰富的工匠会选择一个合适的岩石来源地，提供适合房屋建筑的石材。楔子和凿子用于从岩石上切割石头。然后将石头运到施工现场进行修整。一种特殊类型的板岩石被用于窗洞和门洞或屋顶覆盖物。在西藏中部，这种石板被称为"yamba"（图4-2-4）。它的特点是独特的节理面，允

许它分裂成非常薄的板。一旦大片从岩石中分离出来，它们就被运送到施工现场，在那里它们被重复地分成厚度小于1厘米的板片。薄而锋利的板岩石适合将雨水带离建筑物的墙壁和开口。由于其独特的外观，它具有独特的设计特征。墙体都建在一个简单的浅瓦砾沟槽基础上。石砌墙由泥浆组成，泥浆由当地的黏土和沙子组成。连续制备砂浆并在现场直接与水混合，以确保合适的结构强度。通常，砌体墙由相同原材料组成，但在某些情况下，墙壁的内部充满了瓦砾，不规则形状的石头和泥土。

土墙及石墙（图4-2-5）墙体较厚，且墙角一般做收分处理，这是藏族建筑营造体系中的一大特色，厚重的墙体增加了与地面的接触面积，减小了对地面的压强，同时由墙体

图4-2-4　林芝秀巴古碉央巴砌墙（来源：土旦拉加 摄）

图4-2-5　石墙（来源：格桑 摄）

图4-2-6　林芝米堆村民居木墙（来源：琼达 摄）

下部到上部的逐渐收分处理，不但减少了墙身的自重，增加了整体稳固性，从立面上也能给人稳定和向上的感觉。一般山地建筑及等级较高的建筑收分较为明显，比例在10%左右（上部墙体倾斜角度为6°左右），普通的民居建筑收分比例为5%左右（上部墙体倾斜角度为3°左右）。

（3）木墙：木墙（图4-2-6、图4-2-7）可以分为原木结构、后加板墙或木框架墙。原木结构可以使用全原木、半原木或木板构件。原木元件互相水平放置，并且用互锁角连接，马鞍槽口连接角部。后加板墙可以由木板或原木

构成。框架墙通常由方木制成。用原木结构建造的墙体是建筑正立面的一部分。这种木墙一般是单层的，门窗框架也用木钉连接到原木上。由编织树枝制成的墙壁也很常见（图4-2-8、图4-2-9），一般建在石头或木墙前面的外部，作为额外的防风雨结构或者轻质的内部隔断墙。

（4）泥砖墙：泥是一种广泛且易于使用的建筑材料。如果当地具有高黏土的土壤，则其可以用于生产泥砖（图4-2-10）。土壤必须不含任何有机物质，并具有适当的黏土含量。制备泥砖的步骤包括混合、成型和干燥。泥砖必须在施工前准备好，因此可以认为是一种预制砖石结构单元。泥砖建筑在拉萨等地区非常普遍。与夯土墙相比，预制泥砖含有更高比例的黏土。

将土壤混合到适当的可塑性/黏度添加水中。在一些情况下，添加干燥秸秆的纤维以增强结合。也可以将小石头作为骨料添加到土壤混合物中。泥浆经过适当的准备后，将其压入木制模具中。一旦表面平整，就将模具拉出。然后将砖暴露在阳光下约两到三个月。砖块的干燥需要大块的均匀地面，以便每块砖都可以完全暴露在阳光下。在此期间，泥砖不能暴露在任何雨水中。因此，在气候干燥的地区，泥砖是一种很好的建筑材料。一旦完全干燥，砖被堆叠并储存。准备工作虽然耗时，但减少了现场施工过程。不同地区使用不同的砖块尺寸。有时在一栋建筑物内砖块大小也不一。在这种情况下，较大的砖块用于墙壁的下部。砖的平均尺寸为长

图4-2-7　昌都贡觉县唐夏寺僧舍木墙（来源：丹增康卓 摄）

图4-2-8　草编墙内部构造（来源：班旦次仁 摄）

图4-2-9　草编墙外部抹灰后样式（来源：丹增康卓 摄）

图4-2-10　泥砖墙（来源：旦增 摄）

25～30厘米，宽15～20厘米，高10～15厘米。泥砖铺设在石砌基础上，使泥砖砌筑距离地面约80厘米。有时整个底层由石砌建造，上层铺有泥砖。

泥砖墙是承重墙，承载着天花板和屋顶的重量。作为内部隔断墙，它们设置在木柱之间。泥砖砌体的传统手法通常是顺砌。小砖块楔入砖块之间，以增加砖石的密度，同时平衡微小的砖块之间的高度差。砖块由砂浆黏合而成，砂浆由黏土和砂子的混合物组成。泥浆含有大量的水，在砌筑过程中需要设置一天内可以堆积的最大层数，湿的泥砖必须干燥。这种方法可以充分干燥泥浆并最大限度地减少收缩。通常高度约为每天1米，相当于约五道砖。一旦墙壁建成并干燥，表面涂上泥浆。泥浆主要由砂子和含有少量黏土的淤泥组成。第一道工序是用粗糙的石膏与稻草混合完成的。较细的灰泥用于第二道工序。

在室内，可以施加更精细的灰泥层，从而提供非常光滑的表面。主要由非常细的砂子和筛分的土组成，可以通过在其表面摩擦圆形石头施加强大的压力来固结表面。半圆形图案通常被拉伸到泥砖顶部的外部灰泥中以改善防水性和耐候性。墙的最终外观各不相同，拉萨石头和泥砖墙的表面另外涂有白石灰，形成白色表面。

### 3. 木构架

藏式建筑中梁柱构件承担着极为重要的角色，所有建筑

室内的垂直荷载均由木构架传递，木构架包括木柱、雀替、梁、椽子、栈棍、斗栱等，整个建筑楼地面的荷载大面积均匀分布到栈棍及椽子木构件上，再由木梁分别传递到墙体及木柱上，最终将荷载传递到基础。

（1）木柱：木柱是整个传统建筑结构体系中的核心区，也被民间誉为是房子的中心、宇宙的中心，因此无论在木作还是装饰上极为考究。西藏大部分地区木材产量有限，因此在木柱的应用过程中，其断面及高度受到了材料限制，一般建筑木柱直径在0.2～0.5米之间，高度在2～3米之间。但是当面对建造大型重要建筑的时候，藏族木匠充分发挥了其智慧，通过榫卯及拼接的手法（图4-2-11），加大了木柱的

图4-2-11　木柱榫卯节点（来源：丹增康卓 摄）

截面，同时加高了其高度，完美地弥补了材料的缺陷，建造出了如寺庙集会大殿的宽敞中庭空间；按照木柱的断面形状可以分为方柱（图4-2-12）、圆柱（图4-2-13）、多角柱（图4-2-14）、瓜楞柱（图4-2-15），包括十二角柱、十六角柱。一般角柱设置在室外门厅入口处，为了增加整个建筑的宏伟感，但是也有高等级的建筑在室内设有多角柱，例如布达拉宫白宫内，局部设有多角柱。所有样式的木柱，柱身都带有明显的收分，不仅增加了木柱的稳定性，同时也增加了立面的变化感。

（2）木梁：木梁在建筑中不但承受楼地面的竖向荷载，同时也承受横向荷载，增加了围墙与木柱的整体性。木梁断面有方形及圆形，圆形较多用在等级较低的房间，例如仓库、草料房及牲畜房。木梁一般截面高度为0.2～0.3米，宽度为0.12～0.2米，对于一般要求的房间，木梁上方会做两排莲花、堆经的装饰，对于等级较高的寺庙及宫殿建筑的房间，莲花、堆经上方还置有两至三排短椽，增加立面的层次感。木梁既与墙体搭接，也与木柱搭接，当与墙体搭接的时候，木梁深入墙体至少要达到0.2米，与木柱搭接的时候，两根梁通过凹凸榫头搭接，并位于柱中（图4-2-16～图4-2-18）。

图4-2-12　日喀则市江孜县重孜寺方柱（来源：丹增康卓 摄）

图4-2-13　昌都边坝县德钦伦珠寺圆柱（来源：丹增康卓 摄）

图4-2-14　堆龙德庆县楚布寺庙门厅多角柱（来源：丹增康卓 摄）

图4-2-15　布达拉宫雪巴列空瓜楞柱（来源：土旦拉加 摄）

图4-2-16　构件断面
（来源：土旦拉加 摄）

图4-2-17　木梁构件
（来源：土旦拉加 摄）

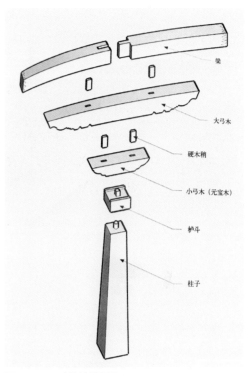

图4-2-18　木构件结构图
（来源：《西藏古建筑》）

图4-2-19　山南市龙泽县桑阿曲林寺内雀替（来源：丹增康卓 摄）

图4-2-20　拉萨市墨竹工卡县楚布寺雀替（来源：丹增康卓 摄）

（3）雀替：在藏式建筑的柱头均设有大小雀替，雀替由整块木料做成，其样式根据建筑使用等级的高低可分为直角、斜角及连续的曲线角，雀替的双翼附于柱头两侧，整体宽度大于柱距的2/3，雀替的设置不但增加了木柱本身的稳定性，同时在一定程度上缩短了梁的跨距，减少了梁与柱子交接处的剪力。藏式建筑中的雀替与汉式建筑中的弓木，在使用功能上基本类似，但是在外观样式及与木柱搭接的方式有很大的差别，藏式雀替在与梁柱构件连接的时候，各自打孔，插入暗梢固定（图4-2-19～图4-2-21）。

（4）椽子及栈棍：传统藏式建筑的屋面以平顶居多，藏

图4-2-21  雀替（来源：土旦拉加 摄）

式椽子木实为汉式建筑中的檩条，即垂直交错地搭接在木梁上方，从而固定栈棍构件，并将屋面荷载均匀地通过梁向下传递，椽子木有圆形和方形两种，圆形用于较为一般的房间，而等级较高的房间采用方形的椽子木，边长一般为0.11~0.13厘米左右。藏式栈棍构件相当于汉式建筑中的望板，一般垂直于檩条铺设，较为讲究的做法是在两根椽子木间采用45°角排列，藏族称之为"丁直"，即为密铺，有些民居也采用杨柳枝条作为栈棍（图4-2-22、图4-2-23）。在日喀则市，以及阿里地区也有采用竹子为栈棍的（图4-2-24、图4-2-25）。

（5）斗栱：藏式建筑中的斗栱施工技术从汉地引入，

整体样式与汉地的斗栱相像，但是并没有汉地斗栱形制严格，也没有太多的等级限制；藏式斗栱依据其分布的位置可分为屋檐斗栱、柱头斗栱及门窗楣斗栱。屋檐斗栱主要用于等级较高的寺庙金顶屋檐下，斗栱不仅起到了外立面的装饰效果，更重要的是通过向外出挑，把最外层屋檐檐口向外挑出一定距离，使整个建筑物出檐更加深远，屋顶曲线更加优美且壮观。藏式斗栱一般以五踩、七踩斗栱居多，较少用昂。目前认为斗栱的最早实例是元代夏鲁寺斗栱，与稍晚的白居寺措钦大殿及塔瓶下斗栱（图4-2-26），形制均为三跳七踩做法，铺作十分丛密，形制纤细精巧，其中昂仅为装饰，非受力构件，与当时汉地做法一致，一般认为是内地工

图4-2-22  方椽、丁直栈棍（来源：丹增康卓 摄）

图4-2-23  圆椽杨柳枝条栈棍（来源：丹增康卓 摄）

图4-2-24 竹子栈棍（来源：丹增康卓 摄）

图4-2-25 彩色栈棍（来源：丹增康卓 摄）

图4-2-26 日喀则江孜白居寺庙斗栱（来源：丹增康卓 摄）

图4-2-27 布达拉宫金顶斗栱1（来源：丹增康卓 摄）

匠所作；布达拉宫金顶（图4-2-27、图4-2-28）及大昭寺金顶下方斗栱虽采用三跳七踩斗栱，但其"斗口"尺寸大小悬殊，与整个建筑没有明确的模数比例关系。这些斗栱一般认为是当地匠师仿照汉地斗栱所制。昌都类乌齐查杰玛大殿檐口下的斗栱也极具特色（图4-2-29）。

柱头斗栱（图4-2-30～图4-2-32）及门窗楣斗栱（图4-2-33～图4-2-35）有别于内地的斗栱，即汉地斗栱引入西藏后，由当地的木匠结合本地元素，设计出了具有藏族特色的斗栱，这种斗栱广泛用于承托大型建筑的木梁、腰檐、门窗楣构件。做法是在墙面伸出挑梁，梁端置坐斗，其上有的只放置一层瓜栱承托多个升子；有的放置一斗三升瓜栱，其上叠放一至多层万栱，有时相邻斗栱的万栱较长相连为一体，万栱上再横排多个升子，数量根据其下万栱长度从五个到七八个不等。瓜栱和万栱较厚，曲面通常做成富有藏族特色的形状，形似弓木；整朵斗栱通常平行于墙面，少有垂直于墙面的华栱，均不做昂。用于围墙门口承托雨棚的斗栱左右各设置一朵，有的对称，有的不对称，不对称的做法通常是瓜栱或万栱向门的一侧加长，起到强调入口的作用。

图4-2-28　布达拉宫金顶斗栱2（来源：丹增康卓 摄）

图4-2-29　昌都市类乌齐查杰玛大殿斗栱（来源：丹增康卓 摄）

图4-2-30　拉萨市喜德寺柱头斗栱（来源：土旦拉加 摄）

图4-2-31　山南琼结县次仁迥寺柱头斗栱（来源：丹增康卓 摄）

图4-2-32　拉萨市尧西大热斗栱（来源：土旦拉加 摄）

图4-2-33　拉萨市哲蚌寺僧舍大门斗栱（来源：丹增康卓 摄）

图4-2-34 拉萨市夏扎大院窗斗栱（来源：土旦拉加 摄）

图4-2-35 拉萨市墨竹工卡县楚布寺檐口斗栱（来源：丹增康卓 摄）

图4-2-36 拉萨市公德林寺庙（来源：土旦拉加 摄）

图4-2-37 拉萨市哲蚌寺梯庆康萨（来源：格桑 摄）

#### 4. 楼地面

藏式建筑的楼地面可以分为室内楼地面及室外的院落地面。

在传统建筑中，室内楼地面采用密勒结构（图4-2-36、图4-2-37），将木作和泥作相结合，主要以木作为主，在木梁上方垂直铺设椽子木，且两端的椽子木相互交错，在木梁段延伸20厘米，以确保椽子的稳定性，在其上铺设望板层，即5～10厘米的半圆木条，较为讲究的房间将半圆木以45°角铺设，每两根椽子间形成人字形，藏语称之为"丁直"，木条铺设完毕后在其上铺一层直径10厘米左右的扁平状卵石，光滑的卵石可以在铺设上层黏土时自动找平，如果铺设碎石则难以均匀铺开。铺设木条和卵石层有利于楼面与屋面内部通风透气，一旦屋面漏水可以迅速散发水分以免腐蚀木结构。随后在卵石层上平铺约25厘米厚稀泥黏土垫层，闷水踩踏夯筑平整后厚度10～15厘米左右，其上面层材料有素土、阿嘎土，传统的民居中地面一般为原土夯实地面，而大多数的寺庙、宫殿和一些贵族家中采用阿嘎土地面。除了阿嘎土及素土外，部分寺庙及富裕人家采用纯实木地板，其铺设方法可分为两种，一种是将木地板截成1米长短，一方块一方块地在夯好的素土上方铺设，另一种是在木梁上搭接龙骨，在其上直接铺设木地板。

藏式传统建筑室外院落地面一般为素土地面，但是对于较为讲究及等级较高的建筑，其院落地面大多采用石材，材料包括青石板（图4-2-38）、花岗石（图4-2-39）、卵石及条石等。块石由毛石加工而成，一般尺寸为500毫米×500毫米，大都以"十"字缝铺设；条石尺寸为400毫米×200毫米，按"人"字形铺砌；青石板及鹅卵石没有尺寸规格，其形状有大有小，随意地铺设在地面上，中间一般采用砂土填补缝隙，黄泥勾缝，其中青石板偶尔也会在室内有水的房间使用，例如寺庙的厨房。

图4-2-38　青石板院落地面（来源：丹增康卓 摄）

图4-2-39　花岗石院落地面（来源：丹增康卓 摄）

## 5. 屋面

由于不同地区气候的不同，建筑采用的屋顶形式也有所不同，例如藏中及藏北地区由于属于高原半干旱气候，雨量较少，因此大多采用平屋顶形式，而气候湿润且多雨的藏南及藏东地区普遍采用坡屋顶，但是整体而言，藏式传统建筑屋面采用平屋顶的居多，且其做法与楼地面相同。坡屋顶可以依照材料分为镏金屋顶、琉璃瓦屋顶、木屋顶、石板屋顶。镏金屋顶的形式主要为歇山屋顶，主要用于等级较高的寺庙建筑的主殿上方。

（1）平屋顶：屋顶覆盖层由顶部几层木柱和梁结构组成（图4-2-40）。在天花板吊顶的顶部由木板、树枝等材料构成，有时还会铺上石板。如果天花板是用木板封闭的，则在木材顶部再铺一层小石板，并覆有几层泥土。屋顶的密封有几个过程：首先，整个屋顶用一层厚厚的壤土封闭。壤土用木材工具手工压实之后晾干。干燥会导致壤土收缩，随后出现裂缝。最后一层由细筛过的黏土组成，使得有着裂缝的封闭表面变得平滑。降雨之后，黏土略有膨胀，这增加了额外的密闭性。

在拉萨地区，平屋顶有女儿墙，将雨水引离墙壁，防止水分渗入墙壁。女儿墙的顶部覆盖着一层薄薄的石板。在一些地区，屋顶还用捣碎的石灰石防水。在其他地区，悬挑屋

图4-2-40　拉萨市哲蚌寺梯庆康萨屋面（来源：格桑 摄）

顶的檐口可以保护墙壁。平顶建筑的坡度很小，雨水从屋顶流到一个木排水沟，然后再流到地面。排水沟通常由空心木料制成。

（2）坡屋顶：在林芝等年降水量或季降水量较多的地区，房屋会采用坡屋顶。这些地区的房屋主体均采用紧凑布局，以确保其可以完全覆盖屋顶。坡屋顶的支撑结构通常为木材；覆盖物为木材或石头。在大多数情况下，坡屋顶结构放置在用泥土封闭的平顶之上。这种结构为坡屋顶和建筑之间提供了一个通风良好的空间，可以作为额外的储存空间。

通常，屋顶的倾斜角度小于30°，屋顶结构有一定的悬挑形成屋檐。坡屋顶一般为檩条屋顶，檩条由立柱支撑；屋脊檩条可由山墙支撑。结构的柱子和横梁通常由水平系梁连接，有的檩条由外部的桁条由房子的石墙和沿墙的柱子支撑。

屋顶外表面铺设木瓦（图4-2-41）或者覆盖有石板（图4-2-42）。这些石板因其自重不需额外的固定措施。大块的石板有几厘米厚，使得屋顶覆盖物经久耐用，使用寿命较长，而木瓦屋顶则需要定期维护。

### 6. 门窗

西藏传统建筑中，厚重墙体中的门窗洞口始终与庞大的体型形成强烈对比。外立面呈现出独特的开口组合，在坚固的墙壁上装饰有精致的格栅。一般来说，洞口反映了墙体后面的内部功能。洞口的尺寸和类型由相应内部空间的功能限定。所得到的组合物通常是大小开口对称排列，它们往往是功能性的或装饰性的。主要房间和它们的开口通常朝向太阳以采光，南部和东部墙壁有最多的开口，而北墙通常开口很小或者不设置任何洞口。开设洞口的一个主要原则是窗户尺寸随楼层数的升高而逐渐变大，这一方面和减轻上部荷载的结构要求有关，另一方面也和不同楼层的使用功能有关。

在传统建筑中，洞口由框架予以突出强调，通过给洞口周围的墙壁上色或用厚泥浆石膏。开口周围的框架涂有石膏并涂成黑色，与被粉刷为白色的墙壁表面形成强烈对比。

在防水方面，悬挑挡板和承重的木门楣将雨水从墙壁上引开。该实体具有结构性、装饰性和象征意义，当地的说法"窗户是建筑物的眼睛，悬挑挡板是眼睫毛"。门楣及其上的出挑是重要的代表性结构，因此有相应的特别处理。通过在交替的方向上放置小块木材来组装出挑部分，以形成坚固的结构构件。通过将木板和短木块分层放置，组件的实体获得结构质量，以弥补可用木材的弱点和轻质。这种构建方式被称为"堆积的木头"。门楣上的出挑明显地用作美学元素。门楣上的木出挑结构是西藏建筑文化的一个特征。尽管它们具有不同的形式、结构和细节，但它们在广阔的区域形成了一个共同的元素，产生了一种"藏式建筑"的认同感。

（1）入口大门：入口大门始终是一层墙面中最大，装

图4-2-41　日喀则吉隆县帮兴村民居——木瓦屋面（来源：丹增康卓 摄）　　　　图4-2-42　日喀则吉隆县强占寺——石板屋面（来源：丹增康卓 摄）

饰最为丰富，最具有表现力的开口。它是室内与室外的通道，在许多情况下，主入口大门的重要性通过突出的屋顶进一步增强。雨棚可确保入口大门区防雨，并防止雪直接积聚在门前。与可能装饰华丽的外侧相比，门的内侧一般非常朴实。大门也是建筑最可识别的元素之一（图4-2-43～图4-2-46）。

大门门楣或檐口的上方会放置雕刻经文或佛像的石头，或者放置牦牛头骨或经书。这些物品被认为是保护居民抵抗不吉利。大门的细节和装饰还表现了特殊建筑的重要性和功能。一个简单的民居大门的设计与官邸或宗教建筑的大门明显不同，特别是雕刻和特定颜色表明了宗教用途或不同的社会地位或者财富等。过去，仅对居住建筑中神圣房间的窗户和门框进行雕刻，而现在窗户周围的装饰数量增加，以前仅供神圣房间和建筑物使用的装饰元素现在被广泛用于居住建筑中。木门框直接在墙体的建造过程中置入门的位置。随后，围绕门框竖立墙壁。在宽夯土墙或石砌墙中，门框周围设置了额外的木质侧柱。这些侧柱在建造过程中被用作模板并保留在墙内。许多门都有从内部锁门的装置。在内部，可以从侧厅前的墙里的手柄里拉出水平木条，从而牢固地将其关闭。

（2）室内门：室内门的两侧通常比坚固的入口大门的两侧更具装饰性（图4-2-47～图4-2-49）。位于墙壁或轻木隔断墙中，并且通常被建为框架板门。框架的边缘通常雕刻有不同的装饰图案。在西藏某些地区，挂织物门帘是很常

图4-2-43　拉萨林周县达龙寺扎西康萨入口大门（来源：丹增康卓 摄）

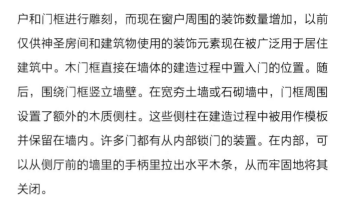

图4-2-44　拉萨市尧西大热入口大门（来源：土旦拉加 摄）

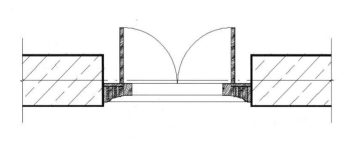

大门立面图

图4-2-45　拉萨市木如印经院大殿入口大门（来源：丹增康卓 绘）

大门立面图

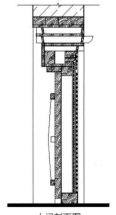

大门剖面图

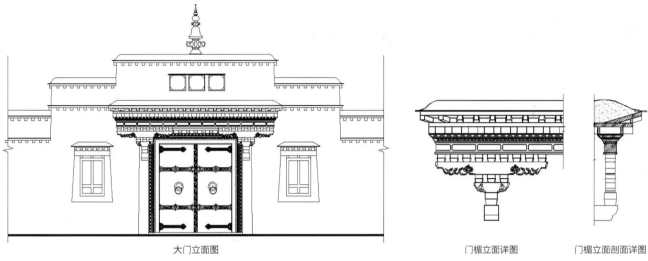

　　　　　　　　大门立面图　　　　　　　　　　　　　　　　门楣立面详图　　门楣立面剖面详图

图4-2-46　寺院入口大门样式（来源：丹增康卓 绘）

图4-2-47　室内门样式（来源：丹增康卓 摄）

见的。这些门帘有助于减少热量损失，并作为装饰元素。饰有装饰性边框的门帘，还会饰有八个吉祥符的贴花或刺绣，其中最常见的是永恒结。

　　如果门被放置在墙体中，则门翼铰接到位于其下方和顶部的框架的支撑木结构中。上部凹槽也可以直接设置在门楣中。木框架墙通常在开口处构造有额外的元件，其宽度足以保持门翼的圆形口条的凹槽。

　　（3）窗户：大多数地区的窗框都是用带有各种精美图案的木格建造而成，并用纸板或者棉织物封堵在网格之中。而比较常见的传统设计是紧密间隔的矩形网格，通常用雕刻的花朵装饰，窗户一般朝南和朝东，从而从两侧获得阳光。这些房间是这所房子里最具代表性的房间，因此配备了最好的家具。它们用于接待客人，有时也是家庭的主要起居室。特别是在寒冷的冬季，因为能通过太阳

图4-2-48　日喀则吉隆县帕巴拉康入口大门（来源：丹增康卓 摄）

图4-2-49　阿里科迦寺大门（来源：土旦拉加 摄）

图4-2-50　拉萨市平康大院窗（来源：土旦拉加 摄）

直接获得热量，所以这些房间在白天较为舒适（图4-2-50～图4-2-55）。

#### 7. 楼梯

西藏传统建筑的梯子主要为室外的石梯和室内的木梯。室外的石梯根据建筑物的等级规模宽度一般在1～5米不等，

高等级的建筑物石梯宽度可以达到10米，如布达拉宫的沿山石阶。藏式的石梯一般没有栏板或扶手，而是用土坯或石材砌筑成矮墙作为栏板；石梯和休息平台的基础采用墙的做法，石梯下为墙体，墙体之间密铺原木，上面铺设块石作为阶梯或平台。这种方式一方面可以耐用不易损坏，一方面可以就地取材方便建造（图4-2-56、图4-2-57）。

图4-2-51　日喀则吉隆镇民居窗（来源：丹增康卓 摄）

图4-2-52　阿里民居窗
（来源：丹增康卓 摄）

图4-2-53　昌都东坝民居窗户（来源：丹增康卓 摄）

图4-2-54　拉萨大昭寺窗（来源：丹增康卓 摄）

　　木梯主要用于建筑内部，木梯的两侧由坚固的木材制成，每一阶都插入一个凹槽中。木梯分为单跑、双并和三并形式。踏步的木板包铁皮使其经久耐磨。木梯设置扶手，由于楼梯的坡度较大，因此扶手不从底部做起，扶手与梯帮的间距从下往上由小变大，不与梯段平行，扶手伸出上部踏步较长。扶手端头用铜皮包裹，并做成莲头的形状（图4-2-58～图4-2-60）。盛产木材的藏东及藏南地区也

有两跑折角楼梯的做法，其坡度、栏杆的形制与汉式做法相似，如林芝阿沛管家庄园的楼梯（图4-2-61）。

　　独木梯是最简单的楼梯形式，用一个扎实的木料雕刻出窄槽作为踏步而成。这种窄槽木梯角度陡峭，并且不设置栏杆扶手。这种窄槽木梯在藏东南很常见，设置在房子的外部或露台上，提供通往屋顶的通道，通常用重石块固定（图4-2-62）。

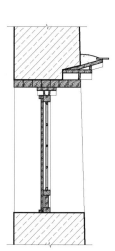

窗户立面图　　　　　　　窗户剖面图

图4-2-55　拉萨市木如印经院大殿窗户样式（来源：丹增康卓 绘）

图4-2-56　拉萨市曲桑日追寺庙石阶1（来源：丹增康卓 摄）

图4-2-57　拉萨市曲桑日追寺庙石阶2（来源：丹增康卓 摄）

图4-2-58　布达拉宫白宫入口楼梯（来源：丹增康卓 摄）

图4-2-59　拉萨市木如印经院夏仲大殿室内
　　　　　（来源：丹增康卓 摄）

图4-2-60　拉萨市林周县那兰扎寺白塔内的木梯
　　　　　（来源：丹增康卓 摄）

图4-2-61　林芝市阿沛管家庄园室内楼梯（来源：土旦拉加 摄）

图4-2-62　林芝市波密县民居室外楼梯（来源：土旦拉加 摄）

## 二、工艺体系与技术

### 1. 夯土工艺

夯土工艺在西藏历史悠久，早在吐蕃时期就已经广泛使用，夯土建筑具有就地取材、施工简易、冬暖夏凉、坚固耐用等特点，在西藏很多地区的早期建筑当中，都能看到夯土工艺的建筑遗迹，它不仅应用于民居建筑中，也广泛应用于寺庙、宫殿、宗堡、庄园等建筑中，例如阿里的古格遗址、山南扎囊县朗色林庄园、日喀则萨迦南寺大殿等，夯土墙粗犷厚重的质地增加了传统建筑浑厚雄伟的立面效果。但夯土工艺也存在着较多弊端，墙体自重大，体形笨重，比较浪费空间；同时夯土墙体底部容易酥碱，且一旦存在开裂基本无法防止和补救，夯土墙的墙角及门窗洞口通常不易将线脚留齐，转角部位土质容易脱落，室内抹灰也容易空鼓脱皮，尤其是夯土墙上的彩画不易保存。因此目前除了藏东地区由于石材较为缺乏，很多民居建筑仍然使用夯土工艺外，卫藏地区的建筑很少沿用夯土工艺（图4-2-63、图4-2-64）。

夯土工艺可分为两类，一类为大板夯筑法，另一类为箱形夯筑法。大板夯筑法一般用于大型建筑中，须先在所筑墙体位置的两侧竖若干木杆，在木杆上部一定位置上，将内外相同的木杆用牛皮绳或牛毛绳联牢，在绳中插入木棍，可任意旋转木棍以调整内外木杆架设模板，内模板需要与地面垂直，而外模板则须向内倾，倾斜到合乎外墙收分系数的要求

即可。在模板内加好木顶撑，在模板外则依木杆处加好楔形木楔，将模板固定。最后由夯筑师傅使用吊线锤调整垂直度后即可开始装土分层夯筑，每次装20厘米厚松土后上人踩踏，并使用夯杆夯打。夯杆是用木头做成一头呈楔形，另一头呈圆柱形，中间较细，长度约一人高，重量5公斤左右，使用时，用楔形的一头夯实转角处、湿土和模板交结处，用圆柱形的一头夯实剩下的大面。夯筑墙体时应特别注意夯打密实边角，整个夯打过程由多名藏族工人合作完成，过程载歌载舞富有节奏，既统一了步伐，又具有民族特色。当夯筑至已安制模板的高度后，可将下部模板脱去，逐层上翻周而复始。夯筑墙角时上下板墙体互相搭接咬茬，以提高转角墙体整体性；有时在上下两板墙体之间铺一层小石块，作用与骨料类似，避免墙体干燥过程中出现裂缝，部分地区会在夯土墙两板之间放置一层枋木，亦可以有效提高墙体整体性。箱形夯筑法一般应用于小型建筑，由于需要人工、木材较少，箱形模具使用周期长，可拆卸，长度一般为1.8~2米，高度40~60厘米，因此较多应用在民居建筑中，先按照所需墙体厚度制造一个木制的箱形模具，一般住房墙厚50厘米左右，立墙模，施工时将箱模固定在墙基上，然后向箱子内加湿土、树枝、沙石等加入夯实，边夯边筑周而复始。

夯筑时除了制造模具外，还需要注意几大重要的环节：一是夯筑墙体所有的土质应具备良好的黏结性能。二是在黏土中需要加入一定比例的骨料——小石子、枝干、草料等，

图4-2-63　昌都东坝民居夯土墙体（来源：丹增康卓 摄）

图4-2-64　阿里普兰县香柏林寺（来源：丹增康卓 摄）

以增强墙体的强度。三是加入水的比例要适度，一般含三四分水即可，水加多了土太湿，在夯筑过程中难于成形，水加少了则又影响黏土的黏合性。四是在墙体中适时在横向和纵向加以木筋，以增强墙体的整体性能，避免墙体开裂。

### 2. 石砌工艺

石砌工艺是西藏传统建筑营造体系中极为普遍的建筑工艺，且年代久远，早在公元前2000年砌石技术已趋成熟，藏族石匠在长期的实践中总结出了一套极为成熟的利用天然片（块）石、天然黏土砌筑石墙体和基础，且该技术在中国，乃至全世界都堪称一绝。

藏式石砌工艺的精湛主要体现在以下几个方面：一是处理好大石（片、块）、小石、黏土三者之间的关系。大石是地基与墙体结构的主要支撑与结合点，所以摆放时一定要注意水平方向的平顺和稳定，注意大石与大石之间横向与纵向的照应，上下叠压切忌对缝，前后搭接需错位交合。根据这个基本原则，再用黏土和小石作为填充和调整做到满泥满衔，从而使墙体与地基形成一个完美的整体。二是处理好墙体与地基的关系，石砌墙体由于自重较大，对地基压强也大，为了减小地基的承载力和墙体的自重，一方面加大墙体下部与地基的接触面，从而减小地基的压强；另一方面由墙体下部逐渐向上收分，在能够满足墙体结构要求的前提

下，通过收分，逐渐递减墙体厚度，降低墙体的自重。而收分技术成为砌石建筑中一个十分重要的环节，也是传统藏式建筑最具特色的建筑构造，它除了能够满足前面两个方面要求外，还可避免墙体外倾，增加建筑物的艺术感染力。三是处理好建筑物转角处角与角之间的关系。藏族在建房过程中，凡墙体部分的转角，均由技术特别精湛和熟练的工匠来把握，一般要达到如下要求：角的横切面必须成直角；角与角之间从下至上必须在一个平面内，否则墙体会扭曲；转角处的用石一般都用较大且较长的块石使之"咬茬"；各角的收分系数必须一致；必须处理好墙体的整体连接关系。为提高墙体的拉结力，避免裂缝，除了靠在砌筑时石块与石块之间的合理搭接和叠压外，一般在墙体砌筑到一定高度时（各地不太一致，大体在1~1.5米之间），需找平一次。有的地方，在找平层上还加一道木筋（木板平铺），以增强墙体的拉结力，也可帮助承载角部较大的荷载，防止不均匀沉降。

西藏地区石料的加工工艺较为简单，主要分为劈、凿、打道、刺点四大工序。劈，用大锤将石料劈开，这是最基本的工序；凿，用锤子将多余的部分打掉，开采出来的石头一般为不规则形，需要将块石的棱角和突出部分磨掉；打道，用锤子和扁子将基本凿平的石面上打出平顺、深浅均匀的沟道，既是为了美观，也是为了起到防滑作用，一般打道工序会应用在建筑的台阶部位；刺点，适用于花岗岩等坚硬的石

料，以形成麻面，主要是为了美观。

砌筑工艺可以分为纯块石砌筑和块石片石混合砌筑；两种砌筑方式的最大区别在于，混合砌筑时是在砌筑每一块石材前，先使用片石垫平，当每一层石材就位后，其左右分别采用片石填缝同时使用泥浆增加整体的黏结性。无论用何种石材砌筑，每一层砌完后都需要夯打一次，夯打办法是用粗大圆木锯成一米多高，安两个把手，两人全力抬起来后往下夯打。如果砌筑得不好，墙体可能容易松动，甚至坍塌。夯打工序不但检测了砌筑工艺的质量，同时在夯打过程也使得墙体更加密实坚固（图4-2-65～图4-2-70）。

### 3. 阿嘎土工艺

阿嘎土工艺是勤劳智慧的藏族人民，在不断摸索和实践中创造出的独树一帜的建造手法，无论是材料本身，还是夯打工艺，都是极具西藏本土特色的建造方式。阿嘎土是一种黏性强且色泽优美的风化石，常用于西藏传统建筑的屋面、地面及墙面，有着良好的防水性能，同时打磨后的面层光滑，石仔纹路清晰，表面不起灰，阿嘎土有着诸多优点，但是由于阿嘎土材料价格昂贵，人工工序繁复，且需要后期精心地养护，因此在旧西藏只有寺庙和贵族才能用得起。

图4-2-65　拉萨市哲蚌寺梯庆康萨砌墙过程中（来源：格桑 摄）

图4-2-66　石砌墙样式1（来源：土旦拉加 摄）

图4-2-67　石砌墙样式2（来源：丹增康卓 摄）

图4-2-68　石砌墙样式3（来源：丹增康卓 摄）

图4-2-69　石砌墙样式4（来源：丹增康卓 摄）

图4-2-70　石砌样式5（来源：丹增康卓 摄）

刚从山上采掘下来的阿嘎土基本为大块状，在施工前需要先将阿嘎土打碎，并分成粗、中、细三种颗粒，粗颗粒的直径约为3～4厘米，用来铺设底层，细颗粒的直径约为1厘米左右，用来做面层，通常在做面层的时候也会掺和一些石子骨料来提高整体性和耐磨强度。材料筛选分离后，首先要铺设15厘米厚的粗粒阿嘎土，一边踩踏，一边夯打，夯打工具是一块直径约20厘米、厚3～5厘米的圆饼状石块，重2～3公斤，中间穿孔插入长约1米的木棍作手柄，夯打时垂直提起一定距离后自由下落。夯打的过程也是极具艺术特色，数十人排成队列，边夯边唱，根据音乐节奏前进、后退或进行队列的穿插，大型建筑的屋面甚至需要上百人共同夯打，场面极为壮观，阿嘎土的夯打过程也被列入了西藏非物质文化遗产名录。除了人工的夯打之外，还需要不断给阿嘎土洒水，夯打至阿嘎土表面起浆，因为阿嘎土泥浆可以严严实实地充实大小阿嘎土颗粒间的间隙，使阿嘎土紧密平实无死角。粗阿嘎土层由阿嘎师傅把控其厚度及技术，当达到标准后再铺设阿嘎土，同样也需要边洒水，边夯打，待阿嘎土干固，且表层基本平整后，进入下一道工序即打磨，夯打平整后的阿嘎土，总归还是会有一些粗糙，而粗糙的区域不利于雨水及时排走，甚至会存留一些水分，因此需要安排人工用光滑的鹅卵石进行打磨，待打磨光滑后，最终全面涂刷榆树皮熬制的浆汁，待表面干透后刷清油若干次。整个阿嘎土工艺至少需要半月的时间，而每一道工序分别也需要用四五天

的时间去完成，而且后期的使用过程中也需要精心的养护，经常要用羊皮或者氆氇作脚垫，擦地而行，并涂刷清油进行保养，到了夏天，用大叶子野草来擦洗，除去表层的油腻，重新打蜡，时间越长，阿嘎土面层越发的光滑光亮（图4-2-71～图4-2-74）。

### 4. 边玛草工艺

边玛草是藏语的直译，学名为怪柳，是一种生长在高原地区耐高温耐严寒的野生灌木树种，高约七八尺，根系发达，主根往往伸到地下水层，最深可达10米余。

边玛草工艺，是西藏传统建筑营造中极具特色的砌墙工艺，也是代表着西藏最高等级建筑的装饰。根据民间的说法，边玛草起源于民居建筑的屋檐及围墙檐口的做法，过去藏族农民为了节省院落用地，习惯在屋檐及围墙上面堆放干柴、杂草、牛粪之类的杂物，不但起到了防盗作用，同时也保护檐口不被雨水冲刷，后来这类做法渐渐地引用到藏式寺庙及宫殿建筑的女儿墙的做法当中，最终演变成了目前我们所看到的边玛草墙。边玛草墙体专属寺院及宫殿建筑的装饰手段之一，并非任何建筑都可以享有，根据等级的不同，边玛草墙体的做法也有所不同，根据檐口的木椽挑出的层数，边玛草墙可分为单檐、双檐、多重檐之分。边玛草的应用不仅减轻了厚重墙体的重量，同时也给整个立面色彩增加了装饰效果，大面积白色为背景的藏式墙体与赭红色女儿墙体形

图4-2-71　阿嘎土原材料（来源：丹增康卓 摄）

图4-2-72　细阿嘎土（来源：丹增康卓 摄）

图4-2-73　打阿嘎土（来源：丹增康卓 摄）

图4-2-74　镶有绿松石的阿嘎土地面（来源：丹增康卓 摄）

成鲜明的对比，增强了整个建筑的庄严感，同时也使得建筑轮廓更为清晰。

边玛草墙体具体工艺为：将采摘来的柽柳枝条剥皮晒干，并用浸湿的牛皮绳捆扎成直径为0.05～0.1米的小束，绑扎时一头直径较大，一头直径较小，并用砍刀将两端截面削平。每束一般长0.25～0.3米，最长的有0.5米，使用湿牛皮绳绑扎待风干后牛皮收缩草束更加结实。准备好草束后就可以开始砌筑边玛草墙，通常边玛草墙体占石墙厚度的1/2～2/3，边玛草墙体一般是从檐口挑出的椽子木构件开始砌筑，椽子木可分为两层，即出头椽子木及"星星木"构件，"星星木"是与出头椽子木构件尺寸相同的木构件，表层浅刻有白色圆圈，两个椽子木的组合也较为考究，边玛草

墙体底部，"星星木"是放置在出头椽子木构件上方，同时在"星星木"与边玛草墙体交接处，铺设有一层央巴石，为了避免两个构件在雨水打湿后相互糟朽腐蚀，边玛草墙体顶部，"星星木"是在出头椽子木构件的下方，在铺设边玛草墙体时，将大头截面朝向外侧，小头朝向内侧，并用泥浆和石片垫平并砌入背面墙体以提高稳定性，每铺好三层，均采用硬木钉上下左右垂直钉入草束内增强整体性，同时在砌筑过程中，不断采用木锤敲打外立面，使整个边玛草墙体平整、密实。砌筑好后的边玛草墙体是木材原色，用绑有布条的木棍，浸泡在用红土、牛胶、树胶等熬制的粉浆中，并在边玛草墙体上拍打，风干，循环反复数次后，边玛草墙体施工完成（图4-2-75～图4-2-81）。

图4-2-75　布达拉宫双檐边玛草墙体（来源：丹增康卓 摄）

图4-2-76　边玛草细部（来源：丹增康卓 摄）

图4-2-77　草束（来源：网络）

图4-2-78　边玛草砌筑施工（来源：格桑 摄）

图4-2-79　边玛草断面（来源：丹增康卓 摄）

图4-2-80　边码草修复（来源：网络）

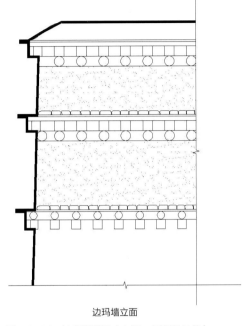

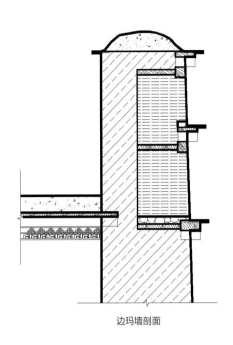

边玛墙立面    边玛墙剖面

图4-2-81 边玛草详图（来源：丹增康卓 绘）

## 5. 金工工艺

藏族的金工工艺有十余种，直接用于建筑的装饰工艺为铜工工艺和镀金工艺，一般广泛地应用在等级较高的寺院及宫殿建筑的装饰构件中。

铜工工艺一般分为锻敲工艺和雕刻工艺两大部分，材料主要为黄铜、紫铜、青铜。雕刻的工艺可分为"江木擦"、"布尔擦"、"锥擦"和"滴擦"四种。"江木擦"指在金属表面进行浅雕或浅镂，所刻的花纹图样有树叶、火焰图、云纹、水纹、万字符、昆虫、花卉、草木等，在这些纹样的间隙还可任意雕刻出粗纹和鱼眼纹，使雕刻品精美、光滑、好看。"布尔擦"即浮雕，其做法是依照草图，在所要雕刻的金属器物的外侧用錾子打出轮廓线，然后在金属器物内侧形成的沿压痕线所限定的部位用锤子从里向外敲打，使之外凸，再在凸出的一面按照原来打出的轮廓线进行细部加工，这种方法常用来雕刻佛像的宝座、莲座、靠背，佛塔的级层、宝瓶，日月法轮，寺院的屋脊宝瓶、屋顶金瓶、祥麟法轮等。"锥擦"是指镂雕，即在浮雕的空隙用小錾打眼穿孔。"滴擦"是指在金属主体上雕出设计好的纹饰，再在雕出的纹饰上填置黄金。

金属饰物体量较小，多被安置在建筑的屋顶、外墙、门窗及梁柱上，如建筑顶端四角的铜雕神兽、墙面上的"边坚"、门箍、门环、铺首、柱带，等等。

镏金工艺的过程较为复杂，具体工艺：首先，工匠按工程的需要申请金箔进行加工，用小锤敲打金箔，直到金箔成薄如蝉翼的金片，再将其切成边长为2至3毫米的碎片，在里面按比例掺入水银。然后把混合好的金片和水银熔化，倒入冷水内凝固成圆，将成圆的金子和水银与豌豆大小的石英碎石放在研体内捣磨8到12小时，使之成黏稠状。然后在物体表面涂抹一层水银，再用手粘抹一层糊状金液。将抹好金液的物体放入牛粪火中烘烤。边烘烤边用棉花等均匀擦抹，使水银蒸发，金色显示出来。最后，用天珠或铁棒将镏金表面打磨上光并进行回色处理。

这种工艺由于造价高、程序复杂，且呈现出的效果极为华丽，一般只为寺庙、宫殿等级较高的建筑所用，即将歇山屋顶整体用镏金铜皮包裹，以象征宗教、政治权力，标志等级（图4-2-82~图4-2-87）。

图4-2-82　边坚（来源：土旦拉加 摄）

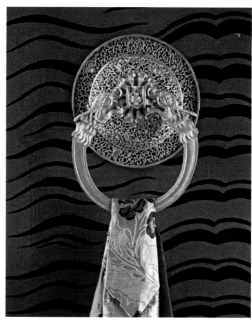

图4-2-83　门环（来源：网络）

图4-2-84　二兽听法（来源：丹增康卓 摄）

图4-2-85　宝瓶（来源：丹增康卓 摄）

图4-2-86　金顶（来源：丹增康卓 摄）

图4-2-87　脊兽（来源：丹增康卓 摄）

# 第三节 建筑装饰体系

丰富的装饰是西藏传统建筑的重要特征之一，西藏传统建筑的装饰主要体现在建筑的屋顶、墙体、门窗及梁柱等部位及部件上。

## 1. 屋顶装饰

屋顶装饰主要在女儿墙、金顶以及屋脊部位。主要的装饰物为边玛草、经幢、五色经幡、宝瓶、祥麟法轮等。

五色经幡：西藏民居屋顶上一般插有蓝、白、红、黄、绿五色经幡，称为"塔觉"。塔觉的目的是表达居民对世界万物的崇敬和吉祥的愿望，因为其色彩鲜艳，与素色的民居主体形成鲜明对比，因此也成了建筑的一种装饰。每逢藏历新年，将更换新的五色经幡图。此外五色经幡还被广泛地应用于重要的交通节点和自然崇拜物上（图4-3-1、图4-3-2）。

金顶：金顶作为少数高等级宗教建筑的重要装饰，一般采用铜皮镏金。其顶部、檐口、四角均装饰有铜皮镏金的部件，以显示高贵富丽的特点。金顶四角的飞檐装有四只张开口的鳌头铜雕，鳌头是神话中的动物，以反映建筑物及建筑物主人的高贵地位（图4-2-86、图4-2-87）。

宝瓶：宝瓶一般设置在宫殿、庄园等高等级建筑物的屋檐部位，在历史上是一个地区政教权力的象征（图4-2-85）。

经幢：经幢是寺院建筑的重要装饰物，一般设置于寺院主殿边角处或者正门上方屋顶处。此外，宫殿和重要的庄园屋顶也有设置经幢的情况（图4-3-3）。

祥麟法轮：一般设置于寺院措钦大殿或主殿的屋顶中央。祥麟位于法轮左右两侧。祥麟奉行释迦牟尼教法，世间一切不正确的见解都会被摧毁，劝人一心修行向善；法轮指佛法威力无边可以摧毁所有罪恶（图4-2-84）。

## 2. 墙体装饰

西藏传统建筑的墙体装饰主要包括彩绘、壁画和涂色等，部分墙体还有铜饰和石刻等。铜饰的内容主要为宗教中的人物、动物和法器等。石刻有阳刻和阴刻两种形式，石刻的内容主要为佛像、宗教图腾和经文等。石板石刻（玛尼石）用于建筑装饰时主要镶嵌于墙壁主体或檐口部位（图4-3-4）。涂色一般用于民居建筑的外墙大门两侧，涂色的内容为宗教图腾和当地习俗符号，如白象驮宝等。

图4-3-1 民居屋顶的五色经幡（来源：蒙乃庆 摄）

图4-3-2 桥梁的五色经幡（来源：蒙乃庆 摄）

图4-3-3　经幢（来源：蒙乃庆 摄）

图4-3-4　外墙石刻装饰（来源：蒙乃庆 摄）

### 3. 门窗装饰

门是西藏传统建筑中装饰较为复杂的一个部位，门的组成可以分为门脸、门扇、门斗栱、门楣、门帘和门套六个部分（图4-2-44）。

门脸在门框外部，内层靠近门框一侧作彩绘或雕刻莲花，外侧用小木方堆砌，按照一定规律排列形成有立体感的凸凹形式，称为堆经。

门扇大多为双扇门，门扇的主要装饰物为镏金的门环、门扣和门箍等铜制构件，其中门环通常为兽面的形象，也有护法神等宗教内容题材的木雕和彩绘。门扇通常涂漆保护，颜色以红色为主，兼有黑色。由于门扇采用木板拼接，需要用铁钉和铁条将木板固定，铁钉和铁条也会镂空雕花成为一种装饰。

门斗栱用于建筑或院落的正门。斗栱分为三部分，第一部分为底层从墙上挑出的托木，端头为弧形；第二层为支撑用的方木，数目为奇数；第三层为横木起支撑作用。

门楣主要起到对门的保护作用，防止雨水对门及门上部装饰的破坏。门楣在门过梁的上方，用单层或两层以上的短椽层层挑出，外端成楔形向上倾斜。各层之间用木板隔开，最上层的短椽形成三面围绕，上部再放置片石和黏土做成斜坡状以利于排水。短椽上涂色或者彩绘以作装饰。

门帘分为两种门楣帘和门扇帘。门楣帘位于门楣下方，由五色的布料组成带褶皱的布帘。用于外门的门扇帘用厚布料或牛毛编织，门帘上织有万字符或法轮等图案。

门套：门框两侧做黑色门套装饰，其形状一般是直角梯形，向上收分，上端至门过梁，下端至墙角。有的地区门套上部会做成牛角状。

窗的装饰和门的装饰比较类似，主要包括窗楣、窗帘、窗框、窗扇等。窗楣上主要的装饰为两层短椽，上层为红色，下层为绿色。短椽正面作以花纹为内容的彩绘；窗楣帘主要采用白色帆布作为底层，用配有蓝色的吉祥图案；窗框主要装饰堆经或莲花花瓣；窗扇主要以木雕彩绘作为装饰，图案包括人物、花纹或几何图案。同门一样，窗套也以向上收分的形式并涂成黑色（图4-3-5）。

### 4. 檐口的装饰

传统建筑的外墙顶部（无论是石墙、夯土墙、砖墙或木墙）一般都有一个经过装饰的檐口。可以用来装饰和点缀整个建筑，或者只装饰有代表性的正立面。檐口有三重用途：功能性、象征性和装饰性。檐口突出的功能是将雨水引离外墙。象征性目的是表明建筑或其部分的功能，并表达其建筑所有者的社会地位。檐口装饰得越精细，表明居住者越富有，其地位也越高。庄园或官邸比普通民居具有更多并且更

精致的檐口。寺院等高等级的宗教建筑允许有两个以上的檐口带，并通常有额外的圆形铜饰。传统建筑的檐口装饰由一组由红色边玛墙和镀金的铜制装饰品装饰（图4-3-6）。

图4-3-5　民居外窗（来源：蒙乃庆 摄）

图4-3-6　铜饰（来源：蒙乃庆 摄）

# 第五章 西藏传统建筑的思想基础与主要特征

　　肇始于西藏独特的自然地理环境，受悠久的地域历史传统、朴质的生活风俗习惯与神秘的宗教信仰文化的影响，孕育出别具一格的西藏传统建筑文化，其思想蕴含着万物共生的朴素自然观、修心养德的空间环境观、多元共荣的文化认识观，既汲取了西藏先民的地域传统，又承载了藏传佛学、汉族文化和印度文化的整体性思想特征，兼收并蓄，创新合一。西藏传统建筑树立了传统生态观系统的典范，是世界营造艺苑中的一枝独秀，也是我国多元建筑文化融合的见证，西藏建筑文化的传播意义深远。

# 第一节　西藏传统建筑的思想基础

## 一、西藏传统建筑艺术思想的文化渊源

西藏传统历史文化自古以来风格独树一帜，这与雪域高原的独特自然地理环境之间有着密不可分的亲缘关系。基于此场所中萌生、滋养和成长的西藏传统建筑文化以其自然粗犷的形体美感而独具魅力，震撼人们心灵，成为世界文化舞台之中的优秀之作；以其会聚了黄河、长江流域农业文化和北方草原农牧文化、中亚沙漠绿洲文化、南亚印度文化而表现出多元一体的鲜明性综合建筑文化的特征而异彩纷呈，其激发人们的想象力，为我国民族建筑文化添光增彩。

依据考古文献，早在几万年前的旧石器时代，西藏的先民们就劳动、生息和繁衍在这片被称为"世界屋脊"的青藏高原上，这里地域广阔且地势复杂，从整体看大多数区域为荒漠草原，呈现出高原文化或雪域文化特征，藏南被称为河谷文化，青藏文化正是建立于高原游牧文化和河谷农牧文化基础之上。在与严酷的自然条件不断斗争的过程之中，培养了高原居民勇敢耐劳、粗犷豪迈的性格，积累了丰富的生存智慧和大量的科学经验。在古代藏族的历史文献《柱下遗教》、《贤者喜宴》、《红史》、《青史》等所提供的具有集体潜意识的神话之中，可以看出西藏先民们所萌发出的原始朴素的人文主义传统，凸显出先民们初识人在自然中的地位和作用的特征，注重培养人对自然的感激，以及善用大自然赐予，保护生态自然的品格。

与我国中原儒家文化不同，贯穿西藏文化主线的是藏传佛教。西藏先民将高原特殊的生存条件和崇尚自然万物的信仰文化基础融于一体，创造出以冈底斯山周边地区为地理中心，以雍仲苯教文化为信仰基础的古代象雄文化。而起源于古象雄的西藏本土宗教——苯教则和此后藏传佛教的形成和发展关系密切，雍仲苯教的《甘珠尔》就是藏族一切历史、宗教和文化的滥觞与源头。

《西藏通史一松石宝串》中记载：悉补野世系中的第三

代丁墀赞普是穆墀赞普与萨丁丁之子，娶索塔塔为妻，觉邬敏嘎尔担任苯教神师，建造了苯教城堡"科玛央孜宫"……悉补野世系中的第四代索墀赞普是穆墀赞普与索塔塔之子，娶色萨曼姆为妻，觉邬沃嘎尔担任苯教神师，修建苯教城堡"固拉固切宫"……悉补野世系中的第五代德墀赞普是索墀赞普与色萨曼姆之子，觉邬香萨尔担任苯教神师，修建苯教城堡"索布琼拉宫"，娶达萨玛为王妃……悉补野世系中的第六代墀贝赞普是德墀赞普与达萨玛之子，娶墀秋姆为王妃，觉纳莫钦担任苯教神师，创建了苯教城堡"雍仲拉孜宫"……第七代王止贡赞普是墀贝赞普与墀秋姆之子，觉邬蔡嘎尔担任苯教神师，修建了苯教城堡"萨列切仓宫"，娶帕萨墀增为王妃。其中将这些建筑称之苯教城堡，还列出了神师的姓名，可见苯教的影响。我们可以想象到，这些城堡中的宗教活动也是其中的一项重要功能，其选址建造也融合了其中特定的需要。

雅砻王统第二十八代赞普拉脱脱日聂赞住在雍布拉宫，其时"从雍布拉宫的屋顶上面，从空中降下来《百拜补证忏悔经》、《金塔》、《佛说大乘庄严宝王经心要六字真言》、《枳达嘛呢法门》等"。此时佛教开始传入西藏，并在吐蕃时期开始得以大力推行，佛教与苯教二者相互借鉴和影响，逐渐形成藏传佛教，形成了西藏独特的宗教文化。在松赞干布统一吐蕃之后，大力推行佛教，至吐蕃后期朗达玛灭佛，虽历经起落，但佛教仍以强大的生命力在西藏生存和发展，历经"前弘期"和"后弘期"，经由"上路弘传"和"下路弘传"等不同渠道，和本土宗教交流融合，形成了流派众多的藏传佛教并流传至今。佛教和其他宗教一样，其学说中包含了对天地宇宙和自然规律的基本认识，并在一定程度上加以升华，融入自己的体系当中，并以此为基础提出了一定的行为规范和要求。其主张积极利益众生，以五明为学人所必学的内容。五明分别是指工巧明（工艺学）、声明（语言学）、医方明（医学）、外明（天文学）和内明（佛学），其中建筑则属于工巧明的范畴。这种以佛教为主线的文化形态对西藏传统建筑文化也产生了深远的影响。

徐宗威先生在《西藏城市规划古今谈》一文中，归纳了西藏古代城市规划建设中的四个学说：

一是天梯说。西藏历史传说中的聂赤赞普是西藏第一位国王，他和他之后的六位国王，史称天赤七王，据说天赤七王都是天界的神仙，他们死亡后会登上天界。在天梯说的影响下，那个时代西藏的房屋都建在山上。即使今天仍然可以在西藏一些地方看到山顶上宫殿的废墟和山崖上画上去的天梯图腾。

二是魔女说。吐蕃王朝时期，松赞干布迁都拉萨并迎娶唐朝文成公主后，开始在拉萨河谷大兴土木。文成公主为修建大昭寺和造就千年福祉而进行卜算，揭示蕃地雪国的地形是一个仰卧的罗刹女魔。文成公主提出消除魔患镇压地煞、具足功德、修建魔胜的思想，主张在罗刹女魔的左右臂、胯、肘、膝、手掌、脚掌修建12座寺庙，在罗刹魔女心脏的涡汤湖用白山羊驮土填湖，修建大昭寺以镇魔力。此后，吐蕃这片土地聚足了一切功德和吉祥之相。女魔说对当时吐蕃王朝的规划建设发挥过重要的影响（图5-1-1）。

三是中心说。古代佛教宇宙观认为，世界的中心在须弥山，以须弥山为轴心，伸展到神灵生活的天界和黑暗的地界。桑耶寺的建设充分体现了这一思想，其主殿代表须弥山，糅合了汉地、西藏和印度的建筑风格。由围墙所构成的圆内有代表四大洲、八小洲以及日、月等殿堂建筑。在中心说的影响下，西藏的住宅、寺院、宫殿都被认为是世界的缩影，早期的帐篷和后来居室中的木柱被认为是世界的中心，沿着这个中心可以上升，也可以下沉，这也是信仰群众向居室中木柱进献哈达的原因。

四是金刚说。西藏的宗教藏传佛教，是在金刚乘基础上发展起来的，属于大乘佛教。金刚乘作为藏传佛教的基础，对西藏社会形态、城市形态和人的行为方式都产生了直接而深刻的影响，后者最直接的表现一是顶礼膜拜，二是朝圣转经。西藏的寺院殿堂内有很多"回"字形的平面布局，即为求佛转经的通道。桑耶寺主殿的三层空间每层都为"回"形，主殿的院落也布置成"回"形。延伸到寺院之外就形成了不同的转经道，如转山、转湖、转寺、转塔，等等。拉萨的八廓街就是著名的转经道，事实上对大昭寺的朝圣形成了囊廓、八廓和林廓三条转经道，这对西藏早期城市布局和城市形态有很大的影响。

这四个学说中无处不体现了宗教的身影。无论是寺院本身还是民居，基本上都遵循这些原则。

建于公元8世纪吐蕃王朝的桑耶寺被认为是世间无与伦比之寺庙（图5-1-2），寺院的建设经过精心的规划，由众多建筑单体组成的庞大建筑群遵循了佛教的宇宙观的思想，按佛经中的"大千世界"的结构进行布局。以古印度摩揭陀地方的欧丹达菩提寺为蓝本，仿照佛教密宗的"坛城"（即曼陀罗）建造。建筑群以金大殿（乌孜仁松拉康）为中心，其代表世界中心须弥山，大殿周围的四大殿表示四咸海中的四大洲和八小洲，太阳、月亮殿象征宇宙中的日、月两殿，寺庙围墙象征世界外围的铁围山；主殿四周又建红塔、白

图5-1-1　罗刹女魔图（来源：《西藏古建筑》）

图5-1-2　桑耶寺鸟瞰图（来源：《西藏藏式建筑总览》）

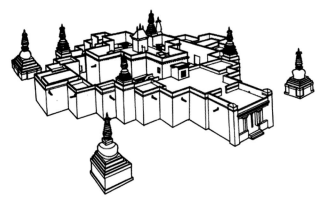

图5-1-3　托林寺迦萨殿复原图（来源：《西藏藏式建筑总览》）

塔、绿塔、黑塔四塔，以镇伏一切凶神邪魔，防止天灾人祸的发生。每一个单体建筑的建筑形式和位置，都有自己的独立象征意义。同时又将各单体的具有独立象征意义的建筑有机地组合在一起，形成一个完整的总体艺术形象，来表现出佛教对宇宙形成的基本观点。始建于公元996年的托林寺，由古格王国国王益西沃和佛经翻译大师仁青桑布仿照前藏的桑耶寺设计建造，遵循了同样的理念，但表现形式不同。主体建筑为迦萨殿，大殿分为内、外圈，内圈包括中心大殿和4座小殿，中心大殿呈四方形，供有主体坛城和如来佛像，四周有回廊与4座分殿相连。外圈包括16座殿堂，中间殿堂有转经道。托林寺以另外一种不同但相似的形式表达了佛教的宇宙观（图5-1-3）。

传统的拉萨城市形态实际上是以大昭寺为中心的单级格局，很长时间以来，拉萨城市都是以大昭寺为中心。《西藏通史—松石宝串》记载："其墙基的形状是：为了将来的僧人建成《毗奈耶经》所说的内殿（清净神殿）和表示三十七道品的三十七格子；为了众生建成诸法所作道之说的外磨四角形；为了考虑苯教徒和雍仲法建成四角雍仲形；为了表示秘咒含义和结果之地建成愤怒语自在的坛城标准。大部分遗迹现在还可以看到"。大昭寺的中心殿堂为觉康，入口在底层西面，东面中央是供奉释迦牟尼的主殿，其余三面的小室均为佛堂，内供佛像。二层的布局与底层相同。第三层南、北、西三面分别是慈尊四亲殿、千手观音殿和松赞干布殿。第四层仅在四角各建有一座不大的方形神殿。主殿上

建有金顶，其中东面释迦牟尼佛堂上的金顶最大，凸显了该佛堂的重要性。环绕主殿是一圈回廊，名为"朗廓"，是最内侧转经道。环绕大昭寺外围，名为"八廓"，是中间一层转经道，而在最外侧则是"林廓"，其环绕范围甚至包含了布达拉宫和药王山。除了大昭寺，西藏多数寺院均遵从这种布局，一般而言主要由环绕主要大殿的一层和环绕寺院的一层所组成。吴庆周在《建筑的哲理》中解释道：其一：转经仪式源于古代印度雅利安人的自然崇拜，婆罗门每天都执行日出、中午、日落三次宗教仪式。这仪式影响了雅利安人的村镇，形成特有的布局模式：正方形的平面……四个主要的门，村镇外围是围墙，围绕村镇的一条小路是为进行太阳神崇拜而设置的，人们按顺时针方向绕小路朝拜，这条路象征着太阳通过天空的道路，或者太阳运动的生死之轮。佛教也受这种思想的影响，认为转经路线的设置源于佛经律典，其思想基础是因果报应，生死轮回之说，让朝佛者在进入主殿之前，先经过宗教氛围浓郁的空间过渡求清净自心，然后在寺院内进行有秩序的朝拜，这就自然影响到以后西藏佛寺建筑的形制。

在西藏的聚落大多以为其提供精神力量的寺院为中心，即便规模较小的村落，也会设有拉康或佛塔。一种方式是先有寺院，然后民居围绕寺院营建，逐渐形成一个规模较大的聚落；而另一种方式则是先有村落，聚居的人多了以后，通常会建一个拉康或佛塔，作为人们精神的依托，护佑一方百姓。因此拉康中既可以供佛，也可以是土地神，如科迦村的"加日不休丹"庙宇内供奉的就是当地的"赞"神。作为当地的精神中心，这些寺庙通常都会提供一个公共的空间，作为聚会的场所，但是寺庙也会注意和世俗保持一定的距离，当地的人们也通常会遵守约定俗成的规矩，保持和寺庙的距离，形成一种和谐与默契，既拉近了佛和人的距离，也保持了佛门应有的清净。通常在一户民居中，最重要的房间便是佛堂，其重要性甚至超过起居室，是名副其实的一家的精神中心。

建房之前，都要请喇嘛前来占卜并预定出过程中每个环节的时间，以免时日不合触怒到神灵，并保佑家庭的幸福

平安。在色彩和装饰上，西藏传统建筑也有从宗教意义上的理解。白色是在西藏建筑中使用最多的颜色，在苯教的天、地、人三界结构宇宙观中，认为白色是天界的代表，藏传佛教形成的过程中将其吸纳其中，赋予白色是有纯洁、吉祥、神圣的美好意义。黄色在藏传佛教观念里是一种极为尊崇的颜色，使用上的要求也极为严格，通常是活佛才能使用的颜色，活佛穿黄色僧衣，带黄帽，坐黄色的垫子，居住的宅邸墙面也可以涂刷黄色。一般在寺院、宫殿等建筑才能见到。红色象征着杀戮与血腥，来源于苯教的一种祭祀仪式中将祭祀动物的鲜血泼在石墩上用以祭祀凶神。同时红色也象征权力，一般在寺院中才大量使用，使建筑在群体中显得更加突出，给人以精神上的震慑。普通民居中一般仅在屋顶檐口、门楣、窗楣等少量使用红色，而且一般也是较深的绛红色，取祈求菩萨和神来保佑的意义。黑色被大量使用在门窗套，藏传佛教中的护法神是黑色的，黑色被认为可以起到辟邪作用。西藏传统建筑常在门、门楣、窗楣、墙面、梁、柱、雀替等部位绘制彩画，这些彩画图案同样被赋予宗教的含义。日月符源自于苯教中对于天地自然的崇拜，蓝、白、红、黄、绿五彩经幡分别象征天空、祥云、火焰、江河和大地，融合了苯教和藏传佛教，用以表达对世间万物的崇敬，人物、花纹、吉祥节、万字纹、彩绘莲花纹及雕刻堆经等则都来自于佛教中的故事，表达了一定寓意，隐含了一定的哲理，也象征着吉祥。

由此可见，在西藏历史中，藏传佛教的思想与仪轨通过全民信教的寺院广泛传播到西藏社会、政治、经济和生活的各个领域和层面之中，并得以指导人们的日常习俗和生活方式。而与此同时，依据《西藏藩王传》中松赞干布迎文成公主和尼泊尔公主入藏的史料分析和敦煌古藏文《礼仪问答写卷》中的阐释，"中原的儒家文化和佛教文化并行地传入吐蕃"。其中《礼仪问答写卷》与《论语》的处世观点一脉相承，由此可见，西藏传统文化也受汉文化和其他外来文化影响颇深。从而深深地影响了西藏传统建筑的形式表达、空间布局、营造方式和艺术装饰及色彩表现。

## 二、西藏传统建筑艺术思想的主要特征

西藏建筑文化是世界建筑文化宝库中一颗璀璨的明珠，其悠久的历史、丰富的内容和独特的表现形式越来越受到世人的瞩目。西藏传统建筑思想的产生是在西藏人民漫长的繁衍生息过程中，经历了对自身和外部世界的认知与适应，肇始于适合西藏特殊的自然环境、丰富多彩的宗教文化，适应人民生活习俗和复杂演变的历史过程之中，走过了漫长的改造和再创造的建筑之路。世代生活在高海拔地区的藏族人民，面对恶劣的生存环境和相对匮乏的自然资源，在建筑创作中表现出了洞悉生命含义，并与之顽强抗争的英雄精神和对真、善、美的不懈追求以及浪漫解读。其建筑精神文化核心是藏族建筑文化最重要的组成部分，也是藏族建筑文化真正的价值所在，不断地追寻生命真谛和自我完善成为藏族建筑文化显著的特点。

### （一）万物共生的朴素自然观

基于人类与生俱来的探索未知领域的好奇心和征服自然的强烈愿望，在应对天地缘起时各民族都萌发了最朴素的自然观。尤其是生存于自然环境和气候条件较为恶劣的青藏高原上的先民们，在其特殊的生存和发展的压力面前，他们在藏族古籍中如此阐释这片神圣雪域之地的起源、发展及特征："最初，世界为空寂无垠之体。后十方风起，形成大海，再后须弥山拔出海面，四周形成四大洲。南部有瞻部洲，其中心是雪域吐蕃，这是因为吐蕃地高、山多、积雪不化，而周围河水都源于此地，并由此向外流出。"

在古时西藏先民的《斯巴问答歌》中也能发现他们对天地万物最初形态的阐述，先民们最早期的自然崇拜源于对"山"、"川"、"雨"、"雪"等不可抗力事物的敬仰与畏惧，认为天地山河是具有超强自然力量神灵的栖息之地，有着不可侵犯的神圣性；先民们最早期的灵物崇拜源于对"水"、"石"、"木"等的呵护，认为"万物有灵而不可侵犯"，人的行为应受到约束，顺从其自然规律；先民们最

早期的图腾崇拜源于对"羊"、"牛角"、"大鹏"等具有雪域高原特有气息生灵的保护，对与他们相依为命的动物伙伴的感激之情。

在原始苯教和佛教之中，崇山敬水已成为普遍而特殊的文化现象。每年都有教徒绕终年积雪的神山磕头朝拜，转神湖也是教徒们的宗教仪式活动。而对于任何有可能触犯神灵的行为举止，甚至思想意念，原始苯教的经典《鲁念萨达》和《十万龙经》中都提到可能会受到不可抗拒的力量的控制，遭受严厉的惩罚。17世纪后期颁布的《十三法典》中明令实施"封山蔽泽的禁令，使除野狼而外的兽类、鱼、水獭等可以在自己的居住区无忧无虑地生活。"由此可见，自古以来先民们都严守此类民间禁忌，并将风俗习惯中的自然崇拜内化为固有观念，用制度规范来约束行为，引导后世保护环境，培养克己自律的道德传统。

被赋予神圣化的自然地形也成为原始苯教和佛教史籍中预示着吉祥美满和事业有成象征意义的建筑选址标准。苯教经典中也这样描述藏北聂荣县宗索德部落境内著名的索德本衮寺，它"东边的守护是花斑猛虎，那白色的山崖犹如猛虎威严挺立；北方的守护是黄色乌龟，那草山犹如英雄的头盔一样坚不可摧；西方的守护是朱砂红鸟，那与草山相映成趣的红色岩壁是多么美好；南方的守护是青色玉龙，那青色的山崖如玉龙腾起，直上云天。另外，东面的山峦又白又平缓，这是预示和平事业的天然自成的山；北部的山岳呈金黄色又显得很庄严，这是预示事业将发展到底的山；西边的呈朱红色又险峻，这是预示王的事业能顺利成就的山；南面的呈蓝色且山岩纵横，就是预示强大的力量能使事业迅速完成的山。"在原始苯教的宇宙观中，自然界中特定的方位与特定的色彩象征不同的神灵，并起到特定的作用。

觉囊达热那特在《后藏志》中也记载了吐蕃国王墀松德赞与众大臣当年为寻找修建佛寺的地方，曾来到海波山顶，发现桑耶地形"东山形像国王宝座，海波山形如身着白绫衣的王妃，黑山仿佛设置的铁镢，迈雅则像骡子饮水，这块地方如同盛满郁金的铜盆。认为于此地建寺甚善。"这些

选址方法都是将长期观察自然地貌形体，山体环境变化的直观感觉和神圣化的象征性符号相互关联，此意义在于珍爱高原原生环境，使之尽量不受人为干扰，祈求自然神灵保佑的心态。

西藏先民们秉持朴素的尊重自然的思想也体现在追求简朴的生活方式之中，聚落选址依自然环境而建，房屋自山脚之下，依照地形向上延伸；建筑材料多就地取材，最常用的是随处可见的石头，尽量少占用土地或动用土壤，有效保护有限的土地资源；房屋类型体现多功能用途，不追求居住享受。农耕和畜牧都仅仅是为了维持和满足基本生存需求，不会为了创造财富，而扩大畜牧规模或者追求高收益，有力地保护了生态环境。牧场周围会搭建帐篷，并随牧场而迁移；畜牧和农耕在传统劳动中尽量互补互足，多维叠合的多功能性建筑成为生态型结构的福祉表现。

为了生存和生活，西藏先民依赖和利用自然，也不得不触碰自然，但他们采用尊重和爱护自然的方式，例如通常以祭祀和供养等方法，消除对自然威力的恐惧和畏惧；选取尽量朴素的生活方式，平衡生态保护和生存发展之间的关系。西藏传统建筑在崇拜自然，敬畏万物神灵的思想观念之下，有效地利用自然环境，适应自然环境，尽力地保护原生环境形态，西藏被称为"人间最后的净土"。从自然到超自然，从超自然再回归到人类本身，天人和谐折射出人与自然关系终极的哲理，可以说"万物有灵，和谐共处"是西藏先民协调人与自然关系的一种有效方式。

## （二）修心养德的空间环境观

恩格斯在论述欧洲哲学的演化进程时指出："每一时代的理论思维，从而我们时代的理论思维，都是一种历史的产物，在不同时代具有非常不同的形式，并因而具有非常不同的内容。"西藏先民的传统思维也是一种历史的产物，它形成和发展于西藏封建社会，是通过阐发佛教教理而表现出来的系统化、理论化的宗教世界观，其内容和形式都带有鲜明的宗教性，这是西藏先民传统思维的根本特点。藏传佛教所包含的哲学思想，集中体现了西藏人民在各个不同历史发展

阶段上的思维，也清晰地显示藏民族在各个历史时期对客观世界的认识过程及其社会文化的发展轨迹。

藏传佛教自成系统，形成一套自上而下的宗教制度与寺院规范，以及政教合一的局面。西藏先民对于藏传佛教以及高僧的崇拜，并不是简单盲从，而是由于历代高僧大德将先进的文化：医学、农耕、天文、数学、艺术等科学教给当地的藏民，帮助解决他们生活中的各种矛盾和困难，经过长时间的积累，深入西藏先民的心中，并且西藏先民也对宗教产生了感情，"修慈悲菩提心，关心天地间无量众生"的佛家思想使他们除了对宗教有着敬畏之意，还有着虔诚之心。

西藏传统建筑艺术的形成因素是基于宗教文化思想意识的融入，通过具有神圣感与秩序感的营造场所，创造了一个奉佛像、朝拜、诵经、学习集会的宗教文化场所，从建筑布局到建筑功能、从建筑结构到建筑装饰，无一不渗透和反映着其宗教思想，为人们营造了一种凝聚威慑力和神秘感的精神空间环境。通过艺术形象与其功能的完美结合，实现了弘扬佛法的基本功能，也显现了对神权威的尊崇性和对人震撼的力量感。

但同时藏传佛教所传递的精神内核与文成公主携带入藏的大量诗书礼乐等儒家经典相结合，这些为宗法制社会服务的儒家文化所表现的对于上下尊卑等级秩序的观念秩序正好服务于吐蕃统治者，以此，藏传佛教精神以等级秩序体现并得以应用，对藏族地区的家庭和社会都起到了规范作用[①]。

具有严格的规则等级观念的场所既是代表神权的寺院，也是西藏的主流建筑；其次是贵族权威，他们虽然掌握着奴隶的生杀大权，但仍然是俗人阶层。基于此的思想理念，贵族府宅院式建筑，无论是办公还是住宅，建筑的规模、层高和装饰都不能在寺院建筑之上，例如位于拉萨八廓街周围的贵族府邸，夏扎府、帮达府、桑颇府、平康府等高度都低于大昭寺，最高的只有三层；楼顶装饰不能拥有金顶、宝幢、宝瓶类的装饰品；也不能享有深红色的"边玛"女儿墙。而同样比起平民家的住宅，贵族府邸的大门形制和装饰更豪华，门前有标志性的"垫脚石"；主体建筑无论是藻井式的结构，还是附属结构，都凸显出贵族府邸建筑的高大、威严。[②]

住宅建筑的等级差异体现在严格的装饰装修的等级制上。班禅和达赖的宫殿作为住宅的最高等级，其次是大活佛的拉让，一般的邸宅不准许使用"卞白"和镏金的装饰，入口不许用多开间的门廊，只能在经堂和主要居室内施以梁枋彩画，外墙一律白色粉刷或清水。

## （三）多元共荣的文化认识观

西藏文化被称为世界文化中的一朵奇葩，主要源于其开放性和封闭性共存的双重辩证思维特征。建筑文化中不断吸收周边文化圈中的黄河长江农业文化、南亚印度文化、中亚沙漠绿洲文化和草原游牧文化。其频繁的文化交流的开放性使得建筑文化中融入了很多外来文化的基因；而独特文化中保持的封闭性主要源于长期以来受到政教合一统一制度的制约，其文化中所体现的政治要求和宗教观念，使其内在的发展活力受到制约，一直长期处于封闭保守的状态，因此在整体的建筑发展过程和城市生长过程中显得较为缓慢，当然在文化整体的发展中其封闭性表现得并不明显。

开放性的特征更为重要且时间久远。在上古时期，西藏高原的周邻地区，汇集着体现古代人类智慧最高成就的几大文明，即东部和东北部是黄河流域文明及其波及地区；南边是印度河流域文明；更西边是两河流域文明。它们之间的交往，或多或少地会利用西藏高原这块地区，而它们与西藏高原地区时疏时密的联系，在漫长的历史时期里始终存在着。从文化交往的规模和深度上来看，不同地区会存在不同的情况，但是就整体来说，与西藏地区联系最紧密的是黄河流域文化，其次是南亚的印度河流域文化，再次是中

① 徐国宝. 藏文化的特点及其所蕴涵的中华母文化的共性[J]. 中国藏学，2002（5）.
② 徐宗威. 西藏传统建筑导则[M]. 北京：中国建筑工业出版社，2004.

亚和西亚地区的文化。[①]可以认定在西藏存在着一个从新石器时期发展起来的史前时期巨石原始文化。它有两个传播途径：一是通过青海地区的欧亚平原的走廊进入西藏中部，或许一直到后藏。另一条进入克什米尔和斯皮蒂。[②]在世界的东、西方以及亚洲南、北地区的大石文化传播交流过程中，西藏高原都是主要的通道地区，在某种意义上讲，西藏高原神秘的大石遗迹正是欧、亚两大洲"大石文化"连接带上的一个转折点，它不仅是高原古代建筑艺术中具有抽象美的"纪念碑"，同时也是世界性大石文化传播带上的一座"路标"。[③]

《西藏通史—松石宝串》记载，尼泊尔赤尊公主来到吐蕃时，"带着父王所赐的释迦不动金刚和弥勒法轮、度母旃檀像为主的身语意所依以及无数奇异珍宝，随从侍女、能工巧匠向吐蕃进发。"而唐王朝文成公主入藏时，"随身带来了许多有关天文历法五行经典、医方百种和各种工艺书籍，同时带来了造纸法、雕刻、酿造的工艺技术人员。"吐蕃时期开始就通过文成公主和赤尊公主嫁到吐蕃时随同带来的汉、尼工匠，尼泊尔和中原的建筑技艺开始来到西藏，从而直接影响西藏建筑的风格。霍巍、李永宪在《西藏西部佛教艺术》中指出，西藏西部（注：指阿里一带）的佛教艺术至少融汇了五个大的佛教艺术式样的因素在内。即：（1）印度式样；（2）克什米尔式样；（3）中亚式样；（4）西藏式样（主要指西藏腹地式样）；（5）中国内地式样（主要指汉地佛教式样）等。阿里独特的地理位置使之成为接触外来文化的前沿，在吐蕃王朝灭亡后，王室后裔逃至此地建立了古格王朝，成为藏传佛教"后弘期"的中心。随着佛教的传播，以及和周边的经济贸易往来，将这些外来的建筑文化传递到了西藏腹地，各种不同风格的建筑艺术开始逐渐影响西藏的建筑，并融入西藏本土既有建筑文化之中，成为西藏传统建筑重要的组成部分。

例如最早的具有影响力的文化交流是自吐蕃王朝松赞干布以来，从印度和尼泊尔等国家传入的佛教文化，佛教建筑和艺术被大量兴建，例如大昭寺和查拉路甫石窟等，其佛教坛城文化和西亚文化随之得到大量传播；同时汉族建筑文化的影响也占了主要的地位，其中西藏昌都卡若遗址的干阑式楼居建筑；公元7世纪以来松赞干布时期文成公主在大小昭寺和后来赤松德赞时期金城公主兴建的桑耶寺等都采用唐代汉地的建筑风格；而之后夏鲁寺大殿的兴建与重修皆显示了13～14世纪内地建筑的布局、木构架与屋顶做法；此外甘丹寺、哲蚌寺、色拉寺、扎什伦布寺以及后来大昭寺的修缮，都采用了寺庙的歇山式金顶。其都反映了汉地建筑对西藏建筑的影响。

"文化具有开放性和包容性，不同的文化接触很快就会发生相互融汇的现象，处在表层的生活文化很容易被吸收，处在深层的观念文化如哲学体系、价值观、思维方式等，不是一眼就能看透的，要有深厚的文化根基和较高的文化素养，才有可能发生交融。这是一种高级的交融，这种融合只有在双方都有深厚文化基础的伟大民族间才有可能发生。"（引自任继愈，中国哲学的过去与未来，新华文摘）其对外来文化的认同是一个兼收并蓄的吸收过程，在融合之中将外来文化的精华融入本民族文化的结构之中，这是西藏文化保持独有个性从而形成了独树一帜的高原文化。

## 第二节　西藏传统建筑的营造方法特征

西藏传统建筑蕴含着万物共生的朴素自然观、修心养德的空间环境观、多元共荣的文化认识观，设计既融合了雪域高原壮丽的自然地理环境，又承载了佛学、汉族和印度、尼泊尔等文化的整体性思想特征。采用精神重心与场所引力融会的辐射性肌理组织原则、因地制宜与因材施用相结合，融

---

① 张云. 丝路文化. 吐蕃卷[M]. 浙江人民出版社，1995.
② G·杜齐著，向红笳译. 西藏考古[M]. 西藏人民出版社，2004.
③ 李永宪. 西藏原始艺术[M]. 河北教育出版社，2001.

合多种功能汇于建筑一体，形成独特和优美的藏族建筑艺术形式风格，给人以古朴、神奇、粗犷之美感，形成了具有独立风格和鲜明特征的地域性建筑。

# 一、重心场所的辐射性肌理组织

《西藏王统记》有这样的记载：在无边无际的虚空中"十方风起，互相鼓摄，为风十字，更成风轮，其色青灰，其质坚硬，其深六千亿由旬，其广则无可计数。风轮之上，有水积聚，成为大海。……大海之上，有黄金构成之地，坦平如掌……中央有各种宝物构成之山王须弥山，如水磨轴心，乃天然生成者"。源于对自然意象的理解和佛教文化的尊崇，在西藏的传统建筑中，建造者发挥了无穷的想象力，从对帐篷中心的支柱此类微观事物的观察作为起点，推演至对世界宏观图景的理解，再顺应佛教教义完成宇宙构成形式的一整套推理过程，组成"中心—重心"与"引力—场效应"的层级肌理关系，而且将此种关系传递到"寺"、"宫"、"村"、"宅"等不同的尺度层级之中。

## （一）中心与场效应的层级肌理秩序

曼陀罗是梵文Mandala的音译，意译"坛"、"坛场"、"坛城"、"轮圆具足"、"聚集"等；藏语dkyil-vkhor，音译"吉廓"，意译为"中围"。相传是密教传统的修持能量的中心，因此曼陀罗被认为是聚集之意，也就是诸佛、菩萨、圣者聚集所居之处。[1]

曼陀罗图形围绕中心展开，圆形与方形作为构成图形的基本要素，其几何中心重合并交替出现、层层分布，构成越来越聚中的图形，中心主尊代表成为积聚观看者视线与想象的点。最终按照一个固定中心布局形成了丰富的层次。这种层次性的构图秩序使其具有丰富的艺术色彩，同时体现

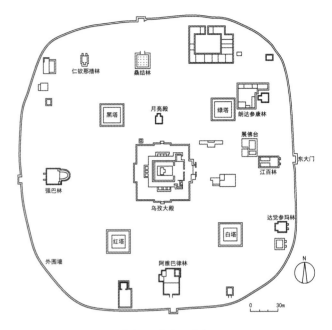

图5-2-1  桑耶寺平面图（来源：靳含丽 绘）

了佛教世界中的等级制度。例如著名的桑耶寺即以象征宇宙中心的主体大殿为主；再向外延伸至代表日月的小殿建筑；在外围是代表四小洲的东南西北四大殿；最后是分立四大殿旁的两小殿，共八座象征八小洲。其形成以须弥山为秩序中心的宗教空间图式，不断向外辐射传递其信仰文化（图5-2-1）。

相传文成公主入藏，运载释迦像的车子突然陷入湖边的沙砾之中，难以拖出，文成公主运用五行阴阳测算周围地形吉凶，认为此地为龙宫所在之处，应建寺以镇龙魔，几经周折，再据星象堪舆之术观天察地，择卧塘为基，填土筑坝以建大昭寺。这座西藏现存最辉煌的吐蕃时期的建筑，不仅仅是一座供奉众多佛像和圣物以使信徒膜拜的殿堂，其宏观布局原本就是佛教中关于宇宙的理想模式——坛城（曼陀罗）。同样曼陀罗的空间意向也出现在托林寺等宗教类建筑中。宗教空间以寺庙、经堂、佛塔及藏式白

---

① 唐颐. 图解曼荼罗[M]. 西安：陕西师范大学出版社. 2009：39.

塔等建筑物及构筑物为主体，形成与世俗空间相对的"圣地"，并通过层级辐射的场所效应将宗教文化传递到外围的聚落群体，把广大藏民的宗教信仰和情怀紧紧地凝聚在一起。[①]

## （二）重心与引力相融汇的丰富变化

宗教空间占据着核心的支配地位，并决定了圣地建筑的空间秩序。但宗教空间只是藏区传统聚落空间形态的"重心"，它影响聚落空间形态的变化，但它不一定是聚落空间的几何中心。根据不同的教派文化与自然地理条件，有的宗教空间布局在聚落内部，有的布局在聚落外围，有的则与聚落相隔一段空间距离。但毫无疑问承载藏传佛教文化的宗教空间在藏区传统聚落中占据着绝对的主导地位，而宗教空间作为传统聚落的"重心"，对聚落的发展变化表现出明显的空间"引力"，支配并引导着聚落空间形态的发展，并与居民生活息息相关。主要表现为满足藏民对精神生活的追求，甚至重于对物质生活的追求，并且作为藏民心中的精神支柱，使其感性思想落实。在具体的空间行为中，对藏民的择居行为产生一定空间导向性影响，从而引导聚落的空间发展。[②]

寺院建筑中的转经回廊源自于藏传佛教中普遍盛行的"顶礼膜拜"和"朝圣转经"行为，"回"字形的封顶回廊被认为是藏传佛教前宏期寺院建筑的重要特色。受佛教思想的影响，西藏居民普遍轻今世、重来世、轻物质、重精神，无论宫殿还是凡人家中都普遍有等级、大小不同的佛堂，无论是布局、用材、砌筑还是装饰等都以古朴、简约、粗犷风格为主色调。

藏传佛教深刻地影响到藏地民众的群体行为，崇佛礼佛成为群体共同的活动。村落和寺庙存在着"相互依存、互惠共生"的关系。寺庙依托于村落，承担民众崇佛、礼佛等宗教性的功能；村落为寺庙提供物质供养。

## 二、因势利导的生态性自然融入

在西藏有大象、猴子、兔子、鸟组成的四和谐图，图中一大象立树旁，背上顶着猴子，猴子又背负一兔，兔背上为一鸟。其故事记述最早出现在第一世达赖喇嘛根顿珠巴撰写的《律论》一书中，在一个叫嘎西的原始森林里，住着这四种动物，鸟衔来种子抛到地上，兔子刨了一个坑把种子埋在土里；种子长出了幼苗，猴子用树枝把幼苗围了起来并拔去四周的杂草；大象每天用长鼻汲来山泉浇灌；幼苗终于长成了参天大树结满累累硕果。由于树太高，谁也够不着果实。于是大象让猴子爬到自己的脊背，猴子让白兔站在自己肩上，白兔又托起了小鸟，终于摘下和分享了果实。这个图中反映了一种团结协作，和谐共处的思想。这一思想同样反映到藏式建筑的营造中，与自然环境的充分适应和融合，人对于自然取舍有度，和谐共处，成为西藏传统建筑的一种基本特征。

西藏气候偏于寒冷，但大多数地方阳光充足，如何便捷采暖和保温是建筑的选址和建造首要考虑的因素。对阳光最大程度的利用以采暖，并且在建造中考虑足够的保温措施这两方面需求的相互融合，在很大程度上决定了西藏传统建筑的形态，形成了一种较为鲜明的特色。首先建筑的选址大多是坐北朝南，且东西两面没有高山遮挡阳光的地方，在一天之中太阳能最早照射到，而落日的时间也相对较晚，以保证日照的相对充足，充分利用太阳取暖。在一些地方如昌都因山高谷深，东西两侧容易被阳光遮挡，为此当地在房屋选址时甚至牺牲交通的便利，将房屋建造在较高的半山腰。在旧时的拉萨，市区内房屋密集，房屋之间容易相互遮挡阳光，因此无论贵族还是平民百姓，在建造房屋前必须向一个专门的管理机构申报，支付一定费用，由机构中一名叫"恰囊巴"的官员确认是否符合关于对遮挡阳光的规定，保证建造的房屋不遮挡前后左右四邻的阳光。在房屋的平面布局上，一般为"一"字形、"L"形和"U"形布局，保证主要的

① 黄凌江，刘超群. 西藏传统建筑空间与宗教文化的意象关系[ J ]. 华中建筑，2010（05）.
② 陈杰夫，藏传佛教文化影响下的传统聚落空间探讨[ J ]. 城市建筑，2015（14）.

房间能够充分接受阳光的照射。在细部做法中，也对此总结出不少独具特色的方法。一方面南侧的开窗大多面积较大，很多地方还将房屋两侧拐角处的窗开成"L"形拐角窗，或者在南侧设置暖廊，保证太阳光对房屋的充分照射。对于门窗，一般都做成带黑色的边框，虽然不同的地方形状大小有所差异，但从一定程度上增加了对热量的吸收。西藏传统建筑的墙体一般较厚，墙体大多以顶层女儿墙厚度500毫米为基准按一定比例向下逐渐增加，总体呈现一种自下而上逐层收分的整体效果，这种厚重的墙体阻挡了热量的流失，增加了房屋的保温效果。房屋的顶层一般覆土，土层一般可厚达250～300毫米，并且随着每年的维修逐渐加厚，即使是在雨水较多的林芝等地，一般屋顶上也不直接作坡屋面，而是先作覆土的平屋面，然后再在平屋面上立木构架铺设坡屋面，这层厚重的覆土也增加了房屋的保温效果。藏式传统建筑的层高一般也很低，普遍在2.6米左右。低矮的房屋使热量能快速蓄积，保证了房间的温暖。

西藏的特殊地理环境和印度洋暖流的影响，加之很多地方地面植被特别是高大的乔木相对较少，大部分地方在冬、春两个季节风比较大，因此建筑选址建造都需要考虑风的影响。除一些建筑如宫殿、宗堡等因功能需要建在山冈上之外，大多数居住建筑都选择建造在山麓或与之靠近的平地这些风相对较小的地方。在建造中也考虑了这一点，如建筑的体形和平面布局通常都比较规整，避免过大的凹凸，建筑一般比较低矮，屋面突出的女儿墙等一般高度也不高，特别是民居尤其如此，这样可以在风力一定时把风载减到最小。一种比较独特的墙体做法更是体现了工匠的智慧，对于一些非常厚的墙体，为了采光需要开洞时，一般将洞口开在比较高的位置，墙外侧的洞口非常小，而墙里侧则向左右两边和下侧逐渐扩大，这样将外侧洞口的尺寸减小到最小，既满足采光需要也减少了风的影响。村落民居建成后，只要条件允许，一般都会在房前屋后栽种树木，也从一定程度上减少了风对房屋的影响。

西藏自然灾害比较多，西藏传统建筑的选址和建造也充分考虑了对自然灾害的规避。西藏是我国地震活动最为强烈的地域之一，地震活动频发。因此造就了建筑墙体的砌筑通常比较厚重，使墙体具有较好的抗剪能力，墙体除了南面为了采集阳光的需要而开大窗外，其他墙门窗开洞比较少而且洞口小甚至不开窗，形成了实多虚少的形态，这样从最大程度上避免了洞口削弱墙体的性能，有效抵御地震作用的影响。在结构布局中，内部通常采用椽、梁、柱的体系，构件相互之间不设硬连接，木构件的榫卯尺寸非常小，一般只能起到定位的作用而不具备受力的能力。在地震来临时，各构件可以自由活动，最大程度上耗散了地震作用，而地震作用则传递到墙体上，由厚重的墙体来承受地震作用。建筑的选址避开山岗而放在相对平坦的位置，也有效避免了"鞭梢效应"对地震作用的放大；选址避开河岸陡崖，有效减少了地震带来的次生灾害。西藏高山植被通常比较稀少，夏季多暴雨，因此洪水泥石流灾害也比较多，建筑选址也通常避开受影响的区域，讲究房屋后面为坚硬的岩石或坚固的山体。

西藏传统建筑的建造还体现了对自然的顺应与尊重和对资源的珍视，并巧妙加以利用。对于布达拉宫这样的宫殿，以及其他同样需要体现权力威严的宗堡等，选址和建造一般在山冈上并充分利用了山势。布达拉宫单体最高仅七层，但不同时期不同功能的各建筑单体沿山体次第而上修建，彼此之间高低错落，相互映衬，使得布达拉宫给人一种几十层的感觉，整体显得高大宏伟，一座宫殿所需要的气势跃然而出。而其选址，也是孤立于拉萨河河谷平原的一座相对孤立的山上，无论从哪个方向，只要视线所及，都不得不为之震撼。而民居的选址，也遵从不破坏山形地貌的原则，一个个的村庄都依山就势，不刻意切削山坡或整平。既靠近却不占用宝贵的耕地，不占用树林，选在山石或坚硬的土上和取材方便，同时也考虑生产生活两方面的便利性，如汲取饮水方便，离自己的庄园田地也比较近的地方。很多村庄都是以某个中心散布，不刻意规划，即使相对集中的成片村落，也是高高低低，弯弯曲曲，和周围环境浑然一体。特别是民居还讲究材料的重复利用，所用的材料除了木材容易糟朽虫蛀，在乔迁新建时需要一定数量替换和增补外，其他的土、石等材料基本上都是重复利用，把对自然的索取减到了最少。

西藏传统建筑在选址和建造总结出了一些特定的原则，陈立明先生对此归纳为：首先忌讳宅屋之后有流水，认为犹如长矛刺房；忌讳宅屋建在两山之间，认为犹如含在阎王的獠牙里；忌讳宅屋离水太近，认为犹如戴了马嚼子；忌讳宅屋前仅有一棵树，认为犹如长了瘤子，不吉利，树多则好；忌讳宅屋前面有地下水渗出，被视为"底儿漏"。我们可以把这些视为一种带有一定唯心色彩的简单"堪舆学"，实际上当中的内容都符合建筑对高原特殊自然地理环境的基本要求，也可以认为是一种朴素的建筑环境学。譬如屋后有流水的地方一般都是冲沟，容易遭受山洪泥石流的影响；宅屋建在两山之间遮挡了太阳，日出晚而日落早，缩短了日照时间，不利于采暖；宅屋前仅有一棵树不但不能减小风力反而在特定情况下加剧风力，树多则可以有效减小风力；宅屋前面有地下水渗出说明地下水丰富，容易造成地基沉陷，如果土质颗粒很细，在地震时还容易产生地基液化，房屋的安全性堪忧。凭借对这些科学道理简单朴素的认识和总结归纳，西藏传统建筑充分体现了与自然环境的适应和融合，独具特色，成为我国传统建筑的重要组成部分。

## 三、因地制宜的适宜性材料择选

西藏传统建筑以石、土两大系列为主要建筑原料，由于特殊的地理环境为藏区提供了大量当地建筑材料，而处于高海拔区域地质条件变化大，因此各地根据不同的地质情况和气候环境来选用建筑材料，并睿智地展示其本地的建造施工技艺。

石构筑的墙体砌筑结构较于其他材料，坚固耐用、保温隔热且抗风化，但由于砌筑难度大，只在较高规格的宫殿、寺庙和高级居住建筑中大量使用。相对而言夯土建筑更为广泛，易于采集，方便加工。四千年前的昌都卡若新石器时代文化遗址就已出现了夯土建筑遗迹。夯土墙在藏文中音译为"墙"，广泛应用于宫殿、城堡、寺庙主殿、民居及一般的围墙中。在缺乏石料的地区，常与稻草、砂石混合使用，用以夯筑或制成土坯砖砌筑。与土坯砖相似的制作方法还有牧

区常按牛粪与黏土按1∶1配料搅拌的牛粪砖，再加入稻草与粗砂以增强其抗压强度和结构整体性。

阿嘎土在藏式传统建筑中应用历史久远，主要储藏于西藏地区一些半山半石土包上部1～2米厚的地层之中，其主要成分是硅、铝、铁的氧化物，用于高规格的建筑楼地面层及屋面层。用以增强其防水性，铺面整体性效果好，坚硬且光泽美观。据考证吐蕃时期的墓葬中已经发现用阿嘎土铺地的做法。与其成分相似的帕嘎土更为细腻，则用来作为壁画基层，增强抗裂性和抗湿性。无论是宫殿、寺庙的高品质楼面，还是藏区民居的夯土墙垣，都展示了西藏传统建筑古朴厚重的特色。

在西藏传统建筑中，所采用的建筑材料主要还是仰仗自然的赐予，以广为分布，常见易得的土、木、石三种材料为主。三种材料当中，土和石都是随处可得，而木材则除草原牧区之外都有分布。

《文殊师利根本仪轨》中说在他死后100年的时候，雪国的湖泊可能会缩小，在那里将出现一片杉木森林。这一预言印证了在远古时期的西藏遍布着森林。随着青藏高原的逐渐抬升，这一状态开始改变，一些区域的森林逐渐消失。在藏东南如波密一带，广布着大片原始森林，其年代非常古老，树干异常粗大。而在雅鲁藏布江中游流域，林木则以一些树丛和小片森林而存在。但一直以来，木材都是西藏传统建筑中重要的材料之一，我们几乎找不到一个没有使用木材的西藏传统建筑。

在藏区发现的新石器时代建筑文化遗址中，比较有代表性的有三处，分别是西藏昌都的卡若文化遗址、四川丹巴的中路文化遗址和时间稍晚一些的青海湟中的卡约文化遗址。在三处文化遗址中，卡若文化遗址建筑材料以石、木为主，以块石砌筑技术和木结构构架而成，卡约文化遗址建筑材料以泥土为主夯筑而成。证明自古以来，生活在雪域高原的人们便懂得了就地取材来营建房屋，遮蔽风雨，为自己提供一个舒适的生活环境。

西藏传统建筑在取材和应用中，一般都按照当地材料的分布状况，采用合适的建造方式。如果当地石材丰富，则主

要以石材为主，例如在拉萨、贡嘎、扎囊等地遍布花岗石，则建造房屋大都以石材为主，以块石砌筑墙体；而在日喀则、江孜等地，石材相对匮乏，但黏土随处可见而且黏性较好，则建造房屋时以土为主要材料；而在林芝波密等地区，遍布森林，则木材成了建筑的首选材料。在这三种主材的使用中，一般而言都是混合使用，区别在于所占比重不同。在石砌墙体中，通常需要用黏土来填塞缝隙并将石块黏结在一起，在一些石砌墙体的拐角处，也有压入长木条来增加墙体的整体性的做法。在土坯或夯土墙的下方接近地面的墙根以及地面以下部分，通常采用石砌墙体，一方面作为基础，同时墙根是雨水冲刷最剧烈的部位，使用耐冲刷的石砌体可以最大程度上延长墙体的寿命。在土的使用中，日喀则等地土的黏性较好，通常制作成土坯砌筑墙体，而在昌都很多地方的土中含沙量较大，不易成型为土坯，则通常夯筑成厚重的墙体，同样在砌筑或夯筑墙体中，也有在墙体中压入木条的做法。而木墙也不是独立使用，通常也在墙根采用石砌。在墙体的组合中，还可以见到建筑下部楼层采用石砌，上部楼层采用土墙或木墙的组合，在工布江达错高村的民居，一层多用石砌墙体，二层以上采用木板墙，在羊卓雍措附近的村庄中，一般一层为石砌墙体，二三层为土坯墙体。其中比较独特的是朗色林庄园和查杰玛大殿的组合，朗色林庄园的东侧墙体为石砌而西侧墙体为夯土；查杰玛大殿的外层墙体为夯土而内层墙体为石砌。总体而言，对于材料的选用和组合，一方面根据当地土木石三种材料的分布就地取材，同时也根据主人的喜好和财力，组合相对比较自由。

在材料的使用上，藏式建筑所呈现出的另一个特征是多以生料为主。在内地的传统建筑中，建筑的原材料是需要二次，乃至三次深加工，使之成为专用成品的建筑材料。如对于土，通常要经过烧制，做成砖和瓦以后，再使用到建筑中。经过二次加工的材料虽然性能更好，但制作过程繁复，需要消耗人力物力。而西藏传统建筑取材后一般不做过多的二次加工而直接使用，即使是土坯，也只不过是经过简单成形，以便在施工过程中便于砌筑而已。凡砌筑用的石块和夯筑用的泥土则是边采边用，仅仅是用以覆盖屋面和抹墙用的泥土，需用泥筛筛出夹杂于泥土中的小石子而已。这样充分保持了材料的天然性特点，一方面工艺相对简单，同时也赋予西藏传统建筑较好的耐久性，一般情况下都有很长的使用寿命，很多建筑即使在废弃后墙体依然可以屹立多年。

然而在简单材料的基础上，工匠们充分发挥自己的智慧，创造出不简单的工艺。无论建筑规制如何，基本的主材都大体相似，然而建造时通过在工艺可简可繁上的差异，使得建筑呈现出不同的整体效果，这也成为西藏传统建筑的又一个特点。以石砌技术为例，传统工匠利用天然片（块）石、天然黏土来砌筑成石墙体和基础，除少数墙体外一般对石材不进行过多加工，以成千上万块大小形状不一的天然（块）石进行组合，以加水拌制成的黏土灰浆作为石块间的填充。完全凭借工匠们灵巧的双手，用最简单的工具对石块进行组合，在整个砌筑过程中脚手架搭设于内墙，外侧不搭设外脚手架，从内向外反手砌筑，这种反手砌法是藏式传统建筑所独有的。砌出的墙体外石块组合大大小小形状不一，墙面整体却十分平整，使石砌体透出一种独特的韵律，呈现出独特的美感。在栈棍的组合中，工匠们按照不同房间的不同要求进行组合，在次要房间采用垂直于椽木的铺设方法，在主要房间采用"丁支"的铺设方法，栈棍和椽木呈一定夹角构成"人"字形组合，完成后涂刷彩色，即可呈现独特的装饰效果，无需再做望板吊顶就已经非常美观。

在牧区，牧民们过着"逐水草而居"的生活，需要随时迁徙，居所不能固定。一方面需要考虑方便拆装搬运，同时在草原上也缺乏石木，于是创造出了非常轻便，既能快速拆卸和安装，又便于搬运的帐篷作为居所。而帐篷的主要原料，就是牦牛身上的毛。牦牛是青藏高原独有的，牧民放牧的主要畜种，对于牧民而言随手可得。用牦牛身上的毛织成的毛褐子，然后缝制而成帐篷。这种帐篷和其他帐篷在功能上别无二致，独特之处在于其取材和建造方式，充分体现了因地制宜和就地取材的特点，成为青藏高原一道独特的风景。

在阿里扎达象泉河流域和普兰孔雀河流域一带，木材与石材均十分缺乏，当地多依土林而建造穴居土窑建筑。西藏的窑洞分布，在当地的许多建筑遗址如古格故城、多香城堡、卡尔普遗址、达巴遗址等，主要遗存就是洞穴，这些洞穴沿山体高低错落分布，洞穴之间有道路相连，组成了一个规模庞大的洞窟群。阿里的洞穴建筑类型多样，有宫殿、佛殿、议事厅、民居、仓库、作坊等，至今仍在广泛使用。普兰的古宫寺是一座主要由洞穴组成的寺院，仅在山体下部的小片平地上建有少量的房屋，主要的佛殿都在洞穴之中，洞穴与洞穴通过木制栈道或暗道相连。札达的东嘎和皮央洞窟遗址散布在东嘎村和相邻的皮央村附近的土石山崖上，这是西藏迄今为止发现的最大一处佛教石窟遗址。洞窟内绘有精美的壁画，有近千年的历史。今天的洞窟，主要在民居中使用，一种方式是在山体开掘洞窟，依洞窟而建房屋，洞窟和房屋相连，房屋和洞窟共同组成一个完整的居所，利用洞窟保暖性好的特点，将洞窟作为冬季的居室；另一种方式是房屋和洞窟分开建造，房屋作为人的居所，洞窟作为仓库或牲畜棚圈。这些洞窟既有单室也有多室，甚至有上下两层洞窟组成的多室，上下用暗道或楼梯相连。洞窟建筑体现了因地制宜的特点，既解决了建筑材料缺乏的矛盾，也充分利用了洞窟建筑的建造简便，冬暖夏凉的良好性能。

## 四、多重叠合的功能性空间建造

西藏总体而言地广人稀，人口大部分在雅鲁藏布江中下游、三江流域和阿里局部区域相对而言比较集中，但仍然以散居居多，除以拉萨、日喀则、昌都等为代表的中心城镇外，其他的村镇等聚落相对规模都比较小。在旧时的帕里镇，除了宗的办事机构，仅有十几户人家，即便如此，帕里镇也被称为联系西藏至印度交通通道上的重镇。在西藏各地，即使是人烟相对稠密的地域，仅有几户人家的自然村随处可见。这些聚落因为规模很小，也就无法具备完善的功能，因而需要尽可能具备自我满足各方面需求的能力。从而导致了与其他地方的建筑相比，西藏的传统建筑往往集多功

能为一体。上至宫殿宗堡，下至贵族府邸和普通百姓居所，大至一个聚落，小至一个独立的民居，基本上都呈现出这一特点。

以布达拉宫为例，布达拉宫实际上并不属于传统拉萨市区的范畴，旧时的拉萨以大昭寺为中心建设，其规模也并不大。柳陞祺先生在民国期间的驻藏办事处任职时，曾经对拉萨的城市规模做过大致的估测。以大昭寺为中心的拉萨市区人口大约2.5万人，甘丹寺、哲蚌寺和色拉寺人口共计约1.5万人，且都是自成一体的独立板块，布达拉宫实际上是独立于拉萨市之外而自成一体的。在布达拉宫中心的白宫，最顶层为主人的居室，往下为维持日常运行的办事和宗教活动场所，最下的雪城内则是满足基本需求的各个机构，也包含了其他人员的住宅，甚至马厩、酿酒作坊等。完全自成一体，独立运行，在其中就可以完成工作和生活当中的各项活动。在以江孜、桑珠孜为代表的宗堡中，也是充分考虑了同样的需求。

在日喀则，柳陞祺先生估测当时的人口总数大约在1.5万人。最早的日喀则是以扎什伦布寺和桑珠孜宗两者各自为中心，二者都按各自的功能而自成体系，都具备完整的独立运行的能力。扎什伦布寺则以宗教功能为主线，以措钦大殿、强巴佛殿、四世班禅灵塔殿、五世至九世班禅灵塔殿、十世班禅灵塔殿等大殿为主线，贯穿了吉康扎仓、阿巴扎仓、托桑林扎仓、夏孜扎仓等扎仓和加康米村等十几处米村组成的不同层级的机构，另外还有其他为此服务的管理和服务机构，共同组成了一个庞大的建筑群。其中旧时的扎什伦布寺和大部分其他藏传佛教寺院一样，有一套完整的经济运行体系，有自己的土地、庄园和商业并有专门的机构负责其运行。整个寺院无需其他外部支持，就可以完全独立满足日常所需。桑珠孜宗则既有不同分区又相对集中，各单体相连。红宫自地垄以上开始，一层以大库房为主，分别为东西两侧的粮库和盐库，并设有桑阿林和吾巴林两寺的诵经室；二层为宗府的办公大厅，并设有四间小库房；三层为颇章康颂司南（威镇三界殿）、加查拉康（网窗佛殿）、卓玛拉康（救度母殿）以及几间僧舍和清洁夫的居室；四层

功能较多，有五世达赖喇嘛的两处居室和储衣室、厕所、两间僧官宗本的厨房、尼玛拉康（供奉铜佛的殿堂）、衮司颇章（皆观殿）、尼威钦莫（日光大殿）及护法神殿。白宫为俗官所属，依次为15间办公场所及食堂，20间衙役居所及下部的南北两间监房，一间走廊下地牢和12间门廊下地牢。东大殿内为两层24间的僧官居所，楼下为马厩。德央厦平台下为储粮仓、护法神殿和宗本清洁夫住房20间。整个宗堡形成了一套充分满足工作和生活两方面需要的完善体系。

江孜宗除了完成宗的功能所需要的基本办事机构折布岗、羊八井等，还设置了法王殿和神女塔等宗教场所以满足宗堡里人员的精神需求，设置了僧俗两位官员的宅邸东宗和西宗供其居住，考虑宗山的特殊功能，还有完备的防御体系，这些建筑共同构成了在宗山上完整的工作场所、宗教活动场所和居所，在其中同样就能满足其一切所需。

与宫殿、寺院、宗堡等中心聚落不同的是，民居往往相对分散，对于功能的要求则集中了生产生活两方面的基本要求，即便是在城镇中的民居也具有相似的特征。在农区，一般民居的功能空间大致包含了用于生产的牲畜棚圈、草料储藏、粮食储藏、农具存放、纺织和酿酒的作坊，用于生活的起居室、卧室、厕所，用于满足精神需求的佛堂。虽然庄园建筑规模较大，而在空间布局上也基本满足了生产、生活和精神三方面的完整需求，同样呈现出一样的多功能特点。以江孜帕拉庄园为例，其平面是由四边建筑围合而成的四合院。北面是三层的主楼，满足主人生活需求，一层为楼梯间和地垄（兼作仓库），二层为大客厅、皮草库、护法殿，三层为小客厅、议事厅、接待室、卧室和经堂。其余三面为二层的内廊式建筑，主要满足生产需求，一层主要为仓库和作坊，二层主要是管家、侍从的住房和厨房等。同样充分考虑了生产、生活和精神三方面的需求。

## 五、个性鲜明的装饰性艺术阐发

西藏传统建筑的艺术风格凝聚着西藏先民们的审美意识、思想观念、创造性思维以及融合了自然崇拜和个体追求之间的独特精神。无疑也是构成西藏传统建筑艺术的生命主题，是最为恒久的动力之所在。西藏传统建筑艺术风格的独特性体现于个性独特的装饰构件、精致高超的制作工艺、图案丰富的象征符号。

西藏建筑艺术的装饰具有浓厚的宗教色彩，已融入生活的藏传佛教外表华丽的装饰图案和神秘独特的造型是生活中影响的体现，同时也为西藏增添了神秘而独特的色彩，是西藏传统建筑明显区别于其他民族传统建筑的典型特征之一。各个不同时期装饰的变化，构图的基础未变，但装饰吸收了苯教－佛教－藏传佛教的不同思想，因此意象特征明显。原始遗址中就发现了与抽象几何纹相关的装饰图案。此后，以苯教为主体的原始信仰在装饰上以数字和动物形式来表达其崇拜，红色是主要的崇尚颜色。松赞干布统一了青藏高原以后，佛教传入并与当地的原始信仰和苯教相融合以后，汉族、印度和尼泊尔文化对西藏建筑装饰影响很大，寺庙的装饰题材和大量壁画及雕塑风格都受到其深远的影响。在布达拉宫的白宫门厅北壁上，有吐蕃时期布达拉宫的图像，这是后世西藏建筑的主要装饰特征：深红色白玛草装饰是母体，饰带上有点状装饰；墙面有收分；外墙主要用白色，重要建筑用红色；窗子有梯形黑边饰；女儿墙上有经幢做装饰。藏式建筑的装饰艺术特征与建筑功能紧密结合。

寺院建筑装饰最为华丽，尽其所能地动用了一切可能的人力、物力和财力。各种生产技术水平下的石刻、木雕、铜雕、泥塑、绘画等；室内装修突出修饰梁柱、壁画；使用了大量的装饰物品，如绿松石、珊瑚石、珍珠、宝石、黄金、白银等贵重物，甚至包括人的头骨和毛发；目的是以佛意图案来教化人民，使人们感受到至高无上、无与伦比的佛教思想境界。

西藏传统建筑装饰性构件的形式多样，其中有铜雕、泥塑、石刻、木雕和绘画等。室内梁为主要的装饰构件，主要为木雕、彩绘的装饰方式，以达到庄严、华丽的效果。雀替则分为上长弓和下短弓。长弓通常中心雕刻佛像，两边及边缘雕刻祥云、花卉，整体配合显得变化丰富，精细有致。柱式形状有方有圆，或多角柱，主要装饰以雕刻、铜雕、彩绘为主，图像以佛像、短帘垂铃或宗教法器、兽头、花卉等为主。屋顶除寺院、宫殿少数设置金顶外，多数以宝瓶、经幢、经幡和香炉装饰。室内外墙壁装饰手法多样，通常用石材、荆草和黏土等装饰檐口；用如意头、角云子、铜门框和松格门框等装饰门；用窗格、窗套和窗楣等装饰窗。例如卫藏地区人民喜欢对门窗进行装饰，装饰图案的内容也比较丰富，有的在门窗上绘制宗教故事和祥瑞动物；也有的绘制云纹、火焰纹、十字形、万字纹等几何宗教象征图案；花卉图案在门窗装饰中也较为常见，如宝相花、缠枝纹、忍冬纹等；此外也有藏区居民在门窗上雕刻六字真言以祈求幸福和平安（图5-2-2、图5-2-3）。

藏式建筑立面特点非常鲜明，寺院殿堂通常是石墙，墙体向上收分，形成下大上小、沉稳庄严的感觉。重点部位有檐部厚重的边玛草檐口；大小不一的门窗窗套与高低排列无统一规划的窗户位置，窗的大小和位置完全是根据房间的功能而定的。其次是廊和梯，种类众多，如外廊、内廊、门廊、窗廊。梯，有木梯，石梯等。建筑的顶部有金光闪闪的金顶，装饰有法轮、金鹿、法幢等器物，使得立面非常丰富，充满浪漫表达色彩。

藏北"羌塘"的帐篷，装饰图案丰富，人们常在白色帐篷上用各色布料剪裁拼贴成云朵、花卉、动物、宗教图案等，可观赏性很强，并折射出牧民们身处恶劣的自然环境中，依然热爱生活、向往美好的精神追求。

西藏先民最早在岩画中遗存下大量的动物、植物、人物等物态符号，以及太阳、卍字等图案符号；主要为畜牧、狩猎、战争、舞蹈和祭祀等内容。原始宗教观念影响下创造了大量的文化象征符号，随着思维水平的提高，通过象征符号来把握对世界的感知，它与西藏原始苯教文化相伴而生。在西藏各地的山间、路口、湖边、江畔，几乎都可以看到一座座以石块和石板垒成的祭坛——玛尼堆，上面大都刻有六字真言、慧眼、神像造像、各种吉祥图案，祈求吉祥如意。

最早源于苯教的风马旗，也称为五色经幡，它是西藏

图5-2-2  细部装饰（来源：张颖 摄）

图5-2-3  窗细部装饰（来源：王军 摄）

传统建筑重要的装饰要素，它赋予了朴素的民居建筑以浓烈的宗教色彩。五色经幡是由蓝、白、红、绿、黄五种不同颜色的小幡条组成，每年藏历新年后都要更新，用树枝安置在民居屋顶四角。蓝色代表蓝天，黄色代表大地，绿色代表绿水，白色代表白云，红色代表火焰，它们均是生命赖以存在的物质基础。同时经幡上都印有佛教经文，当风吹过挂在高

处的经幡，相当于诵经一遍，日夜诵经，祈福美好愿望。在帐篷上系风马旗希望求得肥沃草原而迁徙的福祉；朝圣者扛风马旗希望祈求旅途平安；江湖边的风马旗是对水神的敬畏；山林间的风马旗是对山神的供奉。

伴歌伴舞是西藏人民在进行繁重建造劳动时的一种文化风俗，源于古老的劳动号子，歌曲题材大多为当地民歌，内容以颂歌、情歌、生活趣事和景物抒发为主，内容丰富、幽默，能使人在进行负重而机械的体力劳动时，保持良好的精神状态，提高劳动效率。例如打阿嘎土时，十几个手拿木制工具的男女，伴随着歌声，按照统一的节奏整齐划一地移动步伐，同时用工具敲打脚下的泥土和碎石，整个场面轻松、活泼，形成西藏地区独特的人文景观。

西藏传统建筑艺术的装饰风格特征鲜明、绚丽多彩，它是西藏人民的审美意趣和文化诉求的表达，它是青藏高原特定条件下人们对自然环境、使用功能、社会习俗和宗教文化的综合表现和个性阐发。

# 第三节　西藏传统建筑的意象特征

## 一、地域分明，形式多样

纵观青藏高原的地理维度，依据地形、地貌、气候、物产等能辨别出西藏四大典型的地理分区，分别为藏南河谷平原区、藏东高山峡谷区、藏西及藏北"羌塘"高原湖盆区和喜马拉雅山脉地段。西藏传统建筑顺应高原特殊的不同自然环境基础，无论在场所布局、空间形态上都体现出形式多样，内容丰富，富于变化的特征。

西藏传统建筑类型丰富，由于政教合一的政治体系，宫殿和宗教建筑、宗山建筑最为重要，也最具有代表性。大多数此类建筑受天梯说影响，在场所布局划分上多顺应地形，巧妙地利用山势，修建在地形险要的地方，体量高大，其中宫殿建筑以多层为主，例如布达拉宫最高达到九层。它

们巧借山体显得气势宏伟，以此获得精神与信仰的崇敬与依恋感。在寺院建筑群中措钦大殿是整个艺术构图中心，也是宗教活动的中心。佛殿、扎仓、佛塔、僧舍等较为低矮的附属建筑簇拥在高大的中心大殿周围，汲取了佛教曼陀罗的空间思想，体现的是中心聚集空间观。通常主体建筑或建在最高处，或建于山腰，皆成为视觉中心。内部依山势走向，建成大小不一的房间，平面形式多以矩形为主。各房间再连成形态不同的院落、楼群，高低不同、大小各异。很多寺院并非一次建成，空间布局无明确轴线，注重平面功能的协调配合，追求整体结构布局，依据建造需求不断衍生，如此类似的寺院巨大建筑群虽新老建筑拼接重构相连，空间形态也不对称，但依然如"中心说"思想，整体布局均衡，表现出主次分明、灵活多变的特征。

民居建造多样性特征最为典型，建筑注重实际使用。藏南河谷地区民居地势平坦，建筑材料多为土、石，此地区居民建筑以土石结构的平顶碉房为主，造型方正稳重，装饰朴素。整体地区差别细微，如拉萨地区多用白土饰墙，手抓纹饰，牛头黑边点缀窗框；日喀则地区多用深褐色、红色饰墙；而山南多用清水石墙等。藏东高山峡谷区地势险峻，原始森林较多，林芝等地区多以石墙为主的坡屋顶构造建筑，还有波密等林区的圆木井干式建筑和干栏式建筑。此外，昌都民居建筑历史悠久，在卡诺遗址的建筑遗存中可以找寻到今日擎檐屋、井干式木屋和藏式碉房的雏形。藏西及藏北高原湖盆地区气候恶劣，建材资源严重匮乏，民居建筑发展缓慢，十分简陋。藏西居民利用独特的山体土林地质，创造出具有地域特色的窑洞式生土建筑形式，居高临下，具备安全防御的特征，更可躲避寒风，利用日照。藏北"羌塘"草原生态环境脆弱，为培育草场，不得不迁徙游动，以游牧为生，这也是古时期藏民族的主要生活方式，故牛毛帐篷是最为适宜的居住方式。《柱间史》记载，"藏王聂赤赞普的颇章，当初未用土石砌筑，而用鹿、虎、豹皮做账房"。喜马拉雅山脉北麓居民建筑形式以平顶碉房为主，注重保暖。南麓西段民居注重屋顶封闭；南麓东段民居盛行干栏式住宅，

底层架空，主要使用二层。按照赖以生存的地理条件不同，居民尽可能地充分利用地域环境，发挥主观能动性，改造自然和适应环境，建造形式与结构类型呈多样化差别。

庄园、林卡等也是西藏传统建筑的重要类型，是西藏经济的重要组成部分。庄园既是贵族住宅，又是贵族经济活动的管理中心，在建筑布局和功能设置上明显反映出封建农奴制时代社会生活的特点。例如著名的朗赛琳庄园、庄孜庄园的主楼都有5层高，内设卧房、经堂、会客等，建筑形式完整统一、比例搭配和谐、装饰精美巧妙。较低的附属建筑和庭院围绕其中，提供参与集体劳动的空间通常放置在一层，庄园外有防御设施。林卡含义较为广泛，指的是自然风光优美怡人、可供人们欣赏的驻足地。贵族选择此风景秀丽的自然环境，更增添了人工种植的花木和可提供休憩的建筑。例如著名的罗布林卡除在布局上接近汉唐园林风格外，还在秀美环境中穿插宫殿建筑和寺院建筑。

此外，碉楼、陵墓、玛尼堆、水磨坊等都丰富了传统古建筑的类型。《清史实录》中记载的碉楼建筑也是典型防御性强的建筑，分布于卫藏、安康及洛扎、措美等地的碉楼主要包括用于战争的风火碉、连成一体修建的官府碉、以家族生活为主的民家碉。陵墓则主要由吐蕃时期的藏王墓和各大寺院高僧、活佛的塔葬为主。

西藏传统建筑在自然环境独特性和文化多重性的基础之上，逐渐形成了遍布各山川、河谷、平原等地迥别异的古建筑，其中有巍峨庄严的宫殿建筑、令人肃穆的寺院建筑、雄伟壮观的宗山建筑、风景秀美的林卡建筑和传统质朴的民居建筑。从整体到局部的细节把握，结构体系和建造技术的完美结合，以及多样化建筑形式的设计展现，无不体现了西藏先民长期实践过程中，积累了丰富的建造经验和智慧的结晶。

## 二、粗犷浑厚，沧桑古朴

藏传佛教宣扬四谛五明、六道轮回，只求来世，不刻意追求现世的物质回报，苦难越多，修行越深，转世越好。西藏传统建筑文化亦受"来世说"思想影响，各地区建筑风格皆以古朴、简洁为主，不刻意追求奢华，认为人的存在是为了学习修行和实践佛法，寺院被称为其驻锡地；居屋被认为是生命暂住的栖息之所，遮风避雨即可。因此，建筑的建造历史悠久，遗存千年且变化不大；建筑取材、营造工艺皆与当地的自然环境浑然一体；建筑风格简单朴质，不求奢华，居所能遮风避雨即可，不刻意去改善其居住条件。反映了佛教信徒对物质增长与生活富足的怡然态度，以人格净化和升华为人生追求，体现了其厚重的民族性格、执着的人生信仰和独特的审美观念。

西藏传统建筑风格粗犷而古朴的特征主要原因表现在这几个方面：首先就地取材的方式使得建筑看起来朴实而不矫饰，宛如天成。由于各地民俗的差异和自然环境的影响，在西藏七地市的不同区域，形成了各自特有的建筑形式和风格，由于交通的闭塞性，大部分地区更多选用的主要建筑材料为本地区附近自然环境中的土、木、石等；例如农牧区的民居建筑主要使用当地易获取的砸土、碎石、木材等建筑材料和手工工艺，屋顶上和墙面上贴晒着牛粪饼和低矮的木门、土黄色的墙体；拉萨有石墙围成的碉房，昌都有实木筑起的土楼，那曲有生土夯垒的平房。林芝等地木材丰富，即使用木材建造井干式结构建筑；阿里河谷平川多建土木结合的二层独立式村宅；靠山依崖旁，多建窑洞和房窑形式结合窑洞式建筑。牧区多选择帐篷适应逐水草而居的游牧生活。

其次，长久保持传统而质朴的建造习惯，不得不建造时尽量不破坏建造材料本质的自然原始状态。传统建筑中民居多为夯土建造、毛石建造、木头建造。地面采用阿嘎土打平，不铺设砖、石（图5-3-1）。用荆草晾干以后直接筑成边玛墙。甚至壁画的颜料都是山上取来的矿物质。建造过程传统而施工方式生态。建造时依据传统的施工方法和工匠的想象力，完全依靠手工劳作，工匠使用传统工具，在愉悦的歌声中共同建造。很多民居的外墙仍然可以看到手抓纹的传

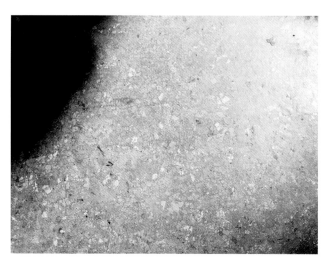

图5-3-1　阿嘎土地面（来源：张颖 摄）

图5-3-2　柱网结构（来源：张颖 摄）

统做法，生态环保而充满情趣。

再者，粗犷的风格源于高原寒冷干燥的气候、建筑材料、建筑技术、防御、传统的建筑理念等因素，这使得建筑空间具有单一而重复的特点。宫殿、藏传佛教寺院的建筑最为典型，其修建的年代大多久远却依然金碧辉煌，功能多样且体量庞大，给人以神奇、充满独特神秘力量的视觉感，形成了自有的形体粗犷豪放、外观浑厚稳定和内饰装修丰富的独特鲜明特征。相比而言，普通农牧民长期的生活习俗源自农耕文化中形成的居住习惯，其建筑空间大多采用非常简单实用的几何空间，朴实而单一的结构类型，简朴的内部设施，外立面真实地暴露了原生而未加修饰的建筑材料。无论宫殿、寺院还是民居大都沿用从最初的单一方格形式到复杂的多个方格形式的重复使用的特点。徐宗威在《西藏传统建筑导则》中指出藏式建筑创造出在自然和历史等条件限制下，独特的柱网结构和坚实的收分墙体。建筑使用的木梁较短，在两个木梁接口下面用一个托木，再用柱子支起，形成了藏式建筑的柱网结构（图5-3-2），扩大了建筑空间，增强了建筑物的稳定性。加之其高耸有收分的墙体，平屋顶和窄小的窗户，使建筑的立面，显得厚重而坚固。

总而言之，生存于恶劣的自然环境之中的藏民，与生俱来的直面大自然的勇气与力量，体现在建造文化中，则表现

为其对自然的尊重与敬畏，顺应自然，完善场所的消隐于世的态度，其以表达对信仰的虔诚和来世的追求。他们所塑造的建筑风格给人以古朴、粗犷之美感，与高原壮丽的自然景观浑然一体。

## 三、构图和谐，色彩明快

西藏传统建筑装饰在造型设计和色彩表达中运用了对立统一的构图规律，体现出其特有的对称与平衡、对比与微差、节奏与韵律、比例与均衡、动静感和纵横感相协调等审美法则，呈现出和谐而富于变化的有机组合方式。其艺术造诣深厚，工艺技术精湛。

西藏传统建筑的构图风格空间视觉上表现为主次相宜、均衡和谐、抽象简洁的造型语言。西藏传统建筑群布局手法不拘一格，但视觉上主次关系一目了然，源于在建筑体量、造型、色彩、装饰等方面都有很大的差别，尤其建筑体量上可相差上百倍。例如布达拉宫的主体建筑，即白宫、红宫形象突出，其他各处周边绵延300米建造辅助而随山势下跌的建筑群，组合构图整体上和谐而统一（图5-3-3）。

单体建筑则更讲究对称，主体建筑如寺院佛殿、主楼等等，基本列柱成双，即面阔为单间，在中央开间为入口大门，其内部列柱、内部装饰及使用主要物品等皆采用左右对

图5-3-3　布达拉宫夜景（来源：张颖 摄）

称。外立面上的窗户数量、墙面饰件及屋顶装饰物等也都完全对称。

西藏传统建筑色彩是西藏建筑形态的另一重要视觉要素，色彩的视觉性效果强烈，以红、黄、蓝、白、黑五种简单的原色构成建筑的总体形象。在构图中大量使用以水平构图为主的大色块，表现效果简洁明快。具有特殊的功效性、装饰性、标识性，是雪域高原的藏族建筑最典型的特点之一。

同时色彩文化也是藏传佛教的重要组成内容，对西藏传统建筑有着不可忽视的影响。先民早期以蓝、白、红、绿、黄五种颜色分别象征天空、祥云、火焰、江河和大地，传统建筑一般以这五种颜色作为装饰色彩。佛教密宗形成后又赋予五色以不同的意义，如白色象征善良正义，黄色代表忍辱和利乐，绿色代表驱魔，红色表示降伏和钩召等。

宗教文化深刻地影响了传统建筑对于色彩的运用，手法大胆细腻，其普遍喜爱的明快的红、白、黄等色，以及不讨喜的黑色，都同佛教教义有关。因为佛教认为世界所有事业包括在"息"（温和）、"增"（发展）、"怀"（权力）、"伏"（狠）四种范畴内，其色彩表现为：息—白，增—黄、怀—红、伏—黑。《藏汉大辞典》中记载为"佛所具备的二十五果法之一类：息业、增业、怀业、伏业和任运业。即五等业"。以此主色块中的白色象征吉祥，大量用于

民居建筑、庄园、宫殿；红色代表权力，只有佛殿、神殿和灵塔殿等等级较高的建筑才采用；黄色有脱俗之意；而黑色有驱邪之意。每一种色彩和不同的使用方法，就这样从被赋予宗教含义到后来被民俗普遍使用。此外藏民对色彩的偏好受到原始宗教的影响，例如苯教建筑对白色的偏好就是源于苯教早期的自然崇拜观念。

在建筑细节的表达中，民居、庄园、宫殿、寺院的窗户一般都使用黑色窗套（图5-3-4、图5-3-5）。门框、门楣、窗框、窗楣、墙面、屋顶、过梁、柱头等则同时调绘多种色彩，使色彩的运用表现得十分细腻和艳丽。在西藏七地市，由于宗教和民俗的影响，对建筑墙面和建筑构件细部的色彩运用和处理各地有着不同的做法，但都表现出艳丽明快和光彩夺目的色彩效果。藏族建筑色彩具有长期稳定发展的特点，有其特殊的规律和专门的用途，不同级别和不同用途

图5-3-4　门细部（来源：张颖 摄）

图5-3-5　窗细部（来源：张颖 摄）

的建筑在色彩使用上有不同的要求，建筑群和单体不同部位的用色也有不同的要求，并与其所处自然环境、人文环境密切联系，受到藏族社会、文化、宗教等各方面的影响，是一个有规律可循的建筑色彩体系。

　　色彩与自然环境相配合，例如使用大面积的白色墙面有助于防止太阳的强烈辐射，而将黑、红、黄等颜色较重的色彩使用在人们经常活动的门窗洞口处，有助于这些活动区域在寒冷天气下获得更多的太阳辐射能，至少在心理上给人以温暖的感受。

　　总之，西藏传统建筑装饰构图和谐、色彩表达明快与自然环境紧密结合。在人与自然的关系上，体现了西藏先民与自然共生的愿望，主次相宜的建筑形体配以丰富的色彩层次表达、细腻的工艺手法表现，表述了渴求在与环境协调生长的有机建筑上能够增添一抹建筑的观赏性和趣味性的心愿。

## 四、人神共居，自然有序

### （一）信仰至上，佛陀氛围

　　西藏传统建筑基于特殊的自然环境和人文环境，构建了"人神共居"的生态循环系统，和谐地处理了天、地、人、神多方面的关系。正如《礼记》所言，"取材于地，取法于天，是以尊天而亲地也。"在如此特定生存模式下的物质载体以"诗意的栖息"的精神家园的形态呈现，缓解了居住者面对高原特殊环境时生存和心理的压力。

　　藏式传统建筑不同程度地融合和渗透着藏传佛教文化和宗教思想。艺术的形象与其功能有直接的关系，弘扬佛法是藏传佛教寺院建筑的基本功能，从其建筑的实体物质功能而言，寺院建筑是奉佛像、朝拜、诵经、学习集会的场所，从精神功能则要求创造一种具有震慑力和神秘的宗教气氛。从建筑布局到建筑功能，从建筑结构到建筑装饰，都渗透和反映着宗教思想和理念。西藏传统建筑空间由内至外无不渗透着宗教的影响，建筑布局方向的随意性反映出佛陀无处不在；居室中的木柱代表着人们对世界中心的敬仰；屋顶上的五色经幡代表着人们对宇宙万物的崇拜；墙壁上以宗教故事为主题的壁画，更明确表达着人们对神灵的崇敬；多层建筑的最高一层和一层建筑的静谧房间，多设为经堂或设有佛龛，这反映出建筑空间的安排也是为宗教思想和宗教活动服务的。从建筑布局到建筑功能；从建筑结构到建筑装饰，都渗透和反映着宗教思想和理念。在被称为佛教圣地的特殊历史时期，建筑语言表达着宗教思想，建筑语言的形式和风格具有强烈的宗教氛围，而宗教思想成了"建筑灵魂"，使得藏式传统建筑的形式和风格具有比较强烈的宗教氛围。

　　藏传佛教中的戒律既是藏传佛教发展的制度保证，也是藏传佛教思想的具体体现，"戒律存则佛法存，戒律灭则佛法终"，故而在庞大的藏文化体系中占有举足轻重的地位，具有特殊的作用和意义，其影响广泛而深刻。

　　佛教《十五法典》对居住方面的影响至深，例如戒律"十三僧残罪"中有一条"小屋僧残罪"，规定比丘建僧舍不得超过长十八肘、宽十九肘半的面积，也不得在多生物、有争之地建房，所用的建筑材料也需清净无染。所以，藏族僧尼居住的僧舍一般都比较狭小，甚至布达拉宫和罗布林卡中的达赖喇嘛寝室也是如此。一般老百姓的房舍多为小开间、多间数，除了选用建筑材料的制约，恐怕也是受此影响。在西藏，不论是贵族高官还是平民百姓，旧时都没有架床而卧和用椅凳的习惯，而是在地上垒起低矮的土炕，垫上草垫和羊毛长垫当作床，垫上草垫或长垫席地盘腿而坐。

即使是达官贵人和有钱人家也只是垫的垫子多一些，讲究一些而已（如后藏贵族帕拉家的庄园遗址中的陈设）。这一习俗来源于戒律"近住八戒"中的"不坐卧高床戒"。这一戒条对床垫的高度未做明文规定，但是在"九十单堕罪"中有一条规定比丘的"床脚高度不可超过一肘"。比丘的床高尚且不能超过一肘，俗人的床垫应该更低一些才能显示出对出家人的尊敬。在现代社会，藏人早已习惯于用床和椅凳等家具，但仍然没有改变不坐卧高床的旧习，藏式床仍比普通的床略低。

## （二）尊重环境，融于自然

自然环境是人们赖以生存的基本空间，它是一切生命的生存基础，认同和尊重它，则能够构造生命的福祉，当然也能够成为祸害。西藏高原自然条件的特殊性，决定了生活在这个文化氛围中的人们具有特殊的生存本领和信仰理念，人们必须找到适合自己的生存方式才可以维持生存。因此，在漫长的历史演进中，人与环境亲近共处的特性和利用建筑空间维持生存繁衍的理念便在建筑中体现出来。

西藏传统建筑的选址布局、建造手段、空间划分、建筑形式，无不体现了西藏人民渴望寻求自然环境的保护的归属感。因此，西藏传统建筑的空间营造过程也是西藏人民适应环境、尊重生态的体现。

青藏高原海拔很高，气候条件恶劣，地理环境复杂，地质灾害很多。在长期实践中，藏族逐步形成了在修建房屋时充分利用有利的环境因素，克服不利因素，回避可能的自然灾害的建筑环境理念。首先，把建筑物的方位定为南向是比较普遍的原则，山顶寺院和宗堡多南向面对山下。其次，高

原阳光充足，气候干燥，但是寒冷、多风。因此，保暖和避风是首要考虑的因素。再次，藏区地质灾害较多，对建筑物影响较大的自然灾害有地震、雪灾、泥石流等，其中以地震最为突出。藏族选址原则中的科学性，如房屋建筑要选择远离洪水、避开地下水源地；房屋最好建在山间平坝；北面地势较高可以阻挡冬季寒风，南面和西面地势低则可以争取更多阳光；房屋周围植被良好很重要。

西藏高原高寒缺氧，土地贫瘠、风沙肆虐、植物稀少。在这样的自然环境中，对于西藏人民来说，绿色植物象征着幸福、美好。人们对有限的花草和绿地十分珍惜，无论是坡地建筑还是平地建筑，其建筑外部空间和院落内部空间都十分重视绿化，这种绿化包括养花、植草和种树。同时，宗教观念也使得人们视草木为神灵，认为如果精心照料花卉或种植多种花卉就会积下阴德，作为好报，来世会得到好多好衣服。这些都表达了西藏人民潜意识中热爱自然并渴望与之亲近的生存观念。在拉萨罗布林卡等地遍植花草林木，建筑单体的外部空间绿树成荫，自然水面和岸边的草木相映成趣，营造出高原极其少有的枝繁叶茂、百花争艳、百鸟齐欢的空灵优美的自然景观图。

## 五、兼收并蓄，创新合一

在藏区内，不同地区形成了具有地域特点的典型装饰特征，如后藏、青海、甘南、康区、川西等一脉相承而又特征明显，各种装饰手法和题材融会贯通，形成十分丰富多彩的建筑形象，如红色白玛草饰带母题和窗子的黑色梯形框饰在梯形的墙面上的组合多种多样，使建筑呈现出丰富多彩的立面构图。

大昭寺中心佛殿觉康的一、二两层是现存最早时期的遗迹，其平面布局除了四周小室的数量和尺寸略有差异外，和印度那烂陀寺极为相似。《五部遗教·王者遗教》记载："大昭寺以天竺嘎摩罗寺（注：那烂陀寺属于该寺）为模式。"在二层供奉松赞干布殿堂的东侧有一件银壶，多曲圆形口缘和其下作立体禽兽首状的细颈壶，为7至10世纪波斯

和粟特地区流行的器物，颈上饰羊首的带柄细颈壶曾见于新疆吐鲁番回鹘时期的壁画中。西亚传统纹饰中的四瓣毯纹尤为萨珊金银器所喜用。人物形象、服饰更具中亚、西亚一带之特色。因可估计此银壶约是7～9世纪阿姆河流域南迄呼罗珊以西地区所制作。在甘丹颇章时期的修建中，增加了三、四层，第三层佛堂所用九踩四昂、七踩三翘、五踩重翘等斗栱和重檐歇山、歇山金顶等屋顶形制与等级差别，俱与内地明清间流行的做法相似。今常见于寺院的金顶，大都采用此做法，如在甘丹寺拉基大殿重檐歇山金顶，上下檐皆施斗栱，上檐用七踩三翘，下檐单翘，跳头皆承斫作耍头状之梁头，各升斗斗歡部分皆无顓线。①从大昭寺中的狮身人面托木雕塑，也可窥其西亚文化的影子（图5-3-6）。

桑耶寺金大殿（乌孜仁松拉康）是西藏本土、汉地和印度三种建筑风格的完美结合，大殿底层为藏式建筑，中层为汉式建筑，顶层为印度建筑风格，各层的壁画和塑像也都按照各自的法度进行绘制和雕塑。《西藏王统记》中记载："即于兔年开始修建大首顶正殿下层，殿中主尊为自然生成之释迦能仁石像，乃迎自海波日山，复包以宝泥。所有圣像等主从十三尊，塑造风规一如藏制……前殿有藏王本尊

图……。复次又修建正殿中层，其本尊为毗卢遮那佛……塑造风规一如汉制……转经绕廊外向有八大灵塔……正殿上层主尊为毗卢遮那……塑造风规一如梵制。"

夏鲁寺的兴建与重修，都受元朝资助，因此和内地有极为密切的关系，大殿用藏式殿楼配以汉式宫殿楼阁式的琉璃砖瓦房顶，以藏汉结合的建筑风格闻名西藏。大殿自第二层开始在佛堂上作绿琉璃屋檐，第三层上建重檐歇山绿琉璃瓦顶。琉璃瓦顶上檐覆于布顿殿上，下檐覆于围绕布顿殿的转经道上（图5-3-7、图5-3-8）。面阔和进深各三间，在檐柱上施阑额、普柏枋。角柱出头处，普柏枋垂直截去，阑额自中部以下斫作斜面，普柏枋上置铺作。柱头组织为双下昂重栱计心五铺作，昂皆琴面，系假昂作法，内转为华栱。第二跳内转华栱上承平棊枋。假昂下皮假华头子曲线皆延至上面交互斗斗底中点之外。上跳假昂之上置耍头，内转为第三跳华栱，上承四椽通栿，再上为平棊所掩。中心间设补间铺作，其组织除耍头内转仍为耍头外，余同柱头。②

对白居寺的建造，《汉藏史集》记载："主要的两尊塑像以及内殿之中、吉祥大门、庭院中间的神变塔和天降塔、两边的静修塔和尊胜塔、五部佛等佛像，以及梵文书写的装

图5-3-6　狮身人面托木雕塑（来源：张颖 摄）

图5-3-7　屋顶装饰（一）（来源：张颖 摄）

---

① 宿白. 藏传佛教寺院考古[M]. 北京：文物出版社，1996.
② 同上。

图5-3-8　屋顶装饰（二）（来源：张颖 摄）

图5-3-9　墙面装饰（来源：张颖 摄）

饰等，是由化身工匠尼泊尔人札底札和铜匠阿瓦尔巴等人建造的"。白居寺的壁画从构图到设色、构线、染色都达到了极致，在佛本生故事中运用连环式的构图，近大远小的处理方法以及运用散呈透视衣纹的草衣出水式的画风中可以看到国画的痕迹，同时从人物造型的直鼻梁中可看到尼泊尔风格的影响。据题记和《江孜法王传》记载，吉祥多门塔一层愤怒明殿的壁画和二层观音殿中的汉式度母壁画就是根据内地艺术风格摘绘。四大天王人物造型的国字脸、倒八字眉、八字胡须和宝玉冠、甲胄都体现出汉族艺术人物的特点，持国天手中的琵琶是典型的中原乐器（图5-3-9）。

开凿于松赞干布时期的查拉路甫石窟则是典型的犍陀罗风格的支提窟，是西藏唯——一处内设中心方柱四面开龛的塔庙窟。该窟形制与窟内布局与6、7世纪中原和河西一带的同类石窟相类似，因此它的渊源也可能来自内地。早于桑耶寺建造的松卡石塔，则几乎完全按照标准的印度"萃堵波"样式建造。在洛扎县拉隆寺大殿中的斗栱，则具有典型的唐代风格。

西藏唐卡、壁画艺术在受到印度、尼泊尔和内地画风影响的同时，也明显受犍陀罗绘画艺术的影响。寺院中的佛、菩萨、飞天、佛母以及大梵天、黑天、吉祥天女、湿婆等造像，也都受到犍陀罗乃至印度佛罗门教的影响。除了寺院，

我们在民居的彩绘中也能窥见一斑，"四和庆"、"六长寿"、"八吉祥"等在民居中常见的图案中，其寓意和中原地带一脉相通，体现了两种文化的相互交融。

具体而言，西藏的大昭寺、小昭寺和桑耶寺等古老宗教建筑物就形象地印证多元文化的融合，即"政教合一"的多功能类型建筑汲取了当地藏民族的社会文化习俗和多次受外来文化影响的自然融合，多元化的建筑类型与形式体现了其"兼容并蓄，多元统一"的思想特征。

## 第四节　西藏传统建筑的历史贡献

### 一、树立了传统生态观系统的典范

青藏高原是一个自然环境十分脆弱的地区，然而，藏民族在长期的生产和生活中形成了一套完整的生态观。从最原始的图腾和动物崇拜，到多神崇拜以及寄托思念于自然物都潜藏着人和自然之间存在某种神秘的联系，源于对超能力的恐惧、信仰以及依恋，形成了西藏先民善待自然即人类居住环境的朴素生态观，而苯教更是将此观念发展为破坏环境有罪要遭到惩罚的思想直入人心。藏传佛教提倡因果轮回、众

生平等思想，它深刻地影响了西藏先民保护物种多样性的作用。崇拜神山圣湖，禁止破坏和污染自然环境中的森林、土石、动植物，禁止采伐花草树木和捕杀神山和圣湖附近的生物，这对于维持西藏地区的生态平衡起到了积极作用。

此外，无论是西藏历代法规，还是化为风俗习惯的传统社会生活方式，无一不体现出西藏传统生态观中以原始信仰中的敬畏自然、善待自然、保护自然等观念为基础，皆起到了稳定生态系统，平衡各物种可持续性发展的问题。①

西藏传统建筑生态观表现在尽可能最大限度地实现建筑、人与自然的和谐相处。建筑的生态观大致包括：因势利导、融入自然的朴素选址方法；因地制宜、就地取材的生态平衡法则；沧桑简朴、保持习俗的可持续建筑营造观念；尊重生命、热爱自然的生态环境塑造理念。西藏传统的建筑生态观念通过藏传佛教文化思想的积淀、潜移默化的风俗习惯的方式世代传承下来。

## 二、世界营造艺苑中的一枝独秀

随着板块运动的发展西藏高原成为首屈一指的"世界屋脊"，而逐渐隆起的喜马拉雅山脉形成了天然屏障的作用。在几百万年的地壳变动中，西藏所形成的以喜马拉雅山脉、唐古拉山脉、横断山脉和昆仑山脉所环抱的地形特点，由此产生了四种自然环境，即严寒干冷的叠峦高峰、辽阔苍茫的牧业原区、平坦肥沃的农耕河谷与高差突兀的峡谷地貌。其特有的地貌特征形成了西藏独特的自然条件，同时也成为影响远古先民生存方式和文明走向的重要因素。

而以严寒干冷气候地区为核心的西藏建筑，基于其特殊的地形地貌因素和其独特的社会历史环境因素，形成了融合于典型的气候和地理地貌条件的营造方式。西藏地区农耕文化与草原文化逐渐形成了西藏地区独特的居住习俗，对西藏建筑的布局、陈设、尺度、装饰等细部产生了深刻的影响。

据考证距今大约5万年前，拉孜和羊卓雍湖附近的天然洞穴为较早的居留地，此后羌塘、雅砻、多扎宗和西藏西部的擦巴隆等地都已经被确证存在西藏古人类的活动，种种迹象表明了特有的西藏高原旧石器时代先民活动地域性和丰富性的文化特征。经考古发掘测定距今5000～4000年前，在西藏昌都等地区已经发现了农业生产占主导地位的新石器时代的多处遗址，其延续时间长、前后差异大，技术上有很大的改进。其中在卡诺遗址中发现了能代表西藏先民建造技艺水准的房屋基址，分别为早期出现的草拌泥墙的圆底房屋、半地穴房屋和地面建筑3种类型，以及晚期出现的卵石砌墙，屋顶抹草拌泥的平顶半地穴房屋；以及能反映先民风俗习惯和审美情趣的艺术装饰杰作。此外从远古的卡诺遗址开始流行于藏区的"西藏高原独特的房屋结构方式"的石屋，具有下层拦畜、上层住人的建造特征，反映了特有的西藏原始社会经济形态，即畜牧和农耕在传统劳动中互补互助的生态性构架，建筑成为其经济文化形态最直接的表现福祉。而后经科学调查发现，昌都卡诺遗址、小恩达遗址与西藏高原上林芝、墨脱、拉萨曲贡等几处遗址上所反映的文化面貌与黄河流域的古文化特征体现出高度的相似性和关联性，为证明西藏远古先民除了在青藏高原区域展开生产活动以外，也保持了与黄河流域及西南民族的社会经济往来，对共同开创中华民族的远古文明提供了宝贵的资料。

西藏先民顺应地势特征，无论在场所布局、空间形态上都体现出形式多样，内容丰富，富于变化的建造特征。巍峨庄严的宫殿建筑、令人肃穆的寺院建筑、雄伟壮观的宗山建筑、风景秀美的林卡建筑和传统质朴的民居建筑遍布各山川、河谷、平原等地；建筑风格简单朴质，不求奢华，居所能遮风避雨即可，不刻意去改善其居住条件，显得建筑风格粗犷而古朴；建筑在装饰和造型设计上运用了对立统一的构图规律和审美法则，加之色彩表达明快与自然环境紧密结合，总体呈现出和谐而富于变化的有机组合方式。

此外农牧文化的多维功能叠合，宗教文化影响下的肌

---

① 切排，陈海燕. 藏族传统生态观的体系架构[J]. 吉首大学学报，2014.05.

理组织方式与西藏建筑因地制宜的选材方法和营造技艺形成了西藏传统建筑成熟且完整的体系，具体可阐释为易于辨识的地域性营造特色，与众不同，独树一帜；鲜明特色贯穿于建造的整体与各细节部分，相融相通，合成一体；以及整个时期内的各种类型和形制之上具有稳定性的建筑艺术风格特征。

总而言之，西藏传统建筑以其完善的系统性和独具一格的风格，丰富了中国传统建筑理念体系，同时也成为世界营造艺苑中的一枝独秀。

## 三、我国多元建筑文化融合的见证

西藏先民在自身的历史发展过程中，外来文化有意识或无意识地渗透到自身的文化建设之中，其以包容的心态吸收了外来文化的影响。从吐蕃王朝建立以来，随着社会生产力的发展和对外文化交流的深入，佛教传入，印度和尼泊尔等国对藏族建筑文化的影响颇深；而我国中原及其他民族建筑文化对藏族建筑文化的影响持续至今。

勤劳智慧的西藏人民在长期的建筑实践中，不断借鉴和吸收不同地区和多民族文化，创造了适合当地情况的建造法式和灿烂的建筑文化。早在吐蕃时期，松赞干布与唐朝和亲。文成公主入藏曾带来耕种、纺织、建筑等一大批内地的先进工艺和技术，增进了吐蕃与南亚和中原地区的政治、经济和文化交流，促进了吐蕃经济文化和建筑技艺的发展。大昭寺主殿檐口上的物动造型的木雕是吸收克什米尔地区木雕艺术的代表之作，也同样出现在喜马拉雅地区的寺院中，装饰手法也完全相同。桑耶寺乌孜大殿的建造，更是吸收和融合了多民族建筑文化的杰作，其大殿的上部、中部和底部做法，具有明显的尼婆罗（现尼泊尔王国）、汉地和藏地三种不同的建筑风格。一些大型和重要建筑使用的金顶和歇山构架等建筑构件和建造技艺也是借鉴和吸收汉地建造工艺技术

的具体表现。柱网结构是藏式传统建筑最主要和使用最普遍的结构形式，其中的柱和梁之间使用斗栱，形成的柱栱梁形式是藏汉建筑文化结合的典范。当年布达拉宫的修建就吸收了汉地、尼泊尔地区的大批工匠参加工程建设。昌都察雅县仁达摩崖造像上还刻有汉族、纳西族领头、总仆的名字。汉式装饰元素在藏族建筑中也有十分突出的特征，如入口处的阴阳图案、建筑角脊上的龙形装饰等（图5-4-1），都是吸收外来文化的艺术表达。[①]

建于1716年的大清真寺位于拉萨大昭寺以东一公里处，用以容纳穆斯林的宗教活动，此后经多次修缮建筑面积从最初的200平方米扩充到1300平方米，整个院落东西长南北短，平面布局不规则。而不远处的小清真寺则坐西向东，南北长、东西短。

经过长途跋涉的天主教神父于1865年来到盐井传教，并在这里建造了盐井天主教堂，传经布道，翻译藏文经书，为信徒授课，在藏区一带影响颇大。

综上所述，藏民族不仅在努力保持其传统文化的独立性，发挥其朴素人本自然的理念，同时也注重吸收其他民族

图5-4-1　屋顶装饰（来源：张颖 摄）

---

① 徐宗威. 古代西藏五大建筑思想[J]，中国民族建筑研究论文汇编，2008（2）.

的优秀文化成果，为我们探寻东西方古文明的交融对西藏传统建筑思想的影响提供了宝贵史料。

## 四、西藏建筑文化的传播意义深远

西藏建筑文化在长期的发展过程中，不仅受到周边地区建筑文化的影响，同时也以藏传佛教等文化形式为载体向外传播到内地以及蒙古族、土族、纳西族等少数民族地区，影响了如门巴族、裕固族、普米族、怒族、羌族、达斡尔族与鄂温克族等，建有佛殿、经堂、佛塔、僧舍等，建筑形式继承了当地建筑文化风格与其相融、创新而自成一体。中华人民共和国成立后我国建立了系统的藏学研究体系，同时出版了《西藏传统建筑导则》、《中国藏族建筑》、《西藏古建筑》等一系列研究、传播和继承西藏优秀建筑文化的专著。此外，独特的西藏建筑文化作为成熟体系，从19世纪中叶开始就受到西方学者和日本等国学者的青睐。

藏传佛教为其建筑文化的主要内涵，在元、明、清时期以政治辅助和宗教输出的形式传入内地，对汉族和蒙古族建筑文化产生了深远影响。从13世纪初成吉思汗首次带领军队进入藏区时，即送信给萨迦，表示愿意信奉佛教和延聘喇嘛，而后至忽必烈称帝，创设总制院，封萨迦派教主为帝师兼领总制院，与不少西僧一起常住京师。皇室开始信奉藏传佛教，并在大都（今北京）兴建藏传佛教寺院。自此藏传佛教以文化载体的形式传入内地，在大都受到了皇室与宫廷的重视，例如最为著名的是元代的大圣寿万安寺的白塔，现为妙应寺，从此西藏建筑文化开始传入内地。此外还有武汉黄鹤楼前的石塔，形制似萨迦式的喇嘛塔。

元之后，明朝依然利用和扶持藏传佛教，推崇"多封众建"，即扶持各个有实力的教派，对其领袖人物都称"法王"。藏传佛教在被称为"圣地"的山西五台山得以发展。《旧唐书·吐蕃下》中记载，长庆四年（公元824年）九

月，吐蕃"遗使求五台山图"。明初永乐帝邀请黄教宗师宗喀巴进京，宗喀巴派释迦也失进京联络，释迦也失在五台山建造了五座黄教寺院传法并收徒。

清王朝皇太极开始就确立藏传佛教为最高护法，并在盛京（今沈阳）建造宝胜寺及四座小寺，并每寺各建藏式塔一座。入关后更是修建庙宇大力扶助其发展，形成了北京、山西五台山、河北承德三个内地的藏传佛教中心。清顺治八年（1651年）在北京北海琼岛顶上建喇嘛塔，成为京城内的最高标志。此后，为藏传佛教建黄寺、改建雍和宫、在香山建宗镜大昭之庙，并新建、改建30多座庙宇。除香山昭庙采用藏式平顶外，和其他佛像和壁画采用藏式外，建筑从总体布局到单体，均采用汉族佛寺的形制和做法。例如作为内地藏传佛教中心之一的五台山寺院建筑最为典型。而后承德外八庙经历了模仿、交流才达到融合创新的过程，例如在建筑上虽然体量巨大的主体仍是汉式，但形体、色彩和细部的做法都使用了藏式建筑，给驻地居民一种新奇感，给青藏高原来的人一种亲近感。建筑文化从交流到融合，不断推陈出新，创造新形式。

藏传佛教也普及整个蒙古地区，蒙古族地区的藏传佛教寺院有三种形式：如包头的五当召属于纯藏式，即从总体布局到单栋建筑的性质及梁柱做法、柱式等都采用藏式。藏汉结合的寺院数量最大，分布最广，通常沿中轴线布局，前经堂，后佛殿，佛殿外有环形的转经廊。在主体殿堂建筑的藏式平屋顶上，建前、中、后三座汉式坡屋顶，梁柱门窗、色彩雕饰及窗口的小瓦檐，都采用藏式窗做法。如呼和浩特市的延寿寺、无量寺、崇福寺及达尔罕茂明安联合旗的百灵庙等，都糅合藏式平顶与汉式坡顶的做法，或纯藏式，或似汉式。寺院中的喇嘛塔则大多涂成白色。[①]

西藏受复杂地形和高原气候等自然条件的制约和影响，使得相当长时间因为地形阻碍、交通不便等客观因素，在西藏文化形成过程中呈封闭状态，但同时既保持了自身的传

---

① 陈耀东. 中国藏族建筑[M]. 北京：中国建工出版社，2007.

统，又独具魅力和神秘色彩，由此引起了西方世界持久的热情和极高的关注度。作为成熟的文化体系，早在19世纪中叶即以西藏历史、地理、民俗研究为一体的西方藏学就受到西方学者的重视。1933年詹姆斯·希尔顿在小说《消失的地平线》中创造了西藏"香格里拉"的神话，此后，"西藏"便成为人们的精神寄托和心灵净土，以此来表达对现实的批判和反思。德国艺术和展览馆于1996年组织了一次以"西藏神话：知觉、投影和幻想"为主题的展览，这是西方学者集体反思西方西藏研究的里程碑。随着米歇尔·佩塞尔的著作《朝圣西藏：神圣土地上的建筑》的传播，融合中国西藏意象色彩的传统建筑文化在国际建筑文化中也备受瞩目。

下篇：西藏传统建筑的现代传承

# 第六章　西藏传统建筑现代传承的原则与策略

西藏建筑现代传承设计的主要目标，是承袭和展现西藏优秀传统建筑文化并对其进行创新和发展。在本书上篇第一章至第五章中，已经从思想特征、营造方法、物象呈现等方面，详细分析并总结提取了西藏传统聚落及建筑中所蕴含的地域传统建筑文化特征。本章在延承上篇内容的基础上，针对西藏传统建筑文化的现代传承，提出基本原则及策略方法。首先，对西藏建筑的现代变迁历程进行简要梳理和回顾；第二，结合当代国际建筑发展趋势及西藏建筑地域特征，提出适宜性、保护性、可持续性和创新性的西藏建筑传承设计基本原则；第三，针对西藏地区极为独特的自然环境条件和精神文化特征，以及该地区当代社会生活需求、经济发展水平及材料技术条件，分别提出相应的西藏传统建筑现代传承设计策略。

# 第一节　西藏建筑的现代变迁

## 一、西藏和平解放以来的建筑发展概况

1951年5月23日，《中央人民政府与西藏地方政府关于和平解放西藏办法的协议》签订，史称《十七条协议》，西藏和平解放，西藏各族人民回到了祖国大家庭。西藏现代建筑的时代就这样开启了。1955～1957年，先后建成拉萨大礼堂（图6-1-1）、十世班禅在拉萨的雪林多吉颇章，以及拉萨木材厂、石灰厂、新夺底电站、更樟林场、日喀则火力发电厂等。1959年，在中央帮助下，西藏开始实施川藏公路恢复、改线，拉（萨）泽（当）公路加修和修建拉萨大桥四大工程。1960～1962年，西藏的主要建设项目有纳金电站、拉萨人民广播电台、拉萨水泥厂、拉萨农具厂、十世班禅住宅、川藏青藏等公路的维护工程等。

1963年，国家有关部委帮助西藏安排了一批建设项目，主要有商业用仓库、拉萨砖瓦石灰厂、拉萨大桥、拉萨市下水工程、拉萨电厂、拉萨市医院、自治区广播发射台等，总投资1176万元。当年，西藏基本建设支出完成1887.7万元，比上年增长14.2%。

1964年下半年，"101工程"指挥部成立。西藏基本建设转入以"三线"建设为主，集中力量保证后方基地、交通、农垦建设，适当兼顾卫生、文教、粮食、商业仓库，以及为群众生产、生活服务的中小型工业、小型电站和必要的县区房屋建设，基本建设支出3332.8万元，比上年增长76.6%。

1965年，为迎接自治区成立，西藏工委和自治区筹备委员会（图6-1-2）投资5000多万元，在拉萨市区内建成人民路等8条沥青路面和一批建筑物，形成了以人民路为中心，以拉萨百货公司、拉萨市副食品商店、拉萨市新华书店、劳动人民文化宫、西藏革命展览馆、迎宾馆等25个大建筑物为标志的新市区，初步形成了拉萨经济、文化和道路布局合理的市区新格局，显著地改善了古城面貌。

1959～1965年，西藏基本建设支出累计达23885.6万元，占同期财政支出的31.06%，占同期经济建设支出的47.7%。其间，国家投资占基本建设投资完成额的比重除1965年为98.9%，其余6年均为100%。基本建设的重点是交通和工业部门，基建拨款支出分别占自治区基本建设拨款支出总额的43.6%和23.1%。

"文化大革命"期间，西藏基本建设出现了"填空白"、"补缺门"，搞"小而全"的现象。1966年，财政部分配给西藏"小三线"基本建设预算指标846万元，当年，又追加基本建设投资预算指标872万元。在"小三线"建设全面铺开的情况下，自治区基本建设支出比上年增长77%。1968年，西藏基本建设战线有所收缩，当年自治区基建支出1602.6万

图6-1-1　拉萨大礼堂（来源：《西藏建筑》）

图6-1-2　西藏自治区筹备委员会办公楼（来源：《西藏建筑》）

元，比1967年下降70%。1969年和1970年，基建支出有所回升，但未能超过1966年，1967年时的水平。1971年，自治区基建支出为8088.3万元，比1970年增长75%。

1977～1978年，西藏基本建设的重点为能源、交通、邮电等项目。1977年，自治区紧缩基本建设战线。上半年一律不上新工程，集中力量抓收尾配套项目。当年自治区投资10万元以上的在建项目245个，交付使用的94个，固定资产交付使用率仅为38%。1978年，自治区完成的主要基本建设项目有"九二三"热电站、东风矿、土门煤矿、西藏火柴厂等。

1979～1980年，自治区人民政府对全自治区在建项目进行清理，对投资规模和投资结构作了调整。两年共停缓建5万元以上的在建项目77个，压缩未完成工程投资3914万元。在投资方向上，提高了非生产性建设投资比例，生产性建设投资相对下降，电力建设、公路交通建设仍作为重点得到了应有的发展。1981年，进一步压缩建设规模。当年安排的基本建设总投资为9779万元，比1980年减少46.26%。

1983年，自治区人民政府根据中央关于严格控制基本建设投资规模，集中力量，确保重点工程建设的指示，要求各部门、各地市对影响重点工程建设的一般项目，该停就停，该缓就缓。当年安排的重点建设项目有13个，主要是交通、工业、农业、畜牧业、文教卫生等。

1979～1991年，自治区累计完成基本建设支出213500.7万元，是1976～1978年基本建设支出累计数的2.2倍。基建投资的重点是工业、交通、邮电和文教卫生部门。期间，为迎接自治区成立二十周年，1984年，党中央、国务院决定由北京、上海、天津、江苏、浙江、福建、山东、四川、广东九省（市）帮助西藏建设43项工程项目。43项工程总投资4.8085亿元，主要为交通、能源、通信、教育、市政公用和旅游设施建设等项目。其中，工业能源建设项目主要是：羊八井地热电站扩建工程、拉萨水泥厂扩建工程、拉萨城东变电站、日喀则塘河电站、八一镇二级电站、沃卡电站、拉萨啤酒厂一期工程。邮电建设项目主要是6个地区的邮电通信综合枢纽楼和7座通信卫星地面站。旅游业建设项目主要是：西藏宾馆、拉萨饭店、定日宾馆、曲乡宾馆

等。城建项目主要是拉萨老城区改造、拉萨"团结新村"小区建设、拉萨北郊供水管网等。

这一时期，国家对西藏的基本建设投资，主要用于改善农牧业生产条件和加强基础设施建设。经过十余年的基本建设，西藏的生产生活条件明显改善。能源、交通、通信等"瓶颈"制约大为缓解，城镇居民的住房条件明显改善。其中，拉萨市城区人均居住面积由20世纪80年代初的不足6平方米提高到1991年的9平方米。

1994年7月，中央第三次西藏工作座谈会决定援建西藏62项工程项目。这62项由全国无偿援助建设的工程项目遍及西藏各地，对强化自治区基础设施，增强自治区的综合经济实力，促进社会进步，改善自治区交通、能源、通信等基础设施相对落后的局面，发展优势产业，提高人民生活水平，推动自治区国民经济的持续、稳定、快速发展发挥了重要作用。同时，对于巩固政权，保持西藏的稳定，也产生了积极的影响。

1992～2000年，西藏基本建设支出累计完成559095万元，是1979～1991年累计数的2.6倍。投资的重点是能源、交通、农牧业综合开发、邮电通信等领域。这一时期完成的重点基本建设项目主要是62项援藏工程、"一江两河"中部流域综合开发（自1991～1999年6月底，"一江两河"综合开发投资累计完成8.26亿元）、尼洋河区域资源开发、羊卓雍湖电站、十世班禅灵塔、邦达机场修复、那曲查龙电站、青藏和川藏公路的整治与改建、拉萨商品批发市场、上海西藏大厦、贡嘎机场候机楼、自治区广播电视制作中心、兰州——西宁——拉萨光缆工程等。

历史的车轮驶入21世纪，近十几年以来，西藏的建设事业进入高速发展的阶段，呈现出欣欣向荣的局面。建筑企业数量由2000年的141个，增至2017年的271个；建筑业生产总值由2000年的168178万元，增至2017年的1479179万元。房屋竣工面积逐渐递增，由2000年的81.06万平方米，增至2017年的172.97万平方米。2017年的房屋竣工面积中，住宅占到44.6%，为77.15万平方米，商业服务建筑占16.0%，为27.66万平方米，较大幅度地提高了居民居住水平和城市服务水平（表6-1-1）。

2016—2017 年西藏自治区房屋竣工面积表（平方米）　　　　表 6-1-1

| 指标 | 2016 年 | 2017 年 |
|---|---|---|
| 房屋竣工面积 | 1439882 | 1729676 |
| 住宅房屋 | 1021428 | 771471 |
| 商业及服务用房屋 | 65924 | 276598 |
| 办公用房屋 | 138259 | 201748 |
| 科研、教育、医疗用房屋 | 93949 | 129890 |
| 文化、体育、娱乐用房屋 | 26362 | 22860 |
| 厂房及建筑物 | 7918 | 30567 |
| 仓库 | 769 | 41620 |
| 其他未列明的房屋建筑物 | 85273 | 117454 |

（资料来源：《西藏统计年鉴2018》）

## 二、西藏现代建筑功能的完善

在和平解放前，西藏相对闭塞，保持着传统西藏建筑以寺庙、民居、宫殿、庄园、碉楼等为主要建筑类型的格局。当世界进入"二战"后的高速发展期，摩天大楼和商业街区拔地而起时，拉萨依然保持着几个世纪之前的建筑风格和样貌，其功能性相对单一。

和平解放后，西藏逐渐加强对外部的沟通联系，建筑类型的需求多样化催生了西藏建筑类型的增加。1956年，西藏历史上第一座剧院建筑——拉萨大礼堂落成；1955～1957年间，出现了以日喀则火力发电厂为代表的多座工厂建筑。仅在拉萨市沿河路两侧，便建造了一大批重要的现代建筑：拉萨第一家百货公司、青少年文化宫、饮食店、皮革门市部、副食门市部、粮食门市部、理发店、新华书店、五金门市部、亚古都商店、西藏第一招待所、琉璃桥街心花园等。

新的建筑类型的引入为西藏带来了全新的生机与活力。就在这些简单的土坯平房里，现代化的生活开始起步。从1965年建成到20世纪80年代，拉萨人民路（即今宇拓路）占据着拉萨商业90%以上的份额，可以理发，可以照相，可以买书，可以住宾馆，百货商店开始出售商品，拉萨有了现代化的生活气息。建成于20世纪90年代的拉萨贡嘎机场候机楼、西藏博物馆等是该时期现代建筑的典范。

进入21世纪以来，随着西藏城市的不断发展，西藏现代建筑在类型和功能上逐渐健全完善，涌现出一批又一批现代化的文化、商业、交通、办公、教育、科研、医疗、居住建筑，如拉萨火车站、西藏大学新校区、西藏自治区藏医院、西藏非物质文化遗产博物馆等。

## 三、西藏现代建筑技术的进步

西藏和平解放后，中央十分重视西藏地区的发展。第一批从内地来的建筑和测量人员从青海、甘肃等地来到了圣城拉萨，他们是千年圣城的新来客，并为西藏带来了新材料与全新的施工技术。当时的古建筑和民居都是石土和土木结构，墙体以花岗石、土坯等地方建材为主。钢材、玻璃和水泥等建筑材料还无法自产。自治区筹委会办公大楼就是此时期的一例。这是西藏和平解放后第一次修建的大型公共建筑。主楼高4层，在当时的拉萨，是首屈一指的大型建筑。这栋建筑在建国十周年时，还曾作为一栋标志性的建筑上过年鉴。"一方面是全部使用当地材料，也就是墙体全部使用花岗岩，地板是木头，是一栋真正的石、木建筑；第二，外形风格上藏汉合一。"[①]

---

① 《西藏自治区建筑勘察设计院成立六十周年纪念：1955-2015》

除全用当地材料的建筑之外，也有用传统材料与新材料相结合，并采用新技术、新工艺的现代西藏建筑。例如劳动人民文化宫。劳动人民文化宫是一个大礼堂，是石木建筑，部分用砖，钢木屋架，跨度24米，瓦楞铁大屋顶，正面部分全部采用石头；当时西藏没有吊车，如何将24米的巨大屋架吊装约11米高的屋顶，成了一个巨大的问题。最后大家群策群力想出了一个看起来非常古典的办法：从林芝砍伐了一根巨木，高达16米，将其竖立好，并将一层层的屋架在地面拼接完毕，依托巨木为支撑，将屋架用手葫芦、导链等吊装到位；跨度如此之大的建筑也需要粗大的立柱支撑，柱底为石砌，顶部则为砖砌，为此还特别在达孜县设立了砖厂。

近几十年以来，西藏建筑技术有了突飞猛进的发展。多次援藏工程加强了西藏与内地建筑技术方面的沟通。建筑技术的进步加快了西藏现代化进程。进入21世纪以来，随着城市新区的建设，高层建筑和大跨建筑出现在西藏一些城市中，如拉萨东城新区的圣地天堂洲际大饭店，成为西藏首个大型钢结构建筑。

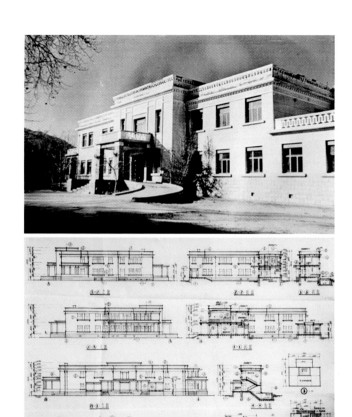

图6-1-3　班禅小楼（来源：西藏自治区建筑勘察设计院）

## 四、西藏现代建筑与传统风貌

西藏传统建筑多就地取材，以石块作为建筑的主要材料，外墙有收分，呈下大上小的梯形，多涂白色涂料；开窗较小，外形敦实；别具特色。

西藏和平解放之后，随着建筑新材料、新技术的引入，在一定程度上改变了西藏传统建筑的面貌。西藏现代建筑多以新材料如钢筋混凝土等，但仍保留传统藏式建筑立面分割并在立面出檐头，或有收分，或保留传统藏式建筑色彩，或模仿传统石材立面手法。如体现现代建筑技术与藏式风格相结合的班禅小楼（图6-1-3）。立面保留传统建筑立面构图手法，色彩与材质均仿传统藏式建筑，但宝座廊间有了精美的柱头，立面有宽大的落地窗，院内有喷水台，地面也用了细致的水磨石拼花。建筑平面更为活泼灵动，不似传统建筑般敦厚。

再比如西藏自治区医院。由于现代建筑的高度、层高和空间尺度与传统建筑有较大区别，为了保障传统建筑的整体形象，建筑形态选取整体收分的梯形，但墙体采用逐层分砌的措施，最大限度地节省建筑材料；现代建筑的技术使得空间感受可以更好，较大的窗户能够改善室内的空间效果，所以窗户选用现代的尺度、传统的比例和做法，而没有选用简易的预制构件，让建筑细节与现代要求相结合。使建筑细部、建筑形象和群体关系在现代和传统间寻找沟通的渠道，创造当代藏式建筑。

2018年，拉萨市制定了《拉萨建筑风貌导则》。《拉萨建筑风貌导则》将拉萨市建筑分为传统藏式建筑风格、仿藏式建筑风格、新藏式建筑风格与其他建筑风格，对于拉萨整个城市的建筑风格都做了明确的规定，是对拉萨传统建筑风貌与新建筑、新材料相互结合的有益尝试。

## 第二节　西藏传统建筑现代传承的基本原则

### 一、适宜性传承的原则

与传统时期相比，西藏当代建筑所处的各种环境条件，特别是经济、社会和文化环境，已发生了巨大变化。因此，西藏现代建筑传承设计中，应秉承适宜性传承的设计原则，在传承该地区传统建筑所蕴含的丰富文化价值与鲜明形态特征的同时，也要充分适应西藏当代自然环境条件、精神文化特征、社会生活需求、经济技术条件及未来发展趋势。

### 二、保护性传承的原则

西藏有着悠久的历史和灿烂的文化，独特的地理环境造就了别具一格的生存面貌。西藏境内留存的大量传统建筑是宝贵的历史文化遗产，承载着西藏地区神秘悠久的历史，记录了西藏地域文化传播、交流和发展的历程，蕴藏着西藏地域独有的物质与精神财富。在西藏地域既有传统建筑及周边环境进行当代建筑创作时，要特别注意尊重地域传统文化，体现保护性传承的设计原则。

### 三、可持续性传承的原则

人类活动所引起的全球气候变化、生态破坏与环境污染等问题已在全球范围得到越来越多的关注和重视。西藏不仅地处气候极端区、生态脆弱区，也是我国及东南亚地区的重要生态屏障区。西藏当代建筑创作中，应充分汲取当地传统建筑中所体现的人与自然和谐共生的文化、哲理与智慧，在建筑创作实践中进行可持续性传承。

### 四、创新性传承的原则

万物的发展和提升离不开变化和更新。在传承传统建筑文化的同时，也需要进行符合时代发展特征的变化与更新，提倡在传承中创新、在创新中发展。西藏当代建筑设计实践中，可以从文化理念、形式元素、色彩体系、材料技术等多方面开展创新性传承。

## 第三节　西藏传统建筑传承的一般策略

### 一、适应西藏当代自然环境条件的传承设计策略

西藏地区具有极为独特的自然气候和地理环境，当地传统建筑在其漫长的演化发展过程中，形成了独有的与自然环境相适应的理念、策略与方法。在对其进行传承时，不仅要注意提取其适应自然的基本特征，而且应特别注意当地自然气候及环境特征在当代及未来的变化趋势，从而有针对性地进行传承和创新。

与西藏当代自然环境因素相适应的传承设计策略主要涉及：

#### 1. 顺应自然环境的选址布局设计策略

西藏传统建筑在天人合一、道法自然的思想指导下，采用了顺应自然环境、趋利避害的选址布局方法。在西藏地区的自然环境中，对建筑影响较大的不利因素是气候寒冷和多风，有利因素是阳光充足、气候干燥。因此，一般建筑选址在背风向阳的地方，房屋开窗、开门方向为顺风方向，避免迎风开洞。

#### 2. 适应气候特征的空间演绎设计策略

西藏传统建筑通常较为封闭，底层不开窗，其上各层开小窗，墙体厚实。屋顶多用作晾晒粮食和纳阳，为了避风在迎风向高出一层作为储藏室或敞口楼。这种藏式住宅顶层作各式挡风屋、挡风墙，下面各层做天井、天窗、梯井等，采用各种遮挡与开敞相结合的方法，保证室内的采光、通风、保温，这是他们生产生活上对自然条件中有利因素的利用和对不利因素的克服。

合院式民居为了采光和便于通行，设置了天井和走廊。

走廊往往环绕天井呈环形，部分天井向上逐层放大，下层天井四周的屋顶成为上层楼的内阳台或露廊，周围各室面向露廊或天井开设门窗，可以获得较多的阳光及避免寒风侵袭，这是一种方便生活而又适应气候的处理方法。

## 二、适应西藏当代精神文化特征的传承设计策略

西藏独特的自然环境和历史演变，形成了内涵极为丰富的传统建筑文化；同时，积淀厚重的传统文化与内地及周边国家外来文化的不断交融，又进一步形成了丰富多元的藏地文化特征。在对其进行传承时，应在传承其丰富多样外部表达的同时，注意辨析其深厚复杂的内涵特征；在传承传统文化的同时，注意融合当代精神文化内涵。

与西藏当代地域精神文化因素相适应的传承设计策略主要涉及：

### 1. 以展示传统文化为主的传承设计策略

针对传统建筑复建和遗址保护类项目，宜采用以展示传统文化为主的传承设计策略，包括对历史时期建筑的原有布局、规模、外观、形制、材料、色彩、图案等所蕴含的精神文化因素进行认真辨析和探究，在其基础上进行保护性展示和传承设计；对建筑内部和功能采用当代新材料、新技术进行适当改进和提升。在反映传统建筑特征、再现历史事件场景、传递传统文化的同时，也对传统建筑及遗址本身起到保护和宣传的作用。

### 2. 以体现当代文化为主的传承设计策略

当代建筑环境中的新建建筑项目，可采用以体现当代文化为主的传承设计策略。例如，在体现当代建筑文化主题的同时，融合顺应自然、随山就势的选址方式、曼陀罗式布局方式，以及对传统建筑空间和形态进行抽象、提取与转化，对传统建筑材料进行的更新与再利用，对传统建筑理念进行的符号化应用等。

### 3. 兼顾传统和当代文化的传承设计策略

传统建筑环境中的新建建筑项目，宜采用兼顾传统和当代文化的传承设计策略。需要注意使新建筑与相邻传统建筑环境的协调融合。例如，通过采用消隐的手法，在体现当代文化的同时彰显对历史的尊重；通过对传统空间与环境的修复，使之在当代文化背景下得到活化和再生；通过对传统色彩与符号的再现、肌理的延续、图式的同构等，使传统建筑文化巧妙隐含于当代建筑的空间布局与形态表达之中。

## 三、反映西藏当代社会生活需求的传承设计策略

西藏传统建筑中蕴含着大量与当地传统时期社会制度、社会生活相适应的设计手法和表现形式。在对其进行传承时，应特别注意辩证分析其所产生年代的社会生活特征，在当代全新社会制度、组织形态和社会生活背景下，有针对性地进行传承和创新。

与西藏当代社会生活因素相适应的传承设计策略主要涉及：

### 1. 延用传统空间、融入当代生活的传承设计策略

在当代建筑创作中，通过创造性地沿用传统空间形态，可以在传承传统建筑的精神意蕴与空间特征的同时，更好地适应当代的社会文化与审美需求。

### 2. 更新传统空间、承载当代社会生活的传承设计策略

在当代建筑创作中，通过对传统空间的更新、转化和创新应用，可以更好地承载当代社会生活的现实需求。

## 四、适应西藏当代经济发展水平的传承设计策略

新的社会经济形态和发展方式，导致当代出现了完全不

同于传统时期的新的建筑功能和形式（例如银行、超市、机场等），以及新的开发运营方式等。而"一带一路"倡议的提出，也给西藏未来经济发展带来新的机遇。西藏的新建建筑设计，有必要关注当代经济形态和产业类型对设计的变革性影响，并提出新的适应性传承设计策略。

与西藏当代经济发展因素相适应的传承设计策略主要涉及：

1）重构传统空间，适应当代新兴经济和运营模式的传承设计策略

在当代建筑创作中，通过重构传统建筑及街区的形态布局，有助于使其更好地适应当代新兴经济形态和运营模式下的空间组织和功能需要。

2）拓展传统空间，适应当代新兴经济增长需求的传承设计策略

在当代建筑创作中，通过有效拓展传统建筑及街区的空间尺度和使用功能，有助于更好地适应当代新兴经济的增长需求，最终更加有力地促进地域经济的发展。

## 五、适应西藏当代材料技术条件的传承设计策略

青藏高原为西藏建筑提供了大量基本建筑材料，如石材、黏土和木材等，因此该地区传统建筑取材充分仰仗自然资源条件，并在长期实践中总结出丰富的就地取材与合理用材的基本经验，例如依照当地建材资源状况确定建筑基本结构，并采取相应的建造技术方法：如当地黏土土质好，取材方便，则建造土木结构房屋，墙体采用夯筑法或土坯砌筑法；如当地黏土、石材、木材兼具，则三种结构并存为混合结构建筑，通常基础

和底层为石砌墙体，二层以上为夯筑土墙，三层或四层夯筑土墙的一方专置一间或两间架空房屋。另外，对材料直接进行使用，区别于内地建筑材料的再加工利用，例如砌筑用的石块和夯筑用的泥土通常就是边采边用。

随着西藏地区经济技术条件的不断发展和提升，大量新的建筑材料和技术方法在该地区不断得到扩展和应用。对于大量采用本土建筑材料，同时采用民间手工技艺及简单机械辅助的传统营建技艺和方法，在对其进行传承时，应注意辩证分析其所产生年代的具体材料、工艺和技术特征，并结合当代新材料、新技术和新工艺，对其进行适宜性、创新性和可持续性传承。

与西藏当代材料技术因素相适应的传承设计策略主要涉及：

1）利用传统建筑材料塑造当代建筑空间的传承设计策略

例如，可创造性地应用黏土、石材、木材等传统材料，营建富有特点的当代建筑空间。

2）利用当代建筑形式展示传统建造技艺的传承设计策略

例如，充分挖掘传统营建技艺，更新砌石技术、夯土技术等，以有效传承其生态智慧和地域特征。

3）利用当代材料、工艺、技术表达传统建筑形式与意蕴的传承设计策略

4）既有传统建筑再利用的传承设计策略

5）既有传统建筑材料回收再利用的传承设计策略

传统民居在建房过程中，有拆旧翻新的习惯，除腐朽或虫蚀的木材不能再用以外，其余泥、石材料可再次或多次使用。

6）既有传统建筑材料循环再利用的传承设计策略

# 第七章 西藏现代建筑对环境的适应性响应

　　建筑是人与环境共同作用的产物，相比传统建筑对环境有较强的依赖性，现代建筑得以借助技术和文化的进步，以多种方式更加主动地去改变环境和适应环境。西藏传统建筑在处理环境方面积累了丰富的经验，诸如因势利导的自然融入、因地制宜的材料选择，从而创造出多种多样的建筑类型和杰出的建筑成就。西藏现代建筑在继承优秀传统经验的基础上，积极探索如何利用现代科技手段，从建筑形体、建筑材料、建筑技术等途径实现对环境和气候的适应性响应。尤其是面对独特的山水环境时，如何将现代功能、现代生活植入自然地貌，或从形态上取得呼应，是必须面对的问题。在这方面，林芝的南迦巴瓦接待站、尼洋河谷游客接待站、娘欧码头、阿里的苹果小学等建筑都做了富有成效的尝试。

# 第一节　建筑适应自然气候

人类在其发展过程中，通过对建筑的营造，不断提升对自然气候的适应能力。西藏地域严寒干燥、日照强烈，该地区如何有效应对气候条件、营建舒适人居环境，是建筑设计面临的一大挑战。西藏地区当代建筑设计实践中，在传承传统智慧、适应地域自然气候方面，进行了大量有益的尝试，主要体现在以下几个方面。

## 一、依靠形体、材料适应自然气候

阿里苹果小学位于海拔4800米的西藏塔尔钦乡，宗教圣地神山冈仁波齐峰脚下。建筑最大限度地利用当地仅有的建筑材料——卵石，以及对当地的太阳能技术的研究使用，低成本、低能耗地满足了建筑的使用需求（图7-1-1）。

鹅卵石的墙体顺着坡地与群落式散布的建筑将整个学校划分成一个个院落，纵向布置的墙体起起伏伏，有着山体的自然形态，并起着阻挡山风的重要作用。建筑位于阿里腹地塔尔钦，全年大风天气达一百余天，山谷中的西风是建筑设计需要考虑的重要因素。当地阳光充沛，在极为寒冷的冬天，当地人还习惯在室外晒太阳，这一组间距不等的墙体主要是用于阻挡西风，创造适宜的室外环境。

所有单体建筑都是朝南的，可以更为充分地利用太阳作为能源。南面的整个墙体上都用双层钢框玻璃，结合对太阳

图7-1-1　阿里苹果小学（来源：有限设计）

能的改良而具有透光、通风、采暖等综合功能。土太阳能实际上是将黑色瓦楞铁放在朝南的双层大玻璃窗之间，白天的阳光将铁晒热后，打开朝向室内的窗户热空气完全可以满足取暖要求。温度过高时就把两层窗都打开形成对流，模仿藏袍的设计，只有一半袖子方便随冷热调节。风车形的风力发电设备在自然景观中显得不协调，因此设计了"风洞"式发动机的设备用房，体量很小，而且是同样的建筑形态。

西藏博物馆新馆采用左右对称方案在原址进行改扩建，设计方案尊重、继承西藏博物馆老馆建筑外貌，外观采用传统藏式建筑风格。原本局促的用地上，被适当地拓宽，取自西藏传统坛城意象的空间布局，左右对称，并向上逐层退收，建筑面积扩大约5倍。新馆设计继续延续了旧馆建筑的根脉和肌理，老馆设计最标志性的主立面被完整地保留了下来，与新馆入口分立于用地的西、北两侧，仿佛隔空对话。新老馆之间，通过一个通透的玻璃阳光大厅连接，让新老建筑和谐地融为一体，共同讲述动人的藏地文化。

西藏博物馆是藏地文化从传统走向未来的一座桥梁，设计以传统的藏文化元素为基点，以全新的表达方式予以实践。在高低错落的新馆建筑中，设计以金色铜板、铜网、石材幕墙替代了黄土、木、石砌等传统用料，与传统建筑神似而非形似，使人既能从传统中充分感受到西藏的现代开放，又能从现代中细细品味藏文化的独特魅力。新馆设计保留了金顶的形式，而用更轻型的钢结构取代传统木结构和老馆的琉璃瓦。屋面形态设计突破了传统建筑中"大屋顶"在采光方面的束缚，利用玻璃与钢结构让室内可以借到大片天光（图7-1-2）。

图7-1-2　西藏博物馆新馆（来源：中建西南院）

## 二、采用现代技术适应自然气候

拉萨行政中心建筑面积14万平方米，建筑高度达50米。内部含有市委办公楼、市政府办公楼、人大、政协办公楼、会议中心以及市政府共25个厅局的办公楼，行政服务区要求含有周转住宅用房、食堂、车库以及各动力机房，功能繁杂，能耗巨大。建筑充分利用拉萨地区丰富的太阳能资源，采用现代技术实现可再生能源的利用，最大限度地降低常规能源消耗，强化建筑在节能、环保、利用当地资源、可持续发展的绿色理念。

该项目将太阳能技术作为专业设计的重点，大量采用了太阳能集热技术为整栋建筑提供采暖所需能源。太阳能集热系统由太阳能集热器、地板辐射采暖系统、蓄能水池和自控系统组成。利用屋顶及格口下方铺设太阳能集热器，安装太阳能真空管集热器阵列，作为采暖的集热器由U型管和热管两种真空管组成，有防冻、防垢、防噪功能可承压运行。建筑的地下室蓄热水池，用于储存太阳能热水，作为冬天采暖的主要能源。

## 三、运用综合技术适应自然气候

拉萨火车站位于拉萨市西南端的柳吾新区，其用地面积为111646平方米，建筑规模为23697平方米，结构形式为钢筋混凝土框架结构，局部为钢结构，站台长550米，采用无站台柱雨棚覆盖，站房位于线路北侧，最多聚集人数可达2000人，是青藏铁路的终点。

### 1. 浑然一体的建筑造型

拉萨火车站设计充分考虑藏民族崇敬自然、万物一体的生态伦理观念。借鉴布达拉宫、宗山、寺庙等藏式传统建筑长于利用地形地势的优点，建筑常能与环境融为一体，"虽由人作，宛自天开"。火车站的造型设计即倾心于营造这样的境界。火车站利用站台的长度沿水平方向，面向拉萨河伸展开来，衬托其背面的山体，并利用竖条窗和墙板的组合，形成前后错动，高低起伏的阵列形状，使之如同从大地中涌动生长出来一般，以谦和的姿态表现了对自然的尊敬（图7-1-3）。

### 2. 遮阳的传统阐释

日照强烈的高原气候让遮阳成为建筑设计的关键点之一。拉萨火车站设计时考虑尽可能减少阳光对室内的辐射，采取传统的遮阳形式，也是比较适宜高原特色的方式。将建筑外窗设计得长而窄，并且深深凹入墙体，这与藏式传统建筑中厚厚的墙体与深陷其中的细窄外窗的设计，起到的自遮阳的效果颇为相同。加之密集的窗格和阶梯形的退台变化，以及主入口及候车厅外立面窗楣处外挑的方木椽，不仅丰富了立面造型，更达到了较好的遮光作用。

图7-1-3　拉萨火车站（来源：王军 摄）

### 3. 自然光的应用

火车站设计中吸取传统建筑中的采光处理方式，利用了侧窗采光系统、天窗采光系统和中庭采光系统，表现在建筑造型上是立面细长的外窗、屋顶的狭长采光带和大厅的高窗。这三种采光系统的结合更有效地把天然光引入室内，并进行了较为合理的分配。此外通过划分的窗格把天然光过滤成一束束的光柱投进室内，加上补充的顶棚人工照明采取了同样的分格方式，不仅强化了通过门廊、楼梯厅、电梯厅、东西通廊、候车厅以及站侧服务和调度用房等不同功能空间组织的一进进的空间序列，更出其不意地营造出了传统建筑的空间意象。

### 4. 防尘通风槽

拉萨地处的西藏高原干湿季分明。因地面海拔接近对流层中部，受强劲的高空西风急流的影响，干季多大风，且干燥寒冷，其时间通常是10月至第二年3月。湿季是每年的4月到9月，雨、热同季，夜雨率高。干季的防风防沙与湿季的有效通风成为建筑设计中矛盾的综合体。拉萨火车站利用铁路站台的长度使建筑尽量地在水平向度伸展。一方面可以减少进出站步行的距离，以使人易于适应高原低氧的气候条件；另一方面可以减小建筑的进深，南北外墙细窄的长窗位置也尽量对应，从而在湿季时可以借此加强自然通风，以营造舒适的站内环境。同时，也因为火车站的建筑空间高大，上部的窗子难以开启，所以特别采用了窗下设防尘通风槽的方式，使得站内空间可以全天候地获得清洁的新鲜空气，也更好地满足了建筑在干季扬沙的天气里对自然通风换气的需要。

### 5. 适宜的面层材料

拉萨干燥和早晚温差大的气候特点，对面层材料的耐久性和耐候性是个严峻的考验。如何让建筑既高效节能，又能表现出地域特色，取得粗犷大气的视觉效果，是外墙设计的难点。经过多方案比较、论证、试制，又综合考虑自然气候和施工条件，最终选择的彩色预制混凝土墙板工艺，其表面是竖向条纹人工打毛而成的肌理效果，并以纹理的粗细来搭配红白两色，并且分别安装在不同定义的空间界面上。红白两色贯穿内外，而空间的穿插和界面的交替，又形成了不同的构成方式，使色彩成了空间的而不是平面的语汇。

### 6. 主动式太阳能系统

拉萨日照强烈的高原气候带来了丰富的太阳能，其全年日照时间超过3000小时，获得的太阳辐射量高达 $847.4 \times 10^4$ 千焦/平方米。在拉萨火车站的设计中用太阳能代替常规的驱动冷暖空调设备的热源，用太阳能集热板这一特殊的装置来收集热辐射，并将其转化为有效的热能，从而作为室内地板辐射采暖的主要热源，有效解决了车站的供暖问题。

拉萨火车站站房建筑面积10504平方米，建筑高度22.5米，最大楼层数3层，采暖设计热指标为34瓦/平方米，设计采用太阳能作为冬季采暖的主要能源，不足部分采用燃油锅炉作为辅助热源。太阳能集热器安装在建筑屋面上，蓄热水池等设备在地下室的设备间内，燃油锅炉位于配套辅助建筑的西区锅炉房内。通过专业的现场实测显示，拉萨火车站主站房2006年冬季采暖主要依靠太阳能热源，基本没有用到辅助热源。

## 第二节　建筑结合地形地貌

### 一、融入自然地貌的现代建筑

西藏的地形基本上可分为极高山、高山、中山、低山、丘陵和平原等六种类型，此外还有冰缘地貌、岩溶地貌、风沙地貌、火山地貌等，奇特多样，千姿百态。喜马拉雅山脉位于青藏高原的南缘，东西横跨1600余公里，平均海拔高度超过6000米，构成了阻挡印度洋暖流的屏障，也形成了喜马拉雅高山区。这里山顶终年积雪，山脉之间又形成了峡谷、深壑，山脉南北两侧气候与地貌差别巨大，随着海拔高度的变化、气候变化明显，以致在同一山岭的不同高度上同时呈现出四季景观，表现出极为丰富的生物多样性。藏北高原，被昆仑山、唐古拉山和冈底斯山、念青唐古拉山环绕，其地理特征由大量相对平缓的山丘和其间的盆地构成，西藏的大部分地区位于这一区域内。藏南谷地，被冈底斯山脉和喜马拉雅山脉环抱，雅鲁藏布江及其支流在这里形成了许多河谷平地和湖盆谷地，地形相对平坦，土质肥沃，物产丰饶，成为西藏地区的粮仓。藏东高山峡谷区，这里东西向的山脉与南北向的横断山脉相遇，形成险峻的高山深谷，怒江、澜沧江、金沙江从这些深谷中流出，形成了三江并流的独特自然景观。

西藏传统建筑设计融合了雪域高原壮丽的自然景观，因地制宜，因材施用，形成独特和优美的藏族建筑艺术形式与风格，给人以古朴、神奇、粗犷之美感，形成了具有独立风格和鲜明特征的地域性建筑（图7-2-1）。如何将现代人工建设与自然地貌相融合，亦成为现代建筑创作的一条探索途径。

林芝南迦巴瓦接待站位于雅鲁藏布大峡谷景区入口。设计之初，"首要的问题是应该用怎样的态度来对待西藏文化？……是否可以用一种平视和平等的态度对待西藏的文化？是否可以既不'俯视'又不'仰视'特有的西藏文化？""如何对待本地原有的、带有强烈色彩和装饰性的建筑传统？新建筑与周边原有建筑形成怎样的关系？如何处理建筑与基地、建筑与大范围地形及自然景观的关系？建造过程如何考虑当地工匠、当地技术的参与？在恶劣的气候和有限的资金条件下哪些材料和建造方式是可行的？"[1]带着这些问题，建筑设计团队从寻找基地开始，启动了建筑的创作。接待站总面积约1500平方米，功能较为复杂，包括一个大峡谷综合信息展厅，一组公共厕所，徒步装备及食品小卖部、背包客的行李物品存放处、网吧、急救医务室、大峡谷景区的售票检票点、旅游公司办公室和司机导游休息室等，同时还设置了一个为全镇服务的集中配电房。"我们显然对本地建筑形式的模仿和拼凑不感兴趣，也显然对移植一个时尚的外来建筑不感兴趣。"[2]这是建筑师对建筑创作理念的朴实表

图7-2-1　西藏群山环绕的乡村聚落（来源：王军 摄）

①② 张珂，张弘，侯正华. 西藏林芝南迦巴瓦接待站[J]. 时代建筑，2009（1）.

达。设计建成的接待站随形就势，几个高低不一、厚薄不同的石头墙体从山坡不同高度生长出来，墙体内部是相应的功能空间，多数功能空间半掩藏在山坡下。建筑随着基础的标高不同分为3层，地下层是储藏室和集中配电房；一层主要是各种接待空间，大峡谷信息展厅、厕所、医务室、网吧、小卖部、景区售票检票；二层是后勤办公室和可供游客休息观景的屋顶平台。建筑的采光主要通过天窗解决，接待大厅采用屋顶凹陷形成的高侧窗，楼梯、网吧和办公室采用的是细长的天窗。建筑在一层接待大厅朝向雅鲁藏布江及加拉白垒雪山的方向和二层办公室朝向南迦巴瓦雪山的方向开了两个明确的景观视窗。建筑的门窗和室内没有使用任何常见的藏式门窗装饰，建筑师希望通过本地的材料进行真实而朴素的建造（图7-2-2～图7-2-5）。

在昌都昌庆街设计中，建筑师通过提炼当地的石文化、水文化、农业文化，探寻建筑与自然的融合。在当地，石头是一种最为普遍的材料，主要体现在两个方面，一是用来建造房屋，二是镌刻经文，堆成玛尼堆供宗教活动用，其后者尤使石头文化披上了神秘的宗教色彩。石头崇拜是藏民族自然崇拜的重要物证。昌都地区两河交汇，澜沧江自高原浩荡南下，亘古长河使昌都文化与水结下了天然的不解之缘；在城市的江边，在山间的溪旁，院落的水井中，农田的河渠里，处处闪动着水的灵光。农业生产在昌都和牧业一样占有重要地位，在景观上表现有农耕景观的显著特征，如晒粮食的平屋顶、晒青稞的粮架等。基于当地的石文化、水文化、农业文化，建筑师提出"设计遵从自然"的主张，注重高原气候条件和山地地形特征，认为强烈的阳光和热辐射是建筑

图7-2-2　林芝南迦巴瓦接待站（来源：标准营造）

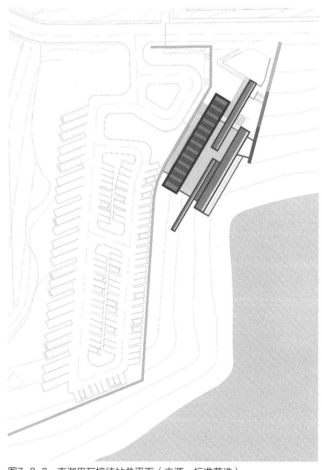

图7-2-3　南迦巴瓦接待站总平面（来源：标准营造）

图7-2-4 与群山呼应的南迦巴瓦接待站
（来源：王军 摄）

图7-2-5 嵌入地形中的南迦巴瓦接待站（来源：标准营造）

风格和布局的主要限制因子，也是地方风格形成的源泉。设计中采用的白色建筑基调和藏红色装饰，以及三合院的单元组合，正是基于这样的气候条件而提出的。在场地的南北两端之间，地势高差有10米之多，正是尊重并利用了这一高差，形成了建筑自南而北逐级抬高的天际线，也形成了步行街的高程变化（图7-2-6）。

位于佛教圣地——冈仁波齐峰脚下的阿里苹果小学，通过独特的墙体设计，最后以一种不规则的，由鹅卵石堆成的

图7-2-6 昌都昌庆街依山就势的错落格局（来源：《曼陀罗的世界：西藏昌都昌庆街设计与建设》）

地形隐没在基地当中。更重要的是，这些墙体在完成了对风的阻挡的同时，形成视觉导向，将人们的视线引向神山。神山冈仁波齐峰是藏传佛教的宇宙中心，是这里的独特景观。建筑的布置随着大致三层高度不同的基地，采取了一种群落的方式。群落的布置方式源自建筑师对周边100公里左右的几个村镇的建筑群体空间研究，尤其是帕羊镇，由建筑形成的多种不同的室外空间相互通过道路或更小的院落连接，由空间形成的时间感受十分丰富。建筑群落和成组出现的墙体形成更为丰富的院落关系，这些20多个形态相近，但又各不相同的院子为孩子们的居住和学习生活增添乐趣。由于台地之间的高差形成建筑之间的南北向间距变化，所以建筑也分为三层标高布置。这样就像观影厅的座位从后排的建筑南望，可以越过前面建筑看到绵延的雪山美景（图7-2-7～图7-2-9）。

鲁朗位于西藏林芝东部，隶属工布藏区，平均海拔3385米，属工布文化核心区，是藏东南旅游318国道的必经之地。境内雪山、峡谷、草甸、森林、冰川、河流和湖泊等多种景观并存，旅游资源十分丰富，享有"东方瑞士"的美誉。独特的民俗风情和宗教文化使鲁朗成为川藏线上的圣洁明珠。其中，扎西岗村就是传说中藏族英雄格萨尔王点将驱

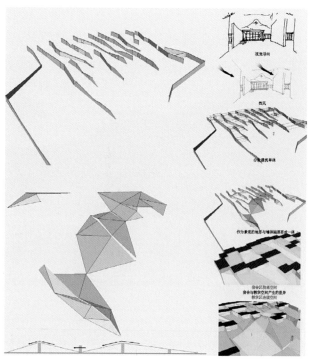

图7-2-7　阿里苹果小学设计生成示意（来源：《阿里苹果小学，西藏，中国》）

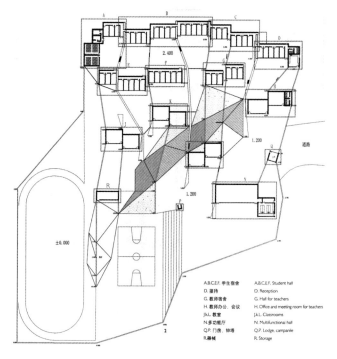

A.B.C.E.F. 学生宿舍　A.B.C.E.F. Student hall
D. 接待　D. Reception
G. 教师宿舍　G. Hall for teachers
H. 教师办公、会议　H. Office and meeting room for teachers
J.k.L. 教室　J.k.L. Classrooms
N.多功能厅　N. Multifunctional hall
Q.P. 门房、钟塔　Q.P. Lodge, campanile
R.器械　R. Storage

图7-2-8　阿里苹果小学总平面（来源：《西藏阿里苹果小学》）

图7-2-9　从苹果小学内院眺望雪山（来源：《西藏阿里苹果小学》）

魔的地方。因此，鲁朗百姓视此地为圣地，每逢大型祭祀、丰收季节和藏区传统节日，都会到此地进行煨桑、转经、悬挂经幡和抛洒风马等活动，祈求神灵庇佑。鲁朗小镇项目的总体城市设计提出"形态完整"理念，以"自然生态、藏族文化、圣洁宁静、现代时尚"为目标，强调从功能、生态、文化、时间和形态五个维度对小镇进行整体性建构。整体结构上，构筑以鲁朗湖和湿地为核心的城市空间结构，形成

"山、水、城"相互渗透的景观格局。以生态小组团模式进行小镇总体布局，突出鲁朗旅游小镇的自然风光。将小尺度、适度规模的功能组团作为基本单元，各单元之间预留生态绿廊进行区隔。延续传统村落与城镇布局肌理，遵循工布藏区小镇的地域性风貌，在大部分区域采用藏式村落散落布局的模式，延续传统藏族生活区的格局和肌理。鲁朗小镇的基地依山傍水，呈缓坡地势，建筑师利用并强化这种地形关系，将建筑沿等高线布置，山脚一侧的建筑较高，滨湖一侧的建筑较低，形成从山体到湖边建筑高度渐次低落的整体形态，与湖面保持良好的视觉联系。设计重视游客的视觉体验，注重景观视线的延展性，对重要的中心广场景观节点、湖面、雪山、湿地的视线走廊，主要入口，文化建筑、星级酒店、祈福塔等重要建筑进行视觉控制，形成层次丰富的景观效果，实现在小镇大部分区域都可近观湖面、河流，中观湿地、草甸，远观森林、雪山（图7-2-10）。

娘欧码头坐落在林芝境内尼洋河和雅鲁藏布江交汇口的娘欧村附近，雅鲁藏布江在此处形成了一个缓冲的自然港湾，岸边的沙洲上生长着树龄上百年的柳树林，再往上地

图7-2-10 鲁朗小镇（来源：王军 摄）

势由舒缓逐渐转为陡峭，背后是绵延不断的雪山。在娘欧码头的设计中，建筑师希望将建筑嵌入景观之中，它既不是景观的附属也没有脱离景观本身，因此便有了一条迂回曲折的坡道。这条坡道把码头相对复杂的各种功能整合到了一起。从公路往上，坡道组织了巴士停车场、船员宿舍、后勤办公、会议室和员工电影院等功能，最终，坡道成为一个观景平台，引导游客回望远处雅鲁藏布江与尼洋河汇合处的壮观景象。坡道从公路往下延伸，沉降至河岸，自然形成了驳船的码头，坡道下同样组织了售票厅、候船厅、餐厅、厨房、卫生间和发电站等多种服务功能。这条坡道也因此定义了不同空间之间的复杂关系，生成了一个又一个平台和内部场所。建筑的每一块空间坚实地嵌入了周围的地势，协调着自然与人之间的微妙关系。建筑在个别转折处围拢成一个户外庭院，"站在庭院里的人看到天空的切割，感受到院外景色的神秘感与未知感。除此之外，这些户外空间使得原始环境和人文环境之间相互牵制，相互流通，让人回归于

山野自然间的同时也给予了人文的庇护"[1]（图7-2-11～图7-2-14）。

图7-2-11 林芝娘欧码头（来源：标准营造）

[1] 张轲. 西藏娘欧码头[J]. 时代建筑，2015（3）.

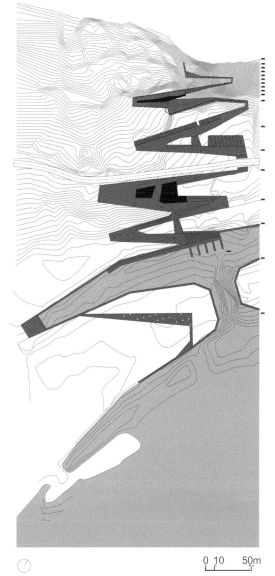

图7-2-12　娘欧码头总平面（来源：标准营造）

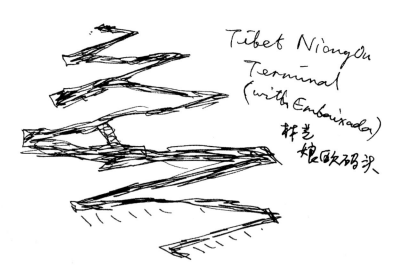

图7-2-13　娘欧码头草图（来源：《西藏娘欧码头》）

图7-2-14　匍匐于大地的娘欧码头（来源：《西藏娘欧码头》）

　　有学者评论道："标准营造的娘欧码头，更像是一个大地艺术的作品。沿着等高线盘旋而上，由石块砌筑而成的分不清是建筑还是坡道抑或城墙的构筑物，就像一处历史遗迹，出现在那一片荒野的山脚，仿佛揭示着这里和文明世界的联系从未间断。作为一个人造物，它强化了自然的存在，也令我们更为深刻地理解到景观的本质。"[1]

## 二、呼应山川形态的建筑形式

　　西藏建筑长于利用地形地势，使建筑与大地景观融为一体。

　　拉萨圣地天堂洲际大饭店是迄今西藏规模首屈一指的宾馆建筑，也是第一座大型全钢结构建筑。由中央玻璃大厅向两

① 娘欧码头，西藏，中国[J]. 世界建筑，2018（10）.

侧延展开来的四座客房楼均以纯粹的三角形立面稳坐于场地之上。三角形加之雪白的外墙颜色，遥望宛如层叠的雪山，在蓝天和远山的映衬下格外醒目（图7-2-15）。西藏自然科学博物馆则以不规则梯形体块呼应背景群山（图7-2-16）。

与相邻的洲际大饭店的雪山群造型相呼应，西藏会展中心具有大尺度的屋顶，其设计取"漂浮白云"的形态，将会展中心一号馆、二号馆的屋面以钢桁架面覆白色张拉膜，形成具有白云漂浮的造型（图7-2-17）。

位于布达拉宫广场南端的西藏和平解放纪念碑，是为牢记历史、缅怀先烈而建。总体布局从广场现状出发，将纪念碑建于广场南北中轴线南端，南以远山绿树为背景，北与巍峨壮丽的布达拉宫相望，既互为景观，在视线上又保持相对的独立性，并加强了从旗杆、水池至纪念碑的南北向轴线效果，使空间环境更显庄重、有序。纪念碑底部基座高3米，采用草坡

图7-2-15　以群山为背景的拉萨圣地天堂洲际大饭店（来源：拉萨圣地天堂洲际大饭店官网）

图7-2-16　西藏自然科学博物馆（来源：王军 摄）

图7-2-17　西藏会展中心（来源：王军 摄）

图7-2-18　西藏和平解放纪念碑（来源：王军 摄）

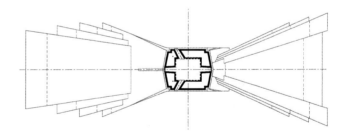

图7-2-19　西藏和平解放纪念碑平面（来源：《西藏和平解放纪念碑》）

形式，结合顺势层层叠落的矮墙、台阶，既与布达拉宫坡道边墙体呼应，又使纪念碑犹如从大地中生长出来一样，庄严、神圣。"碑体造型从珠穆朗玛峰的形象上获得灵感，借用其高耸入云的气势，与天地同在的永恒性，以建筑化、抽象化的语汇来进行创作。"[①]纪念碑主体高37米，以灰白色为主色调，挺拔、简洁，浑然一体，从气势上体现了西藏和平解放、农奴翻身做主人中所蕴含的伟大的具有世界性的精神，具有极强的震撼力与艺术感染力（图7-2-18、图7-2-19）。

① 西藏和平解放纪念碑[J]. 建筑学报，2004（2）.

拉萨火车站地处河谷南岸，依山面水，空间尺度宏大。建筑师利用铁路站台的长度使建筑尽量地在水平向度伸展，而且利用竖条窗和墙板的组合，形成前后错动，高低起伏的阵列形状，使之如同从大地中涌动生长出来一般（图7-2-20）。

名为"藏之秀"的西藏大剧院某设计方案，以白色折线形构图与四周群山取得呼应关系（图7-2-21）。

图7-2-20  拉萨火车站（来源：王军 摄）

图7-2-21  西藏大剧院设计方案（来源：西藏自治区建筑勘察设计院）

# 第八章　西藏现代建筑的传统形式再现与空间意境表达

　　西藏传统建筑因其鲜明的形态特征和立面形象而具有极强的个性、辨识性，其形式特征也自然而然地在现代建筑设计中被借鉴和效仿。有的是整体借鉴，如松赞干布纪念馆、西藏博物馆；有的是局部模仿，包括形态、构件、装饰、色彩、材质，如西藏博物馆新馆、西藏大学图书馆、艺术楼；有的予以简化或抽象，如拉萨饭店。故而，在一些建筑风貌导则的研究中，将这类建筑现象归纳为传统藏式、仿藏式、现代藏式。然而，如何超越形式上的模仿，进而实现空间、意境乃至精神层面的传承，始终是西藏现代地域性建筑创作追求的最高境界。在这个方面，设计建成于20世纪80年代的贡嘎机场候机楼、建成于21世纪的拉萨火车站，以及新近建成的西藏非物质文化遗产博物馆等作品，在建筑设计、建筑技术、建筑文化等多方面做出了深入研究和积极探索，为我们打开了一片新的视界。

# 第一节　西藏现代建筑对传统建筑整体形态的借鉴与抽象

　　西藏传统建筑从群体上来讲由于其在水平方向和垂直方向上的生长，空间布局上打破了汉地传统建筑中轴对称布局，呈现出自由、灵活的特性。新老建筑的拼接与重组，地势的高低与平缓又决定了其在外部形态上具有均衡而又不对称的特点。这一特点在现代建筑设计中通过多种方式得以延续和利用。

## 一、借鉴传统藏式建筑的整体形态

　　"西藏传统建筑多采用合院式布局，通常情况下，相对于外部则较为封闭，面向内院的各个立面相对开敞，往往采取连续和大面积的开窗，并有极为丰富的装饰。"[①]在立面处理上，又通常采用下部相对封闭，上部相对开敞的布局方式，下部往往两侧是封闭的墙体，中间是由木柱支撑的门廊，这里也是建筑的入口，上部则可能是与门廊同宽或更宽些的大窗。藏式民居的立面设计，归纳起来有以下几个特点：厚实、坚固，稳固，如石墙或夯土墙等都采用厚厚的墙体材料。拉萨藏式建筑主要以石木结构为主，另外还有一部分土木结构建筑。在传统藏式建筑中，由于材料限制造成建筑进深及宽度较小，且一般来说都采用较低的层高。其根本原因是尽量降低层高而减少室内热损耗，保持室温。传统的层高房间内不会感觉压抑，反而让你倍感亲近、舒适、温暖。

　　昌庆街项目所处的昌都，地处澜沧江上游两条主要支流的汇合处，是一座有悠久历史和革命传统的重镇，西藏出土的最大恐龙——达玛拉恐龙和发现的最早人类活动遗迹——卡诺遗址均在昌都附近。城市整体布局因山就势，创建于1437年的强巴林寺位于昌都最高台地上，城市肌理致密，民居多为1~2层的平顶土木结构。从高地上围绕强巴林寺的转

经路，到三岔路口上的玛尼堆，从寺门前的煨桑炉和寺院中的热烈的辩经，到当地集市的叫卖声和独特的交易方式，从藏红色的僧袍到饰满吉祥图案的民房门头，藏民族文化气氛十分浓郁。然而，近几年的开发建设，带来一些粗制滥造的建筑，浓郁的藏民族文化面临冲击。

　　在昌庆街设计中，建筑师从当地民居中汲取营养。昌都地广人稀，建筑分布比较松散，除少量寺庙建筑外，最大量的仍是传统的民居建筑；而在传统民居建筑上，集中体现着民间建筑、绘画、雕刻等多种艺术。藏东民居与西藏其他地方相比具有极鲜明的特征：出檐平顶，夯土墙不收分，角部多用井干形式，窗户虽也有梯形收分者，但更多为矩形直窗，在建筑一层、二层多用廊子，另外，在建筑不同部位更有着极为丰富、美丽的细部。昌庆街建筑设计的总体风格借鉴藏东民居风格，但并未照搬，而是根据现代功能需要和当地气候及地形，用现代建筑的手法，力图在传承昌都地区独特的民居文化基础上有所创新。细部装饰如门窗、檐口、柱头等均取材于当地民居，但予以适度提炼、简化，使之在具有现代功能的新建筑上焕发新的生命，材料以当地石材为主，作砌体或外饰面。建筑空间形式汲取当地传统民居的菁华，借鉴如天井、三合院、柱廊、上层悬挑、屋顶晒台等诸多形式，探索创造具有现代意义的藏式建筑的商业空间（图8-1-1~图8-1-3）。

　　藏式传统建筑的墙体特点是建筑外墙均有收分。墙体收分能够增强建筑物的稳定，高山上的建筑物比平坦、开阔场地上的建筑物的外墙收分更为突出，外墙厚度在0.5~2米之间，最厚的外墙达到5.5米。墙外壁向内侧收分的一般角度为6~7度。墙体施工主要凭经验砌筑。从结构需要上看，在当时的条件下，要提高墙体的承载能力，只有加大墙体的厚度，采取随着墙体增高而收分的做法，一方面是满足墙体自身稳定的需要，另一方面也是为了求得整体结构的稳定。建筑物各层木构架之间没有连接措施，只是保持柱位重叠。椽、梁柱之间也只是上下搭接。采用"收分"这种处理办

---

[①]　徐宗威. 西藏古建筑[M]. 北京：中国建筑工业出版社，2015.

图8-1-1　昌都昌庆街立面设计展开图（来源：《西藏昌都昌庆街设计与建设》）

图8-1-2　昌都昌庆街的传统形式应用（一）（来源：昌都市建筑勘察设计院）

图8-1-3　昌都昌庆街的传统形式应用（二）（来源：昌都市建筑勘察设计院）

法，可以减轻墙体上部的重量，使整座建筑的重心下降，增加建筑物的稳定性，提高抗震能力。

拉萨圣地天堂洲际大饭店的室内设计中运用了非常具象的传统建筑造型，步入其间，仿佛置身于传统寺院、街巷（图8-1-4、图8-1-5）。西藏自治区档案馆的外形则有着明显的收分做法（图8-1-6），有类似手法的还有西藏广播电视台（图8-1-7）。松赞拉萨曲吉林卡酒店呈现出典型的传统藏式建筑形象（图8-1-8~图8-1-11）。

在昌都强巴林寺周边整治工程设计中，设计者的理念是：植根于茶马文化及康巴文化，充分展现茶马古道上昌都自古以来的繁荣的商贸活动和文化交流。在景观设计上，充分强调延伸了强巴林寺广场的城市主景观轴，通过借鉴茶马古道上传统藏式悬桥为原型，以桥的理念在三大台地上分别设计商贸之桥、文化之桥、民生之桥，贯穿以商贸为根基，

以文化为灵魂，以人文为关注才能实现全社会的和谐发展的设计规划理念。在细节上着力打造具有浓郁昌都风格的藏式商业步行；设计西南侧转角步行景观街道，通过拾阶而上的台地绿化、藏式牌楼、藏式茶楼，营造丰富的城市景观天际线的同时引导城市人流积极参与到商贸文化流动中。在造型特色中吸收古老昌都大地上的民居建筑、宫堡建筑、宗教建筑等各种建筑元素，极力表现昌都地区建筑的特色。

第一台地建筑造型上借鉴昌都本地的民居建筑、宫堡建筑等各种建筑元素，如：截取具有鲜明昌都特色的井干式构造、茶马古道藏式悬挑桥、本地红、灰色夯土墙体、活泼艳丽的色彩、粗犷大气的梁柱、厚重华丽的窗格斗栱，以及水平舒展的檐饰，在传承丰富的昌都建筑风格的同时吸收汉地传统建筑特点，营造浓郁的多元文化下的商贸氛围，打造具有浓郁昌都建筑元素的现代商业建筑。

图8-1-4　拉萨圣地天堂洲际大饭店室内的传统藏式建筑造型（一）（来源：王军 摄）

图8-1-5　拉萨圣地天堂洲际大饭店室内的传统藏式建筑造型（二）（来源：王军 摄）

图8-1-6　西藏自治区档案馆的立面收分（来源：王军 摄）

图8-1-7　西藏广播电视台的立面收分（来源：王军 摄）

图8-1-8　松赞拉萨曲吉林卡酒店（来源：西藏自治区建筑勘察设计院）

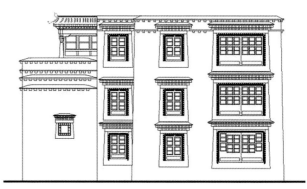

图8-1-9　松赞拉萨曲吉林卡酒店立面图（来源：西藏自治区建筑勘察设计院）

图8-1-10 松赞拉萨曲吉林卡酒店入口柱式（来源：西藏自治区建筑勘察设计院）

图8-1-11 松赞拉萨曲吉林卡酒店外墙材质（来源：西藏自治区建筑勘察设计院）

第二台地上的藏康博物馆设计吸收了藏式收分墙厚重及昌都地区粗犷大气的柱梁结构要素特点，并借鉴藏族传统石刻艺术和文字书法丰富墙体肌理，给建筑物赋予了厚重的历史感和文化性。在藏艺园和藏艺苑的设计上采用了昌都地区特有的井干式建筑和庄园式建筑风格，力求营造粗犷大气之下的精致与纯粹，同时不乏隐约的现代气息，通过采用藏式精美转角窗设计、现代装饰线条、本土建材的运用以及木色本质的色彩处理，在烘托主体建筑——藏康博物馆的同时，表达自身精细沉稳的风格；而商务酒店茶马驿站则传承藏康地区民居建筑的气质融入现代酒店的氛围之中。使用擎檐柱、托檐斗栱、井干构造等元素着力打造富有昌都地区本土气质又不失现代酒店品质的建筑，并通过其高低错落、

穿插流动的形体轮廓和空间序列丰富和完善了第二台地的场所环境。作为重要转承节点的藏式茶亭，借鉴汉地楼阁结构形制，吸收藏式亭台的标志元素与构件，将昌都茶马古道上的茶文化注入其间，使人们在品尝各民族茶品的同时，追古怀思、修身养性、体味茶马古道驿站昌都的历史与文化（图8-1-12~图8-1-14）。

采用模仿传统藏式建筑做法的，还有位于拉萨墨竹工卡县的松赞干布纪念馆（图8-1-15）。

西藏大学新校区坐落于拉萨河畔、三面临山，被环抱于优美的自然环境之中。校区主要由南北向的景观主轴线和贯穿东西的人工湖水景观轴线组成，而图书馆则位于两条轴线的交会处。建筑的北面正对学校正大门和校前大广场，南

图8-1-12　昌都强巴林寺周边整治工程设计方案（日景）（来源：西藏自治区建筑勘察设计院）

图8-1-13　昌都强巴林寺周边整治工程设计方案（夜景）（来源：西藏自治区建筑勘察设计院）

图8-1-14　昌都强巴林寺周边整治工程（来源：西藏自治区建筑勘察设计院）

面紧临人工湖景观，湖对面是校区中轴线绿化广场，与学校后门遥遥相望。设计中图书馆遵循校园整体空间构架与环境规划，与校园有机地融为一体。建筑师将拉萨河的河水引入并贯穿校园，为整个学校带来了灵气与活力。图书馆正位于人工湖与学校南北中轴线交会处，与湖景相互交融，互为借景，具有通透的视觉效果和便捷的行走可达性，可看山观

水，让广大师生有了与自然交流的平台。西藏大学图书馆为6层建筑，体型接近正方形（图8-1-16），为一"回"字形建筑，中间是一正方形景观绿化内庭。建筑师尽可能地开窗，有效地利用西藏日照强的优势满足建筑的采光要求。图书馆与整个教学区构成和谐统一，在形体与空间上都考虑了与周边建筑衔接，它对于近处的人工湖与远处的群山都有着

图8-1-15　松赞干布纪念馆（来源：西藏自治区建筑勘察设计院）

图8-1-16　西藏大学图书馆（来源：朱美蓉 摄）

图8-1-17　西藏大学图书馆局部
（来源：朱美蓉 摄）

呼应。建筑的南面突出的大报告厅向水面伸出，使其更为亲水，拥有更大的景观面，与河景呼应。图书馆的体型在整个校区是最高的，使其突出于整个校区的天际线，与远处的山峰遥遥呼应。在学校长达近1000米的南北景观中轴线上，图书馆作为中心建筑将自身与自然环境有机结合，对特殊自然条件和地域特色进行顺应和融合，体现了特定区域的历史文脉，体现了人文建筑与自然环境的和谐理念[①]。建筑师在建筑四角的四个疏散楼梯的造型上融合了藏式碉楼的特色，高出于建筑的其余部分，颇具巍峨之势，成为建筑竖向构图的中心（图8-1-17）。

林芝鲁朗小镇项目以文化建筑为载体，分类集中地展示鲁朗文化艺术，打造工布藏区文化艺术展示建筑群。将现代美术

① 周世鹏，赵擎夏. 现代地域性建筑的解析与实践——记西藏大学新校区图书馆设计[J]. 四川建材，2008（3）：87.

馆、现代摄影艺术馆和表演艺术中心等重要公共文化设施集中布置在中区的核心位置，组合形成小镇的文化艺术中心。建筑细部设计以工布藏区传统建筑为基础，结合林芝传统藏式建筑风格，提取出"光、色、空间、图腾"作为鲁朗旅游小镇城市设计的重点艺术元素，在设计中予以重点强调，最大限度地延续传统建筑语言，突出藏式建筑的地域性特征（图8-1-18）。

西藏博物馆是1994年党中央、国务院召开第三次西藏工作座谈会确定的62个援藏项目之一，1999年10月5日建成开馆。从此西藏结束了没有博物馆的历史。西藏博物馆选址在拉萨布达拉宫山脚下，罗布林卡东门外，与西藏图书馆隔街相望。西藏博物馆作为拉萨重要的文化建筑，位置如此优越，它的形象成为各级领导和人民群众关注的焦点。建筑师在造型上总的设想是上繁下简、突出中心。二层入口处出挑，以大楼梯隐喻登高之势，同时满足一、二层入口分隔的功能要求，三层挑台栏板上绘制藏式白底蓝花图案，体现了

藏族建筑的风格。在是否使用大屋顶形式这个问题上，西藏博物馆的建筑师曾这样叙述创作理念："西藏博物馆地处布达拉宫山脚下，又紧临罗布林卡，在这么特殊的地理位置，再加上博物馆主要展现西藏地方历史、自然资源与文献、文物的特殊性质。我想，在这里不大胆表现西藏文化，还到何处去表现呢？但在坡屋顶的取舍上，我仍很慎重，因为担心把坡顶加上去，过犹不及，仿佛又一座大昭寺。经过一番斟酌，还是大胆选择民族化，确定在几个关键部位加上金色藏式坡顶。"[1]建筑师在布达拉宫等地对藏式坡顶进行考察后，发现藏式坡顶的特别之处，汉式坡顶的悬山、歇山由于举折等构架方式，可形成流畅的曲线，而藏式坡顶往往为金属屋顶，直线或折线垂脊。设计结果最后为直线形的四坡顶，这在罗布林卡建筑群中有类似的表现。于是，在大面积平屋顶上适度点缀经过变异的三个坡顶，且提炼、剔除了那些带有宗教色彩正脊装饰和斜脊装饰（图8-1-19）。

图8-1-18　鲁朗小镇的建筑和景观（来源：王军 摄）

① 黄彬. 地域建筑之路上的跋涉者——访建筑师赵擎夏[J]. 新建筑，2001（1）.

图8-1-19　西藏博物馆南立面（来源：王军 摄）

## 二、传统建筑形态的简化与抽象

当前，西藏博物馆处于改扩建实施阶段，其总体布局原则为新老结合，扩建与改建结合，保证新老馆的有机连接，扩建新馆的同时保证旧馆的改建再利用。总体布局设计从整体出发，结合老馆现状，改扩建方案采用了中轴对称的排布，新馆设计延续老馆文脉和肌理，设计尊重、继承但不拘泥于老馆建筑造型，老馆主立面经典的传统藏式建筑部分被完整地保留了下来，新馆外观采用简化抽象的藏式建筑风格，空间布局取自西藏传统坛城意象，左右对称，向上逐层退收。老馆与新馆之间，通过一个通透的玻璃阳光大厅连接，让新老建筑和谐融为一体。整个建筑以入口金顶大厅为中心，左右两个小金顶形成基本对称的体量，入口门厅退让形成前区广场，建筑以金顶大厅为核心，功能展厅围绕分布，形成空间丰富，流线清

晰，形体错落的建筑群形象。方案整体造型采用了与老馆类似的设计语言，顶部延续了藏式建筑四座镏金顶的形式与比例，并以钢材玻璃等现代材料进行构筑，体现新馆的时代感。阳光金顶大厅作为新馆的核心，形成48米跨度的开敞空间，这里将作为节日和重大礼仪文化活动的场所。不同于传统金顶的厚重封闭，新馆金顶采用了轻盈的现代材料，并利用先进的电动百叶装置调节日光与通风，营造了明亮舒适的室内环境（图8-1-20、图8-1-21）。

拉萨饭店始建于1984年，是由国家投资9700余万元兴建的43项援藏工程项目之一，曾获国家建筑设计金奖、建筑"鲁班奖"等多个国家级奖项，2000年9月被国家旅游局评定为四星级饭店。拉萨饭店的设计者提炼了传统碉楼建筑意象，采用的平屋顶、浅色墙和不大的窗户，平面略为错开造成的体块搭接，尤其是统一在各个细部上的屋檐部位的三角

图8-1-20　西藏博物馆扩建工程方案鸟瞰图（来源：西藏自治区工程咨询公司）

图8-1-21　西藏博物馆扩建工程方案透视图（来源：西藏自治区工程咨询公司）

图8-1-22　拉萨饭店（来源：王军 摄）

图8-1-23　拉萨饭店的庭院（来源：王军 摄）

形斜面切角处理等，都给人以一种碉楼的联想。拉萨饭店在由建筑围合成的一些庭院中，局部点缀了一两个藏式小亭。金顶红柱，小巧精致，犹如镶嵌在素洁哈达上的一颗明珠。它与周围简朴平淡的白色墙面构成了浓淡、繁简、今古和色彩的对比，打破了一统白色带来的枯燥单调，也不失为一高超之笔（图8-1-22～图8-1-25）。室内设计素雅、简洁、大方，富有新意，与室外的处理是统一的。只在重点房间（如接待厅）略加点缀，用色彩浓重、纹饰繁杂、彩绘精美的藏式方柱、藏式家具和藏式壁画加以装点，或在重点部位（如门厅入口处的四根藏柱）加以重点处理，做到了统一之

中有变化：浓淡相宜、繁简得体、新老并蓄、重点突出。在建设部系统1986年度全国优秀设计评议会上，与会代表对拉萨饭店的设计给予了一致好评，认为设计者在西藏高原上塑造了一组充满时代感的建筑群。它的形象是现代化的，却又含有藏族传统建筑的地方特色。

设计西藏非物质文化遗产博物馆的建筑师认为，藏式建筑的特点是大实大虚，底部沉稳厚重，顶部构造精细，结构轻盈，通过出挑形成对比与融合，且顶部视野开阔。因此，他们在博物馆设计中做了大胆的创新（图8-1-26～图8-1-30）。

图8-1-24　拉萨饭店客房楼（来源：王军 摄）

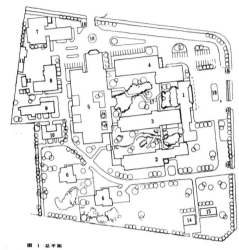

图8-1-25　拉萨饭店总平面（来源：《拉萨饭店设计》）

## 形态生成

### 体量生成

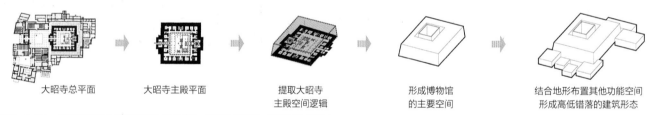

大昭寺总平面　➡　大昭寺主殿平面　➡　提取大昭寺主殿空间逻辑　➡　形成博物馆的主要空间　➡　结合地形布置其他功能空间形成高低错落的建筑形态

图8-1-26　西藏非物质文化遗产博物馆形态生成示意（来源：深圳华汇设计）

图8-1-27　西藏非物质文化遗产博物馆（来源：王军 摄）

### 立面设计详解

尊重藏地的材料和建造逻辑
采用本地木饰面工艺和构造细部
在顶部和底部之间增加了一个过渡层次
提取藏式立面元素 增加功能性通风口

图8-1-28　西藏非物质文化遗产博物馆立面设计详解（一）（来源：深圳华汇设计）

立面设计详解

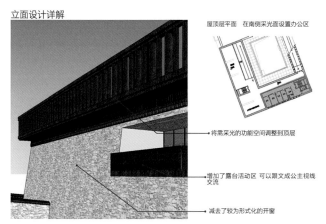

屋顶层平面  在南侧采光面设置办公区

将需采光的功能空间调整到顶层

增加了露台活动区 可以跟文成公主视线交流

减去了较为形式化的开窗

图8-1-29  西藏非物质文化遗产博物馆立面设计详解（二）（来源：深圳华汇设计）

立面设计详解

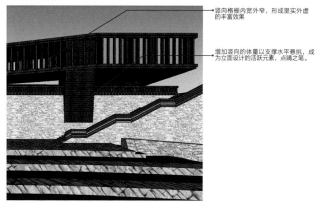

竖向格栅内宽外窄，形成里实外虚的丰富效果

增加竖向的体量以支撑水平悬挑，成为立面设计的活跃元素，点睛之笔。

图8-1-30  西藏非物质文化遗产博物馆立面设计详解（三）（来源：深圳华汇设计）

　　西藏大学艺术楼位于新校区的中心位置，紧邻校区的人工湖，是教学中心区的又一个视觉焦点。建筑师将艺术楼的主入口广场与旁边图书馆的前区广场相对应贯通，形成教学中心区的开敞绿化空间，与校园主景观带相连，将自然环境与人文景观有机地联系在一起，具有通透的视觉效果和便捷的行走可达性。居于其中可观山赏水，充分感受到高原自然环境的壮丽景色，为师生学习交流提供户外空间。艺术楼层数为3层，南北朝向的日照和温差都相当大。为争取充分的日照满足建筑的保温要求，以两条交错的板式形体横向展开组合朝南布置，与整个教学区院系构成肌理相协调。对于校园的主景观带蜿蜒的湖岸线、远处的拉萨河以及更远处巍峨的群峰，在艺术楼的设计中都做出了充分的回应。建筑南面采用弧形叠落的形体与校园中心区主景观带的湖岸轮廓相呼应，同时也取得了最大的景观面，将水景和山色纳入人们的视野之中，为艺术楼提供了最佳的景观视线。艺术楼是校园建筑中较为特殊的一类，除了常规的教学空间外，还有各种不同艺术形式要求的教学空间，如声乐、舞蹈、雕塑、书法等。建筑师根据不同的要求，将空间分类组合，以鱼骨形格局将不同的功能空间串联，这样有利于将现代化的大空间和类似藏式建筑的小空间有机地融合在一起。所有教室都朝南并利用天窗和落地的玻璃窗保证充足的日照。当温暖的阳光从屋顶和落地窗涌入教室，当置身于教室中一抬头便能

仰望湛蓝的天空，感觉整个建筑已经融入了优美的自然环境之中。小空间组团部分3层，下面两层采用单廊式的交通组织，所有房间都南向布置。第三层的房间采用天窗和竖窗相结合，这样也保证了所有房间朝南拥有良好的日照。顶层的走道采用全玻璃顶棚，结合弧形的走向，行走其中会有一种幽远深邃的感觉。共60多间平均每间面积为5平方米的小空间琴房，采用竖向的小条窗采光，当阳光透过小窗洒入房内时，恍如置身那些朴实的藏式民居之中，感觉静谧而温暖（图8-1-31）。

　　西藏歌舞团巧妙地使用了简化的藏式柱廊，檐口部位的装饰图案及色彩也较为淡雅（图8-1-32）；有异曲同工效果的，还有拉萨某单位大门（图8-1-33）。

　　在西藏自然科学博物馆项目设计竞赛中取得第二名的"吉祥海螺"方案，从吉祥八宝之一的海螺中获得灵感。设计者认为，海螺是青海高原沧海桑田的见证，是西藏民族人文历程的象征，吉祥海螺浑厚空灵的号音曾经幻化出属于这片热土的艺术畅想和艺术诉说。方案设计运用优柔的曲线、洁白的倒影表现藏民族对海的眷恋、对大自然的热爱。入口处的玻璃雨棚似哈达迎宾、似浪花荡漾；拾阶而上，逐阶跌落的绿化屋顶犹如依山而建的碉楼，涌动着雪域高原人文发展的脉搏；曲面建筑造型犹如星云流转，蕴含着建设者对未知世界的无限憧憬、不懈探索（图8-1-34、图8-1-35）。

图8-1-31　西藏大学艺术楼（来源：朱美蓉 摄）

图8-1-32　西藏歌舞团（来源：王军 摄）

图8-1-33　拉萨某单位大门（来源：王军 摄）

图8-1-34　西藏自然科学博物馆"吉祥海螺"方案鸟瞰图（来源：西藏自治区建筑勘察设计院）

图8-1-35  西藏自然科学博物馆"吉祥海螺"方案透视图（来源：西藏自治区建筑勘察设计院）

图8-1-36  牦牛博物馆（来源：www.qunar.com）

图8-1-37  西藏妇女儿童综合服务中心设计方案（来源：西藏自治区建筑勘察设计院）

图8-1-38  西藏自治区某信息中心大门设计方案（来源：西藏自治区建筑勘察设计院）

图8-1-39  西藏话剧团演艺厅设计鸟瞰图（来源：西藏自治区建筑勘察设计院）

　　位于拉萨市柳梧新区察古大道的西藏牦牛博物馆是以牦牛为主题的专题博物馆，牦牛博物馆以"牦牛精神"（憨厚、忠诚、悲悯、坚韧、勇悍）为建馆理念，以牦牛为载体，展示与之相依的藏族历史文化。博物馆外观以重复的格构造型象征牦牛的姿态与力量感（图8-1-36）。

　　西藏当地的建筑师在另外一些项目上也做出了简化应用传统建筑形态的尝试。例如在西藏妇女儿童综合服务中心设计中，设计者强调统一中的形体变化、场所互补、肌理韵律感，由连续曲折的建筑主体串联起各活动空间，界面丰富而有变化，公园景观得以渗透（图8-1-37）；再如西藏自治区某信息中心大门设计方案（图8-1-38），以及西藏话剧团演艺厅设计方案（图8-1-39、图8-1-40）。

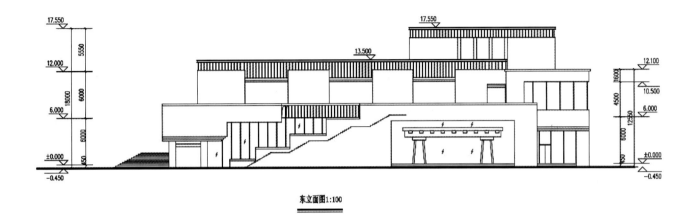

东立面图1:100

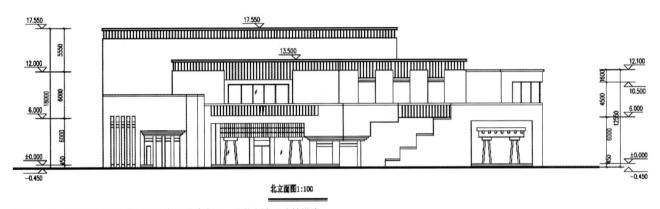

北立面图1:100

图8-1-40  西藏话剧团演艺厅设计立面图（来源：西藏自治区建筑勘察设计院）

## 第二节  西藏现代建筑中的传统构件造型与装饰元素

建筑装饰艺术是西藏宗教、文化和建筑的综合体现。檐口以石材、荆草、黏土等不同用材装饰；门饰以如意头、角云子、铜门环和松格门框等装饰，窗饰以窗格、窗套和窗楣等装饰，都是西藏古建筑装饰艺术的集中表现。镏金的铜饰也是西藏寺院等重要建筑上常用的材料，一些重要建筑的屋顶更是由镏金的铜构件建筑而成的。这为西藏现代建筑的创作提供了灵感和素材。

### 一、传统檐口造型的广泛使用

西藏传统建筑檐口使用了石材、荆草、黏土等不同材料，其中，边玛墙是西藏传统建筑檐口做法的典型代表。寺院、宫殿等高等级建筑中建筑上部使用的边玛草墙体是西藏建筑立面处理中最为独特的部分，装置在边玛墙体上的镏金装饰件温暖、明亮的金色与边玛草墙体致密、柔软和暗红的色彩形成强烈的对比关系。灰白色的石砌墙体或抹灰墙体，上部柔软暗红色的边玛草墙，顶部的镏金汉式屋顶，这种对比关系构成了西藏建筑最为鲜明的风格特征（图8-2-1、图8-2-2）。表现这种鲜明的特征，也成为西藏现代建筑体现地域特色的重要设计手法。

桑珠孜宗堡复原工程中，建筑师考虑了"边玛"檐部使用传统材料进行防腐处理，或以现代材料替代等两种选择方案，其中红宫的"边玛"檐部还设计了佛八宝图案的镏金装饰构件（图8-2-3）。

图8-2-1　布达拉宫登山步道（来源：王军 摄）

图8-2-2　布达拉宫登山步道的边玛墙（来源：王军 摄）

位于罗布林卡近旁的西藏博物馆，建筑师在造型处理时上繁下简、重点装修，适当增加曲尺形的变化，像佛教喇嘛塔的亚字形须弥座那样，而那些仿藏式枣红色的女儿墙饰带，在阳光下随着曲折变化增加了体积感和装饰效应。墙体材料选用拉萨当地产的毛面花岗石，女儿墙以红白两条饰带收头，色彩和质感对比强烈（图8-2-4a、图8-2-4b）。事实上，在现代建筑中使用传统红色檐口造型以体现藏式建筑特色的现象较为普遍，例如拉萨市城建档案馆（图8-2-5）、西藏大学艺术楼（图8-2-6）等。

## 二、运用柱式与斗栱

西藏古建筑是中国建筑宝库中极具特色的组成部分。西藏古建筑体现了西藏传统文化的独特魅力，适应了西藏

图8-2-3　桑珠孜宗堡复原工程局部（来源：王军 摄）

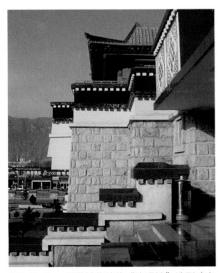

图8-2-4a　西藏博物馆的"边玛墙"造型（来源：王军 摄）

图8-2-4b　邮票上的西藏博物馆

图8-2-5  拉萨市城建档案馆的檐口造型（来源：王军 摄）

图8-2-6  西藏大学艺术楼局部（来源：朱美蓉 摄）

独特的地理、气候条件，反映了西藏宗教信仰和不同地区多种文化的交流与结合。从现存的西藏古建筑中可以清楚地看到中原文化与西藏传统文化的密切关系，西藏寺院中重要殿堂采用了中原地区斗栱的做法，连续使用柱栱梁形式，实现了较大的建筑空间。西藏大部分地区的木材比较缺乏，加之山高路远，运输困难，木料一般都被裁成2～3米左右的短料。因此，建筑物的木柱长度一般都在2～3米左右，柱径在0.2～0.5米之间。重要建筑的大殿、门厅的梁柱用比较高大粗壮的木料。建筑物的柱子断面有圆形、方形、瓜楞柱和多边亚字形（包括八角形、十二角形、十六角形、二十角形等）。柱顶上一般有坐斗，斗与柱头用插榫连接。斗上置雀替、大弓木。雀替为拱形，一般长0.5米。其下垫以硬木。弓木的长度不等，为柱距的1/2～2/3。藏式传统建筑中柱距一般为2～3米，梁枋木上密排的椽子长度也与柱距基本相同，椽子有圆形和方形两种，圆木用于地下室和一般房间。

拉萨圣地天堂洲际大饭店的室内空间大量运用传统藏式建筑造型，其中不乏传统柱式与斗栱的使用（图8-2-7）。日喀则桑珠孜宗堡复原工程中，也采用了原汁原味的柱式与

斗栱造型（图8-2-8）。

西藏大学图书馆立面将传统藏式建筑柱式做了简化应用（图8-2-9）。西藏大学艺术楼高耸的钟塔隐喻了传统碉楼建筑造型，顶部上以喇嘛砣（传统建筑檐口椽头露出的做法）作为装饰收头（图8-2-10）；艺术楼入口处的柱廊形式取形于传统的藏式柱。通过整体和局部细节对传统藏式建筑元素的借引，体现了建筑的地域性（图8-2-11）。拉萨市城建档案馆采用了更为简洁的柱式设计，通过暗红色彩和少许点缀象征地方特色（图8-2-12）。拉萨饭店大堂入口处既简洁明了又特色鲜明的柱式设计，与整体造型取得了协调的效果（图8-2-13）。

西藏博物馆的建筑师则在整体借鉴传统藏式建筑的前提下，舍弃了斗栱元素的使用，他认为，斗栱在藏族寺庙建筑上虽普遍采用，但变异不大，如果在新建筑上使用这些构件，显得陈旧烦琐，故一概取消。但椽条若取消则显得苍白无力，故保存下来。设计中把柱顶雀替加长，卷云木雕花饰简化，这些细部处理使整个屋顶具有了仿古但不泥古的神似效果（图8-2-14）。

图8-2-7　拉萨圣地天堂洲际大饭店室内的传统造型（来源：王军 摄）

图8-2-8　桑珠孜宗堡复原工程某入口（来源：王军 摄）

图8-2-9　西藏大学图书馆的柱式
（来源：朱美蓉 摄）

图8-2-10　西藏大学艺术楼（来源：朱美蓉 摄）

图8-2-11　西藏大学艺术楼立面柱列造型（来源：朱美蓉 摄）

图8-2-12　拉萨市城建档案馆的柱式设计（来源：王军 摄）

图8-2-13　拉萨饭店入口处的柱式设计（来源：王军 摄）

图8-2-14　西藏博物馆局部（来源：王军 摄）

## 三、门窗造型的应用

　　藏式大门分为入院大门、入户大门、内门；其中入院大门较为华丽及庄重，入户大门仅次于入院大门较为精致，内门根据房间功能的不同，各有其特色。门楣或门上通常做门帘。门楣帘置于门楣盖板以下，色彩以红、白、蓝、绿、黄几种象征五方佛的色彩为主，也有使用镂空花纹铁皮制作的，宽度较窄。绝大多数的藏式门，都被三面黑色的粗大梯形框所包围，称作"纳孜"，如果仔细观察的话，这种黑框类似于装饰门窗套，但是相对简朴，不事雕琢，甚至不太讲求规整，远看则与质感粗糙的藏式建筑墙壁浑然一体。[①]门扇为木质拼板门，即在门板后加横向木条，用门钉由外向里将木板和横木钉牢，钉头做得较大且光滑，磨光以起到装饰作用，门扇正面还加镂空花纹装

---

① 《拉萨建筑风貌导则》。

饰的铁皮，称为"看叶"，既起到美观作用，又能提高门的耐磨性。为方便门扇开启关闭，门上安装有门叩环和门锁镣，即相当于中原地区建筑大门上的"铺首"，藏语称"责巴"；门面通常涂油漆以免风吹日晒对门板的破坏，色彩以红色为多，也有黑色、黄色，此外还可以印上花纹、猛兽等有宗教色彩的图案。

窗是建筑立面的主要组成部分。窗的大小和窗在墙面的位置，主要根据房间的功能而定。居室的窗比较大，而附属用房的窗比较小，而且窗的排列不在一个水平线上。建筑立面上窗的大小和排列的高低所具有的不规则性和随意性，突出表现了西藏古建筑形式多样的特点。"由于西藏建筑大多采用外墙（石或土坯）和内柱承重的混合结构，建筑整体上呈现出强烈的封闭感，除了在建筑的主入口大门上采用大窗之外，建筑的开窗都很小，在形式上经常采取梯形外框。里面中部的包括入口在内的较为通透的部分，与两侧封闭的墙体形成建筑立面虚实对比的关系，这种两侧封闭、中部通透的形式构成了西藏建筑立面处理的一个基本特征。"[①]藏式窗的重点装饰部位有窗框、窗扇、窗楣、窗套等。窗框主要装饰图案有经堆、莲花花瓣等。窗框色彩丰富灵活多变，如万字、灯笼格、斜格窗等，或多种图案相互交替使用。门套相仿窗套位于窗洞左右两边及下部，宽度约为20厘米，

被涂为黑色。形状有牛头和牛角两种形式。西藏建筑门饰中的如意头、角云子、铜门环和松格门框等装饰，窗饰中的窗格、窗套和窗楣等装饰，都是藏式传统建筑装饰艺术的集中表现。

西藏博物馆设计中，一、二层入口大门以镜面玻璃墙为底，镶入原味藏式大门，以期获得时间、空间上的对比。出于安全要求开窗不大，用粗磨条石砌窗套，粗犷中见精细，整个墙面看上去朴实大方（图8-2-15）。

桑珠孜宗堡复原工程的门窗上部均做二重椽或三重椽的挑檐（图8-2-16），大门廊下设置藏式多节斗栱，这种形制的斗栱是汉地早已遗弃的古风做法。窗上檐下以红、白、蓝等色的布幔制成"飞帘"。门窗洞外周均有30～40厘米宽的黑色边框，上窄下宽，与建筑外墙的收分相呼应，并注意了后藏窗框与前藏的微小差别。在红宫主要部位的女儿墙顶转角处，设置了藏式特有的宗教装饰：金属和织物、牦牛毛制成的幢、宝幡等。

拉萨香格里拉酒店沿街入口采用了较具象的传统藏式大门形象（图8-2-17）。西藏广播电视台借鉴了传统藏式建筑的窗套造型（图8-2-18）；拉萨圣地天堂洲际大饭店的客房楼立面则更简洁地运用了这一形式（图8-2-19）。西藏大学图书馆设计也体现了对传统建筑符号的借鉴。西藏大

图8-2-15　西藏博物馆主入口（来源：王军 摄）

图8-2-16　桑珠孜宗堡复原工程局部（来源：王军 摄）

① 徐宗威. 西藏古建筑[M]. 北京：中国建筑工业出版社，2015.

学图书馆的外墙面借鉴了西藏传统建筑的收分做法，既体现了传统元素，又使建筑形体充满着厚重感和雕塑感。建筑师在图书馆的外立面细部设计吸收了西藏传统建筑特点并进行了简化，力图简洁明快，朴素典雅，与其现代化图书馆的特点相吻合，与环境相协调。如建筑的顶部都以简化了的喇嘛砣作为装饰收头，建筑立面有规律的竖向条窗的窗套也采用了喇嘛砣作为装饰，力图体现出图书馆的文化氛围和地域特色（图8-2-20）。

图8-2-17　拉萨香格里拉酒店大门（来源：王军 摄）

图8-2-18　西藏广播电视台的窗套造型（来源：王军 摄）

图8-2-19　拉萨圣地天堂洲际大饭店客房窗户造型（来源：王军 摄）

图8-2-20　西藏大学图书馆立面局部（来源：朱美蓉 摄）

## 四、借用传统符号与纹饰

西藏传统建筑装饰运用了均衡、对比、韵律、和谐和统一等构图规律，工艺技术达到了很高水平。在西藏古建筑装饰中使用的主要艺术形式和手法，有铜雕、泥塑、石刻、木雕和绘画等。室内柱头的装饰、室外屋顶的装饰和室内墙壁的装饰，是西藏古建筑装饰的主要精华部分，室内柱头多采用雕刻和彩绘，室外屋顶多悬挂五色经幡，装置法轮、经幢、宝伞等铜雕饰件。室内墙壁多装饰内容丰富的宗教题材的绘画。

2009年，拉萨饭店实施了改扩建工程。南侧空地新建贵宾楼，拆除原宾馆西楼（吉吉厅）并在原址新建会议餐饮中心，并对酒店其他建筑和配套设施以及周围环境进行改造。改扩建工程的设计者充分融合了西藏人文地理、民族风情等因素，既考虑到政府接待任务，又考虑到拉萨饭店

今后的发展，体现了整体性和连续性。原拉萨饭店主体建筑由多重院落空间将建筑有机组合而成。新建和改建部分在尊重和借鉴饭店原有空间秩序、建筑风格等形态特点的前提下，新老建筑浑然一体，相得益彰。新建贵宾楼位于饭店南侧空地，从南侧围合饭店东边入口广场，加强广场的中心性。建筑师将其设计成一个错落的板楼，建筑高度由4层逐渐递增到6层，有效地减少了对周边建筑的压迫感，延续了拉萨饭店建筑层层升高的形态逻辑。贵宾楼入口大堂空间开敞明亮，室内装饰风格将当地特点与时尚元素有机结合，通过色彩、图案等细部点题出充满新意的西藏风情。早餐厅和堂吧与庭院相邻，风光旖旎的院落景致通过落地玻璃渗透进来，别有一番情调。[①]在拉萨饭店改扩建工程的细部装饰设计中，设计者从藏式建筑的栅栏、帘幕、窗楣、屋顶等建筑构件中撷取灵感，提炼出新的建筑符号加以运用，体现出西藏建筑文化的地域特色，同时也与原有拉萨饭店的风格色彩和谐统一，相得益彰（图8-2-21a、图8-2-21b）。

拉萨剧院是援藏工程重点项目之一，根据西藏自治区政府的要求，剧院主要作为礼堂使用，并能演出戏剧、放映电影，是一座多功能综合性的活动场所。剧院地址选定在布达拉宫以西青藏公路与民族路交叉处，西面隔路相对拉萨饭店，南面不远处是罗布林卡。剧院正面朝民族路，面对拉萨饭店。剧院广场中心设计了具有西藏风格的喷水池，剧院周围种植了大片的草坪，草坪中点缀月季花、雪松等花木，选择适应拉萨气候条件的品种，使拉萨剧院能够形成完整的绿化庭院。拉萨剧院建筑造型的设计目标是反映浓郁的西藏建筑特色，能够达到富丽堂皇、雄伟壮观、具有民族特色的效果。剧院立面吸取寺院柱廊的手法，柱顶做花岗岩雕刻雀替，墙身白色面砖贴面，黑色面砖窗套，金黄色的檐子，花岗石台基，突出反映出西藏建筑的特色和风格。为了使建筑"藏味"更浓，正面窗间墙作了蓝色如意花纹。墙面镶嵌了菱形琉璃花饰，门前制作了两组以藏戏"热巴情"为题材的

---

① 李靖，狄明. 拉萨饭店改造工程实践[J]. 建筑技艺，2012（3）.

图8-2-21a　拉萨饭店贵宾楼（来源：王军 摄）

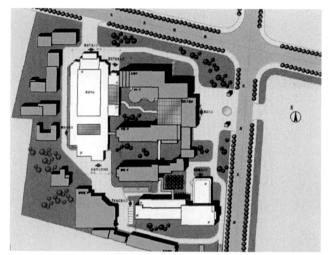

图8-2-21b　拉萨饭店改造工程总平面（来源：《拉萨饭店改造工程实践》）

图8-2-22　拉萨剧院（来源：王军 摄）

人物雕塑[1]，增强了建筑艺术效果（图8-2-22）。

　　位于拉萨市东城区的西藏自然科学博物馆是集自然馆、展览馆、科技馆为一体，综合展示西藏自然、人文、科技的博览建筑。其整体形态和轮廓呼应起伏的群山，外立面则通体笼罩了提取自传统藏式图案的白色菱形网格（图8-2-23）。

　　西藏自治区检察院综合业务用房项目位于布达拉宫脚下，拉萨风貌保护区内，新建筑既要为场地重新建立秩序，又要有政法建筑形象，还要与拉萨的整体风貌相协调。建筑采用现代建筑语汇与传统精神对话，两个建筑体量像两块巨石，不同方式的造型使两个体块有吸引力与和谐性，互相依存，建筑在强烈的阳光下富有雕塑感。建筑内部一至四层设计了九米宽的采光中庭，充分利用拉萨当地丰富的阳光资源，增加受光面积，降低建筑能耗。通过五层以上的屋顶花

① 杨金城. 拉萨剧院介绍[J]. 建筑学报，1986（5）.

图8-2-23　西藏自然科学博物馆的菱形图案表皮（来源：王军 摄）

园和露台，与布达拉宫形成遥望。立面设计上，将一些藏式建筑的元素体现在建筑中的幕墙、窗户、檐口等细部中（图8-2-24）。

　　在贡嘎机场候机楼设计过程中，建筑师注重从富有民族文化魅力的建筑符号中吸取营养。但是如果原封不动地搬用具体的传统图形、符号，将这种可视、可读的图形、符号装饰在建筑的基本造型上，不仅有可能破坏候机楼的实际使用功能，而且在建筑形式上也将陷入一种语汇冲突。于是，在具体的处理上，建筑师将藏族建筑中无处不在的"牛头窗"作为局部造型的基本元素，但又不是照搬它的形式，而是将牛头窗由平面形式抽象为空间形式，使之雕塑化，极度夸大尺度感，运用于三角形、梯形角部的突出部位，成为候机楼的统一建筑元素。整个建筑虽然看不到一扇用"牛头窗"装饰的窗户，却又明确地感觉到这种符号的存在，并加强了候机楼的整体性。通过上述的提炼和转化，使整座候机楼的外观造型透出饱满的藏族建筑文化的韵味，但又跳出了生硬模仿搬用的窠臼，充分保持了现代建筑风格的完整和统一（图8-2-25）。建筑师还提到运用"原汁原味的细部装饰"。在进行贡嘎机场候机楼的细部处理时，他曾经有过这

样的矛盾，"是设计简洁现代，还是沿用藏民喜好的传统装饰做法。最后经多方面比较，我认为细部装饰最贴近人、最能直接表达人的情感，最能体现民族特色，应该保持细部装

图8-2-24　西藏自治区检察院综合业务用房（来源：中国建筑西北设计研究院有限公司）

饰的原汁原味。"[①]因此,拉萨贡嘎机场候机楼在外形上粗犷简练,而细部处理上完全具象化,把藏式建筑鲜艳夺目的门楣、窗楣原封不动地搬用到候机楼几个关键部位的门窗上,且由西藏工匠彩绘,具有真实而强烈的效果(图8-2-26)。室内设计的主调体现现代机场建筑简洁明快的风格,在局部处理方面着重突出西藏地方特色。大厅地面用粗石板与磨光花岗石拼成图案表现地方特色,大幅的西藏风情壁画和藏式图案的挂毯使室内富有生气,柱子局部蚀刻铜板饰画和柱脚铜饰采用藏式建筑的做法,候机厅天棚采用色彩艳丽的藏式藻井图案,这些设计使室内效果在格调统一的基础上较好地表现了地方民族风格。这种"原汁原味"的装饰手法在西藏博物馆室内设计中也有所体现(图8-2-27、图8-2-28)。

鲁朗小镇项目的建筑师借由传统建筑符号塑造独特的精神空间。鲁朗湖中央矗立的祈福塔和养生古堡遥相辉映,形成重要的精神节点;北广场入口的门楼和中心广场的藏式高塔成为精神空间制高点;南广场的四坡顶观景塔成为冥想空间;下沉广场以藏式彩带为元素进行设计,形成标志性宗教景观;桥头广场的喷泉浮雕墙运用了藏式传统图案"八吉祥徽",同时以煨桑炉为原型设计了镂空景观灯。此外,考虑到宗教风俗和节庆展示,还构建了篝火广场和四个转经塔,增强了空间的趣味性和体验性(图8-2-29、图8-2-30)。

西藏传统建筑的一些装饰手法有着实际功能作用,例如在拉萨地区,以白土为主要的外装修材料,在墙面常做

图8-2-25　贡嘎机场候机楼的牛头窗图案及其应用(来源:王军 摄)

图8-2-26　贡嘎机场候机楼某入口门楣装饰(来源:王军 摄)

① 徐行川. 承传统之蕴 创现代之风——拉萨贡嘎机场候机楼藏族建筑文化的探求[J]. 建筑学报,2001(1).

图8-2-27　西藏博物馆室内柱头装饰（来源：王军 摄）

图8-2-28　西藏博物馆室内装饰符号（来源：王军 摄）

图8-2-29　鲁朗湖景观（来源：王军 摄）

图8-2-30　鲁朗湖上的建筑和景观（来源：王军 摄）

图8-2-31　西藏非物质文化遗产博物馆围墙上的手抓纹（来源：王军 摄）

图8-2-32　桑珠孜宗堡复原工程挡墙上的手抓纹（来源：王军 摄）

弧形的手抓纹饰，在大面积的实墙面上形成了极富特色的纹理，但其主要的功能则是在粗糙的墙面上形成有组织的排水纹路，减少雨水对墙面的冲刷和损害。这种标示性极强的做法在现代建筑中依然屡有采用（图8-2-31、图8-2-32）。

## 第三节　西藏现代建筑的色彩运用

　　西藏古建筑的装饰往往采用矿物质材料进行彩绘，这些材料独特的色彩也形成了西藏建筑特有的风格。无论民居、寺庙，藏式建筑色彩通常依附于建筑造型表现，通过彩画、镏金在门窗、柱头、墙壁等部分加以装饰的方式，强化建筑特色，这成就了藏式建筑成体系的建筑色彩运用。西藏传统建筑色彩十分丰富，外墙内壁、檐部屋顶、梁柱斗栱、门窗装饰、壁画雕塑等色彩各异，十分鲜明，极富特色。一般来说，藏式建筑色彩多以红、白、黄三种色彩为主，蓝、绿、黑三种色彩为辅。其中，白色代表吉祥，黑色代表驱邪，红色代表护法，黄色代表脱俗。每种颜色在藏族人民的心中都有不同的象征意义。除此之外，西藏建筑色彩体系受到"政教合一"制度的影响，藏式色彩以红、黄为尊，多用于寺庙、宫殿等宗教性质的建筑中，色彩也体现了建筑的等级制度。虽然不同类型的藏式建筑在细节处有所不同，但在色彩

使用上仍有一定规律。庄园、宫殿外墙以白色为主，其中重要建筑有加一些红色边玛墙的做法。寺院外墙以黄色以主，寺中护法殿外墙及边玛墙则涂成红色，而大量的僧舍外墙仍以白色为主。从而形成了建筑等级越低色彩使用越简单，建筑等级越高色彩使用越丰富、变化越大。西藏对红色有一种特殊的偏好，它象征着佛法的弘扬和永恒，大量地用在室内和建筑朝向内部的一侧。大面积的白墙顶部围一圈由刷了深红色颜料的边玛草筑成的饰带，这种装饰在重要的寺庙及宫殿建筑中是一种定制。

　　在很大程度上，建筑的色彩决定了一个城市的主色调，在展现和塑造城市个性中起到重要的作用。在建筑色彩的处理上，西藏现代建筑中有不少实例以白色与深红色对比作主体基调，细部以鲜艳的色彩作为点缀，并使用藏式图案作装饰，力求将民族特色与现代化的建筑形式融为一体。

　　在拉萨火车站设计中，为达到粗犷大气的视觉效果，建筑师经过多方案比较、论证、试制，又综合考虑自然气候和施工条件，最终选择了彩色预制混凝土墙板工艺，表面是竖向条纹人工打磨而成的肌理效果，白色条纹粗，红色条纹细。红、白的墙板分别安装在不同定义的空间界面上，内外贯穿，而空间的穿插和界面的交替，又形成了不同的构成方式，使色彩成了空间的而不是平面的语汇（图8-3-1）。拉萨圣地天堂洲际大饭店局部采用了鲜明的红色（图8-3-2），整体以象征雪山的白色为主色调（图8-3-3）。采取红白色

图8-3-1　拉萨火车站候车厅入口（来源：王军 摄）

图8-3-2　拉萨圣地天堂洲际大饭店主入口（来源：王军 摄）

图8-3-3　拉萨圣地天堂洲际大饭店（来源：王军 摄）

组合做法的还有拉萨市城建档案馆（图8-3-4）、西藏大学图书馆（图8-3-5）等。

　　鲁朗小镇项目在建筑用色上传承地域传统，以白色、红色和黄色为主体颜色，以黑色、金色为装饰（图8-3-6）。

　　苹果小学建筑的檐口部位使用了阿里藏区人们最为喜欢的象征雪山和白云的白色，而其他的十多种颜色，建筑师从传统西藏建筑中选出，由学校的师生们根据自己的理解而自主决定颜色的使用。建筑师希望通过使用颜色选择的方

法将当地人们对建筑的某些理想带到他们自己使用的建筑中来，这样建筑也就比较自然地带有了地域的特征以及当代性（图8-3-7）。

　　西藏非物质文化遗产博物馆的建筑师提出"尊重藏地的材料和建造逻辑"、"采用本地木饰面工艺和构造细部"、"遵循藏地色彩使用的习俗"的设计理念，以灰白为基调，点缀红、蓝、黄、绿等色彩，在室内用阿嘎土地面，红黄色墙面和蓝色格栅（图8-3-8～图8-3-10）。

图8-3-4　拉萨市城建档案馆的红白色彩组合（来源：王军 摄）

图8-3-5　西藏大学图书馆（来源：朱美蓉 摄）

图8-3-6　鲁朗小镇的建筑色彩（来源：王军 摄）

图8-3-7　阿里苹果小学的白色檐口（来源：《西藏阿里苹果小学》）

西藏和平解放纪念碑的下半部采用人字形构图，上部处理为方形碑体，一个具有向上性的斜尖形体不仅象征了雪山，还带动了整个纪念碑的力量感，构图上又丰富了纪念碑的变化，使整个纪念碑的正立面构图具有了统一变化性。纪念碑通体灰白色，在细部处理上，碑身局部嵌入不规则的金色、红色、蓝色镜面玻璃细带，与布达拉宫的色彩相呼应（图8-3-11、图8-3-12）。"整个纪念碑宛如一座高耸的雪山，寓含了雪域高原的壮阔和雄奇。"[1]纪念碑内部入口上方以向上层层收缩的方式一直通到顶部，设有天窗，阳光透

过各色玻璃，从上方及四面墙体上的竖条窗中投射进来，形成极富表现力和纪念性的空间艺术氛围。

林芝尼洋河谷游客接待站的建筑师认为，色彩是西藏视觉文化传统的重要元素，在进行多种颜色试验之后，他们选择了给石头墙刷上当地常见的纯洁的白色。纯净的颜色强化了空间的几何转换。"从日出到日落，不同方向和高度角的阳光射入各个洞口。从建筑中穿过时，人们可以在不同的角度和时刻体验到建筑的戏剧性空间，建筑在传递强烈当代性的同时仍然保持了其纯朴的本质。"[2]（图8-3-13～图8-3-16）

① 温阳. 西藏和平解放纪念碑雕塑的创作[J]. 北方美术，2003.6.
② 标准营造. 林芝尼洋河谷游客接待站[J]. 中国园林，2012（4）.

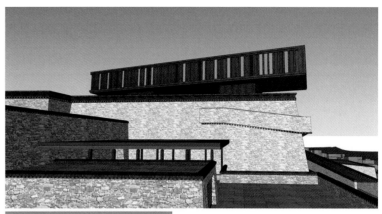

遵循藏地色彩使用的习俗
以灰白为基调，点缀红、蓝、黄、绿等色彩

图8-3-8　西藏非物质文化遗产博物馆（来源：王军 摄）　　图8-3-9　西藏非物质文化遗产博物馆色彩设计（一）（来源：深圳华汇设计）

遵循藏地色彩使用的习俗
在室内用阿嘎土地面，红黄色墙面和蓝色格栅

图8-3-10　西藏非物质文化遗产博物馆色彩设计（二）（来源：深圳华汇设计）

图8-3-11　西藏和平解放纪念碑局部（一）（来源：王军 摄）

图8-3-12　西藏和平解放纪念碑局部（二）（来源：王军 摄）

图8-3-13　尼洋河谷游客接待站（来源：王军 摄）

图8-3-14　尼洋河谷游客接待站沿河立面（来源：王军 摄）

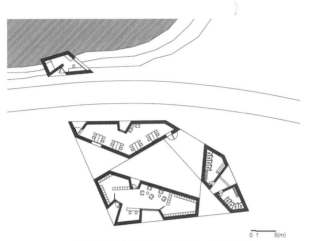

图8-3-15　尼洋河谷游客接待站平面（来源：标准营造）

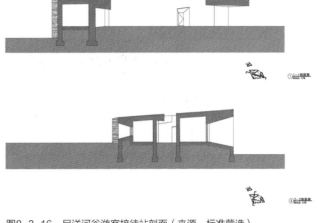

图8-3-16　尼洋河谷游客接待站剖面（来源：标准营造）

图8-3-17　尼木火车站旁某建筑（来源：王军 摄）

　　拉萨尼木县火车站旁某新建建筑以富有韵律感的白色倾斜墙面体现传统藏式建筑立面收分特征，且与附近的山体相呼应；同时，以简化的红色斗栱造型点缀其中，起到显著的装饰和标识效果（图8-3-17、图8-3-18）。西藏自治区档案馆简化运用了传统檐口和窗套造型，但在色彩设计上，用灰色系做了较为大胆地创新（图8-3-19）。

图8-3-18　尼木火车站旁某建筑简化的斗栱造型（来源：王军 摄）

图8-3-19　西藏自治区档案馆的色彩运用（来源：王军 摄）

## 第四节　西藏现代建筑的传统材料运用与材质创新

西藏传统建筑使用的材料反映了西藏地区独特的环境条件，西藏不同地区在材料使用上有不同的偏重，林芝等木材资源丰富的地区在建筑上会更多地使用木材，在林区甚至会出现井干式结构的建筑；而其他地区则多采用土坯、石材、木材、荆草等材料；阿里地区还有窑洞类型的生土建筑。西藏传统建筑中，木材是最为广泛使用的材料，通常用作建筑的柱、梁等结构构件以及一些重要的装饰构件。木构件之间的连接通常采用简单的榫卯结构。土坯和石材大量用作墙体的砌筑材料。由于西藏地区的墙体较厚，通常墙体表面由块石或土坯砌筑，内部则用杂土填充。墙体的砌筑以黄土浆草秆等为主要胶结材料。阿嘎土是西藏地区另一种重要而特殊的建筑材料。这是一种有一定胶结性的风化岩石材料，经过破碎后筛去粗渣，用作屋顶和地面材料。在修筑地面和屋面的时候，阿嘎土被逐层夯打密实，形成有一定强度的整体，表面刷清油进行保护。那些在室内得到良好养护的阿嘎土地面，会形成浅红色泛有美丽光泽的地面层。

### 一、西藏现代建筑的传统材料运用

昌都昌庆街项目的建筑师认识到，对当地石材的开发和

利用，是建筑与景观认同、形成当地风格的关键。当地的青砂岩和红砂岩构成了景观的基底主调。沿步行街中轴线，穿过若干广场及水景，建筑师用红砂岩铺设出一条60～90厘米宽的"基轴"，在轴线转折处，红色基轴随之转折，出现楔形交叉。古老的楔形符号给人以悠远而深沉的想象，以此轴为主干串联五处广场。五处广场都以水体景观为中心，用红色砂岩铺砌环状波纹，渐次散开。除这些铺装图案外，大的背景基底使用了毛面青砂岩铺砌。以街道景观轴线为中心，在水景、池岸两侧结合水池岸线，布置宽度不同的小型绿地，并设置灯光照明设施，以烘托夜晚的商业购物气氛。街道中的座椅、小品设施等，其形式、色彩、材料构成等均反映当地的文化内涵。[①]

拉萨圣地天堂洲际大饭店的入口采用了石质墙体和木质雨棚（图8-4-1）。

阿里苹果小学最初的设计问题来自五个方面："第一，如何能让新建筑不破坏这里的自然环境；第二，如何能对建筑与自然生态的关系有所促进；第三，如何能让孩子们有一

图8-4-1　拉萨圣地天堂洲际大饭店的石质墙体和木质雨棚（来源：王军 摄）

---

① 俞孔坚，王建，张晋丰. 曼陀罗的世界：西藏昌都昌庆街设计与建设[J]. 建筑学报，2002（3）.

个丰富的空间体验；第四，如何能将当代性引入到建筑中来；第五，如何能最节省，但又让建筑的存在较为久远。"①这是一个以材料开始的设计，因为在这样的海拔高度，仅有一种当地材料——鹅卵石可以大量地使用。距此不远的普兰县，在中国—印度—尼泊尔三国交界处的民贸市场，所有的"建筑"都是用较大的卵石干垒而成，没有任何砌筑的痕迹。在西藏的很多地方，人们用石头垒起牲口的放养地，同时，也用石头垒起"玛尼堆"。这种对不同石头的不同使用方式本身也就具有了文化特征。在进一步比较设计和建造的各种方法的经济性后，建筑师大量地采用了自制鹅卵石混凝土砌块，建筑的新建体量和原有的基地由于材料相同的关系，紧密地结合在了一起，像是一种生长。鹅卵石的墙体顺着坡地与群落式散布的建筑一起将整个学校划分成一个个院落，纵向布置的墙体起起伏伏，有着山体的自然形态，建筑结构设计的要求和最后的结果，是在可能的条件下用最经济的方法完成的。所有的建筑都采用了单层设计，这样可以有效地减少结构的设计和施工难度。同时，对于需要现场制作的鹅卵石砌块而言，也有效地降低其强度要求从而达到减少水泥用量的目的，提高建筑的经济性指标（图8-4-2、

图8-4-3）。因为考虑抗震和耐久性，钢筋混凝土结构很好地解决了这些问题。同时混凝土的主材料之一鹅卵石得到了大量的使用，而水泥和钢筋的运输由于对结构设计的要求而使其运量减到了最少。鹅卵石堆起的折线形地形成了一种多功能的景观装置，既是运动场的看台，也是孩子们室外躺卧读书的地方，是师生一起升旗的地方。

林芝南迦巴瓦接待站的结构体系是传统砌筑石墙和混凝土混合结构。墙体厚度从0.6米、0.8米到1米不等，全部由当地石材砌筑而成（图8-4-4、图8-4-5），石头墙是自承重的，墙内附设构造柱、圈梁和门窗过梁，起到增强石墙整体性的抗震能力，同时用来支撑混凝土现浇的屋顶。砌筑石墙的藏族工匠主要来自日喀则。

林芝娘欧码头的地域特征也不是通过具象的装饰或形式来表达的，而是通过本地特有的建筑与土地山川的一体关系，以及本地材料的创造性再运用得到演绎（图8-4-6~图8-4-8）。建筑主体为混凝土框架结构和石头墙砌体，墙体的石头从基地附近采集，由当地的石匠通过自己的砌造方式构成，"观景平台的栏杆由当地拾来的木柴充当，经过风吹日晒，一种西藏特有的质朴的精神性和隐秘的当代性悄然呈现。"②

图8-4-2　阿里苹果小学的当地石料（来源：《阿里苹果小学，西藏，中国》）

图8-4-3　阿里苹果小学用当地石料砌筑的墙体和地面（来源：《阿里苹果小学，西藏，中国》）

① 王晖. 西藏阿里苹果小学[J]. 时代建筑，2006（4）.
② 张轲. 西藏娘欧码头[J]. 时代建筑，2015（3）.

图8-4-4　南迦巴瓦游客接待站的传统建筑
材料（一）（来源：标准营造）

图8-4-5　南迦巴瓦游客接待站的传统建筑材料（二）（来源：标准营造）

图8-4-6　娘欧码头屋面的观景平台（来源：王军 摄）

图8-4-7　娘欧码头的材料运用（来源：王军 摄）

图8-4-8　娘欧码头内院（来源：标准营造）

图8-4-9 尼洋河谷游客接待站局部（来源：王军 摄）

有学者评论道："娘欧码头的折线步道，再次说明了设计领域里一个永恒又难以把控的'定律'——适当的反差，恰恰是更高层次的和谐。高原的干旱气候，造就了气势磅礴而个性冷酷的雅鲁藏布江岸景观。这种景观的表征物是长期风化后的石头和沙土。设计者提取了石头作为建筑材料，但是采用了与风化完全相反的加工手段：整齐如刀切的平面和立面处理，和四周环境形成强烈对比，这反而突显了自然之苍凉与建筑之温暖。"[1]

尼洋河谷游客接待站采用并发展了西藏民居的传统建造技术。混凝土基础以上是600毫米厚的毛石承重墙体（图8-4-9）。大部分门窗洞口都深深地凹入墙面，洞口两侧的墙体作为扶壁墙在结构上增加了建筑的整体刚度，同时也减小了室内空间跨度，屋面采用简支梁和檩条体系的木结构，局部跨度较大的木梁用200毫米×300毫米的木材拼合而成。卷材防水以上覆盖了150毫米厚的阿嘎土，形成可靠的屋面防水层和保温层，还利用阿嘎土的塑性在槽口内侧拍打出檐沟，并用槽钢加工的雨水口形成有组织排水。[2]

## 二、西藏现代建筑的材质创新

西藏博物馆扩建工程设计以传统的藏文化元素为基点，并尝试创新的材质表达方式。在高低错落的新馆建筑中，设计以金色铜板、铜网、石材幕墙替代了土、木、石等传统材料，使人既能从传统中充分感受到西藏的现代开放，又能从现代中细细品味藏文化的独特魅力。新馆设计保留了传统金顶的轮廓，用轻型的钢结构取代传统木结构和老馆的琉璃瓦，从而突破了传统建筑大屋顶在采光方面的束缚，利用玻璃为室内引入阳光（图8-4-10、图8-4-11）。

拉萨圣地天堂洲际大饭店为解决饭店共享大厅的空间需要，采用了钢架结构，三角形的形态与客房楼形式取得一致（图8-4-12）。拉萨京藏交流中心的商业裙房的坡屋面用现代金属材料取代了传统屋面材料（图8-4-13）。西藏非物质

图8-4-10 西藏博物馆扩建工程方案室内透视图（来源：西藏自治区工程咨询公司）

图8-4-11 施工中的西藏博物馆扩建工程（来源：王军 摄）

① 罗德胤评论. 张轲. 娘欧码头，西藏，中国[J]. 世界建筑，2018（10）.
② 标准营造. 林芝尼洋河谷游客接待站，西藏，中国[J]. 世界建筑，2010（3）.

图8-4-12　拉萨圣地天堂洲际大饭店钢构大厅顶部（来源：王军 摄）

图8-4-13　京藏交流中心的材质运用（来源：王军 摄）

图8-4-14　西藏非物质文化遗产博物馆外墙饰面材料（来源：王军 摄）

图8-4-15　鲁朗小镇合院式酒店客房（来源：王军 摄）

文化遗产博物馆则应用定制的饰面材料，逼真地仿效出西藏建筑固有的白色石墙效果（图8-4-14）。鲁朗小镇项目继承藏式建筑中的木构艺术，就地选取东久林场的木材、毛石和西藏特有的阿嘎土、帕嘎土、边玛草作为主要建筑材料——

建筑结构和屋顶采用大木作、门窗楼梯采用小木作；用夯土打造收分墙面，辅以边玛草墙体，营造油画般的质感；地面和部分墙面选取当地石料，并参照大昭寺夏宫的石块铺地进行设计，传达西藏建筑亲切古朴的风采（图8-4-15）。

除了传统材料运用，鲁朗小镇的建筑师还在现代与传统的结合中寻求材料应用的方式，对藏式传统材料进行优化更新，部分建筑采用空心砖砌墙，墙体外立面刷暖黄色漆模拟夯土质感，对铝合金部分则采用木色漆进行涂刷，从而在运用现代材料的同时从整体上保持传统藏式建筑风貌。为了将藏式建筑的"浑厚稳重"和现代建筑的"简约通透"相结合，建筑师把玻璃元素运用到传统墙面上。摄影艺术馆采用玻璃幕墙，用石材作基底、木质梁架作承重结构，不仅形成了强烈的视觉冲击，还在温情怀旧的氛围里展示了传统与现代的交汇，强化了现代与历史的对比。

拉萨饭店改扩建工程中，贵宾楼、会议餐饮中心以及北门和东门改建、新建的一组建筑外墙均采用金色烧毛花岗石幕墙，以简洁、具有现代感的竖向线条作为主题，在不同层次和尺度上逐渐展开，使新建建筑形成统一的节奏和韵律，气势恢宏，展现出藏式建筑庄重、典雅的气质（图8-4-16）。

在拉萨火车站最初的竞赛方案中，简单排列的倾斜墙板构成了简洁有力的地景建筑，之后经过反复推敲，建筑师加入了南北向的木构系统，把东西向伸展的带形空间连接起来，立面上的木方椽头穿进大厅一直延伸到站台。在实施中，为了节约木材用量，木构只在门廊及上方休息厅的吊顶和中央大厅中保留，也为了结构安全和消防，木方改为木板包方钢。从建成以后的效果看，尽管截面较小的木方多少削弱了粗壮墙板带来的力度，但在高大的空间中，这层密排的木构件还是让建筑有了一份亲切的尺度感，木本色的暖黄在灯光的映射下也多了一点华丽、典雅的气质[①]（图8-4-17、图8-4-18）。

西藏大学图书馆的建筑师倡导充分尊重西藏地区民族与地域风格，力争吸收其精髓并与现代的设计手法相融合。他们提出采用传统形象"陌生化"处理手法，以现代的材料、现代的技术和现代手法表达传统地域特色，使建筑形象既新颖又熟悉，在传统与现代之间达到某种平衡。建筑师在设计中将建筑基座和四个"碉楼"式楼梯间赋予当地石材饰面，"这些装饰与现代钢材和玻璃对比组合在一起，现代的材料

图8-4-16　拉萨饭店会议中心（来源：王军 摄）

① 崔恺. 属于拉萨的车站[J]. 建筑学报，2006（10）.

图8-4-17　拉萨火车站的木构门廊（来源：王军 摄）

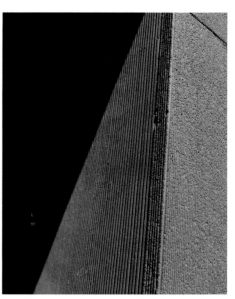

图8-4-18　拉萨火车站的外墙装饰板
（来源：王军 摄）

图8-4-19　贡嘎机场候机楼局部（来源：王军 摄）

使建筑产生'陌生感'，而传统材料又产生对于地域传统的联想与回忆。"①

　　贡嘎机场候机楼的外墙采用收分方式表达传统石砌建筑的美感，而钢筋混凝土大跨度入口雨棚结构和钢网架的运用又使现代建筑技术得以充分展现（图8-4-19），漆成棕红色的网架封檐钢板既趋同于西藏建筑的檐部色彩，又把建筑内部的高大空间在外部表现出来，与藏式建筑有异曲同工之处。

## 第五节　基于空间意境表达的西藏现代建筑创作

### 一、传统曼陀罗空间图示的现代演绎

　　西藏古建筑体现了西藏地区社会文化的独特性，由"中心说"发展形成的曼陀罗（亦称"坛城"）观念，以及与之相应的空间图示（图8-5-1），很大程度上影响了西藏建筑

---

① 周世鹏，赵擎夏. 现代地域性建筑的解析与实践——记西藏大学新校区图书馆设计[J]. 四川建材，2008（3）.

的群体组合方式。

　　昌都昌庆街的建筑师希图借由体现藏传佛教精神世界的曼陀罗图示，挖掘和揭示当地文化精髓。建筑师写道："从人们手中的经轮到转庄稼地的习俗，从玛尼堆周围一圈转动的人群到寺庙中的经筒，整个藏民族生活在一个旋转与轮回的世界中，其最具代表性的就是曼陀罗形象，在白塔的基座上，在华丽的唐卡中，也在厅堂的藻井上。因此，本设计以曼陀罗作为城市空间、景观、建筑布局上的基本形式，通过一系列的曼陀罗，将约300米长的步行街联为一体；大到空间组织，小到喷水池和叠泉，这一形式反复出现，全力体现地方之精神和民族之灵魂。"[①]

　　配合形成广场界面的曼陀罗形状，在步行街北、南及中部建筑的角部作了一些转折处理，以体现建筑空间及景观中的地域文化氛围，创造丰富多彩的体验空间。步行街景观环境空间由县政府西侧的市民广场及步行街内的四处小型广场和连接上述广场间的街道构成，以水景、植被、铺地、小品设施作为基本要素。广场空间的形状基本由周边建筑界面围合而成，为曼陀罗形式，取材于藏文化中最浓郁的宗教含义"轮回"形式（图8-5-2）。在上述各曼陀罗式广场上，均以具有曼陀罗形式的水体景观作为核心，水体形式为涌泉、

溢泉、喷泉或跌水等，水景之间又以暗管或水渠相连接使水流从北向南，从高向低、跌宕流淌，喻义扎曲、昂曲汇聚而成的澜沧江自青藏高原曲折波澜地入海的过程，充分反映最能代表当地自然地理特征的水文化意义。另外，这些水景也为步行街内的顾客、游人提供观赏的乐趣。考虑到昌都地区冬季冰冻的情况，水池深度被控制在30厘米以内，池底铺细白卵石，使之在冬季停水后仍具有良好的景观效果。

## 二、对自然和人文要素的双重考量

　　曾获得多项殊荣的贡嘎机场候机楼设计，在建筑创作如何体现地域性方面做出了积极的探索，并取得卓有成效的结果。然而在设计之初，西藏极其鲜明的自然特色和文化特色既为候机楼的设计提供了丰富的创作源泉，又可能成为一种无形的制约，限制设计者创造力的发挥。因此，如何吸收藏族传统建筑的特殊气质，并结合现代航空港的使用功能、交通流线的安排以及采光、通风等要求和雅鲁藏布江河谷地带群山环抱的地形环境特点，创作一座既富有西藏地方民族建筑的文化内涵，又能体现20世纪时代风貌的现代交通建筑，便成为贡嘎机场设计中面临的首要课题。建筑师说："机场

图8-5-1　西藏唐卡艺术中的曼陀罗形象
（来源：王军 摄）

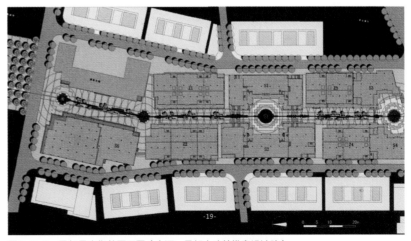

图8-5-2　昌都昌庆街总平面图（来源：昌都市建筑勘察设计院）

① 俞孔坚，王建，张晋丰. 曼陀罗的世界：西藏昌都昌庆街设计与建设[J]. 建筑学报，2002（3）.

建筑作为大型的现代交通建筑是典型的现代文明的产物，因而不可能从以往的民族建筑中找到现成的模本。候机楼需要一种完全现代的建筑形式满足巨大的空间尺度和复杂的使用功能，如人流的进出港、旅客行包流线组织等基本要求，任何对现存藏族建筑形式的机械模仿只能以牺牲其服务功能的合理满足为代价。因此，候机楼的设计不可能也没有必要搬用传统建筑形式的原型，应该在吸收和继承中寻求变革与发展，只有变形、提炼才是出路。"①建筑主体形象对建筑的风格特征起着主导和决定的作用。建筑师多次实地考察，反复推敲西藏寺庙、宫殿等公共建筑的形体、立面的处理，抓住西藏建筑的典型特征，将之夸大变形，以此作为候机楼立面形象的基本构成要素，并尽量向水平方向延伸，形成舒展的体型（图8-5-3、图8-5-4）。在造型设计中，运用三角形和梯形两种几何体形在空间上相互穿插，使其在造型手法

图8-5-3　贡嘎机场候机楼（来源：王军 摄）

图8-5-4　贡嘎机场候机楼主立面（来源：王军 摄）

① 徐行川. 承传统之蕴 创现代之风——拉萨贡嘎机场候机楼藏族建筑文化的探求[J]. 建筑学报，2001（1）.

上极具现代感，三角形和梯形的角部为尺度巨大的混凝土结构，中间用褐色玻璃幕墙形成虚面，状似西藏传统建筑的立面关系。这种从传统元素演变得来的立面形象与纯粹现代的空间体型关系融合，从而获得一个兼具民族感和现代感的优美的建筑主体（图8-5-5、图8-5-6）。同时，候机楼大尺度的简洁体型、大块面的虚实对比，融入周围空旷的环境和起伏的山势之中，气势磅礴，充分体现了与自然环境背景的相互衬映和现代化机场建筑的特色。贡嘎机场候机楼于1998年获建设部优秀工程设计二等奖，1999年获第20届世界建筑师大会中国建筑成就展艺术创作奖，同年获全国优秀工程设计银质奖。

　　"拉萨河在宽阔的山谷中静静地流淌，它那特别的灰蓝绿色的水体在高原的阳光下泛着片片波光……在高原古都设计现代化的火车站，这是一个机遇，一种荣誉，更是一个挑战。我们不仅要面对特殊的高原气候，更要面对独具特色的西藏文化。"[①]拉萨火车站位于拉萨市西南端，拉萨河南岸的柳吾新区，距拉萨市中心约2公里，与布达拉宫遥相呼

应，著名的哲蚌寺就在它北面正对的山坡上，隔水相望。气候干燥、日照强烈的自然条件，是建筑具有地方特色的根本依据。为了减少旅客在高原上步行的距离，建筑师把车道引至入口门廊下，同时压缩站房进深，使旅客可以便捷地进入站台。为了减少阳光的辐射，外窗窄长且凹入墙体，加之密集的窗格和阶梯形的退台变化，达到了较好的遮光效果。同时，也因为日照的优势，建筑师在屋面上铺设了大量太阳能集热板，利用太阳能热水作为室内地板辐射采暖的主要热源。为了室内自然换气，同时也因为建筑空间高大，上部窗子难以开启，所以特别采用了窗下设防尘通风槽的工艺，即便在春秋天阵风扬沙的时候仍然能够让清洁的空气进入室内。高原干燥，早晚温差大，容易造成墙面柱面开裂，建筑师为此选用了预制彩色钢筋混凝土外墙板，耐候耐久性能好。

　　在人文环境方面，西藏有着独特的宗教文化和民族传统，诸如藏族同胞对宗教的信仰，对现世的态度，对来世的追求。藏族建筑在建造方式、空间形态、材料色彩、壁饰彩

图8-5-5　贡嘎机场候机楼的三角形桁架（来源：王军 摄）

图8-5-6　贡嘎机场候机楼的"景窗"与光影
（来源：王军 摄）

---

① 崔愷. 属于拉萨的车站[J]. 建筑学报，2006（10）.

绘以及对光线的利用、控制等方面都有着独到的地方特色。比如，西藏建筑的结构多为单向列柱体系，形成一层层的空间进深，于是，建筑师通过门廊、电梯厅、东西通廊、候车厅、站侧服务和调度用房以及站台、站棚等不同功能空间组织一进进的空间序列，再用板柱结构体系强化列柱效果。

西藏建筑在光的处理上也十分特别，与室外强烈的日照形成对比，室内的光线却常常十分幽暗。狭小的木窗把自然光线过滤成一束束的光柱投进空间的上部，而在人活动的低区则靠一串串酥油灯那昏黄的火苗把物体的影子投在背后的黑暗中。这种自然光和人工光的混用构成了藏族建筑，特别是宗教建筑那种迷人的魅力。建筑师在设计中也试图创造这种气氛，立面的窄窗、大厅的高窗、屋顶上狭长的采光

带把光影投在不同的界面上，而在墙脚、柱身等处，采用射灯形成局部的人工照明，而不是大面积地提高均匀照度（图8-5-7~图8-5-9）。

西藏自治区藏医院是我国藏医学唯一一所综合性三级甲等医院，与布达拉宫隔路相望。建筑形态选取整体收分的楔形建筑，但墙体采用逐层分砌的措施，最大限度地节省建筑材料；现代建筑的技术使得空间感受可以更好，较大的窗户能够改善室内的空间效果，所以窗户选用现代的尺度、传统的比例和做法，而没有选用简易的预制构件，让建筑细节与现代要求相结合，使建筑细部、建筑形象和群体关系在现代和传统间寻找沟通的渠道，创造当代藏式建筑。西藏特殊的气候特征对当地医院采光提出了特殊的要求，南向大于

图8-5-7  拉萨火车站（来源：中国建筑设计研究院有限公司张广源 摄）

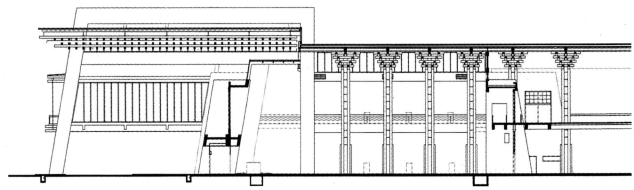

图8-5-8  拉萨火车站中央通廊剖面（来源：《属于拉萨的车站》）

图8-5-9　拉萨火车站主入口（来源：中国建筑设计研究院有限公司 张广源 摄）

0.5的窗墙比可以保障建筑在冬季不采暖的情况下满足室内温度要求，夏季当地气温并不高，所以较大的窗户也不至于过热；东西及北面较小的窗户也不至于让建筑耗能过大。[①]设计师们对该项目并没有盲目采用过大尺度的窗户，各朝向采用高度一致的窗户，让建筑形式统一，然而南向设置多个窗户，在确保窗户比例的同时来平衡各向不同的窗墙比。建筑外形没有选用过多的华丽装饰和昂贵的建筑材料，而是通过建筑体型的收分和建筑细部的雕琢，展现藏族建筑的风采和神韵（图8-5-10、图8-5-11）。西藏自治区藏医院前身为"门孜康"，意为藏医和历算院，分设藏医和天文历算两个专业，历算院承担着天文历算研究和藏历历书编制，相当于原西藏地方政府的天文历算局。藏医理论认为人体的生理行为、心理活动和外界环境之间是互通的关系，藏医对疾病的治疗包括饮食、起居、药物、外治四个方面，这是"门孜康"设历算院的重要原因之一。西藏自治区藏医院设有天文历算研究所，依然承担着天文历算研究和藏历历书编制工作，传承了藏医文化的传统（图8-5-12）。

图8-5-10　西藏自治区藏医院（来源：王军 摄）

① 结合传统与现代的藏式建筑——西藏自治区藏医院[J]. 中国医院建筑与装备，2012（9）.

## 三、延展传统城市的向心格局

由于西藏特有的自然环境及军事、心理需求，且西藏的城镇并不像汉地城镇有着坚固的城墙保卫，这决定了它们需要在聚集地的制高点上建立宫殿或宗堡，以求高瞻远瞩利于

防御。宫殿或宗堡作为政府所在地矗立在城市的最高处，形成城市中心，决定着城市的基本格局。在拉萨，依山而建的布达拉宫是拉萨全城的最高点（图8-5-13、图8-5-14），位于布达拉宫山脚下的雪城，低矮的建筑高度让其以一种谦卑的姿态匍匐在布达拉宫的脚下，通过烘托和抬升布达拉宫的高度来达到统领全城的效果（图8-5-15）。在这里，建筑高度取代了城市轴线，从而成就了拉萨在竖向高度上极为突出的秩序感、整体感。这种秩序感和整体感成为拉萨的城市空间特色，并持续影响着拉萨现代建筑的选址与规划。

坐落于拉萨河南岸慈觉林文化旅游创意区的若干新建项目，通过精心选址和空间序列的组织，延展了城市以布达拉宫为视觉中心的向心格局。例如文成公主剧场依山而建，剧场前导空间轴线与拉萨河北岸的布达拉宫笔直相对（图8-5-16、图8-5-17）；再如西藏非物质文化遗产博物馆，将这种固有的向心格局在新建筑的设计中进行了深度的探索和全方位的演绎。

图8-5-11  西藏自治区藏医院门诊大厅（来源：王军 摄）

图8-5-12  藏医院天文历算研究所编制的藏历（来源：西藏自治区藏医院）

图8-5-13　布达拉宫（来源：王军 摄）

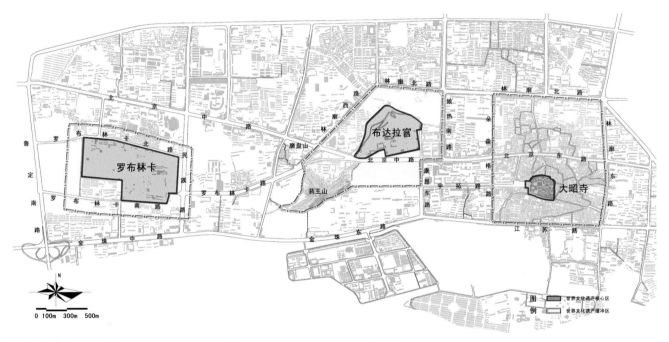

图8-5-14　拉萨世界文化遗产保护规划图（来源：《拉萨市城市总体规划（2007～2020）》）

图8-5-15　布达拉宫脚下的雪城（来源：王军 摄）

图8-5-16　文成公主剧场（来源：王军 摄）

图8-5-17　从文成公主剧场遥望布达拉宫（来源：深圳华汇设计）

　　西藏非物质文化遗产博物馆位于慈觉林文化旅游创意区。慈觉林村濒临拉萨河南岸，北望布达拉宫，有迎亲大桥（又名慈觉林大桥）与拉萨市中心相连，慈觉林村是历史上汉藏民族文化交流的活化石，作为"护法情人节"的发源地，慈觉林村还因藏传佛教护法神赤尊赞和白拉姆的爱情传说而具有"藏地情人乡"的美名，每年藏历四五月间鲜花盛开，便迎来了一年一度的"护法情人节"（又称"鲜花供佛节"）。青年男女们从各地赶来，伴着花的芳香，表达爱情，享受浪漫的时光。为了更好地表现西藏非物质文化遗产，达到"连接布达拉宫"的目的，建筑师选取了藏地特有的空间概念——"天路"为设计原点，根据地形条件，在保证自身构图对称性的基础上，将建筑的核心景观"天路"的最终端对准布达拉宫，使得建筑的精神内核与布达拉宫形成紧密的联系（图8-5-18～图8-5-21）。"进入博物馆、园林的路径，既是体验自然环境的天路，又是感受建筑空间、遗产宝藏、民族文化的人路，更是通过转折攀升、明暗交替，最终达至澄澈空灵之境、对望布达拉宫的心路。这条路径把布达拉宫的形势、大昭寺的内核、罗布林卡的丰富紧密结合，人们行走其间会看到一幅藏地生活的五彩画卷，林木植被、歌舞剧场、台地花园、微缩景观、节庆场地、静思水院。循着天路，藏地文化通过现代的立体的方式得到了精彩的再现，循着天路，见自己见天地见众生。"①

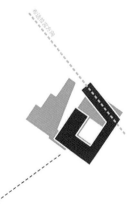

连接布达拉宫

项目根据地形条件，在保证自身构图对称性的基础上，将建筑的核心景观——"天路"的最终端对准布达拉宫，使得建筑的精神内核与布达拉宫形成紧密的联系。

图8-5-18　"连接"布达拉宫的西藏非物质文化遗产博物馆（来源：深圳华汇设计）

---

① 摘自：深圳华汇设计作品集.

"天路"生成

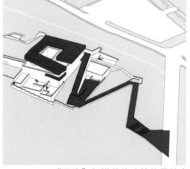

"天路"的形态取自布达拉宫的攀登过程

类似于布达拉宫攀登路线的空间形态，设计出一条由底端攀登至顶峰的连续空间——"天路"

"天路"与错落的建筑体量结合形成具有仪式感的博物馆空间

图8-5-19　西藏非物质文化遗产博物馆"天路"生成示意（来源：深圳华汇设计）

图8-5-20　西藏非物质文化遗产博物馆（来源：谢意菲 摄）

图8-5-21　西藏非物质文化遗产博物馆与布达拉宫的对景关系（来源：深圳华汇设计）

　　拉萨香格里拉酒店和松赞拉萨曲吉林卡酒店亦通过借景方式将布达拉宫引入各自的环境组织中（图8-5-22、图8-5-23）。拉萨瑞吉酒店建筑整体顺应高起的地势，呈高低错落布局（图8-5-24），如一座伟丽的宫殿，黑色的塔式屋顶旨在向古老的文化致敬，碉房式样的建筑主体脱胎于传统的藏族民居，建筑整体呈白色，四方体量，端庄稳固（图8-5-25），每一层都有梯形的大面积开窗，方便眺

望。室内用艳丽的色彩和具有宗教意味的图案进行装饰，主大堂内使用红、金等传统色彩，室内摆放着当地工匠艺人的雕刻（图8-5-26）。穿过富丽堂皇的大堂，是豁然开朗的庭园。这处以水面为中心的庭园，其建筑的轮廓与远山相互映衬，平静如镜的水面又给人以静谧祥和的氛围，远处的布达拉宫被"借景"，使酒店原本有限的空间平添了深远的意境（图8-5-27）。

图8-5-22　拉萨香格里拉酒店露台景观（来源：王军 摄）

图8-5-23　从松赞拉萨曲吉林卡酒店远眺布达拉宫（来源：王军 摄）

图8-5-24　拉萨瑞吉酒店建筑群（来源：《拉萨建筑风貌导则》）

图8-5-25 顺地势升起的拉萨瑞吉酒店（来源：王军 摄）

图8-5-26 瑞吉酒店的大堂（来源：王军 摄）

图8-5-27 瑞吉酒店的庭园（来源：王军 摄）

# 第九章　西藏建筑遗产保护与传统技艺传承

　　建筑遗产是一个地区文化的有机组成，既是历史上政治、经济、技术、艺术的见证和载体，也是联系历史文化和现代文化的纽带，是文化传承和创造的基础。党和政府历来高度重视西藏的文化事业和建筑遗产保护，投入强大的技术力量和充足的资金，对布达拉宫、大昭寺、罗布林卡等大批遗产进行研究和保护，并取得了丰硕的成果。在这个过程中，作为建筑遗产重要组成的传统建筑技艺也得到了较好的传承，木雕、石刻、壁画、金属等多种工艺被直接或间接应用到现代建筑实践中。一些民居建筑在传统营建模式的继承，以及新材料、新结构、新技术的创新运用方面卓有成效。对于那些具有重要历史意义但仅有少许遗存的文化遗址的保护，如日喀则桑珠孜宗堡复原工程、山南琼结宗堡的复原尝试，给出了一种探索的可能性。

# 第一节　西藏建筑遗产的保护

## 一、西藏建筑遗产保护历程

### （一）西藏民主改革至20世纪末的传统建筑保护

西藏和平解放以后，特别是1959年民主改革以来，中央人民政府高度重视西藏地区的文物保护事业，逐步建立起了文物考古的专门机构与专业队伍，开始着手调查、整理和保护藏族传统文化和历史遗迹，关于文物保护的政策与法规也逐渐健全。1959年6月，西藏自治区筹备委员会颁布了《关于加强文物古迹、文件档案管理工作的若干规定》，开始整理、抢救、收集、保管西藏地方政府及下属各个部门的文件档案材料，以及各寺院和贵族收藏的文件档案，并组织文物调查小组对西藏的遗址、古建筑、古墓葬、古石碑、摩崖石刻等进行调查。西藏的文化遗产保护事业与全国的文物保护事业同步发展，经历了从文物保护到文化遗产保护的观念转型，并取得了丰硕成果。

保护维修是西藏文物保护的日常工作之一。自西藏文物机构开展工作以来，陆续对重要寺庙的文物古建筑进行维修。最早的是20世纪60年代初进行的拉萨三大寺之一甘丹寺的维修。1964年5月8日，布达拉宫首次修缮工程完工。1972年对大昭寺进行维修。1989~1994年，中央人民政府拨专款5500万元和大量黄金、白银对布达拉宫进行大规模维修。1994年5月，联合国教科文组织世界遗产委员会委托专家对维修竣工的布达拉宫进行了实地考察，认为维修的设计和施工都达到了国际先进水平，是古建筑保护史上的奇迹，对藏文化乃至世界文化遗产保护做出了巨大贡献。20世纪80年代到20世纪末，国家先后投入资金3亿多元，对布达拉宫、大昭寺、甘丹寺、扎什伦布寺、萨迦寺、昌珠寺、桑耶寺、江孜宗山抗英遗址、夏鲁寺、古格王国、托林寺等重要文物古迹实施了抢救性维修保护工程，修复并开放了1400多座寺庙，及时修缮和保护了大批文物。

### （二）21世纪以来西藏传统建筑的保护

进入21世纪以来，西藏文物工作在党中央、国务院和国家有关部委的领导和支持下，得到快速、全面的发展。党和国家领导人到西藏视察，专门视察布达拉宫、罗布林卡、扎什伦布寺等文物单位，对做好西藏文物工作做出重要指示。文化部和国家文物局领导多次到西藏视察、指导工作，出席重点文物保护维修工程开工典礼、竣工庆典及培训班开班仪式等重大活动，并亲自为学员授课，对做好西藏文化遗产保护和利用做出指示。21世纪以来，国家投巨资实施文物保护工程建设成效显著，文物普查核实文物资源，文物建档工作稳步进行，文物法规逐步加强，安防工作有保障，援藏工作力度大，人才队伍得到加强。

综上所述，西藏的建筑遗产保护事业经历了长期的历史发展进程，目前进入一个新的发展阶段，面临国际国内文化遗产保护事业飞速发展的新格局。在这样的历史背景之下，认真地参照国际文化遗产保护发展的成功经验，总结对照我国的实际状况，对西藏建筑遗产的现状、历史以及潜在的可持续发展资源进行深入研究，既是新时代所提出的要求，也是让世界认识西藏、认识中国的重要工作。

## 二、西藏建筑遗产保护实践

通过以下几个案例，可以窥见西藏在宫殿、寺院、陵墓等建筑遗产保护方面的实践及经验。

### （一）布达拉宫

布达拉宫在宗教、历史、艺术方面具有的重要价值，以及它在藏族人民心中的神圣地位，对布达拉宫的保护显得尤为重要。保护布达拉宫不仅是对藏族宗教文化的传承，也是对藏民族历史文化的保护，更是对人类共同的文化遗产的保护。作为西藏自治区的首批国家级文物保护单位，布达拉宫在建筑总体维修方面所取得的成绩最为巨大。改革开放以来，布达拉宫经历了数次维修，大型的维修有两次，一是

1989～1994年国家投入5500万元对布达拉宫进行抢救性保护维修。二是2001年国家投入1.7亿多元对布达拉宫进行更全面的保护维修，分两期进行。

第一期保护维修工程是在对布达拉宫全面详尽测绘和勘察的基础上，按照"尊重科学、尊重传统、尊重民族风格、尊重宗教需要"的精神，运用了传统施工方法，对建筑木材虫蛀、糟朽状况进行检查和防虫防腐处理。同时对100多平方米壁画进行保护和回帖。第二期保护维修工程在对布达拉宫现状做进一步勘测评估后，在不改变文物原状的原则下提高科技含量，加强工程中的研究、监测和科学实验，相继开展了布达拉宫建筑地基（山体基岩）基础稳定性评价，布达拉宫基础及墙体裂缝观测，及灌浆材料的配比和实施工艺的现场试验、检测与施工指导工作；同时开展了布达拉宫屋顶阿嘎土防水改性研究与试验工作。

此外，2006年国家还投入资金8000万元，对布达拉宫以北的宗角禄康公园进行整治，拆除了宗角禄康农贸市场和宗角禄康公园沿街商品房、拉萨市总工会、拉萨市妇女儿童活动中心等建筑，恢复了园林绿色和水系，改善了布达拉宫的外部环境。"十二五"期间，国家实施布达拉宫监测系统建设和防雷工程研究等，为布达拉宫提供更先进、更安全的保护措施。①

布达拉宫在文物保护方面历来投入资金巨大，在文物的开发利用方面，布达拉宫主要是依托其文物价值，吸引游客参观。除布达拉宫主体宫殿之外，近年来还陆续开发了布达拉宫广场前面的"珍宝馆"，以吸引游客和分散人流，有助于对布达拉宫主体建筑进行有效的文物保护（图9-1-1）。

近年来，随着青藏铁路的开通，内地游客进藏旅游的数量呈现不断增长的态势，布达拉宫所承受的游客压力也在不断增大，保护与利用之间的矛盾将会继续存在并且日益突出。作为藏族历史文化的标志性建筑，今后将要面临的最大困境仍然是有限的文化旅游资源如何面对巨大的市场需求的问题，需要各部门协调共同妥善解决。

## （二）大昭寺

1961年大昭寺被国务院公布为第一批全国重点文物保护单位，2000年11月作为布达拉宫扩展项目被批准列入世界文化遗产名录。作为首批全国重点文物保护单位，大昭寺内集中展示了西藏建筑、绘画、雕塑、工程技术等多方面的成就，具有历史、经济、文化、宗教、艺术等方面的重要研究价值。

在西藏现有的文物保护单位当中，大昭寺的文物维修

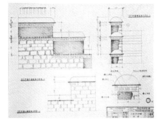

图9-1-1　布达拉宫维修工程（来源：西藏自治区建筑勘察设计院）

① 霍巍，杨峰，谌海霞. 西藏重点文物保护单位的现状、潜在资源分析与保护对策[M]. 北京：社会科学文献出版社，2016.

工程启动较早，国家的投入也持续不断。1991年，国家文物局、西藏自治区人民政府、拉萨市政府和大昭寺采取政府拨款和自筹资金相结合的方式，筹集350万元，严格按照大昭寺原有的建筑风格、造型、体量、铺装、尺度等方面的特点，用时三年零六个月，对大昭寺6059平方米的古建筑进行全面维修。维修后，寺内庭院南、北、西侧回廊新铺设了石板；庭院内87根柱子新换了精细加工的石垫；通过截取、复原，保护了早期珍贵壁画92平方米，修复了原有壁画500平方米，新绘壁画800余平方米。①

　　1999~2000年，国家投入资金4000多万元，对大昭寺周边环境进行了整治。2001年11月，开始大昭寺维修保护工程，该项目由中国文化遗产保护研究院承担设计，工程总投资1400万元。维修范围主要包括拨正或抽换释迦牟尼主殿、千佛殿前和北廊等处出现的歪闪、变形、断裂的木构件；替换附属建筑中的虫蛀木构件；对新替换的木构件实施防腐、防虫处理；楼面和屋面阿嘎土重新处理；更换挑檐局部构件；修补彩绘等工作。2011年，大昭寺金顶维修工程开工，工程预算达1.2亿元。整个维修工程包括5座大殿金顶和部分房檐。

　　2012年6月，国家文物局又投资1000多万元启动大昭寺壁画保护工程，对大昭寺内约4050平方米壁画进行全面维修。动工之前，相关部门做了大量的基础性研究。国家文物局从2009年开始派出专家，历经三年时间调研，进行了大昭寺壁画分布及面积统计、制作工艺调查、病害统计及病害分布图绘制、原位测试、保护工艺现场试验等工作。通过长期的实地勘察和动态监测，设计了相应的维修保护措施，针对大昭寺壁画出现的起痂、裂缝、污损等情况，采取灌浆加固、弥合裂隙、清除附着物、局部补绘等措施进行维修（图9-1-2）。

## （三）藏王陵

　　藏王陵是吐蕃王国时期统治阶级最高等级——吐蕃赞普（国王）的墓葬，目前文献记载与考古发现能够明确对应

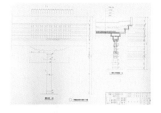

图9-1-2　大昭寺千佛廊维修工程（来源：西藏自治区建筑勘察设计院）

的，仅有位于山南琼结县境内的藏王陵墓。藏王陵海拔3819米，为1961年公布的第一批全国重点文物保护单位。

　　从科学价值和文物价值而言，藏王陵是西藏境内现存规模最大、墓葬等级最高、保存相对完整的墓葬群。现存的20余座陵墓涉及吐蕃历代赞普，所反映的吐蕃王朝历史序列、陵墓的整体格局与遗存信息真实完整。藏王陵建造于7~9世纪300余年间吐蕃王朝形成、发展的重要时期，直接反映了这一时期的政治、经济、宗教、民俗、生产力、建筑技术与艺术等方面的发展水平，是研究吐蕃先民在陵墓选址、规划布局、建筑工艺等方面的第一手材料。藏王陵还是弘扬民族文化、教育民众认知民族历史的重要基地，有助于促进社会

① 霍巍，杨峰，谌海霞. 西藏重点文物保护单位的现状、潜在资源分析与保护对策[M]. 北京：社会科学文献出版社，2016：206.

主义精神文明建设并增强民族自豪感和凝聚力。

藏王陵作为国家于1961年首批公布的全国重点文物保护单位，历年来从中央财政到地方财政都付出了大量经费进行文物保护工作。其中较大的几次投入为：1984年，由国家文物局投入经费5万元，对藏王陵西陵区1号陵墓松赞拉康进行维修；1990年，国家文物局投入经费30万元，对西陵区1号陵前河堤进行维修；2000年，由西藏自治区财政投入900万元，在西陵区5号墓、6号墓侧修建了两座拦沙坝，并对陵区北面的河堤进行了修葺；2002年，由西藏自治区财政投入经费150万元，开展了藏王陵保护规划的前期考古工作。[1] 2010年，在国家文物局支持之下，藏王陵列入"十二五"期间西藏文物保护工程计划名录。

### （四）甘丹寺

1961年，甘丹寺被国务院公布为第一批全国重点文物保护单位。但是，该寺在"文化大革命"后期受到严重破坏，许多殿堂只剩下断壁残垣。从1982年开始，甘丹寺由国家拨款、寺庙集资、群众捐款等形式先后重修了部分主要殿堂。1988年，拉萨市根据阿沛·阿旺晋美和班禅额尔德尼·确吉坚赞的意见，提出了修复甘丹寺的计划。此次甘丹寺修复工程主要是措勤大殿、嘎孜、强孜扎仓和供水、道路工程。工程大体分前后两个工期，即1993年第一期工程改造道路，解决供水的问题；1994年第二期工程措勤、嘎孜、强孜土建工程全面开工建设，项目总投资2600万元，并于1997年10月4日通过竣工验收，评为"优良工程"[2]（图9-1-3）。

### （五）扎什伦布寺

扎什伦布寺坐落在日喀则城西尼玛山下，是藏传佛教格鲁派在西藏的四大寺院之一，历世班禅的驻锡地。1961年3月4日，扎什伦布寺被国务院列为全国第一批重点文物保护单位。党和政府对扎寺的维修保护工作十分重视。1972年国家拨专款，对五世班禅灵塔殿进行维修，重修了大殿金顶。

图9-1-3  甘丹寺维修工程（来源：西藏自治区建筑勘察设计院）

1982年国家拨款95万元，对扎什伦布寺强巴佛殿进行维修，更换梁柱，重新砌筑损坏的墙体。该工程由自治区建筑勘察设计院设计，拉萨古建公司施工。

扎什伦布寺的灵塔是历代班禅的舍利塔，共修建班禅灵塔8座。"文化大革命"中，五至九世班禅灵塔祀殿被破坏。1985年，中央拨专款600多万元，扎什伦布寺岗坚公司出资180多万元，重建了五至九世班禅灵塔祀殿和四世班禅灵塔殿，用纯银打制合葬灵塔，供奉五世至九世班禅遗骨。1989年底，重建工程全部竣工，十世班禅亲自主持了竣工庆典。

1987年，国家拨专款700万元，在扎布伦布寺修建文物陈列馆。自治区拨款50多万元，修建了扎什伦布寺院内跳神广场，满足了宗教活动的需要。1990年9月20日，举行了灵塔开工奠基仪式。国家为修建灵塔殿拨专款6424万元和黄金614千克、白银275千克[3]。在工程进行中，社会各界人士和群众也积极支持灵塔祀殿修建，主动参加义务劳动，自愿捐款捐物。历经三年时间，1993年9月4日，十世班禅额尔德尼确吉坚赞灵塔祀殿开光盛典在扎什伦布寺隆重举行。

### （六）德庆格桑颇章

德庆格桑颇章是十世班禅的夏宫。夏宫原建于日喀则城东贡觉林卡，取名贡觉林宫。1954年，贡觉林宫被洪水冲毁。是年，根据周恩来总理的指示，国家拨出50万银圆的专款，在日喀则城西修建德庆格桑颇章，故德庆格桑颇章又称

① 霍巍，杨峰，谌海霞. 西藏重点文物保护单位的现状、潜在的资源分析与保护对策[M]. 北京：社会科学文献出版社，2016：192.
② 《西藏自治区志·城乡建设志》编纂委员会. 西藏自治区志·城乡建设志[M]. 北京：中国藏学出版社，2011：101.
③ 《西藏自治区志·城乡建设志》编纂委员会. 西藏自治区志·城乡建设志[M]. 北京：中国藏学出版社，2011：102.

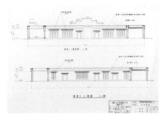

图9-1-4　德钦格桑颇章维修工程（来源：西藏自治区建筑勘察设计院）

为新宫[①]。新宫位于日喀则城西，扎什伦布寺南，主体建筑内有十世班禅的起居室、办公室及大小经堂。新宫院内林木葱茏，花卉遍布，景色宜人（图9-1-4）。

### （七）哲蚌寺综合楼及后勤工程

　　哲蚌寺是中国藏传佛教格鲁派寺院，与甘丹寺、色拉寺合称拉萨三大寺。哲蚌寺位于拉萨西郊更丕乌孜山下。整个寺院规模宏大，鳞次栉比的白色建筑群依山铺满山坡，远望好似巨大的米堆，故名哲蚌。哲蚌，藏语意为"米聚"，象征繁荣，藏文全称意为"吉祥积米十方尊胜洲"，它是格鲁派中地位最高的寺院。

　　由于寺院条件有限，哲蚌寺每次组织僧众集体学习或是辩经，都在甘丹颇章大殿院内露天进行，没有一个相对固定的全天候的集体学习活动场所，尤其遇到刮风下雨天气，经常中断学习或推迟活动时间，给僧众的学习活动带来诸多不便，也极大影响了学习的实效。为此，2014年，寺院决定利用果忙扎仓西侧近1000平方米的闲置地修建一座文化综合楼。综合楼的设计严格遵循了传统藏式建筑做法和风格，与周边历史建筑群相互协调，融入哲蚌寺文物景观。还有一座厨房建筑一并建成，弥补了原有厨房供应能力不足的实际问题（图9-1-5～图9-1-7）。

### 三、西藏建筑遗产保护的成就与意义

　　藏族人民创造了灿烂的建筑文化，各时期建造的宫殿、园林、城堡、寺庙、民居等，为后人留下了珍贵的文化遗产。西藏和平解放以来，各级党组织和人民政府十分重视对文物古迹的维修保护。

　　1982年，拉萨市被列为第一批国家级历史文化名城。1994年，布达拉宫被列入世界遗产名录。2000年11月30日，大昭寺被列为世界遗产名录，定名为"布达拉宫扩展项目-大昭寺"。地处西藏南部的日喀则市，1994年被列为第二批国家级历史文化名城，日喀则市的传统建筑保护与发展围绕扎什伦布寺这一轴线展开。江孜县1994年被列为第四批国家级历史文化名城。2001～2015年，国家累计投入资金20亿元对西藏文物进行维修、保护。"十二五"期间，国家投资10.09亿元对西藏40处重点文物保护单位和6处地市级博物馆进行了维修、建设。截至2015年，自治区已建立国家级重点文物保护单位55处，自治区级文物保护单位391处，市县级文物保护单位978处。

① 《西藏自治区志·城乡建设志》编纂委员会. 西藏自治区志·城乡建设志[M]. 北京：中国藏学出版社，2011：103.

图9-1-5　哲蚌寺综合楼工程（来源：西藏自治区建筑勘察设计院）

图9-1-6　哲蚌寺综合楼主立面（来源：西藏自治区建筑勘察设计院）

图9-1-7　哲蚌寺厨房工程（来源：西藏自治区建筑勘察设计院）

　　传统建筑的保护与修复对于西藏具有至关重要的意义。传统建筑之所以被流传下来，不仅因为它外在精美、赏心悦目，而且因为它的建筑风格承载着一个时代的文化底蕴和精神风貌。随着时间推移，这些具有悠久历史文化的传统建筑蒙上了厚厚的阴影。从古物—文物—文化遗产，反映出人类

认识由注重物质财富，向注重文化内涵，再向注重精神领域的不断进步。

　　从经济意义上讲，保护西藏传统建筑文化是发展西藏旅游产业，提高人民群众收入水平的需要。西藏经济的发展由于受到自然环境和历史条件等因素影响，在一段时期西藏

经济的重要产业必然是旅游业，而传统建筑及传统建筑文化是重要的旅游资源，如果西藏的城镇失去地方特色和民族特色，将降低游人的兴致，使旅游业减色，从而影响旅游经济的发展。

从文化意义上讲，西藏传统建筑承载了雪域高原的历史，也记载了西藏地区与不同地域和不同民族之间文化的交流，反映了西藏不同时期民族建筑的建造技艺和技术水平，也反映了西藏人民群众生活方式和生活水平的变迁。西藏传统建筑就是西藏历史文化的脉络，是西藏城镇生命中的重要部分，可谓无价之宝，是不可再生的和不可替代的人类宝贵遗产。保护传统建筑文化就是保护一个地区历史文脉的传承和延续，保护城市的生命。例如，布达拉宫的文化价值举世无双。布达拉宫作为西藏文化遗产的杰出代表，不仅是藏民族悠久历史文化的重要载体，也是中华民族灿烂文化的重要组成部分和全人类的宝贵文化遗产，是藏族文明和祖国各民族文化交流与融合的珍贵历史见证，对研究西藏社会历史、文化、宗教具有特殊价值，对维护与发展中华民族文化多样性研究具有重要意义。

## 第二节　古迹遗址的复原

西藏建筑遗产保护的现状呈现出不平衡性，许多全国重点文物保护单位目前不具备旅游观光的条件，仍以保护为主，在适当的时机才能考虑合理利用的问题。另外，在一些已经具备旅游观光条件的文物保护单位的开发利用上，一方面，作为业已成熟、呼声很高的西藏旅游景点的全国重点文物保护单位，要对游客接待量和人流速度加以有效控制，注意文物保护与旅游开发之间关系的协调；另一方面，作为一些初步具备文化旅游基本要素，但目前资源利用不够、开发水准不高的文物保护单位，则应通过提高服务工作质量与服务能力、完善与增设旅游、休闲设施，改善食宿环境、完善文化旅游活动等各项举措来逐步满足游客文化体验的需求，同时维护香客朝拜的精神文化利益，真正将建筑遗产所具有的文化价值、艺术价值、科学价值加以体现，服务于人民群众日益增长的精神文化需求，发挥其不可替代的作用。在这个过程中，某些重要历史遗迹的保护性复原工作显示出其现实意义。其中，较具代表性的有桑珠孜宗堡复原工程和琼结宗堡复原工程。

## 一、日喀则桑珠孜宗堡复原工程

西藏第二大城市日喀则是后藏地区的中心，在元末和明初曾一度是全藏的政治中枢，明后期成为历代班禅大师（第四世起）的驻锡地。日喀则的桑珠孜宗堡曾是城中作为制高点的一座山颠城堡式地标建筑，与拉萨的布达拉宫在形制和气势上极为类似，都是中央红宫、两侧白宫的形态构成，但在规模、体量和细部上有所区别（图9-2-1）。"文化大革命"初期，桑珠孜宗堡在"极左"思潮的冲击下被毁，仅剩下部东面和南面的断垣残壁（图9-2-2）。2004年上海市

图9-2-1　20世纪30年代德国人舍费尔拍摄的桑珠孜宗堡（来源：《西藏山巅宫堡的变迁——桑珠孜宗宫的复生及宗山博物馆设计研究》）

图9-2-2　毁弃后的桑珠孜宗堡废墟（来源：《西藏山巅宫堡的变迁——桑珠孜宗宫的复生及宗山博物馆设计研究》）

将桑珠孜宗堡复原工程纳入了援藏投资重点项目。

桑珠孜宗堡复原工程的建筑师将之定性为"保护性复原",而非一般意义上的建筑遗产修复,也即在空间类型上既要符合当地藏式传统做法,又要满足现代使用功能要求。该工程以现代建筑技术,结合当地传统材料、工艺,保存加固了堡台废墟,复原了上部宫楼,并在其内部设计建成了藏风宗山博物馆。桑珠孜宗堡外观复原后,拟成为后藏地区以历史博览为主,兼有民间艺术创作、观光和接待的多功能文化场所。

宗堡的设计按藏式宗堡建筑尊重自然、因山就势的传统进行保护性复原,将建筑界面内的山体部分隐于建筑之中。由于外侧堡墙向内收分,墙体与山体结合处形成了蜿蜒的交界线,这样就使宗堡看上去仿佛是从岩石中生长出来的一般(图9-2-3、图9-2-4)。设计中以双层的"围护墙"保持了内墙面垂直地面、外墙面强调收分的藏式建筑特征,并可确保结构上的稳固性。建筑内部采用钢筋混凝土框架结构,以历史肌肤包裹现代骨架,屋顶、墙面装饰、台阶、门窗等均按后藏式样进行设计。

细部设计上,建筑师提出"疗伤"与"理容"两种方式。"疗伤"式方案重在延续历史,修复废墟,保持原石材肌理,堡体与山体浑然一体,具有浓厚的历史沧桑感。"理容"式方案则基于历史不可完全复原,再现也可超越历史的观点,在前者的基础上,添加了歇山和攒尖金顶,另将红宫和白宫在色彩上区分开来,以强化景观效果,恢复和丰富城

市历史轮廓线,并与扎什伦布寺的金顶遥相呼应。

按照"理容"方式复原的桑珠孜宗堡,与扎什伦布寺遥相辉映,恢复了日喀则昔日优美的城市天际线(图9-2-5~图9-2-7)。该工程创造性地探索了废墟状态历史地标的特殊呈现方式,为民族地区建筑遗产的保存、修复和利用提供了新的经验,先后获教育部及全国优秀工程勘察设计行业奖一等奖,亚洲建筑师协会建筑金奖等。此外,该设计还应邀参加了麻省理工学院(2009)、米兰建筑三年展(2012)、悉尼大学(2014)和佛罗伦萨大学(2016)的同济设计作品展,均获热烈反响。

## 二、山南琼结宗堡复原工程

琼结宗堡遗址位于琼结县政府后青瓦达孜山上,海拔3800米,面积1600平方米,始建于一世达赖喇嘛时期(明代),具体时间早于日乌德钦寺,为琼结桑旺多吉、次旦朗杰修建。14世纪中叶,出身于西藏上层郎式家族的大司徒绛曲坚赞,以帕竹"噶举派"取代"萨迦派"的统治,废除"万户制",将前后藏划分为十三大宗,琼结宗即是其中之一。琼结宗属于当时地方政府管辖,宗堡内有经堂、佛堂、宗府、僧俗舍、监狱、仓库等设施。作为当时琼结制高点的山巅城堡式地标建筑,其规模及气势宏伟(图9-2-8)。

由于历史动荡,自然及人为因素的破坏,尤其是在"文革"初期"极左"思潮的影响下,原有壮丽的宗堡作为农奴

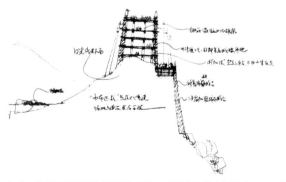

图9-2-3　桑珠孜宗堡复原草图(来源:《西藏山巅宫堡的变迁——桑珠孜宗宫的复生及宗山博物馆设计研究》)

图9-2-4　桑珠孜宗堡复原空间格局剖析图(来源:《西藏山巅宫堡的变迁——桑珠孜宗宫的复生及宗山博物馆设计研究》)

图9-2-5 桑珠孜宗堡复原工程全貌（来源：王军 摄）

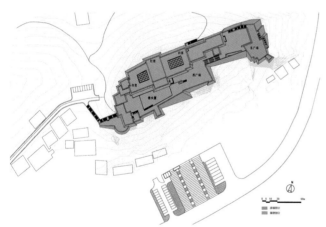

图9-2-6 桑珠孜宗堡复原总平面图（来源：《西藏山巅宫堡的变迁——桑珠孜宗宫的复生及宗山博物馆设计研究》）

图9-2-7 从扎什伦布寺眺望复原的桑珠孜宗堡（来源：王军 摄）

制的象征，被彻底捣毁。而山南作为吐蕃历史文化的摇篮，至今没有一个相应的文化博览类建筑，这与山南地区的历史和文化地位极不相符，于是，琼结宗堡复原重建项目于2015年启动，拟成为山南地区以吐蕃历史博览为主，兼有民间艺术创作（藏艺工坊）、观光和接待的多功能文化场所。

作为复原性重建，琼结宗堡复原工程提出"再现、超越"的设计理念。"再现"式理念重在延续历史，修复废墟，严格按照原有的历史照片恢复其外观，并保持传统的外墙砌筑工艺及传统的藏式装饰做法，使宗堡与山体浑然一体，尽量恢复宗堡历史沧桑感。建筑以全盛时期的"山巅城堡式"建筑风格为主调，其立面严格按照原有历史照片进行复原。"超越"理念则基于历史无法完全复原。由于所掌握的原有建筑的历史资料有限，复原后建筑功能的改变，现代建筑的采光及使用的需求，新设备的增加，以及建筑相关规范的限定，今天无法完全按照历史原样复原，因此建筑师在设计中带着发展的眼光，在不影响复原工程大的框架下，在建筑中增加了一些现代的元素，如天窗、玻璃地面等，来满足新建筑的功能及使用的需求（图9-2-9～图9-2-13）。

图9-2-8  琼结宗堡历史照片（来源：西藏自治区建筑勘察设计院）

图9-2-9  琼结宗堡复原工程效果图（来源：西藏自治区建筑勘察设计院）

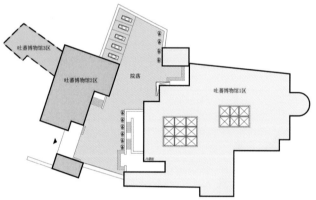

图9-2-10  琼结宗堡复原工程总平面图（来源：西藏自治区建筑勘察设计院）

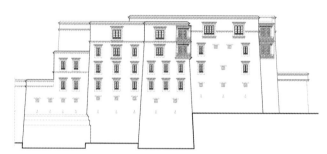

图9-2-11  琼结宗堡复原工程立面图（来源：西藏自治区建筑勘察设计院）

图9-2-12  建设中的琼结宗堡复原工程（一）（来源：西藏自治区建筑勘察设计院）

图9-2-13  建设中的琼结宗堡复原工程（二）（来源：西藏自治区建筑勘察设计院）

## 第三节　　西藏传统建筑工艺的传承

西藏传统建筑汇集了西藏艺术的多种类型，木雕、石刻、壁画、彩绘、金属工艺等多种艺术形式都在建筑中得到充分体现，集中反映了西藏社会文化的演化和发展过程，它们展现了西藏社会文化深厚的精神内涵和独特魅力。西藏传统建筑工艺呈现出奔放粗犷和精致细腻的双重性格。在建筑结构做法上，由于西藏建筑大多就地取材，在建造时注重建筑的总体效果，并不注重对材料的精细加工，这造成了西藏建筑的奔放粗犷的特点。并且，西藏寺院、宫殿等重要建筑的室内和屋顶上张挂织物，墙壁上绘制壁画或悬挂唐卡，柱子上包裹织物，相对粗糙的构件加工并不会影响建筑整体艺术效果。由于西藏加工工具的相对简单，在中原地区使用的木结构榫卯体系，在西藏则变成了在两个相连接的构件上开洞中间插木销的做法。精致细腻表现在建筑装饰构件的制作和雕刻上，在某些特定部位会装饰有大量极为繁复的装饰。在布达拉宫和其他一些重要的寺院建筑中，这些装饰表现出极高的艺术水准，其雕刻技艺精致细腻，技法纯熟，反映了雕刻匠人高超的技术水平。今天，西藏的能工巧匠用他们的智慧和劳动，将传统建筑工艺加以传承和发扬。例如哲蚌寺的木工组（图9-3-1、图9-3-2）；再如拉萨城关古艺

公司。

组建于1980年、位于拉萨市城关区的古艺建筑美术公司，在西藏传统建筑工艺和美术工艺的继承发扬方面进行了卓有成效的努力。拉萨城关古艺公司是国家园林古建筑一级、古建筑文物维修二级、建筑二级资质的古建筑修复和维修工程企业，现有土建组、唐卡绘画组、金属雕刻组、木雕刻组、古艺建筑研究所等专业团队和机构。公司成立以来，先后承担完成了扎什伦布寺强巴佛殿、萨迦寺、夏鲁寺、拉萨三大寺、大昭寺、小昭寺、山南桑耶寺、阿里托林寺等众多名胜古迹的维修和修复工程以及北京中华民族园的拉萨八廓街和1999年昆明世博会西藏展区的格桑园主体工程。特别是1989~1994年，拉萨城关古艺公司承接并完成了世界历史文化遗产布达拉宫第一期维修工程，1990年江泽民总书记视察布达拉宫维修工程时，对公司的工作给予了高度评价。1994年党和国家领导人在中南海表彰了布达拉宫文物保护修复工作中的有功人员。

2003年，在西藏自治区科技厅、拉萨市科技局、城关区科技局等有关部门的帮助下，古艺建筑研究所专门组织人员，对藏式传统绘画中所用矿物、植物颜料进行调研工作，并研制出了20种矿物、植物颜料。如今该颜料运用于唐卡、壁画等作品中，得到了很好的效果，

图9-3-1　哲蚌寺的木工在雕刻建筑构件（来源：王军 摄）

图9-3-2　哲蚌寺木工使用的部分工具（来源：王军 摄）

图9-3-3　古艺公司木匠制作梁架斗栱（来源：拉萨城关古艺建筑美术公司）

图9-3-4　古艺公司工匠使用边玛草砌筑（来源：拉萨城关古艺建筑美术公司）

图9-3-5　古艺公司工人夯制阿嘎土地面（来源：拉萨城关古艺建筑美术公司）

图9-3-6　古艺公司的传统铜质工艺（来源：王军 摄）

挽救了几近失传的民族工艺。2002～2005年，研究所用三年时间编纂出版了《西藏藏式建筑总览》一书，该书主要内容为藏式建筑历史与特色、建筑分类、结构建造、工匠与材料、装饰工艺、现代藏式传统装饰，是一部西藏建筑研究的重要著作。2007年，拉萨城关古艺公司铜匠组传统工艺列入西藏自治区非物质文化遗产"雪堆白金属加工"保护名录。2009年，拉萨城关古艺公司的泥塑面具制作、木雕技艺、藏族矿物植物颜料制作技艺被列入第三批西藏自治区非物质文化遗产保护名录（图9-3-3～图9-3-8）。

图9-3-7　古艺公司佛像作品（来源：王军 摄）

图9-3-8　古艺公司的画师在绘制唐卡（来源：王军 摄）

# 第四节　西藏民居营建模式保护与营造技艺发展

## 一、民居传统营建模式的保护

自古以来，建筑的营建，不仅要满足人类对挡风遮雨、生活起居的物质需求，还要满足人类对心理、伦理、审美等方面的精神需求。而"天人合一"是"藏传佛教"的理论核心，在各类建筑中，传统民居最为完全、深刻地体现了这一思想，体现在与自然协调共生的营建思想、中庸适度的发展目标、经验为本的承传模式，体现在追求"天、地、人"和谐共生上。

民居是一个地区传统文化同地域环境特色相结合的产物，承载着一个地区的历史信息，具有不可替代的历史价值；而不同的地域文化也孕育出风格迥异的民居特色。专家们认为：中国现代建筑风格的探索应体现以文化为底蕴，以生态为表现，以可持续发展为契机的思想。因此更应充分研究各地民居，充分考虑它们的不同自然、人文地理背景和其渗透历练的文化价值观，因地制宜，继承文脉并将其发扬光大，使地域文化得以持续，并结合现代生活和现代建筑理论走多元化的居住类建筑设计道路。

## （一）营建模式

西藏地区镇村民居的营建模式主要指建构起民居外部形态的若干要素，主要包括形状要素、肌理要素、色彩要素、阴影要素等基本要素，并在相关的组织构成手法下，例如重复、叠合、消减等将上述基本要素整合于一体，共同建构起民居外部的可视化表达。

### 1. 形状要素

任何形态的民居立面都可以被看作是形状——点、线、面、体的自由组合，西藏地区的镇村民居立面形态依然由上述的基本形状组合而来。由于降水量由东向西逐渐递减，西藏地区的镇村民居呈现出三角形屋顶与长方形屋身组合的整体形态逐渐向单纯的长方形屋身变化的趋势，但立面上具有传统意义的普遍形状，如长方形的屋檐、挑檐，牛脸、牛角型的窗套，层叠形的门头，梯形的斗栱、雀替却频繁地出现在西藏各地的民居立面形态之上。这种变与不变的形态相异与相似，是西藏各地不同的自然生境与相似的人文环境综合作用的结果。

### 2. 肌理要素

材质的肌理、颜色与不同材质之间的搭配与对比是民居具有地域性特征的重要因素之一，西藏地区镇村民居的丰富肌理得益于西藏地区种类繁多的物质材料来源，涵盖了木、石、土等常见的有机材料与无机材料，这些材料又因为本身的质地、纹理与颜色的不同以及人为加工的原因，可组合出极其繁多的肌理样式。

### 3. 色彩要素

立面形态丰富的色彩要素是西藏地区镇村民居的主要识别标志，除了自然肌理所显现的材料原色外，出现在墙面上的人工色彩则具有不同的代表含义，通常会出现固定搭配的色彩组合，例如日喀则市萨迦地区的民居由于藏传佛教萨迦派的影响，都呈现出蓝灰、红色、白色的固定组合，且各处三种颜色的用色比例大致相似，可以非常容易地识别民居主人的教派归属。此外，各地民居立面上普遍出现了具有自然崇拜与宗教信仰双重含义的红、白、蓝、绿、黄的色彩组合，如图9-4-1所示，反映了同属藏传佛教的地区色彩共性。

### 4. 光影要素

光影变化是影响立面形态不可忽视的因素，西藏地区强烈而持久的光照条件是形成西藏镇村民居立面动态变化的主要原因，可形成阴影的民居构件主要有硬质的挑檐、门窗与其他装饰物，软质构件主要有悬挂的帷幔与门帘，与硬质构件形成的有规律的阴影变化不同，软质的帷幔与门帘在立面形态上投射出不规则的阴影形状，为立面形态的变化增加了偶然性。

## （二）保护措施

可持续发展的资源循环观念、限度观念，对传统民居建筑保护价值和保护策略都有重要的指导意义。实际上，对传统民居建筑的保护，不是为了它们本身如何，而是为了将其融入今天的城市生活中去；对传统民居建筑的保护，也不应仅仅看作是对过去的回忆或是历史发展的物质表现，而应看作是与现代生活的一种共同创作。

### 1. 修复性保护

传统民居建筑历经上百年的过程中，一般都经过住户多次的维修、改造。早年的改造、续建也具有一定的历史价值。我们对传统民居建筑进行保护时应保存民居的现状，它不是指现存的残破状况，而是指它原有的形态，再附以各种围护结构所形成的"共同存在"的健康面貌。它可以是老的，但并非残破而不能继续其使用功能的。它包括了各个时期在这座传统宅院中留下的痕迹，是任何文字不能代替的原始资料。在传统民居建筑的保护工作中，应采取保存现状式的修缮。

图9-4-1　民居上的色彩组合（来源：索朗白姆 摄）

### 2. 开发性保护

事实上大多数的传统民居建筑也正是以居住生活的载体的形态保存至今。对传统民居建筑加以维修与改造，让居民更好地在其中生活，不仅使建筑本身"具有生命力"地生存，对传统居住文化及居民本身的利益也是一种最好的保护。对历史建筑不得任意拆除、加层及外观改动，为适应其再开发利用，可在不损害原有建筑风貌和装饰特色的前提下，对其内部设备采用现代技术更新改造。对传统民居建筑的再利用应以传统民间文化为依托，以旅游经济为龙头。通过旅游路线的组织和旅游市场的开拓，吸引外地游客前来消费，实现经济效益，为传统民居注入资金。在具体操作上需要行之有效的环境、活动、设施、市场开发、人才培养和融资等各方面的对策。对具有突出保护及展示价值的或已不再具有其原始的居住作用的传统民居建筑，可在住区内选择一、二处，将其利用于传统民居及传统居住形态的展示，作为民俗博物馆与历史住区旅游业相结合。

## 二、新功能与民居的发展

### （一）传统民居的分类

传统民居建筑按生产方式不同分类可分为以下几种形式：①牧区的帐房及冬居；②藏式平顶房；③坡顶房；④窑居建筑。按社会等级分类可分为：①贵族府邸、庄园、别墅；②僧居及活佛拉章；③一般民居。自古以来传承下来的以安全性和提高抵御自然灾害的能力为建造重点，使得传统藏式建筑外形多呈现出稳定而坚固的特点。由于高寒、日照强烈等特殊气候条件，建筑的材质和装饰色彩都具有浓厚的藏族特色，导致其自然环境因素与人工环境因素对住区微气候及能耗产生了显著的影响。

### （二）新功能与民居的发展

民居既是历史的产物，也随着时代的发展和技术的更新有其演变与发展的过程，"真正传统是不断前进的产物，它的本质是运动的，不是静止的"。社会经济环境的发展变

化，新建筑技术的层出不穷，绿色生态建筑的大力提倡，均应在民居更新中发挥其独有的作用。因此民居建筑功能的发展主要体现在：

在现代建筑小区或者组团设计当中运用传统民居村镇布局的基本理论，结合现代建筑的规划方法，在住宅小区或者组团设计当中，体现中国传统民居建筑的哲学思想和居住理论。

在现代建筑外观造型设计当中，运用传统民居外观上的建筑元素，并采用现代建筑设计的一些理论和办法，对传统民居建筑元素进行归纳、整理、组合、变形，运用在现代建筑的外观上。用现代的建筑结构和构造方法，仿制传统的构建和构造，营造具有传统韵味的现代建筑空间。

在现代建筑外观色彩当中，利用现代建筑材料，搭配自然朴素的当地材料。采用传统民居的色彩体系，营造像传统民居建筑统一和谐的色彩感觉一样的现代建筑外观色彩。

在现代建筑的室内空间布局上，结合传统民居庭院建筑平面布置上的特点和理论，利用传统民居对称等美学原则，结合一定的理论，并充分考虑现代人的生活方式，在现代建筑空间中营造符合传统民居精神的室内空间。

在现代建筑空间装饰上，大量采用传统民居建筑中的建筑和装饰符号，用现代设计手法和建筑装饰材料进行再演绎（图9-4-2），并对传统民居建筑中的装饰图案去伪存精的保留运用。

图9-4-2　民居中现代装饰（来源：索朗白姆 摄）

重视规划。科学合理的规划是指导古民居保护与开发的理论基础。

突出重点，分级保护。在财力、人力、物力资源有限的情况下，可以按照民居的建筑特色、建筑规模、建筑质量和历史文化价值先对古民居进行分级评价，再根据结果划定不同的保护区域，采取不同的保护措施。

传统民居的建筑形式随时代的发展而改变。与此同时，渐渐改变的不仅仅是建造技术和建筑材质，传统居住形式也受到了很大的影响。开始出现了如内地般的小区甚至商品房。开始注重绿化、景观等与居住区相结合。因此随着时代的发展，民居和新功能的结合是必然趋势。

## 三、新结构与新技术

### 1. 新技术

西藏和平解放之后，得到中央和兄弟省市地区对西藏经济发展的大力援助，大批内地各民族地区干部及专业技术人员进藏。先进的建筑技术和建筑材料慢慢影响着建筑形式。传统的建筑材料为木材、石料、阿嘎土、黏土等。而随着经济的发展，以及大批专业技术人员进藏后，带来了内地早已开始使用的水泥、钢筋等材料。

作为一种体现历史生活方式与技术水平的传统建筑体系，在物质形态的总体上会随着时代的变迁而死亡，但它的

审美形式作为一种文化符号与象征却会长久留在当地居民的记忆中，同时，传统民居建筑中观念形态的东西（无论积极的还是消极的），不会因为物质载体的死亡而彻底消失，它的某些方面可以暂时被遗忘，也可以在一定条件下重新复活或以新的面貌出现，不过我们现在关心的是传统建筑中（比如传统的建筑观、空间观、环境观、审美观及某些设计理论与手法等）那些积极的、能够超越时空的局限至今仍有生命力的东西。

### 2. 新结构与新理念

传统民居中混合的空间功能在创造充满人情味空间的同时，也存在空间功能模糊及人畜混居等缺陷，因此在合理组织生产和生活空间、减少各功能空间的相互交织叠合的同时还要努力改善或排除影响居住环境质量的空间。

尊重民居传统的生活习惯，如堂屋、天井或庭院等半公共空间要予以保留，如图9-4-3所示，也要考虑作坊、车库、起居间等功能空间以适应农村新生活方式的变化或者不同家庭的生活需要。

现代厨卫是现代居住文明的重要体现，也是改善民生生活的核心内容，因此在各村住宅设计更新中应予以重视。

提倡绿色环保的设计理念，从节约能源、节约资源、减少污染等方面入手，努力营建新农村生态建筑（图9-4-4）。

图9-4-3　某民居内部天井（来源：索朗白姆 摄）

图9-4-4　太阳能在民居中的使用（来源：索朗白姆 摄）

改变各辅助用房"卫星式"的散乱布局方式，将其统一设置在后院。提倡使用洁净能源，如在后院建沼气池。推广各类新型墙体材料取代传统的材料从而产生新的建筑结构。

基于地域文化保护理念的民居建筑设计探索。

关注城市文脉。新的城市规划和城市设计，尤其是民居建筑的规划与设计，需要关注城市发展的历史文脉，反映地域文化特色，建筑作为城市环境的一部分，应注重维系同城市的对话关系。

以人为本的设计理念。协调好人、环境和建筑之间的关系，传统民居文化的传承。

# 第十章 结语

## 一、独树一帜的西藏传统建筑

  西藏的民族文化植根于雪域高原，在独特的高原环境中，生活在这里的人们也形成了与之适应的社会文化形态，一直以来西藏社会文化的发展都保持着自己清晰的脉络。早自上新世开始，青藏高原存在着适合远古人类生存的优越自然条件和生活环境，是人类重要的起源地之一，在这里诞生和繁衍了多个人类族群。随着时间的推移，青藏高原自然地理环境的不断变化，人们也不断迁徙融合，逐渐形成了今天的状态。一方面青藏高原海拔较高，境内高山河流纵横交错，给内外交流带来障碍，这使得西藏的社会文化保持着自己相对独立的一面。而这种不便并没有阻挡人们对外界的渴望，独特的地理位置也使西藏长期以来一直都与周边地区特别是中原地区长期保持着持续不断的经济文化交往，在这个过程中不断对外来文化兼收并蓄。长期以来形成了既保持自己鲜明的特点，又处处体现着外来因素的西藏社会文化。

  建筑作为文化的一部分，同样具有自己鲜明的特点。西藏的传统建筑早已超越了对建筑最基本的需求，体现了人们对环境的适应，对自然的认识，对文化的理解，成为我国传统建筑中一个独树一帜的重要分支。西藏地域十分广阔，不同地域之间存在较大差异，可以划分为卫藏、安多、康区和阿里四大人文板块，而建筑也因地域的差异，呈现出总体上一致而细部却存在差异的特点。换言之，西藏传统建筑是一个十分宽泛的概念，我们甚至可以广义地理解为凡是在西藏的，按照传统方式建造的建筑就是西藏传统建筑，而不必去纠结必须具备某些特定的特征才可以称为西藏传统建筑。

有些特征是所有西藏传统建筑所共有的，而有些特征是因地域文化、自然环境和资源禀赋的不同而独有的。但随着社会发展变迁，不同地域之间的交往越来越频繁，地域界限也开始逐渐模糊，彼此之间相互交流和借鉴也越来越多。西藏传统建筑也在这个过程中彼此交融发展，在相互借鉴影响中，有些特征在逐渐趋向同化的时候，也重新演化出很多新的特征。这是一个不断优化的发展进化过程，西藏传统建筑就在这个过程当中不断自我更新，演变成今天的状态。

## 二、重新认识西藏传统建筑

  西藏传统建筑存在和发展了上千年的时间，到今天很多建筑特别是民居仍然以传统的方式取材与建造，展现出了其强大的生命力。在特定的自然环境和社会经济条件下，西藏的传统建筑从取材和建造最大程度上符合了这些特定条件，展现了人们的智慧。从重心与场所的辐射肌理组织，到因地制宜的适宜性材料择选，形成了形式多样、个性鲜明；粗犷浑厚、沧桑古朴；构图简洁、装饰华丽；人神共居、融合自然；兼收并蓄、多元一体等具体的物象特征，成为其最基本的特点。相对而言，这些具备明显辨识度的特征是我们最容易直接感知的，根据这些特征可以很容易将西藏传统建筑和其他传统建筑区分开来。

  但是，在最容易被我们感知的物象特征里，却蕴藏着西藏传统建筑深厚的内涵。生存于自然环境和气候条件较为恶劣的西藏高原上的先民们，在其特殊的生存和发展的压力面前，形成了万物共生的朴素自然观，形成了自己的哲学思想。他们很早就懂得尊重自然，与自然和谐共生，有效地利用自然环境，适应自然环境，尽力地保护原生环境形态，依赖和利用自然，选取尽量朴素的生活方式，平衡生态保护和生存发展之间的关系。在特定的经济技术条件下，西藏传统建筑的营造通过因势利导的生态性自然融入、因地制宜的适宜性材料选择等独特的策略，最好地适应了自然环境，满足了社会生活需求，展现出自己的精神文化特征。以最简单的材料和最适合的工艺，体现了不简单的智慧，创造出了一套独有的营造理念和手法，并以自己独有的方式不断进行传承和发扬，同时也在经济文化交流的过程中不断吸取营养，有机融入建筑的营造中。这个不断升华的过程，才是西藏传统建筑真正的精髓，西藏的传统建筑也因此而具有了自己的血肉和灵魂。这其中奥妙值得我们用心领会，并继续传承和发扬下去。

## 三、对西藏传统建筑的传承和创新

西藏传统建筑产生和发展于特定的环境条件，最好地符合了当时状况，反映了当时特定的需求，体现了当时的社会文化特征，是前人给我们留下的宝贵文化遗产之一。与传统时期相比，西藏当代建筑所处的各种环境条件，特别是经济、社会和文化环境，已发生了巨大变化。在这个变化过程中，建筑师们并没有抛弃传统，而是秉着适宜性、保护性、可持续性和创新性的原则，运用适应西藏当代自然环境条件、适应西藏当代精神文化特征、反映西藏当代社会生活需求、适应西藏当代经济发展水平、适应西藏当代材料技术条件等传承设计策略，继续传承和发展着藏式传统建筑。

传统建筑保护主要以文物建筑、历史文化街区和传统村落为主要内容。自和平解放特别是民主改革以来，西藏逐步建立了文物考古和古建筑保护维修的专业队伍，系统开展文物建筑的保护和研究工作。自20世纪末开始，特别是进入21世纪后，重点进行了一批古建筑的保护维修。很多传统工艺被公布为非物质文化遗产，得以传承下去。这些珍贵的文化遗产的继续留存，为我们提供了重要的史料，也让我们的乡愁有了寄托。

在西藏，一些建筑仍然沿用传统的方式建造，譬如民居。建筑师们则根据这些建筑的特点，植入适合现代工艺的材料和技术，改善和提升建筑的性能。虽然这种方式对建筑性能的提升有限，但是几乎完全保留了传统的形态。

更多的建筑则是采用现代工艺技术进行建造。建筑师们则在充分理解和尊重传统建筑的基础上，传承了传统建筑中的思想与方法，依靠形体或材料，采用现代技术或运用综合技术适应自然气候；结合地形地貌，创造了融入自然地貌和呼应山川形态的现代建筑形式；延展传统城市的向心格局，实现了现代建筑对环境的适应性响应。通过对传统形态的模仿或进行简化与抽象，对檐口、柱式与斗栱、门窗造型、传统符号与纹饰等传统构件造型与装饰元素的应用，对色彩的运用，对传统材料的运用，实现了对传统建筑形式的再现。通过对传统曼陀罗空间图示的现代演绎，对自然和人文要素的双重考量，在空间意境表达中展现了传统建筑思想。

今天，西藏的传统建筑仍然以一种崭新的方式和具有更强生命力的形态继续传承和发扬。今后，我们对西藏传统建筑将有更加深入和全面的认识，并有更多方式继续传承和发扬。

# 参考文献

# Reference

[1] 藏族简史编写委员会. 藏族简史[M]. 拉萨：西藏人民出版社，2006.

[2] 恰白·次旦平措著，陈庆英译. 西藏通史——松石宝串[M]. 拉萨：西藏古籍出版社，1996.

[3] 陈庆英、高淑芬. 西藏通史[M]. 郑州：中州古籍出版社，2003.

[4] 陈庆英. 西藏历史[M]. 北京：五洲传播出版社，2017.

[5] （清）五世达赖喇嘛著，郭和卿译. 西藏王臣记[M]. 北京：中国国际广播出版社，2016.

[6] （元）索南坚赞著，刘立千译注. 西藏王统记[M]. 北京：中国国际广播出版社，2016.

[7] （明）达仓宗巴·班觉桑布著，陈庆英译. 汉藏史集[M]. 西宁：青海人民出版社，2017.

[8] （明）巴卧·祖拉陈瓦著，周润年译注. 贤者喜宴[M]. 西宁：青海人民出版社，2017.

[9] 夏玉·平措次仁著，羊本家，扎西措姆译. 藏史明镜[M]. 拉萨：西藏人民出版社，2011.

[10] 顾笃庆，汪孝若，匡振鹍，郑梅堤，曲吉建才等. 西藏风物志[M]. 拉萨：西藏人民出版社，1999.

[11] 西藏工业建筑勘测设计院. 古格王国建筑遗址[M]. 北京：中国建筑工业出版社，1988.

[12] 西藏建筑勘察设计院、中国建筑技术研究院历史所. 布达拉宫[M]. 北京：中国建筑工业出版社，2011.

[13] 西藏建筑勘察设计院. 罗布林卡[M]. 北京：中国建筑工业出版社，2011.

[14] 西藏建筑勘察设计院. 大昭寺[M]. 北京：中国建筑工业出版社，2011.

[15] 杨嘉铭，赵心愚，杨环. 西藏建筑的历史文化[M]. 西宁：青海人民出版社，2003.

[16] 宿白. 藏传佛教寺院考古[M]. 北京：文物出版社，1996.

[17] 木雅·曲吉建才. 西藏民居[M]. 北京：中国建筑工业出版社，2009.

[18] 徐宗威. 西藏古建筑[M]. 北京：中国建筑工业出版社，2015.

[19] 徐宗威. 西藏传统建筑导则[M]. 北京：中国建筑工业出版社，2004.

[20] 西藏布达拉宫维修工程施工办公室、中国文物研究所、姜怀英、噶苏·彭措朗杰、王明星. 西藏布达拉宫修缮工程报告[M]. 北京：文物出版社，1994.

[21] 蒲文成. 青海藏传佛教寺院概述[J]. 青海社会科学，1990（05）：92-99.

[22] 仇银豪. 北京藏传佛教寺院环境研究[D]. 北京：北京林业大学，2010.

[23] 郭亚男. 藏传佛教文化与建筑空间的对应建构研究[D]. 北京：北京建筑大学，2017.

[24] 龙珠多杰. 藏传佛教寺院建筑文化研究[D]. 北京：中央民族大学，2011.

[25] 朴玉顺，陈伯超. 沈阳故宫木构架中的多民族特征[J]. 沈阳建筑大学学报（社会科学版），2007（3）.

[26] 俞孔坚，王建，张晋丰. 曼陀罗的世界：西藏昌都昌庆街设计与建设[J]. 建筑学报，2002（3）.

[27] 孙大章. 中国古代建筑史（第五卷）[M]. 北京：中国建筑

工业出版社. 2002.

[28] 潘谷西主编. 中国古代建筑史（第4卷）[M]. 北京：中国建筑工业出版社. 2001.

[29] 西藏布达拉宫维修工程施工办公室，中国文物研究所，姜怀英，甲央，噶苏·彭措朗杰. 西藏布达拉宫[M]. 北京：文物出版社，1996.

[30]（法）石泰安著，耿昇译，王尧审订. 西藏的文明[M]. 北京：中国藏学出版社，1999.

[31] 格勒. 藏学、人类学论文集[M]. 北京：中国藏学出版社，2002.

[32] 柳陞祺. 柳陞祺藏学文集[M]. 北京：中国藏学出版社，2008.

[33] 柳陞祺. 西藏的寺与僧（1940年代）[M]. 北京：中国藏学出版社，2009.

[34] 沈宗濂，柳陞祺著，柳晓青译，邓锐龄审订. 西藏与西藏人[M]. 北京：中国藏学出版社，2014.

[35] 李永宪. 西藏原始艺术[M]. 石家庄：河北教育出版社，2001.

[36] 霍巍，李永宪. 西藏西部佛教艺术[M]. 成都：四川人民出版社，2001.

[37] 霍巍，杨锋，谌海霞. 西藏重点文物保护单位的现状、潜在资源分析与保护对策[M]. 北京：社会科学文献出版社，2016.

[38] 张云. 丝路文化. 吐蕃卷[M]. 杭州：浙江人民出版社，1995.

[39] 张云. 上古西藏与波斯文明（修订版）[M]. 北京：中国藏学出版社，2017.

[40]（意大利）G·杜齐著，向红笳译. 西藏考古[M]. 拉萨：西藏人民出版社，2004.

[41]（意大利）G·图齐等著，向红笳译. 喜马拉雅的人与神[M]. 北京：中国藏学出版社，2005.

[42] 西藏自治区统计局，国家统计局西藏调查队. 2018西藏统计年鉴[M]. 北京：中国统计出版社，2018.

[43]（美）巴伯若·尼姆里·阿吉兹著，翟胜德译. 藏边人家

[M]. 拉萨：西藏人民出版社，1987.

[44] 周润年，狄方耀. 西藏社会可持续发展研究[M]. 北京：中央民族大学出版社，2018.

[45] 安平. 西藏经济发展研究[M]. 北京：中央民族大学出版社，2010.

[46] 狄方耀. 西藏经济学导论[M]. 拉萨：西藏人民出版社，2002.

[47] 张艳红. 西藏经济现代研究[M]. 北京：民族出版社，2012.

[48] 西藏自治区文物保护研究所. 西藏文物考古研究（第1辑）[M]. 北京：科学出版社，2014.

[49] 西藏自治区文物保护研究所. 西藏文物考古研究（第2辑）[M]. 北京：科学出版社，2014.

[50] 西藏自治区文物保护研究所. 西藏古建筑测绘图集（第一辑）[M]. 北京：科学出版社，2015.

[51] 久米德庆著，德庆卓嘎，张学仁译. 汤东杰布传[M]. 拉萨：西藏人民出版社，2002.

[52] 陈渠珍著，任乃强校注. 艽野尘梦[M]. 拉萨：西藏人民出版社，1999.

[53]（印）萨拉特·钱德拉·达斯著，W·W·罗克希尔编，陈观胜，李培茱译. 拉萨及西藏中部旅行记[M]. 拉萨：西藏人民出版社，2004.

[54] 焦自云，欧蕾. 拉萨城市与建筑[M]. 南京：东南大学出版社，2017.

[55] 焦自云，汪永平，赵婷，徐海涛. 日喀则城市与建筑[M]. 南京：东南大学出版社，2017.

[56] 汪永平，宗晓萌，曾庆璇，徐二帅. 阿里传统建筑与村落[M]. 南京：东南大学出版社，2017.

[57] 汪永平、沈芳. 江孜城市与建筑[M]. 南京：东南大学出版社，2017.

[58] 谢斌. 西藏夏鲁寺建筑及壁画艺术[M]. 北京：民族出版社，2005.

[59] 张公均. 西藏古桥解题名录[J]. 中国藏学（文献、档案增刊），2012.

[60]《西藏自治区志——文物志》编纂委员会. 西藏自治区志一

文物志[M]. 北京：中国藏学出版社，2012.

[61] 国家文物局. 中国文物地图集——西藏自治区分册[M]. 北京：文物出版社，2010.

[62] 汪永平，庞一村，王锡惠. 拉达克城市与建筑[M]. 南京：东南大学出版社，2017.

[63] 牛婷婷，汪永平，焦自云. 浅谈西藏政教合一时期寺庙中的宫殿建筑——以萨迦寺和哲蚌寺为例[J]. 华中建筑，2010.

[64] 霍巍. 青瓦达孜遗址考古侧记[J]. 中国藏学. 2017年第2期（总第129期）

[65] 周晶. 西藏宗堡建筑探源[J]. 西安：西安交通大学人居环境与建筑工程学院，2008.

[66] 王斌. 西藏宗堡建筑初探[D]. 南京：南京工业大学，2006.

[67] 陈耀东. 中国藏族建筑[M]. 北京：中国建筑工业出版社，2007.

[68] （日）城一夫著，亚健译. 色彩史话[M]. 杭州：浙江人民美术出版社，1990.

[69] 杨国庆. 中国古城墙（第四卷）[M]. 南京：江苏人民出版社，2017.

[70] 格勒著. 藏族早期历史与文化[M]. 北京：商务印书馆，2006.

[71] 夏格旺堆. 西藏高碉建筑刍议[J]. 西藏研究. 2002.

[72] 罗勇. 工布江达县碉楼文化探析[J]. 西藏研究，2016.

[73] 石硕. 青藏高原碉楼的起源与苯教文化[J]. 民族研究，2012.

[74] 谢启晃，李双剑，丹珠昂奔. 西藏传统文化辞典（第一版）[M]. 甘肃人民出版社，1993.

[75] 冯少华. 西藏嘛呢石刻[M]. 北京：北京出版社，2009.

[76] 李方桂. 古代西藏碑文研究[M]. 北京：清华大学出版社，2007.

[77] 拉毛杰. 藏传佛塔文化研究[D]. 北京：中央民族大学，2007.

[78] 廖方容. 略谈西藏的土葬习俗[J]. 西藏研究，2005，（5），91-94.

[79] 马昌仪. 敖包与玛尼堆之象征比较研究[J]. 黑龙江民族丛刊.

1993，34（3），106-112.

[80] 韦韧，吴殿廷，王欣，王红强，陈向玲. 丧葬习俗的地理学研究——以西藏天葬为例人文地理[J]. 人文地理 2006，92（6），31-34.

[81] 李静. 西藏传统民居建筑原型研究[D]. 西安：西安建筑科技大学，2010.

[82] 何泉. 藏族民居建筑文化研究[D]. 西安：西安建筑科技大学，2009.

[83] 吕志强，索朗白姆，刘洋. 浅析西藏白居寺碉楼和院墙的设计与结构[J]. 民舍，2017（7）：67-68

[84] 夏格旺堆. 西藏古代佛塔历史沿革的初步研究[D]. 拉萨：西藏大学，2008.

[85] 王望生. 西藏琼结县藏王诸陵调查简记[J]. 文博. 1989，（5），22-26.

[86] 高城. 藏区玛尼石的渊源及神圣意蕴[J]. 寻根. 2011，（12），78-85.

[87] 李翎. 藏族石刻艺术概述[J]，西藏研究. 2003（11），72-80.

[88] 高洁. 藏族天葬文化的伦理意义研究[D]. 兰州：西北民族大学.

[89] 李苗苗. 藏族天葬源起及文化价值探析[J]. 西藏民族学院学报（哲学社会科学版），2008，29（6），53-56.

[90] 维特鲁威. 建筑十书[M]. 北京：中国建筑工业出版社，1986.

[91] 朱普选. 地理环境与西藏庄园制经济[J]. 西藏民族学院学报（社会科学版）1994.

[92] 邓传力. 西藏庄园建筑特征研究[J]. 中华建设2009（6），p48-49.

[93] 郑宇. 西藏庄园建筑及其案例研究[D]. 北京：清华大学，2005.5.

[94] 拉毛加. 西藏庄园制研究. 拉萨：西藏大学，2013.4.

[95] 杨辉麟. 西藏的艺术[M]. 西宁：青海人民出版社，2008.

[96] 焦自云. 宗教文化视角下的西藏庄园建筑初探[J]. 华中建筑，2009.3.

[97] 焦自云，西藏庄园建筑初探[D]. 南京：南京工业大学，2006.6.

[98] 周晶. 论西藏民主改革前农业庄园的建筑社会学特征[J]. 同济大学学报（社科版），2006.5.

[99] 陈耀东. 西藏囊色林庄园[J]. 文物，1993.6.

[100] 阿旺罗丹. 西藏藏式建筑总览[M]. 成都：四川美术出版社，2007.

[101] 国家文物局. 中国文物地图集西藏分册[M]. 北京：文物出版社，2010.

[102] Knud Larsen, Amund Sinding-Larsen著，李鸽、木雅·曲吉建才译. 拉萨历史城市地图集[M]. 北京：中国建筑工业出版社，2005.

[103] 杨嘉铭，任新建，杨环. 藏式建筑艺术[M]. 成都：四川人民出版社，1998.

[104] 西藏社会历史调查资料从刊编辑组. 藏族社会历史调查（1—6）[M]. 拉萨：西藏人民出版社，1988.

[105] 尼玛旦增、拉巴次仁. 罗布林卡斯喜堆古殿壁画[M]. 北京：中国藏学出版社，2013.

[106] 廓诺·讯鲁伯. 青史. 郭和卿译[M]. 拉萨：西藏人民出版社，1985.

[107] [意]大卫·杰克逊. 西藏绘画史. 向红笳、谢继胜、熊文彬译[M]. 拉萨：西藏人民出版社、明天出版社联合出版，2001.

[108] 王世仁，杨鸿勋编. 西藏建筑[M]. 北京：建筑工程出版社，1960.

[109] 汪永平. 拉萨建筑文化遗产[M]. 南京：东南大学出版社，2005.

[110] 西藏地震史料汇编（2）[M]. 拉萨：西藏人民出版社，1990.

[111] 周维权. 中国古典园林史[M]. 北京：清华大学出版社，1990.

[112] 木雅·曲吉建才. 神居之所[M]. 北京：中国建筑工业出版社，2011.

[113] 杨永红. 西藏建筑的军事防御风格[M]. 拉萨：西藏人民出版社，2007.4.

[114] 杨永红. 囊赛林庄园的军事防御特点[J]. 西藏大学学报，2005.1.

[115] 承锡芳. 建造技术研究[D]. 南京：南京工业大学，2007.

[116] 徐宗威. 西藏的传统建筑文化[J]. 城乡建设，2004.

[117] 李文东. 西藏山南地区传统民居结构及砖石特征研究[D]. 长沙：中南林业科技大学，2013.

[118] 周晶，李天. 宗堡的设立与西藏初级城市发展关系研究[J]. 西藏研究，2014（6）：56-60.

[119] 何一民，付志刚，邓真. 略论西藏城市的历史发展及其地位[J]. 民族学刊，2013（01）：56-66，116-118.

[120] 何一民，赖小路. 吐蕃元明时期西藏城市的兴衰[J]. 甘肃社会科学，2013（2）：96-102.

[121] 刘永花. 浅谈民国时期西藏的宗和豁卡[J]. 四川民族学院学报，2017.26（03）：14-18.

[122] 周晶. 20世纪前半叶西藏社会生活状态研究（1900-1959）[D]. 西安：西北大学，2005.

[123] 拉毛加. 西藏庄园制研究[D]. 拉萨：西藏大学，2013.

[124] 拉森. 拉萨历史城市地图集：传统西藏建筑与城市景观[M]. 北京：中国建筑工业出版社，2005.

[125] 王鲁民、韦峰. 从中国的聚落形态演进看里坊的产生[J]. 城市规划学刊，2002（2）：51-53.

[126] 西藏自治区文物管理委员会与四川大学历史系. 昌都卡若[M]. 北京：文物出版社，1985.

[127] 霍巍、王熠、吕红亮. 考古发现与西藏文明史·第一卷：史前时代[M]. 北京：科学出版社，1985.

[128] 萧依山. 西藏林芝地区传统聚落与建筑研究[D]. 重庆：重庆大学，2016.

[129] 周晶、李天、李旭祥. 宗山下的聚落——西藏早期城镇的形成机制与空间格局研究[M]. 西安交通大学出版社，2017.

[130] 张世文. 亲近雪和阳光——青藏建筑文化[M]. 拉萨：西藏人民出版社，2004.

[131] 杨仲华. 西康纪要[M]. 北京：商务印书馆，1937.

[132] 周映辉. 夏鲁寺及夏鲁村落研究[D]. 南京：南京工业大学，2008.

[133] 儒弥·考斯勒、冯子松，西喜玛拉雅的佛教建筑（节选）[J]. 西藏研究，1992（1）：138-146.

[134] 杨永红. 西藏宗堡建筑和庄园建筑的军事防御风格[J]. 西藏大学学报，2005.4.

[135] 尼旦. 西藏古代墓葬遗存演变初探[J]. 西藏大学学报，2010，25（专刊），132-155.

[136] 邓传力等，基于壁画信息的西藏藏传佛教寺院建筑演变研究[J]. 西藏研究，2017（1）：99-104.

[137] 张世文. 藏传佛教寺院艺术[M]. 拉萨：西藏人民出版社，2003.

[138] 张建林. 追寻往日辉煌——萨迦北寺考古记[J]. 中国西藏，2007（2）：40-49.

[139] 张世文. 青藏建筑文化[M]. 拉萨：西藏人民出版社，2004.

[140] 汪永平、焦自云、牛婷婷. 拉萨三大寺建筑的等级特色[J]. 华中建筑，2009. 27（12）：176-179.

[141] 邓传力. 西藏寺院建筑[M]. 拉萨：藏文古籍出版社，2017.

[142] 朱解琳. 藏传佛教格鲁派（黄教）寺院的组织机构和教育制度[J]. 西北民族研究，1990（1）：255-262+266.

[143] 朱解琳. 黄教寺院教育[J]. 西北民族大学学报：哲学社会科学版，1982（1）：78-88.

[144] 仁青安杰. 藏传佛教教育的传统、发展及未来初探[J]. 法音，2012（6）：25-27.

[145] 胡晓海、董小云. 藏传佛教寺院建筑的群体布局研究初探[J]. 内蒙古科技与经济，2011（21）：109-110.

[146] 吴晓敏、史箴、肖彼三摩耶. 作此曼拿罗——清代皇家宫苑藏传佛教建筑创作的类型学方法探析[J]. 建筑师，2003（6）：89-94.

[147] 陈耀东. 西藏阿里托林寺[J]. 文物，1995（10）：4-16.

[148] 牛婷婷，汪永平. 西藏寺庙建筑平面形制的发展演变[J]. 西安建筑科技大学学报（社会科学版），2011.30（3）：29-34.

[149] 潘谷西. 中国建筑史[M]. 北京：中国建筑工业出版社，2004.

[150] 韩腾，次仁卓玛. 西藏乃囊寺"祖拉康"的建筑格局及特点[J]. 西藏民族大学学报（哲学社会科学版），2014.35（1）：32-37.

[151] 张鹏举等. 内蒙古地域藏传佛教建筑形态的一般特征[J]. 新建筑，2013（1）.

[152] Herrle, Peter. Tibetan Houses: vernacular architecture of the Himalayas and environs. Birkhäuser，2017.

[153] 盛极一时的普兰王朝王宫遗址，维普网. 来源：爱筹自驾，2017-07-13.

[154] 徐国宝. 藏文化的特点及其所蕴涵的中华母文化的共性[J]. 中国藏学，2002（5）.

[155] 任继愈. 中国哲学的过去与未来[J]. 新华文摘.

[156] 唐颐. 图解曼荼罗[M]. 西安：陕西师范大学出版社. 2009：39.

[157] 周晶. 喜马拉雅地区藏传佛教建筑的分布及其艺术特征研究[J]. 西藏民族学院学报（哲学社会科学版）. 2008（7）.

[158] 周晶，李天. 西藏传统城镇类型与形成机制研究[J]. 西藏研究，2015（12）.

[159] 黄凌江，刘超群. 西藏传统建筑空间与宗教文化的意象关系[J]. 华中建筑，2010（05）.

[160] 崔愷，单立欣，张广源. 拉萨火车站[J]. 城市环境设计，2010（Z2）：96-99.

[161] 赵大山. 2007年中国建筑节能年度代表工程——拉萨火车站太阳能应用[J]. 建设科技，2008（5）：44-45.

[162] 崔愷. 属于拉萨的车站[J]. 建筑学报，2006（10）：44-49+2.

[163] 崔愷. 拉萨火车站[J]. 建筑知识，2007（3）.

[164] 赵擎夏. 西藏博物馆设计回顾[J]. 建筑学报，2002（12）.

[165] 黄彬. 现代藏式建筑的一种尝试——西藏博物馆[J]. 新建

筑，2000，10，10.

[166] 齐康，张宏，叶菁. 西藏和平解放纪念碑[J]. 建筑学报，2004（02）32-33.

[167] 徐行川. 承传统之蕴 创现代之风——拉萨贡嘎机场候机楼藏族建筑文化的探求[J]. 建筑学报，2001（1）.

[168] 李靖，狄明. 拉萨饭店改造工程实践[J]. 建筑技艺，2012（3）.

[169] 常青. 桑珠孜宗宫修复工程及后藏民俗博物馆设计，西藏，中国. 世界建筑，2016（5）.

[170] 常青，严何，殷勇. "小布达拉"的复生——西藏日喀则"桑珠孜宗堡"保护性复原方案设计研究[J]. 建筑学报. 2005（12）.

[171] 杨金城. 拉萨剧院介绍[J]. 建筑学报，1986（05）60-63.

[172] 张曙辉. 西藏自治区藏医院[J]. 城市建筑，2011.06.05.

[173] 结合传统与现代的藏式建筑——西藏自治区藏医院[J]. 中国医院建筑与装配，2012（9）.

[174] 黄彬. 地域建筑之路上的跋涉者——访建筑师赵擎夏[J]. 新建筑，2001.（1）.

[175] 林芝南迦巴瓦接待站，西藏，中国[J]. 世界建筑，2010（10）.

[176] 张轲. 西藏林芝南迦巴瓦接待站[J]. 风景园林. 2010，（1）.

[177] 张珂，张弘，侯正华. 西藏林芝南迦巴瓦接待站[J]. 时代建筑，2009（1）.

[178] 林芝尼洋河谷游客接待站，西藏，中国—标准营造赵扬工作室. 世界建筑，2010（3）.

[179] 张轲. 娘欧码头，林芝，西藏 中国[J]. 世界建筑，2018

（10）.

[180] 标准营造，Embaixad a. 西藏娘欧码头[J]. 城市环境设计，2015（4）.

[181] 张轲. 西藏娘欧码头[J]. 时代建筑，2015（3）.

[182] 周世鹏，赵擎夏. 现代地域性建筑的解析与实践——记西藏大学新校区图书馆设计[J]. 四川建材，2008（3）.

[183] 严勐，邱小勇. 解读现代地域建筑的特征元素——以西藏大学新校区艺术楼设计为例[J]. 四川建筑，2007（3）.

[184] 侯正华，张轲，张弘. "标准营造"雅鲁藏布江小码头[J]. 时代建筑，2008（6）.

[185] 侯正华，张轲，张弘等. 西藏米林雅鲁藏布江小码头[J]. 风景园林，2011（04）.

[186] 阿里苹果小学，西藏，中国[J]. 世界建筑，2008（7）：62-69.

[187] 王晖. 西藏阿里苹果小学[J]. 时代建筑，2006（4）：114-119.

[188] 石硕. 隐藏的神性：藏彝走廊中的碉楼——从民族志材料看碉楼起源的原初意义与功能[J]. 民族研究，2008（01）：56-65+109.

[189] 石硕. "邛笼"解读[J]. 民族研究，2010（06）：92-100+110.

[190] 杨永红. 西藏和藏彝走廊地区的碉楼建筑[J]. 康定民族师范高等专科学校学报，Vol.18，No.4，2009（08）：1-3.

# 西藏传统建筑及现代传承表

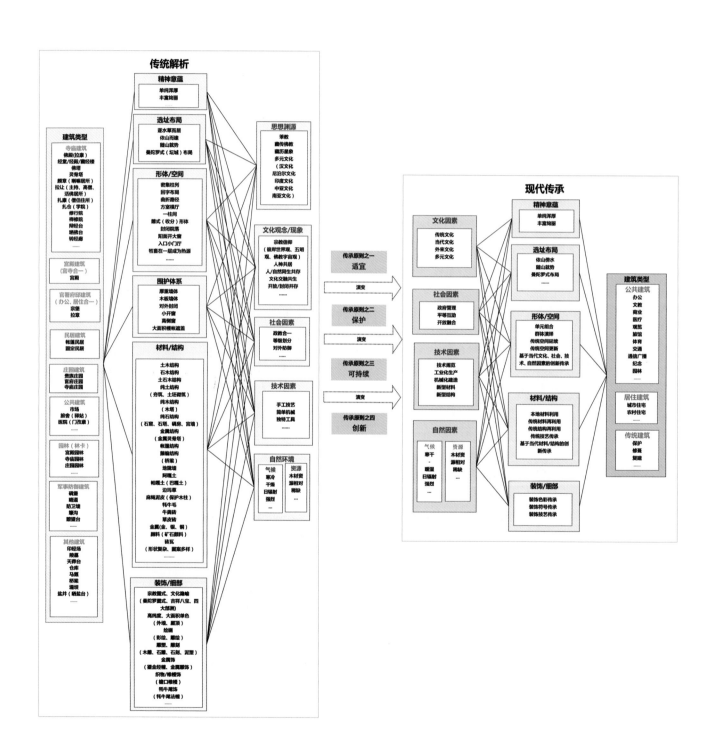

# 后 记

## Postscript

一直以来，西藏都以自己独特的高原自然地理环境和人文景观吸引着四面八方的人们。在独特环境下经过漫长时期凝练而成的西藏传统建筑，基于自己的社会文化背景，遵循自己的营建理念，几千年来同样也以自己独有的身姿屹立于高原之上，庇护着生活其间的人们，成为雪域高原上物质与精神的家园。

建筑从来都不是一成不变的，她的形成和发展与各个特定历史时期的经济文化发展状况密不可分，通过在建筑上所留下的烙印，我们可以窥见一个地区的社会变迁、思想文化的产生发展乃至风土人情，体会到人们的喜怒哀乐。西藏传统建筑也忠实反映了社会经济形态的发展变化历程，以及当时人们衣、食、住、行等基本生产生活情况，最好地符合了当时的需求。然而，今天的社会生活已经发生了翻天覆地的变化，一切都以崭新的姿态呈现在我们眼前。如何提炼西藏传统建筑的精髓，适应当代社会经济发展和文化特征，将之传承和发扬，继续在今天及未来焕发出新的生命力，一直都是在西藏从事研究和实践的建筑工作者孜孜探寻的目标。

这本书的编写，由西藏自治区住房和城乡建设厅具体部署和指导，西藏自治区建筑勘察设计院负责牵头组织西安建筑科技大学、武汉大学、西北工业大学、西藏大学等单位联合编写，在西藏自治区文物局、山南市文化局、日喀则市文化局、西藏博物馆、西藏自治区文物保护研究所、拉萨城关古艺建筑公司、西藏自治区工程咨询公司等单位的大力协助下，历时近三年完成。在本书的编写工作中，先后有100多人满怀激情参与进来，克服了高原反应、交通不便等各种困难，深入各地开展基础调研、资料搜集整理等工作，并在工作中获得了许多全新的发现，更准确地掌握了西藏传统建筑的分布、类型、数量、价值等，为解析与传承提供了有力的支撑。本次课题研究，给我们提供了一个用全新的视角再次审视西藏传统建筑、感悟前人智慧、重新思考如何传承与发扬的机会。

本书编写组由西藏自治区建筑勘察设计院王世东院长负责组织工作，西藏自治区建筑勘察设计院蒙乃庆总工程师和西安建筑科技大学王军教授负责编写工作。各章节具体分工如下：

前言由王世东执笔；第一章第一节、第二节、第三节由蒙乃庆执笔，第四节由毛中华执笔，第五节由蒙乃庆、王军、李登月执笔；第二章由黄凌江、肖迦煜执笔；第三章第一节由黄凌江、吴农、肖迦煜、陈栖、靳含丽执笔，第二节由白宁执笔，第三节由黄磊、党瑞执笔，第四节由刘京华执笔，第五节由索朗白姆、李静执笔，第六节由陈新执笔，第七节由邓传力、王达标、饶秦铜执笔，第八节由蒙乃庆执笔，第九节由黄凌江、蒙乃庆执笔；第四章由黄凌江、丹增康卓执笔；第五章由张颖、蒙乃庆执笔；第六章第一节由王军、谢意菲执笔，第六章第二节、第三节、第七章第一节由刘煜、王晋执笔，第七章第二节由王军执笔；第八章由王军执笔；第九章第一节由王军、伍晨阳执笔，第二节、第三节由王军执笔，第四节由索朗白姆执笔；第十章由蒙乃庆执笔；后记由蒙乃庆、王军执笔；传承表由刘煜执笔。

参与调研和收集、整理资料的，有西藏自治区建筑勘察设计院的管育才、群英、土旦拉加、益西康卓、次旺朗杰、旦增多吉、琼达，以及西藏自治区住房和城乡建设厅的格桑顿珠等；参与调研、绘图、资料工作的研究生有：宁亚茹、谢鸥、赵旭、王婷、周子尧、朱美蓉、彭玉红、肖求波、车栋、雷云菲、郝上凯、严梦圆、翟少鹏、杨琴、赵书兰、潘宇涛、张晗、游娇、李儒威、宁朝、孙慎全、陆金荣、周杰杰、张婧等；参与绘图的本科生有：徐匡泓、舒晨校、李玉洁、冯舒娴、李畅、张蓉蓉、杜雨辰、高云强、郭嘉甫等。

特别感谢强巴次仁、陈祖军、夏格旺堆、丹达四位先生为本书提出的宝贵意见和重要的参考资料。感谢西藏自治区文物局孙丹、旺久、格桑央金、索旦，西藏自治区文物保护研究所边顿、罗布扎西，西藏自治区工程咨询公司李国军、邢进、牛征群为本书提供了宝贵的资料。此外，布达拉宫班旦次仁、索旺，拉萨城关古艺公司格桑，西藏大学孙文婧，西藏自治区藏医院天文历算研究所格桑平措，中国建筑设计研究院有限责任公司郑世伟，北京有限设计建筑工作室王晖，北京标准营造规划设计咨询有限公司华运思等，均在本书的研究或写作过程中给予了支持和协助，在此一并表示由衷的感谢！

由于某些内容的研究条件和作者水平所限，本书难免存在不足之处，恳请广大读者批评指正。